"十三五"
国家重点图书出版规划项目
ICT认证系列丛书

HUAWEI
Information
Network
Academy

U0650778

华为信息与网络技术学院指定教材

高级网络技术

田果 刘丹宁 余建威 / 著

人民邮电出版社
北 京

图书在版编目（CIP）数据

高级网络技术 / 田果，刘丹宁，余建威著. -- 北京：
人民邮电出版社，2017.11（2023.3 重印）
（ICT认证系列丛书）
ISBN 978-7-115-45649-6

Ⅰ．①高… Ⅱ．①田… ②刘… ③余… Ⅲ．①计算机
网络 Ⅳ．①TP393

中国版本图书馆CIP数据核字(2017)第227419号

内 容 提 要

本书是华为 ICT 学院路由与交换技术官方教材，旨在帮助读者理解和掌握在实际工作中常见技术的原理和操作方法。

第 1 章介绍了企业网的架构、设计与发展趋势。在后面各章中，会分别介绍各类网络冗余技术、访问控制列表的使用、网络地址转换技术的配置、各类广域网技术的原理与配置、DHCP 的原理以及 DHCP 服务器和中继的配置、IPv6 原理与 IPv6 路由、重要的网络安全技术、无线技术的概述以及网络管理协议相关的知识。

除华为 ICT 学院的学生之外，本书同样适合正在备考 HCNA 认证或者正在参加 HCNA 技术培训的人士进行阅读和参考。其他有志从事 ICT 行业的初级人员和网络技术爱好者也可以通过阅读本书，加深对网络技术的理解。

- ◆ 著　　　　　田　果　刘丹宁　余建威
　　责任编辑　李　静
　　责任印制　彭志环
- ◆ 人民邮电出版社出版发行　　北京市丰台区成寿寺路 11 号
　　邮编　100164　电子邮件　315@ptpress.com.cn
　　网址　http://www.ptpress.com.cn
　　固安县铭成印刷有限公司印刷
- ◆ 开本：787×1092　1/16
　　印张：26.75　　　　　　　2017 年 11 月第 1 版
　　字数：553 千字　　　　　2023 年 3 月河北第 26 次印刷

定价：89.00 元

读者服务热线：(010)81055493　印装质量热线：(010)81055316
反盗版热线：(010)81055315

序

物联网、云计算、大数据、人工智能等新技术的兴起，推动着社会的数字化演进。全球正在从"人人互联"发展至"万物互联"。未来二三十年，人类社会将演变成以"万物感知、万物互联、万物智能"为特征的智能社会。

新兴技术快速渗透并推动企业加速向数字化转型，企业业务应用系统趋于横向贯通，数据趋于融合互联，ICT 正在成为企业新一代公共基础设施和创新引擎，成为企业的核心生产力。华为 GIV（全球 ICT 产业愿景）预测，到 2025 年，全球的联接数将达到 1 000 亿，85%的企业应用云计算技术，100%的企业会联接云服务，工业智能的普及率将超过 20%。数字化发展为各行业带来的纵深影响远超出想象。

ICT 人才作为企业数字化转型中的关键使能者，将站在更新的高度，以更为全局的视角审视整个行业，并依靠新思想、新技术驱动行业发展。因此，企业对于融合型 ICT 人才需求也更为迫切。未来 5 年，华为领导的全球 ICT 产业生态系统对人才的需求将超过 80 万。华为积累了 20 余年的 ICT 人才培养经验，对 ICT 行业发展现状及趋势有着深刻的理解。面对数字化转型背景下企业 ICT 人才短缺的情况，华为致力于构建良性 ICT 人才生态链。2013 年，华为开始与高校合作，共同制订 ICT 人才培养计划，设立华为信息与网络技术学院（简称华为 ICT 学院），依据企业对 ICT 人才的新需求，将物联网、云计算、大数据等新技术和最佳实践经验融入到课程与教学中。华为希望通过校企合作，让大学生在校园内就能掌握新技术，并积累实践经验，促使他们快速成长为有应用能力、会复合创新、能动态成长的融合型人才。

教材是知识传递、人才培养的重要载体，华为聚合技术专家、高校教师倾心打造 ICT 学院系列精品教材，希望能帮助大学生快速完成知识积累，奠定坚实的理论基础，助力同学们更好地开启 ICT 职业道路，奔向更美好的未来。

亲爱的同学们，面对新时代对 ICT 人才的呼唤，请抓住历史机遇，拥抱精彩的 ICT 时代，书写未来职业的光荣与梦想吧！华为，将始终与你同行！

前　　言

华为 ICT 学院路由与交换技术官方教材分为 3 册，是华为技术有限公司、YESLAB 培训中心和高校专家，针对华为 ICT 学院的学生推出的诚意之作。教材的大纲结构到文字描述由业内专家执笔，内容更由多方顶级专家反复论证推敲。

本书定位的人群为学习过《网络基础》《路由与交换技术》，参加过华为 HCNA 或同等级课程的学习，或掌握了一定程度的网络技术知识及华为 VRP 系统的操作使用方法，希望能够在此基础上继续学习并掌握关于 IPv6、无线、冗余、安全等技术的读者。特别值得一提的是，由于本书的内容主要针对企业网络中的常用技术，因此本书不仅适合有志成为网络工程师的人员，同样适合希望成为系统工程师的人员参阅。

本书第 1 章概述了企业网络的分层设计原则。此后各章则分别介绍了冗余性技术、不同类型的访问控制列表、网络地址转换技术、广域网连接技术、DHCP 协议的原理与（其在 VRP 系统中的）配置方法、IPv6 协议原理与 IPv6 路由技术、AAA 与 IPSec、无线局域网技术和网络管理技术。第 1 章介绍的内容涵盖了目前在企业网络中部署最为广泛的网络技术，学习并掌握这些技术的原理和实施方法是成为网络技术人员的基本条件。

本书自第 2 章开始的各章，除第 7 章（IPv6 基础）和第 8 章（IPv6 路由）之间存在逻辑上的先后关系之外，其余章节均相互独立，不存在先后顺序关系。因此，读者和教师完全可以根据自己的工作、学习和教学需求自由组织顺序。

本书主要内容

本书共分为 11 章，其中第 1 章从总体上介绍企业网络的分层设计模型，其余各章则分别从不同的角度介绍当下企业网络中常用的技术。

第 1 章：企业网概述

本章首先对比传统的办公方式，介绍部署企业网络给企业带来的各种利好。接下来在介绍企业网设计方案时，本章从平面设计方式不利于大规模企业网络通信的角度切入，由此引入企业网的分层设计模型，并且在接下来的内容中详细介绍分层模型中各层的功能，以及适合在各层部署的技术。最后，本章对企业网的未来发展进行简单的展望。

第 2 章：网络可靠性

本章首先对 BFD 的原理进行介绍，这项技术主要着眼于检测通信是否正常。之后本章介绍两种通过冗余提高网络可靠性的技术：VRRP 和链路聚合。前者旨在为企业网中的终端提供网关的冗余；后者则规避了生成树协议阻塞冗余端口的做法，通过捆绑平行链路的方式让冗余端口参与数据转发，让交换机之间能够通过多条平行链路转发数据。

第 3 章：访问控制列表

本章对访问控制列表技术进行详细介绍。首先对访问控制列表的用途进行介绍，并且由此进一步对路由器通过访问控制列表过滤/匹配流量的逻辑方式，以及访问控制列表的应用方向等概念进行解释说明。之后，本章演示如何在 VRP 系统中创建和应用基本 ACL 与高级 ACL 两类访问控制列表。

第 4 章：网络地址转换

本章会围绕网络地址转换（NAT）技术进行介绍。首先对 NAT 的必要性、路由器执行网络地址转发的操作方法和 NAT 的分类进行一一说明。接下来，本章对几类 NAT 在华为路由设备上的配置方法分别进行演示。

第 5 章：广域网

本章介绍了几种常见的广域网连接技术。首先概述了广域网技术，并且对 HDLC 这个简单连接协议的原理，及其在华为设备上的实施方法进行简单说明。接下来，本章对 PPP 协议的原理、PPP 协议提供的两种认证方式的原理分别进行详细的介绍，并且演示如何在华为路由设备上配置 PPP 协议连接及认证。最后，本章会在 PPP 协议的基础上，对 PPPoE 的原理进行阐述，并且演示 PPPoE 的配置方法。

第 6 章：DHCP 协议

本章对《网络基础》中曾经进行简单介绍的 DHCP 进行详细全面的介绍。首先，我们会从一台（未配置 IP 地址的）终端连接到一个包含 DHCP 服务器的局域网中开始，按照 DHCP 定义的消息类型逐步介绍这套设备如何通过 DHCP 获取、续租 IP 地址及其他相关参数。接下来，我们对 DHCP 服务器不在局域网本地时，由其他设备代理转发 DHCP 消息的工作方式进行介绍。最后，我们分别演示如何将一台华为设备配置为 DHCP 服务器和 DHCP 中继。

第 7 章：IPv6 基础

本章的重点在于 IPv6 协议自身的规范，包括 IPv6 协议提出的背景、IPv6 协议定义的数据包封装格式、IPv6 协议定义的编址方式，以及 IPv6 地址的分类。除了 IPv6 协议之外，本章也对 IPv6 环境中用来完成地址解析和无状态地址自动配置的 NDP 进行了介绍。

第 8 章：IPv6 路由

本章延续第 7 章的内容，继续对 IPv6 的网络环境进行介绍，但本章将重点转移到 IPv6 路由的相关内容。在本章中，IPv6 静态路由、默认路由和汇总路由在 VRP 系统中的配置方式一一都会得到演示。此外，本章还会对 RIPng 和 OSPFv3 两种 IPv6 路由协议的原理和配置方法进行简单说明。

第 9 章：网络安全技术

本章重点介绍了 AAA 和 IPSec 两种与网络安全相关的技术。AAA 是认证、授权和审计的总称，本章的重点在于介绍被管理设备与 AAA 服务器之间通信时应用的 RADIUS 协议，以及如何通过 VRP 系统配置 AAA 中的认证与授权。IPSec 是一个比较复杂的协议框架，本章会对这个协议框架涉及的内容进行相对深入的理论演绎，并提供 IPSec VPN 的配置案例。最后，本章对用于保障网络安全性的技术进行相对概括的说明。

第 10 章：WLAN 技术

本章的重点是无线局域网相关技术的说明。本章首先对无线通信的由来、原理与标准进行了简单的介绍说明；接下来将重点转移到了无线局域网当中，并且逐一对 WLAN 中的数据帧封装结构，设备通信的过程、安全隐患，以及安全防护措施进行了简单的介绍；最后通过一个（相对复杂的）瘦 AP 无线案例，介绍了无线局域网的实施方法。

第 11 章：网络管理

本章对网络管理相关的知识进行了说明。我们首先对简单网络管理协议（SNMP）的原理及其各个版本之间的异同进行了介绍，并且对 SNMP 的配置进行了演示；接下来对用于维护网络设备时间准确性的 NTP 进行了原理阐述和实验演示；最后对图形化网络管理平台 e-Sight 的优势进行了简要的说明。

关于本书读者

本书的定位是华为 ICT 学院路由与交换技术官方教材。本书适合于以下几类读者。

- 华为 ICT 学院的学生。
- 各大高校学生。
- 正在学习 HCNA 课程的学员和正在备考 HCNA 认证的考生。
- 有志于从事 ICT 行业的初学者。
- 网络技术爱好者。

本书阅读说明

读者在阅读本书的过程中，尤其是教师在使用本书作为教材的过程中，需要注意以下事项。

1. 本书多处把路由器或计算机上的网络适配器连接口称为"接口"，把交换机上的网口称为"端口"，这种差异仅仅是称谓习惯上的差异。在平时的交流中，"接口"一词与"端口"一词完全可以混用。

2. 在华为公司的作品中，串行链路常用虚线表示，以太链路而以实线表示。本书中所有链路一概用实线表示，虚线在各图中做特殊表意使用，如数据包前进路线、区域范围等。

3. 本书学习目标中要求读者了解的内容，读者只需了解对应的概念及其表意；本书学习目标中要求读者理解的内容，读者应把握其工作原理，做到既知其然，也知其所以然；本书学习目标中要求读者掌握的内容，读者还应在理解的基础上有能力对其灵活运用。

本书常用图标

| 接入层交换机 | 汇聚层交换机 | 核心层交换机 | 接入点（AP） | 无线控制器 |

| 路由器（一般） | IPv6 路由器 | 高端路由器 | IP 网络云 | 管理员/用户 |

| PC 终端 | 笔记本电脑 | 网管客户端 | IP 摄像头 | 影音终端 |

| 服务器（一般） | FTP 服务器/
DHCP 服务器 | 网页服务器 | 邮件服务器 | DNS 服务器 |

本书作者

著： 田果、刘丹宁、余建威

编委人员：田果、刘丹宁、余建威、江永红、刘军、韩士良、苏函、刘洋、闫建刚、刘耀林、谢金伟

技术审校：江永红、刘军、谢金伟、韩士良

目　　录

第1章
企业网概述

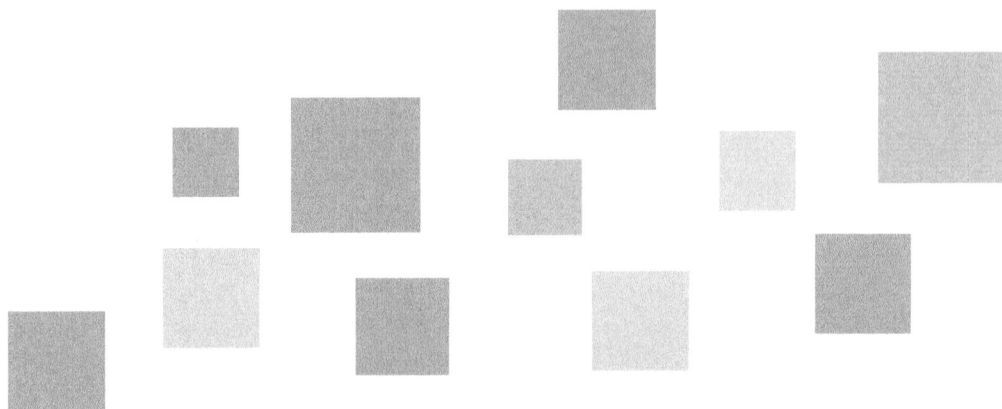

随着时代的发展，数字办公已经不再是一种时尚的办公方式，而日渐成为各行各业办公的标配。为了提升办公效率，改善办公环境，优化人际合作，降低通信成本，自20世纪90年代开始，各类企业纷纷搭建起了自己的办公网络，并且将它们接入了互联网。

当然，企业网并不是一种网络技术的代称，这个概念也没有十分严格的界定。实际上，任何企事业单位搭建起来用以共享内部信息资源的计算机网络都可以粗略地划分到企业网的范畴。所以，在这一章中，我们主要谈论的并不是网络的技术层面，而更侧重于介绍网络架构。

在1.1节中，我们会首先带领读者思考企业网给办公带来的效率提升都体现在了哪些方面，因为了解企业网相比于传统办公环境的优势有助于读者在现实工作中进一步对接用户的实际使用需求。

1.2节是本章的重点，在1.2节中，我们会对在设计当中最为常见的三层企业网模型逐层进行介绍。我们不仅会解释按照分层模型规划企业网的好处，同时也会介绍各层在企业网中应该承担的作用，以及工程师应该在各层中部署哪些网络技术。

1.3节会浅谈一些正在企业网中迅猛发展的新兴技术和趋势。在本书的读者走向企业之时，这些新兴技术应该已经发展得十分成熟。本书抛砖引玉，意在提醒读者在校期间不妨留意这些技术的发展动态。本书是华为 ICT 学院路由交换技术系列教材的最后一册，我们也推荐读者在完成这部分的学习之后，能够继续通过各种渠道深入学习这些新兴技术。这既可以帮助那些希望毕业后立刻进入职场的读者在择业和就业时占据更加有利的位置，又可以帮助那些渴望继续深造的读者提前了解自己在攻读更高一级学位时，对研究哪些课题更感兴趣，研究哪些课题更有可能获得更加宽广的发展空间。

- 了解企业网的三层模型；
- 理解应该按照三层模型规划企业网的原因；
- 掌握企业网三层模型中各层的作用；
- 了解在部署企业网时，应该将哪些技术部署在企业网的哪一层中；
- 了解企业网的新兴需求及发展趋势。

1.1　分层网络概述

实际上，企业网络的设计并不能一概而论，先不说企业的规模，就是不同行业中的企业，也有各自不同的需求，比如：金融行业可能更多注重网络的可靠性和安全性；医疗行业可能需要满足多种医疗设备的联网需求；交通行业可能需要应对旺季突发的巨大流量和由此带来的服务器负载；石油和天然气行业由于地理环境复杂可能更需要结合多种通信方式（铺设海缆、架设微波系统等）；电力系统可能会更多关注冗余性的考量；零售行业可能更需要实现对所有门店及库存信息的统一管理和调度；酒店行业可能会更多地面临宾客自带设备的病毒传播问题。

虽然各行各业不同规模的企业对于自己的网络会提出各种各样的需求，但网络架构仍有共同之处。本节将会介绍企业网设计中最基本的指导原则，管理员只有掌握了这种原则，才能根据自己企业的特点和需求进行合理规划。

1.1.1　企业网与数字办公

时下，各行各业、不同规模的企业都已经在不同程度上实现了办公网络化，完全不借助网络进行办公的企业已经少之又少。然而，这一切的发生似乎并没有经历太长的过渡阶段。很多当前仍然在职的 50 后、60 后、70 后一代都曾经历过依靠纸、笔、算盘/计算器办公的时代，并且有幸见证了企业办公信息化、网络化的过程。在羡慕前辈们丰富经历的同时，我们建议本书的读者虚心向他们请教一个问题：企业网络化到底给企业和办公方式带来了哪些变化？因为企业办公网络化的驱动力，势必与企业网对服务提出的需求相关，而企业网的需求又会进一步与网络的解决方案和新兴的技术发展趋势相关，最终与每一位读者在未来工作中将要面临的问题相关。

我们在这里不奢望对企业网带来的变化进行全面总结，仅抛砖引玉，提出网络化办公与传统方式相比的几点优势。

- **信息交互方面**：从电子邮件被应用到办公环境中开始，网络技术就已经给企业的办公效率带来了变化。与传统相互传输实体文字相比，电子邮件不仅可以显著增加通信的效率，而且可以优化人员之间的协作效率。比如，电子邮件让负责人有能力对自己分配的任务或者同事间的工作协调信息进行追溯，这就避免了口口相传的工作分配方式给想推诿责任的人带来的可乘之机。

- **信息发布方面**：传统上，在企业中发布信息往往是依靠张贴告示、从上而下逐级通知或逐个电话通信的方式来完成的。这些方法或者可靠性差，无法保证每位相关人员都能掌握要发布的信息；或代价高昂，需要耗费人们的时间和经济成本。通过企业网，所有需要发布的信息可以可靠、及时、高效地通告给每位相关人员。

- **信息共享方面**：实体信息复制起来更加麻烦，而且成本也更高。如果采用相关人员依次传阅的方式，那么当信息数量庞大时，难免会影响办公效率，而通过网络传输的数据则可以轻松实现复制。因此，通过企业网络，需要参考相同信息的人员完全可以各自获得一份该信息的副本，并且随时在工作中使用。

- **信息存储方面**：实体信息不仅难以复制，而且更加难以保存。这不仅仅是因为纸张和油墨很容易受到时间的侵蚀，同时也是因为保存大量实体信息会占据企业的空间，增加企业的成本。另外，随着保存的信息越来越多，每次查阅之前的信息需要耗费的时间也越来越多。保存数据信息则不仅成本更低，而且查询数据时的效率也更高。

当然，上面的内容仅仅是网络提升企业办公效率的一些方面，并没有体现出企业网自身在过去所经历的发展变化。

随着企业网基础设施（Infrastructure）的更新换代，企业网中传递的信息构成也在不断发生着变化。早期，企业网中传输的信息以数据（Data）为主。受限于网络的带宽和处理能力，语音信息一般会通过独立于企业网的电话网络进行传输，至于视频信息类服务更是超出了企业网的承载能力。而现如今，一根网线就可以满足企业的所有数据通信需求。数据、语音、视频等流量都可以通过企业网来承载。

当数据、语音等信息在企业网中所占比例不断增加的同时，企业网中联网设备的种类也在不断增加。当今，不仅诸如 IP 电话、IP 电视、IP 摄像头等 IP 音视频终端已经被广泛地部署在了各类企业中，人们还在给不同类型的设备内嵌传感器芯片，将这些过去并不存在数据通信需求的设备全部连接到网络之中，实现信息交互。

早在企业能够将越来越多不同类型的设备统统接入到网络中之前，大多数企业都首先部署了无线的接入环境。这样不仅削减了企业的布线成本，而且解决了联网设备增加带来的企业网交换机端口密度不足的问题。随着无线接入方式的普及，自带设备（Bring Your Own Device，BYOD）成为一种风行全球的移动办公方式，越来越多的员工通过自己的智能终端连接在企业网的无线接入点（AP）进行办公。

在这些已经既成现实的企业网发展经历之外，企业网近些年来还展现出了大量新的发展趋势。我们会在 1.3 节中选取几个比较热门的趋势进行介绍。

在 1.1.1 节中，我们对企业网给企业带来的优势和企业网的一些发展情况进行了简单的概述。在 1.1.2 节中，我们会介绍为了高效、可靠地提供这些企业网服务，大多数企业在部署企业网时所采用的设计模型。

1.1.2　分层模型概述

为了满足端口密度的需求，企业网络当然会以太网交换机作为主要设备来构建。然而，如果一个局域网中只有不超过 30 台终端需要接入，那么除非这个局域网拥有一些特殊的需求，否则也就谈不上设计的概念。管理员只需要购置一台三层以太网交换机，用上行链路连接客户/企业边缘路由器，用下行链路与所有需要通过有线方式接入的终端相连或与一个无线接入点（AP）相连，所有问题基本就可以迎刃而解了，如图 1-1 所示。

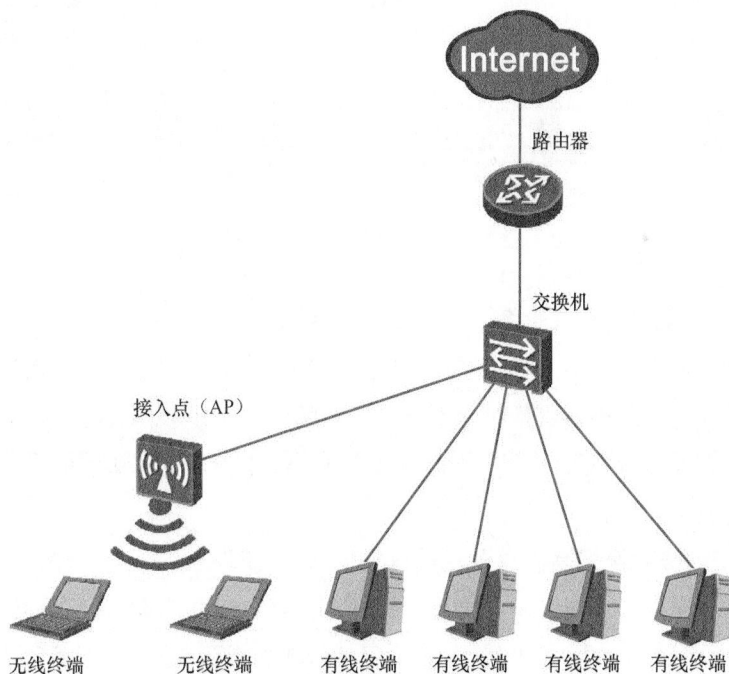

图 1-1　一个超小型网络的部署方法

当这个局域网扩展到需要使用 2 台、3 台交换机时，人们会自然而然地想到将这几台交换机按如图 1-2 所示的网络相连。鉴于在这类网络设计方案中，每台交换机的角色和作用都是对称的，因此人们一般称这种设计为平面设计方案。

图 1-2 所示的这种方案是图 1-1 所示网络最自然的扩展方案，它也确实是一些企业

早期开始搭建企业网时使用过的设计方案。然而，采用这种设计方案的网络一旦扩展到一定规模，设计和管理人员就会渐渐体验"成长的烦恼"。这种网络设计方案效率低、故障多、不易规划的问题也就暴露了出来。说得具体一点，平面设计方案很难对下面几个问题给出合理的回答。

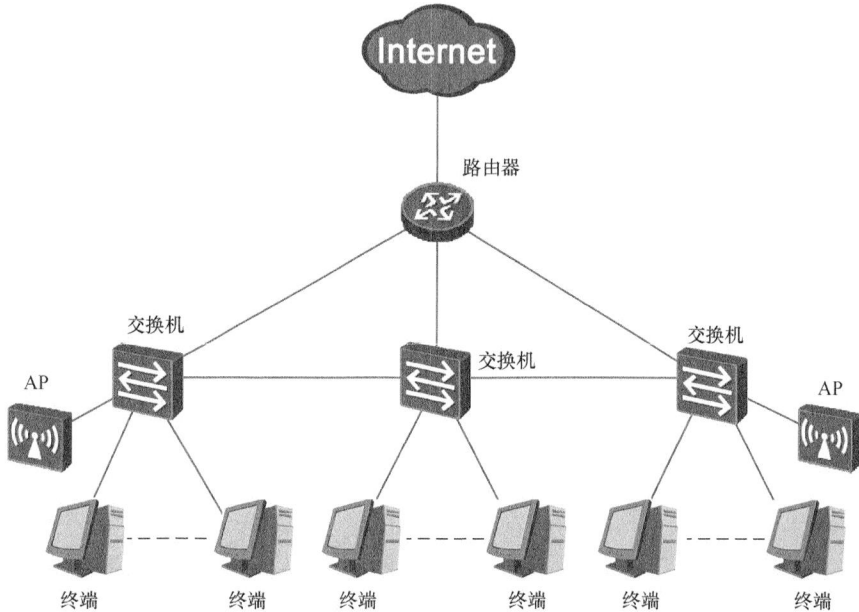

图 1-2　采用平面设计的局域网

1. 如何尽量减少不相关设备参与流量的处理？

如果采用平面设计方案，当某个终端在自己的 VLAN 中发送一个广播消息时，数据帧传输路径中的一台或多台交换机上不管是否有终端加入了该VLAN，这些交换机都要无辜地为这个 VLAN 转发消息。随着平面设计拓扑的不断扩大，受此影响的设备也会越来越多，如图 1-3 所示。

2. 如何将网络故障隔离在最小范围内？

如果采用平面设计方案，由于无论数据包转发路径中间的那几台交换机（图 1-3 中的交换机 2、交换机 3 和交换机 4）上是否有端口加入了 VLAN 17，它们都要为交换机 1 和交换机 5 上 VLAN 17 的通信提供转发，因此，中间某台交换机的故障就会导致网络中几乎每个 VLAN 都被分割成两个信息孤岛。随着平面设计拓扑的不断扩大，这种广播域因中间设备故障而被分隔的概率也就越大，如图 1-4 所示。

3. 如何让具备不同性能的设备服务于不同流量转发压力的环境？

如果采用图 1-2 所示的平面设计方案，那么在规划网络时，设计人员应该考虑部署什么级别的交换机呢？鉴于每台交换机的角色和作用都是相同或相近的，因此我们很难在设计网络时区分对待它们。那么，我们在选型时，是全部使用高端交换机，还是全部使用低端交换机呢？

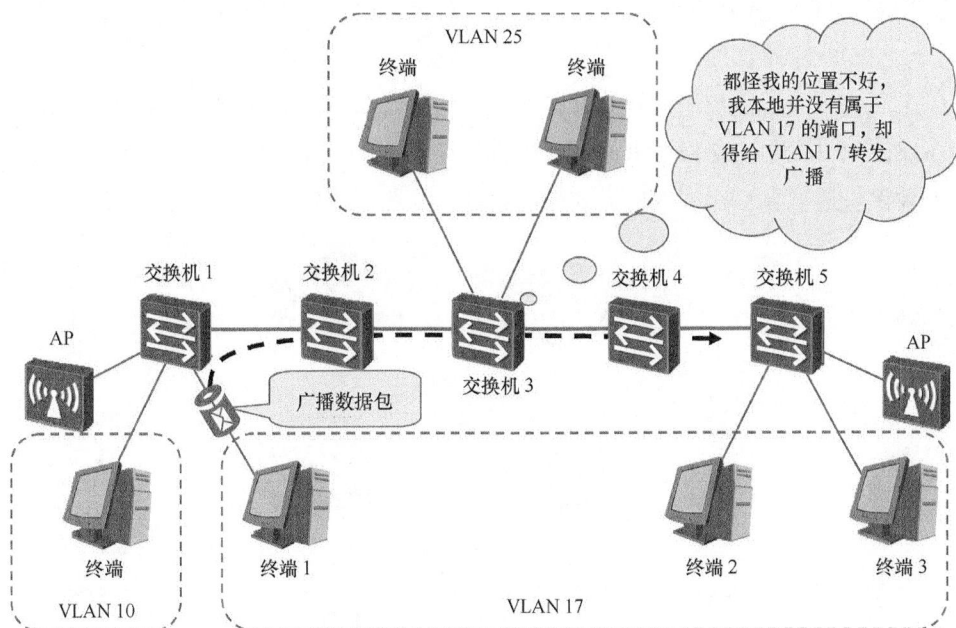

图 1-3　平面设计的问题（一）

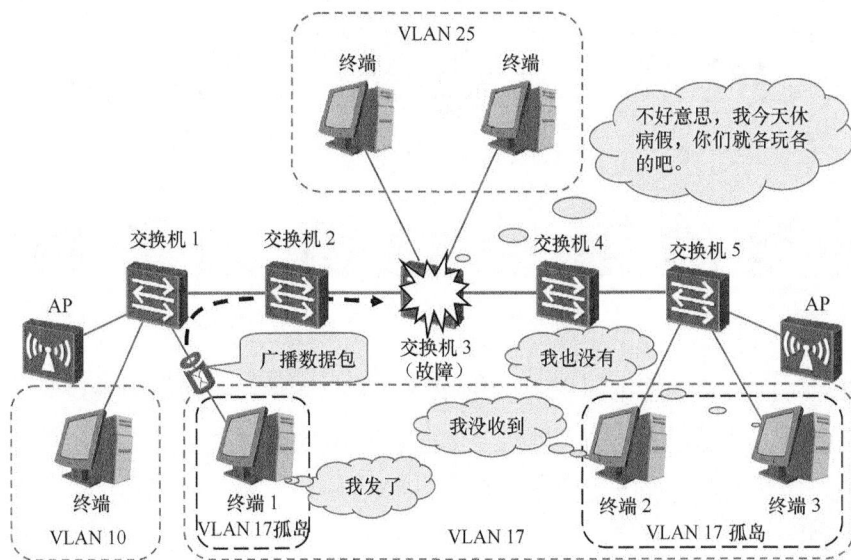

图 1-4　平面设计的问题（二）

如果都使用高端交换机，那么随着网络的扩展，整体网络部署成本很快就会高到难以想象，这种方法对于这些高端交换机的资源无疑也是一种巨大的浪费。但如果都使用低端交换机，那么这个网络一旦出现流量高峰，它的数据传输效率就会显著下降，又因为第 1 个问题（见图 1-3）无法得到很好的解决，所以这个网络中一旦部署了较多的交换机和较多的应用，这个网络很容易频繁地出现流量高峰。另外，无论全部选用体积较大的高端交换机还是端口密度有限的低端交换机，都会在客观上增加这个网络的布线难度。这一点对应了平面设计方案不易规划的问题。

综上所述，为了避免平面设计方案的诸多问题，人们在后来设计企业网时，基本都采用了我们在《路由与交换技术》第 1 章的**分层设计（Hierarchical Design）**方案，将一个企业网按照两到三个层级的方式分层设计，如图 1-5 所示。

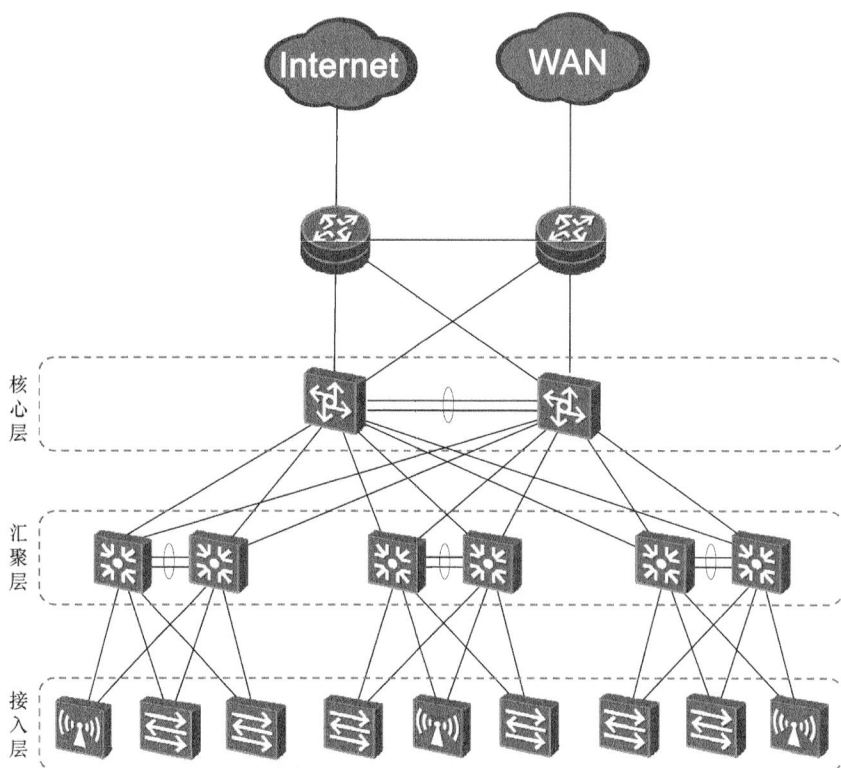

图 1-5　分层设计方案

如果采用图 1-5 所示的这种分层的设计模型，无论这个网络扩展到多大规模，两台终端之间的通信最多只需要经过 5 台交换机的转发。而且这 5 台交换机中，并不会有哪台交换机是"原本不必"参与该 VLAN 数据转发的，这就解决了图 1-3 所示的问题。

此外，每一台接入层交换机都连接了两台汇聚层交换机、每台汇聚层交换机都连接了两台核心层交换机，任何一台汇聚层交换机故障或者任何一台核心层交换机故障，都不会导致任何 VLAN 被隔离成两部分,而一台接入层设备的故障只会对网络中的一个有限范围构成影响，这就解决了图 1-4 所示的问题。

最后，采用企业网分层模型，专业人员可以在网络设计之初就按照核心层选用高端三层交换机、汇聚层选用中端三层交换机、接入层选择低端三层交换机或者二层交换机的理念完成设备选型，各个交换机厂商也都分别推出了各自针对核心层、汇聚层和接入层的设备供技术人员选用。每当网络需要进一步扩展时，技术人员只需要根据当时的需要，适时地添加接入层、汇聚层和核心层的设备即可。这种方法大大方便了技术人员的设计工作，也让布线变得更加简单，网络的易规划性得到了显著提升。

当然，企业网三层设计方案并不是金科玉律。技术人员可以视企业网的规模和网络建设的成本，合理地合并核心层和汇聚层，采用二层设计方案来部署网络。不过，无论部署多大规模的网络，都不必采用多于三层的设计方案，否则过多的分层反而会提升部署网络的经济成本，增加企业网内部两台终端间的通信数据有可能经历的转发设备，提高网络出现各类故障的概率。

在 1.1.2 节中，我们通过叙述平面设计方案的不足，引出了企业网分层设计方案的概念，并且对这个分层设计方案的优势进行了概述，我们相信读者现在对这个分层的设计方案已经有了一定的了解。在 1.2 节中，我们会基于读者当下对这种设计方案的了解，详细介绍图 1-5 中企业网各个层级的作用。

1.2　企业网体系结构

1.1.2 节中我们介绍的三层模型，其实我们在《路由与交换技术》第 1 章中也曾经介绍过。在《路由与交换技术》中，我们曾经分别用一两句话分别概括了这三层的功能。为了方便读者回忆，我们将这些内容粘帖如下。

- **核心层（Core Layer）**：使用高性能的核心层交换机提供流量快速转发。同时为了避免单点故障，核心层常常需要部署一定程度的冗余。
- **汇聚层（Aggregation Layer）**：也称为分布层（Distribution Layer），这一层的交换机需要将接入层各个交换机发来的流量进行汇聚，并通过流量控制策略，对企业网中的流量转发进行优化；
- **接入层（Access Layer）**：为终端设备提供接入和转发。大型企业网往往拥有数量相当庞大的终端设备。鉴于终端设备数量庞大，所以接入层往往会部署那种端口密度很大的低端二层交换机，其目的纯粹是为了将这些终端设备连接到企业网当中。

虽然这些文字已经对这三层的内容进行了比较简练的说明，但是这些信息显然过于笼统，读者很难直接利用这些信息来完成各层的设备选型、功能设计和配置部署。为了让读者能够在工作环境中落实这个体系结构，在 1.2 节中，我们会分 3 节分别对这三层的内容展开介绍。下面，我们首先从接入层说起。

1.2.1 接入层

接入层设备向上连接汇聚层交换机,向下则为各类终端设备(通过有线和无线方式)提供接入。一般来说,网络接入层大都会部署二层交换机。目前,为了支持时下流行的BYOD,接入层基本也会连接无线接入点。此外,接入层也会根据需要部署 xPON、xDSL 等设备。

我们先从下向上看,接入层需要将林林总总的终端设备接入到企业网中。我们在1.1.2 节概述分层模型时,提出的第一个问题是"如何尽量减少不相关设备参与流量的处理"。在企业网的三层架构中,接入层交换机是终端设备始发流量进入企业网的第一跳交换机,因此它应当在这一层发挥无关/恶意流量的过滤作用,尽快将来自于终端的那些无谓流量过滤掉,而不让这些流量被进一步传播给流量处理压力更大的分布层。我们在这里谈到的过滤,既包括在接入层部署认证机制来过滤非法用户发起的连接,也包括在这里部署一些交换机特性(Features)来过滤来自诸如 ARP 欺骗攻击、MAC 地址泛洪攻击、DHCP 欺骗攻击等攻击手段的恶意流量。

注释:

想不起 ARP 欺骗攻击这一概念,或者未在《网络基础》中选学这一概念的读者,可以重新阅读本系列教材《网络基础》的 6.3.2 节;想不起 MAC 地址泛洪攻击这一概念,或者未在《路由与交换技术》中选学这一概念的读者,可以重新阅读本系列教材《路由与交换》的 1.2.3 节。关于 DHCP 欺骗攻击,本书会在 6.1.4 节中进行介绍,读者可以根据自己的需要进行选学。

注释:

"尽快过滤"是部署过滤机制时的最佳做法(Best Practice),我们希望读者能够在领会这一原则的基础上,将其应用于实际的网络设计和部署工作中。这种原则顾名思义,就是指对于应该过滤的数据,网络设计人员应当在尽可能贴近该数据源的位置实施过滤,而不要等大量设备都为了转发它们而耗费了资源之后再进行过滤。这种原则不仅适用于在接入层部署一些流量过滤机制的场景,在设计很多过滤机制的操作点时都普遍适用。关于这一点,我们还会在本书的 3.4.2 节(应用高级 IP ACL)中重复。

注释:

网络设备的特性(Feature)是指该网络设备提供的特定功能,设备管理员可以在操作系统中输入对应的命令让设备启用这项/这些功能。特性不同于协议,它是指一台设备本地自行对数据执行的操作,因此特性的操作不涉及设备间的协商,一台设备是否执行某项特性与其他设备通常是无关的。

除了过滤机制之外，如果管理员希望企业网根据不同类型流量的重要性、延迟敏感度等特征，区别处理这些不同类型的流量，那么管理员往往需要通过配置，让接入层交换机首先通过分类和标记来区分出不同的流量类型，以便汇聚层交换机和核心层交换机根据标记来区别对待不同的流量。这种差异化处理不同类型流量的目的是为了保障数据通信网络的服务质量，因此这类将流量进行差异化处理的技术统称为服务质量（Quality of Service）技术。QoS 技术不是一项技术，而是一类技术。这类技术相对复杂，它们的原理与配置超出了本系列教材的知识范围。对这类技术感兴趣的读者可以在充分掌握了本系列教材的内容之后，在课下单独向任课教师请教，也可以报名各类技术培训机构进行深入学习，本书在此不作赘述。

图 1-6 所示为管理员常常需要在接入层上针对终端部署的各类机制。图中的终端 1 正在发起 MAC 地址泛洪攻击，由于它所连交换机的端口部署了对应的过滤机制，因此这些数据包完全不会给企业网中的其他交换机造成困扰；图中的终端 2 连接到了一个需要对用户进行认证的交换机端口，该用户由于认证失败，因此交换机拒绝了他的访问；在图 1-6 的右下方，有一台接入层交换机对终端 3 发出的流量进行了分类和标记，以便汇聚层和核心层的交换机能够根据其标签明确应该如何处理这个数据包。

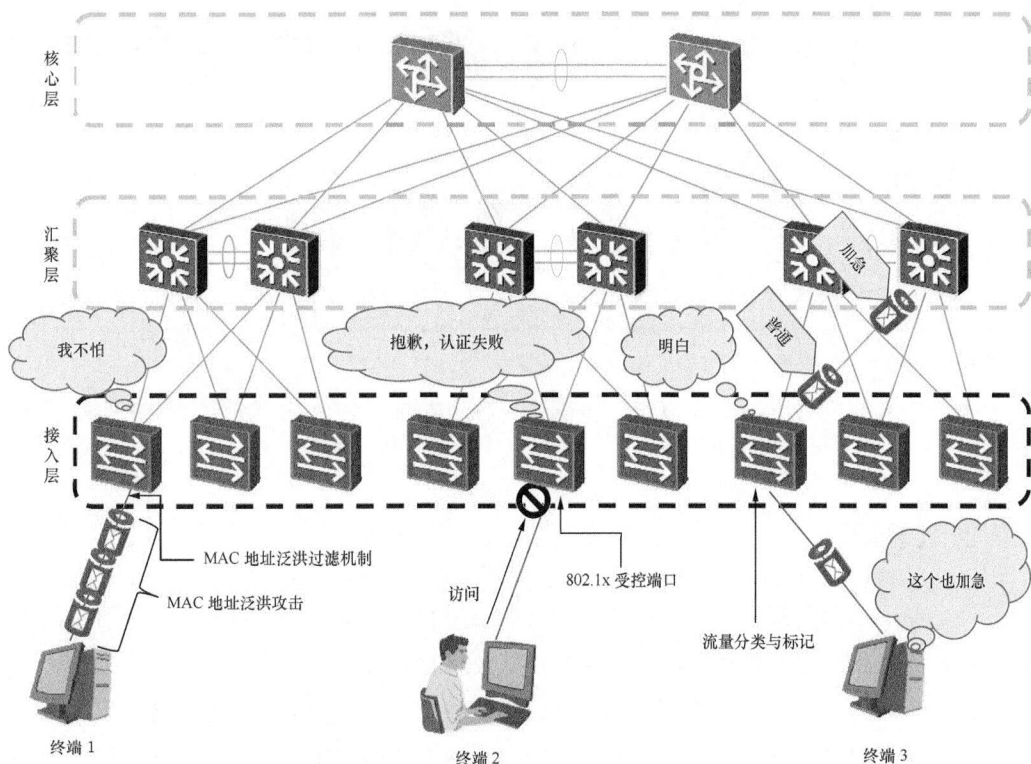

图 1-6　企业网接入层常常需要部署的机制（一）

在讨论完如何针对终端设备部署接入层交换机之后，我们沿着三层架构向上看，接入层之上是汇聚层，如果接入层设备出现故障，影响的范围仅限于它连接的终端设备；但如果它连接的汇聚层设备发生故障，或者接入层设备连接汇聚层设备的端口和链路发生故障，受到波及的终端设备就会比较多。为此，接入层一般会部署采用双上行的拓扑结构，也就是说每台接入层交换机都连接两台汇聚层交换机。接入层交换机上连接的终端可能分别属于多个 VLAN，并且二层交换机不具备三层功能，因此接入层交换机与汇聚层交换机之间一般会通过 Trunk 链路相连。这种设计方案可以提供冗余，显著提高网络的可用性。图 1-7 所示为一个企业网的接入层，这样的接入层设计方案会导致接入层和汇聚层之间产生交换环路。图中粗线所示即为一台接入层交换机和两台汇聚层交换机之间形成的环路。为了避免网络中产生逻辑环路，这些交换机上需要运行某种模式的生成树协议（STP）。

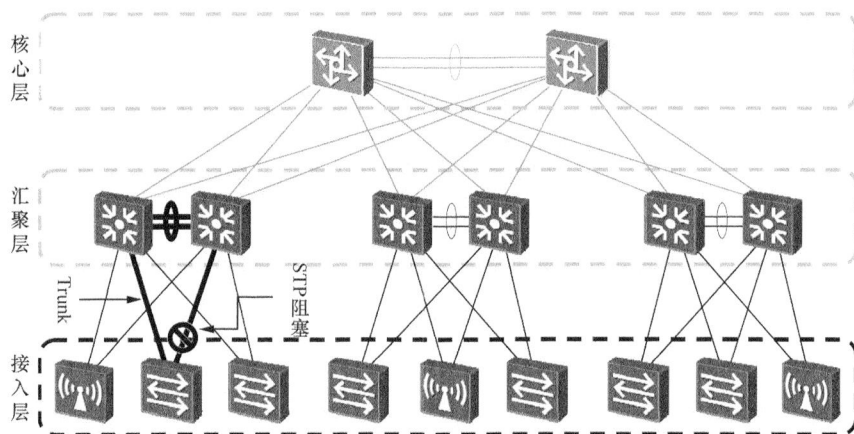

图 1-7　企业网接入层常常需要部署的机制（二）

关于接入层的设计我们可以告一段落了。在 1.2.2 节中，我们会继续对汇聚层进行介绍。

1.2.2　汇聚层

我们在 1.1 节的最后曾经说过，企业网的三层设计方案并不是金科玉律。对于规模不大的网络，网络工程师可以将核心层和汇聚层进行合并，采用两层设计方案来部署网络。但对于具备一定规模的网络来说，网络中往往会部署大量的接入层交换机。此时，如果采用两层设计方案，上一层交换机中的端口数量首先就难以满足大量接入层交换机的连接需求。所以，在设计规模较大的网络时，设计人员应该在核心层和接入层之间添加一层来汇聚接入层交换机发来的数据，将其上呈核心层交换机。在 1.2.2 节中，我们会介绍当企业网的设计中包含汇聚层时，管理员应该在汇聚层交换机上部署哪些机制。

如果接入层设备连接的汇聚层设备发生了故障，或者接入层设备连接汇聚层设备的端口和链路发生了故障，这种故障波及的终端设备会比接入层设备出现故障波及的终端多得多，所以接入层一般会部署采用双上行的拓扑结构。基于同样的原因，汇聚层更加应该采用双上行拓扑结构，也就是每台汇聚层交换机连接两台核心层交换机。

既然在规模较小的网络中，汇聚层和核心层可以合并为一层，因此汇聚层的交换机选型也多和核心层一样考虑使用三层交换机。不过，汇聚层交换机可以选用中端三层交换机。鉴于汇聚层一般使用三层交换机，因此与接入层设备和汇聚层设备之间部署二层交换环境的做法不同，汇聚层设备与核心层设备之间往往会采用三层互联的方式。由此可以看出，汇聚层交换机应该作为企业网中二层环境与三层环境之间的汇聚点，同时它们（的 VLAN 虚拟接口）也应该用来充当所连接终端的网关设备，如图 1-8 所示。

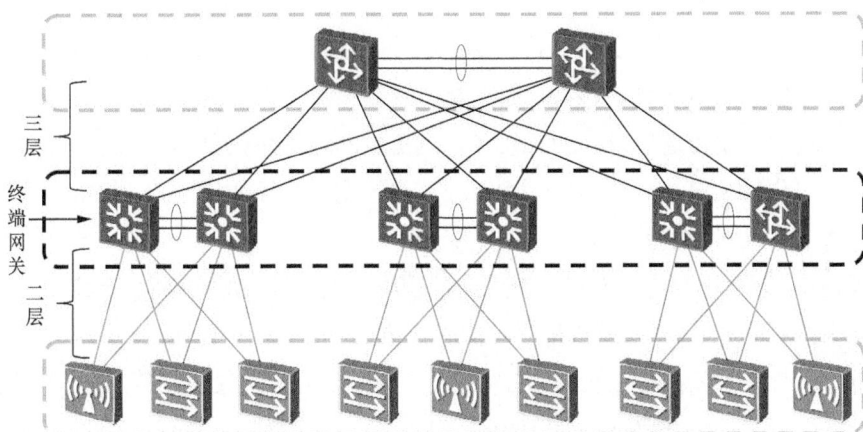

图 1-8　汇聚层在企业网中扮演的角色

之所以在汇聚层交换机与核心层交换机之间应该采用三层连接（IP 连接），其中一个原因是相对于二层连接，管理员可以对三层环境执行更多的管理控制。比如，汇聚层交换机上往往需要部署路由聚合，将其连接的各个子网路由汇聚成数量很少的汇总路由通告给核心层交换机，这样可以将小范围的网络变更对核心层隐藏，提高网络的稳定性。再比如，管理员也可以在汇聚层交换机上部署访问控制列表，为企业网提供更高效的基于 IP 地址的过滤。此外，管理员也可以针对接入层交换机所作的分类和标记操作，在汇聚层交换机上部署对应的区分处理方式，让网络能够更好地根据管理员定义的 QoS 策略来分别对不同类型的数据包执行不同的操作，如图 1-9 所示。

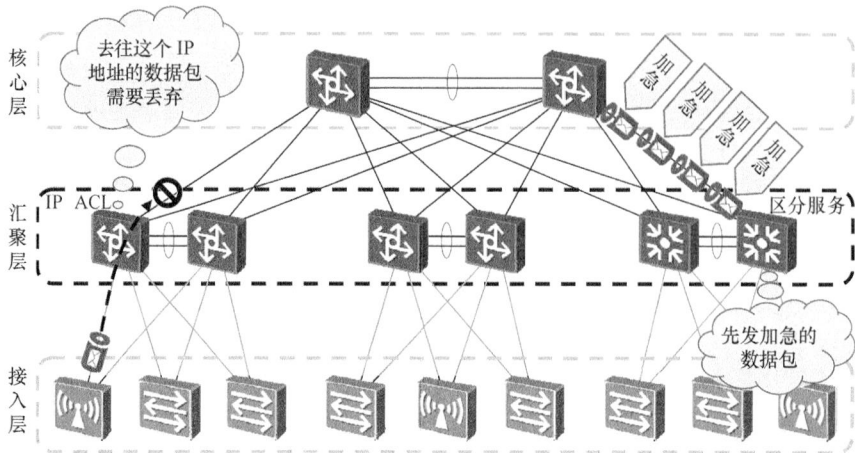

图 1-9 企业网汇聚层上通常需要部署的机制

在 1.2.3 节中，我们会继续介绍核心层的作用及需要在核心层上部署的机制。

1.2.3 核心层

在对汇聚层进行了解释之后，核心层的部署方法与作用也就呼之欲出了。根据汇聚层的介绍，读者也可以想到，核心层交换机应该尽量选用高端或中高端的三层交换机，而核心层也需要尽量部署管理上更加可控，也更容易通过负载分担提高带宽使用率和网络稳定性与可用性的三层环境。实际上，在三层模型中，核心层的作用就是给整个网络提供这种高速而又可靠的数据转发能力。

为了在三层模型中实现高速数据转发，工程师在设计核心层网络时，应该在企业能够承担的经济预算范围之内，选择性能尽可能优秀的三层交换机来充当核心层交换机。同时，工程师也要尽可能减免核心交换机上与数据转发无关的 CPU 密集型任务，把这些任务尽可能移交给汇聚层交换机来完成。这里所说的处理任务包括我们在前面介绍的 IP ACL 过滤策略和 QoS 分类策略，其他会大量消耗核心层交换机 CPU 资源的处理方式也应该尽量交由汇聚层或分布层交换机来承担，让交换机将尽可能多的资源用于企业网的数据转发。

在分层架构中，核心层担负着实现企业网全网互联，以及企业网与 Internet 互联的重要任务。因此，核心层瘫痪意味着整个企业网都会被隔离成多个信息孤岛，同时每个信息孤岛也都会失去与 Internet 的连接，如图 1-10 所示。

为了避免这种情况的发生，工程师在参考预算对核心层交换机进行选型时，一方面要选择性能尽可能强大的交换机，另一方面也要兼顾核心层的可靠性。这包括工程师应该确保企业网中部署有冗余的核心层交换机，且核心层交换机之间通过多条链路彼此相连，同时也要考虑是否给核心层交换机上的重要组件（如冗余电源）配备冗余，防止核心层出现单点故障。

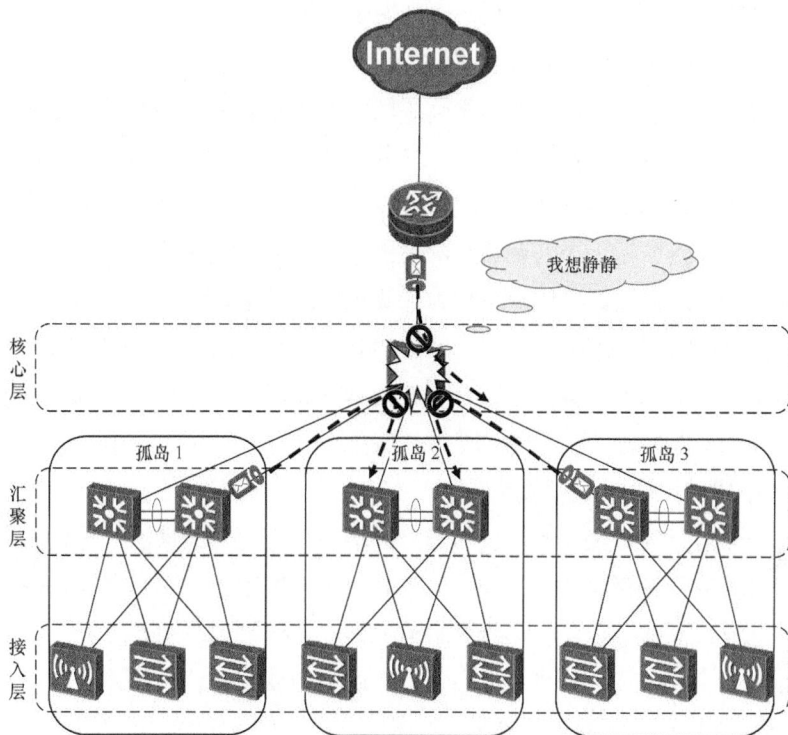

图 1-10 企业网核心层瘫痪的影响

当然，对于因规模不大而在设计时合并了汇聚层和核心层的中小型企业网，由于并没有实现核心层与汇聚层的区分，因此核心层交换机同时也需要承担汇聚层交换机的处理操作。换言之，在仅包含接入层和核心层的两层企业网中，核心层交换机上则需要部署一些影响 CPU 性能的业务。网络方案的设计没有对错，有的只是设计方案是否符合企业的需求。管理员在掌握了企业网设计的根本原则后，就可以根据企业自身的需求（业务需求、成本投入等）因地制宜了。

在 1.2 节中，我们分 3 节分别介绍了接入层、汇聚层和核心层应该在网络设计中发挥的作用，工程师在设计网络时应该如何针对这三层完成设备选型，以及工程师应该分别在这三层的设备上部署哪些技术和策略。

至此，我们已经对于企业网的架构进行了比较充分的介绍。在 1.3 节中，我们会为读者对企业网近期的发展趋势作一个简要的介绍，帮助读者了解企业网未来可能的发展方向，以及一些相关技术术语的含义。

1.3 企业网发展趋势

自从计算机网络成了企业办公的标配之后，企业网就没有停止发展变化。近年来，伴随着数据通信网络自身的发展变化，企业网也出现了一些新的趋势。在 1.3 节中，我们会对企业网的发展趋势进行简单介绍。

对于普通的网络用户来说，近年来除了网络的带宽和应用不断增加之外，另一项最直观的变化是接入网络的设备种类产生了显著的变化：从互联网刚刚开始普及时的台式（Desktop）电脑，到 20 世纪末开始出现的笔记本（Laptop）电脑，到十年前开始大量涌现的平板电脑、智能手机，再到万物互联趋势下的各类非智能设备通过终端传感器接入网络。短短十年间，将数据通信网络称为计算机网络（Computer Network）已经显得十分不合时宜，企业网正在由传统的 IT 企业网络演变为企业物联网。在 2017 中国通信行业物联网大会上，华为 IoT 解决方案首席架构师张露峰先生就列举了这样一组数据：目前已有超过 60% 的商业组织已经在使用 IoT 服务，此外，24% 的 IT 预算已经被用于 IoT 之上，而 63% 的 IoT 使用者已经看到回报。

企业物联网本身就是企业网发展的趋势，这种趋势同时又催生了其他的企业网发展趋势，比如无线接入在企业网中的普及。在企业物联网中，越来越多需要接入网络的设备（如平板电脑）上都不会安装有线网络适配器，就连笔记本电脑这类传统上配有有线网卡的设备也已经极少装备有线网卡出售。因此在企业网中，有线接入的方式必然会被逐渐弱化，而 BYOD 将不可阻挡地成为企业网的潮流。曾几何时，会议室圆形办公桌上都会伸出大量的以太网线缆。如今，很多企业网现在已经不再给用户终端提供有线接入的条件，无线访问已经成为终端用户连接接入层设备的主流方式。

无线作为主流接入方式也导致无线网络架构悄然发生了变化。在早期的 WLAN 中，每一台 AP 都可以独立提供所有的无线 AP 接入功能，这类 AP 称为胖 AP。在实施网络时，管理员也需要在为数不多的 AP 上逐个进行配置。这种每台 AP 自主提供服务的 WLAN 网络架构称为自治式架构，如图 1-11 所示。随着无线接入方式主流化，AP 也开始在企业中大面积地进行部署。在这样的大背景下，对于一个稍具规模的网络，采用逐个 AP 进行配置的自治式架构展现出了管理操作成本高的弊端。当前，无线网络架构的趋势已经由自治式架构过渡到了集中式架构。在集中式架构中，胖 AP 的数据平面和控制平面解耦成了两类独立的设备类型。数据平面仍为 AP，这类 AP 称为瘦 AP。网络中的多个瘦 AP 通过无线控制器（AC）进行统一管理，AC 即集成了胖 AP 的管理平面。图 1-12 所示即为集中式 WLAN 架构的示意。

说到数据平面与管理平面解耦，人们往往会立刻联想到另一个当前企业网的主流趋势，那就是软件定义网络（SDN）。在过去，对于一位网络工程师来说，配置和维护企业网的过程一直是以设备为单位一一进行管理配置的。随着 SDN 时代的到来，这种传统的网络管理方式有可能会在未来几年间被彻底颠覆。逐个通过特定厂商的操作系统对各个设备进行管理配置的做法很快就会被更加高效和灵活的管理方式所取代，这种变化与上一自然段介绍的 WLAN 架构变更有异曲同工之妙，只是这一轮"瘦化"的对象由无线 AP

扩展到了企业网的其他网络设备。在未来的企业网中，工程师在管理和运维设备时，通过在网络的控制器上编写或修改软件的方式来完成。由工程师通过修改软件来实现的操作会通过控制器下达给企业网中的各个设备，再由网络设备统一执行。

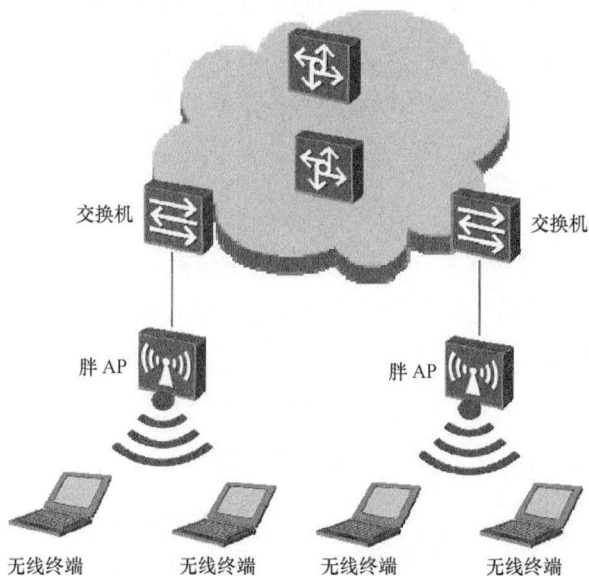

图 1-11　传统 WLAN 的自治式架构

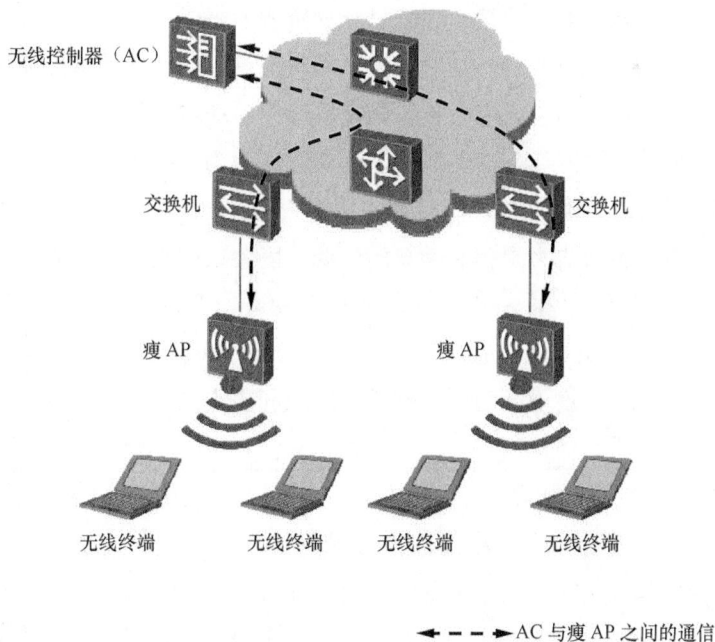

■ ◀ - - - ▶ AC 与瘦 AP 之间的通信

图 1-12　当前 WLAN 主流的集中式架构

当然，近年来与"瘦化"相关的网络技术趋势中，另一项最频繁被人们提及的是云计算。所谓云计算，就是将大量用户日常使用的资源部署到一个可供大量用户共享的资源池中，用户在需要使用这些资源的时候则通过网络在线调用这些资源。在本系列教材的《网络基础》中，我们曾经谈到过云服务提供商向客户企业提供云服务。实际上，对于很多企业来说，在企业网内部部署仅为企业员工（和访客）服务的企业私有云的做法是相当常见的。云计算远远不仅解决了企业物联网趋势之下，各类接入网络的瘦终端计算资源不足的问题，更可以让用户随时按照自己的需要灵活配置可供自己使用的计算资源，而不需要再像过去一样按照自己所需计算资源的上限来配置自己的胖终端设备。

注释：

对云计算时代胖瘦终端使用这一话题感兴趣的读者，可以参阅 William Stallings 教授与 Thomas Case 教授合著的《数据通信 基础设施、联网和安全》（第 7 版）9.7.2 节（云计算参考结构）中的应用注解：胖还是瘦——这是一个问题。在这个应用注解中，教授用 9 个自然段轻松简洁的文字，对胖与瘦的话题进行了生动的评注，其中有一个自然段的内容还涉及了我们上文中介绍的 WLAN 架构的变迁。

在本系列教材《网络基础》1.1.2 节（萌芽的产生）中，我们介绍分时系统（《网络基础》图 1-1）时曾经提到，分时系统与时下某些最热门的技术看上去非常类似，这个时下最热门的技术指的其实就是云计算。这两个时代的信息技术水平虽然存在天壤之别，但它们存在着架构上的相似性，那就是计算资源的集中化。在分时系统被广泛应用的年代，计算机上的计算资源属于稀缺资源，当时的模拟电话网络虽然通信能力有限，但电传打字机和计算机之间也只需要传输简单的命令。在这样的大背景下，分时系统的存在让大量用户能够通过网络共享这些稀缺的资源。在当今的大数据时代，智能终端需要计算的数据量正在呈级数增长，同时摩尔定律[①]已经失效，而网络带宽仍在以较快的速率增长，计算资源再次成为了相对稀缺的资源，因此集中式部署计算资源的架构势必会因为其高效性、灵活性和经济性而回归人们的视野。所以，读者如果在查询云计算的相关技术时发现一些文档（包括维基百科的 Cloud Computing 词条）在介绍云计算的起源时提到分时系统，请不要因两项技术在时代和核心技术方面的巨大差异而觉得难以理解。

从无线技术、SDN、云计算出发，我们还可以深入研究企业网的发展趋势。比如，我们可以从云计算的灵活性这一需求延伸出虚拟化技术在企业网中的普及，再从虚拟设备的跨广播域迁移延伸出大二层技术等。但我们在这里需要指出，网络会随着用户的需求和科技的发展不断变化，每一年都会有大量新的术语涌现，这些术语或指代某项刚刚

[①] 摩尔定律：集成电路上可以容纳的晶体管数量每 2 年就会增长一倍，性能也会随之翻倍。这是由英特尔（Intel）公司的联合创始人与名誉董事长戈登·摩尔在 1965 年提出的，后于 1975 年通过在 IEEE 大会上提交的论文修改为当前的版本。

标准化的特定技术或产品，或指代一种各个厂商仍在各说各话的观念，或指代一种全新的网络架构。其中大量新兴概念都适用于企业网环境，或者因为能够优化企业网环境而被企业网采纳。本书不可能穷举所有新的技术趋势。我们推荐每一位华为 ICT 学院的学生、每一位本书的读者能够将曾经用于打游戏、逛网店、刷朋友圈、看连续剧的时间分出一小部分，养成关注 IT 发展趋势的习惯。在条件允许的情况下，应该设法现场出席或在线参与由不同政府、研究机构、NGO（非政府机构）、企业组织的 IT 创新会议，关注 IT 的前沿动态。如果能够做到这一点，读者必将获益良多。

1.4 本章总结

作为华为 ICT 学院路由交换技术第 3 册教材的开篇，我们通过一章的篇幅为读者展示了企业网络的历史与发展，以及企业网的分层模型，这也是为了展开本册教材的其他章节所做的铺垫。

本系列教材的前两册已经为读者介绍了如何搭建基础网络，本册教材将在此基础上，为读者介绍出于不同目的而应用在局域网（尤其是企业网）中的各种技术。其中包括了实现冗余、安全性、连接 Internet、构建 WLAN，以及减轻管理员工作负担的常用技术。

读者在阅读和学习本册教材时，可以把自己放在企业网络管理员的位置上，这样不仅可学习各种技术的原理和配置，更能够理解相关技术对企业网络带来的好处。

1.5 练习题

一、选择题

1. 下列哪些联网设备可能出现在企业网环境中？（多选）（   ）

A. 用户终端设备　　　B. 打印机　　　　C. IP 电话　　　　　D. 监控摄像头

2. 网络化办公为传统的办公方式带来了哪些变化？（多选）（   ）

A. 信息的共享更便利，更环保（比如无纸办公）

B. 信息的储存更简单，查阅更轻松（比如建立数据库并检索信息）

C. 信息的安全性更高，资料不易泄露（比如使用电子化数据替换纸张）

D. 信息的发布更快速，能够准确发送到每位员工的桌面（比如通过电子邮件）

3. 在企业网的体系结构中，建议把企业网分为以下哪几层？（多选）（   ）

A. 核心层　　　　　　B. 汇聚层　　　　C. 接入层　　　　　D. 冗余层

4．如果要对企业网终端用户生成的流量进行分类，管理员最好在哪一层实施标记？

（　　　）

    A．核心层　　　　　B．汇聚层　　　　　C．接入层　　　　　D．冗余层

5．按网络分层来说，在小型企业网环境中可以忽略哪一层的部署？（　　　）

    A．核心层　　　　　B．汇聚层　　　　　C．接入层　　　　　D．冗余层

6．管理员通常会在以下哪层中实施冗余性技术？（多选）（　　　）

    A．核心层　　　　　B．汇聚层　　　　　C．接入层　　　　　D．冗余层

二、判断题

1．在设计企业网时，考虑到未来的扩展性，必须按照三层模型进行设计。

2．在企业网的设计中，管理员只需要在 Internet 出口上考虑安全性问题就可以了，这种安全顾虑可以通过部署防火墙、入侵检测/防御系统化解。

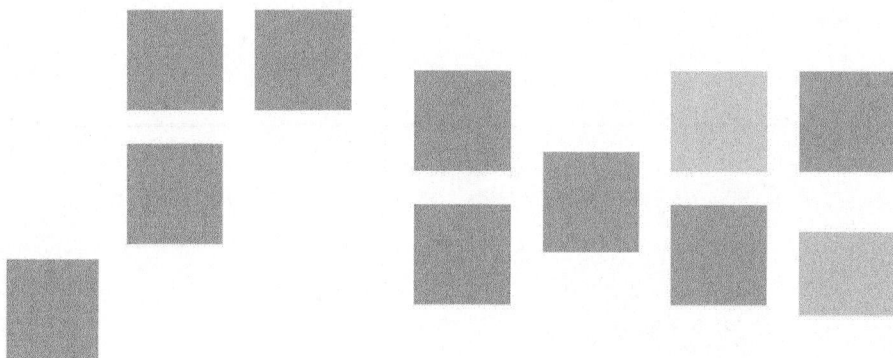

第2章
网络可靠性

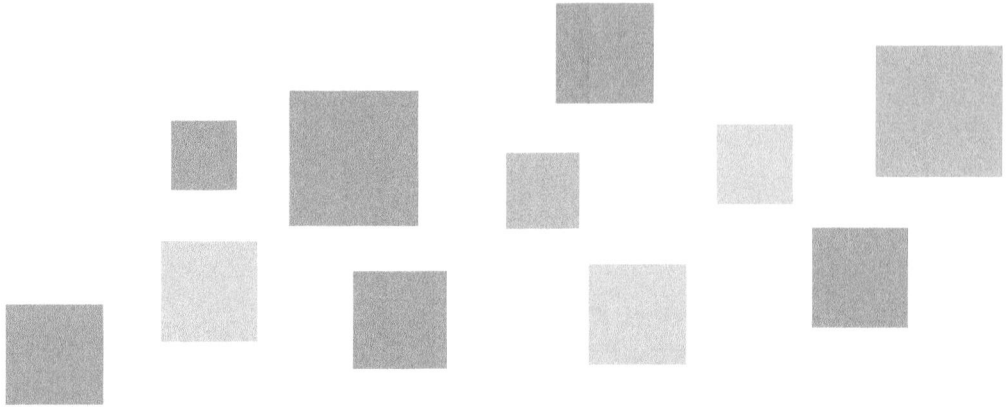

在这个读书、工作、学习、投资、休闲都已经充分数字化、在线化的年代，网络中断常常意味着人们什么都不能做。随着人们对网络的依赖性越来越高，网络工程师需要保证网络能够 7×24h 不间断为人们提供服务。在这一章中，我们会向读者介绍 3 项可以提升网络可靠性的技术。在这 3 项技术中，第一项技术可以给网络提供检测连通性的机制；另外两项技术则旨在增加网络的冗余性，确保网络在某些环节发生故障时依然能够正常运行，避免单点故障的发生。值得一提的是，要想确保网络的可靠性，工程师在设计网络时就应该把这些技术考虑在内，而不要等到在网络已经出现故障、或网络中已经存在单点故障的风险之后再亡羊补牢。

学习目标

- 理解 BFD 的功能与工作原理；
- 了解 BFD 的报文格式；
- 掌握 VRRP 的工作原理；
- 掌握 VRRP 的配置方法；
- 理解链路聚合的作用；
- 掌握链路聚合的工作模式；
- 掌握链路聚合的配置方法。

2.1 BFD

网络可靠性的一项重要标准在于这个网络是否能够快速复原，有些技术资料称之为网络的弹性（Resilience）。快速复原能力一般是指网络不借助技术人员的干预就自动恢复的能力，因此网络要想具备快速复原能力，就必须首先拥有一种能够检测出网络中故障的机制，否则恢复也就无从谈起，而 2.1 节要介绍的双向转发检测（Bidirectional Forwarding Detection，BFD）就是这样一项技术。

2.1.1　BFD 概述

根据 2.1.1 节引入部分的介绍，读者应该已经大致了解了 BFD 的作用。部署 BFD 就像给网络安装了故障自检系统，让网络设备能够更快地发现相邻设备之间的通信已经中断，以便尽快采取有针对性的措施来促进网络快速复原。

不过，通过《网络基础》和《路由交换技术》的学习，读者也应该知道很多人在搭建网络时采用的介质和技术自身就提供了错误检测机制，譬如很多协议中引入的 Hello/Keepalive（保活）数据包与老化计时器机制，就可以让这种协议能够在通信出现故障时发现问题。然而，并不是通过所有方式建立的通信都具备这样的通信故障检测机制，比如对于管理员手动配置的静态路由条目，路由器就没有配套机制可以了解它们对应的下一跳设备是否仍然可达。除了不具备统一的检错机制会显著降低网络的快速复原能力之外，很多技术自带的检错机制效率很低，常常无法满足某些应用的需求。BFD 同时解决了这两大问题，它不仅检错效率高，而且适用于广泛的介质，能够给大量的协议提供错误检测服务，这是读者在设计网络时应该部署这项技术的原因。

BFD 提供的服务很容易理解，下面我们来介绍一下 BFD 提供这种服务的机制。

2.1.2　BFD 的工作机制

BFD 采取的通信故障检测方式与 Hello 消息采用的方式十分类似，这个以 UDP 作为传输层协议的协议可以算是一种轻量级的 Hello 协议。具体来说，在检测通信故障之前，BFD 对等体之间也需要首先建立会话，然后再通过这条对等体之间建立的会话来周期性地发送故障检测消息。如果一台 BFD 设备在指定时间内没有接收到 BFD 对等体发送过来的检测消息，那么它就会认为自己与对等体之间的通信出现了故障，如图 2-1 所示。

为了建立 BFD 会话，对等体之间需要首先完成 3 次握手，3 次握手的会话建立过程同时也是参数协商过程。如果对等体之间完成了 BFD 3 次握手，那么它们也就完成了状态迁移并进入 BFD UP 状态。

既然涉及状态迁移，就有对应的状态机。作为一种轻量级 Hello 协议，（如果不考虑因为管理员没有在设备上启用 BFD 协议而导致 BFD 处于管理 DOWN 的状态）BFD 共有 3 种状态，它们是 DOWN、INIT 和 UP。BFD 的状态迁移过程相当简单，下面我们来简单介绍一下 BFD 对等体之间的状态迁移过程。

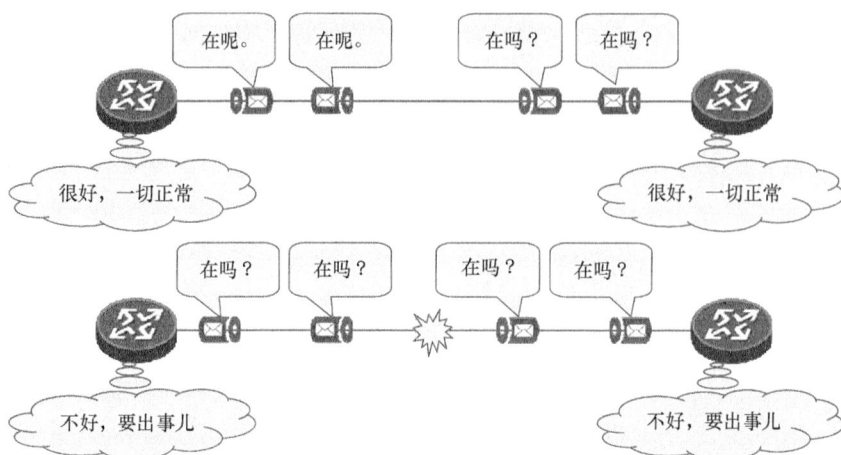

图 2-1　BFD 的工作方式

首先，当管理员在两台设备上启用 BFD 之后，它们的初始状态都是 DOWN。此时，BFD 设备会向对端发送 BFD 消息，BFD 消息中会携带始发设备当前的状态，如图 2-2 所示。

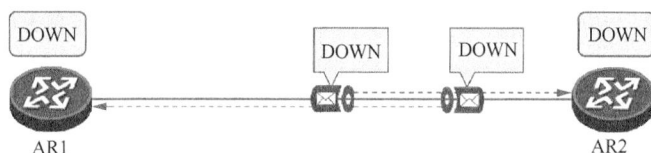

图 2-2　BFD 的 DOWN 状态

当一台处于 DOWN 状态的 BFD 设备接收到状态为 DOWN 的 BFD 消息之后，它就会进入 INIT 状态，状态为 INIT 的设备发送的 BFD 消息状态也会变为 INIT，如图 2-3 所示。

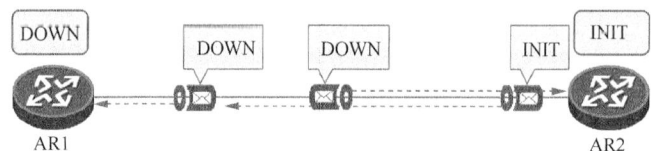

图 2-3　BFD 的 INIT 状态

在图 2-3 中，图 2-2 的 AR2 接收到了 AR1 发送的 DOWN 消息，因此 AR2 进行了状态迁移，并开始向 AR1 发送状态为 INIT 的 BFD 消息。同时，由于 AR1 此时还没有接收到 AR2 发送的 DOWN 消息，因此 AR1 仍然在周期性地向 AR2 发送状态为 DOWN 的消息。对于状态为 INIT 的 BFD 设备，它会忽略后续状态为 DOWN 的消息。因此，在图 2-3 的下一个状态中，AR1 会接收到 AR2 发送的 DOWN 消息并切换为 INIT 状态，但 AR2 由于已经进入了 INIT 状态，因此它不会处理 AR1 发来的 DOWN 消息。这个过程十分简单，我们不再通过图示进行说明。

同理，当处于三种状态（DOWN/INIT/UP）中任何一种状态的设备接收到状态为 INIT 的 BFD 消息之后，它都会进入 UP 状态，状态为 UP 的设备发送的 BFD 消息状态也会变为

UP，如图 2-4 所示。

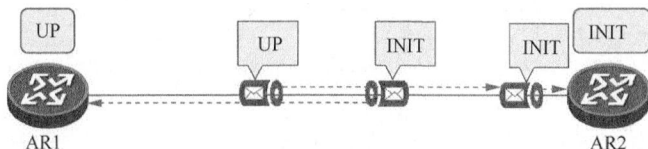

图 2-4　BFD 的 UP 状态

在图 2-4 中，由于图 2-3 中 AR2 首先迁移到了 INIT 状态并开始向 AR1 发送状态为 INIT 的 BFD 消息，因此 AR1 首先接收到了 AR2 发送的 INIT 消息，AR1 迁移到了 UP 状态后开始向 AR2 发送状态为 UP 的 BFD 消息。同时，由于 AR1 迁移到 INIT 状态的时间比较晚，因此 AR2 还没有接收到 AR1 发送的 INIT 消息。

当一台 BFD 设备的状态由 DOWN 迁移到 INIT 之后，它就会开始启动超时计时器，只要超时计时器过期之前它仍然没有接收到对端发送过来的 BFD 消息，那么无论此时该设备的状态为 INIT 还是 UP，它都会直接进入 DOWN 状态；如果它接收到的 BFD 消息状态为 DOWN，它也会直接进入 DOWN 状态。这也就是说，UP 状态不会回退到 INIT 状态，它只会直接回到 DOWN 状态。

注释：

如果一台处于 DOWN 状态的设备直接接收到了状态为 UP 的 BFD 消息，它会忽略这个消息，而不会直接过渡到 INIT 状态或者 UP 状态。

BFD 的接口状态机逻辑十分简单，我们在 2.1.2 节中已经充分介绍了触发 BFD 接口状态机的几种情况。在这里，我们在章末练习题之外先给读者留下一道画图题：请读者能够根据 2.1.2 节中的文字描述，画出 BFD 状态机的迁移流程，图中包含 BFD 状态机迁移的触发条件。

在介绍了 BFD 的状态之后，2.1.3 节将介绍 BFD 的报文格式。

2.1.3　BFD 的报文格式

在《网络基础》和《路由与交换技术》中我们也曾经提到过，一项协议提供的服务需要通过定义这个协议的头部字段来落实。既然这样，我们可以分析一下 BFD 的协议报文，了解 BFD 是如何实现协议功能的。

BFD 的头部封装格式如图 2-5 所示。

下面，我们结合图 2-5 介绍 BFD 头部封装格式中各个字段的表意。

- **版本**：版本字段与 IPv4 数据包头部的作用类似，用来标识这个数据包的 BFD 版本。目前这个字段的取值固定为"1"。
- **诊断字**：这个字段的作用是标识本地设备最近一次 BFD 状态发生变化的原因。

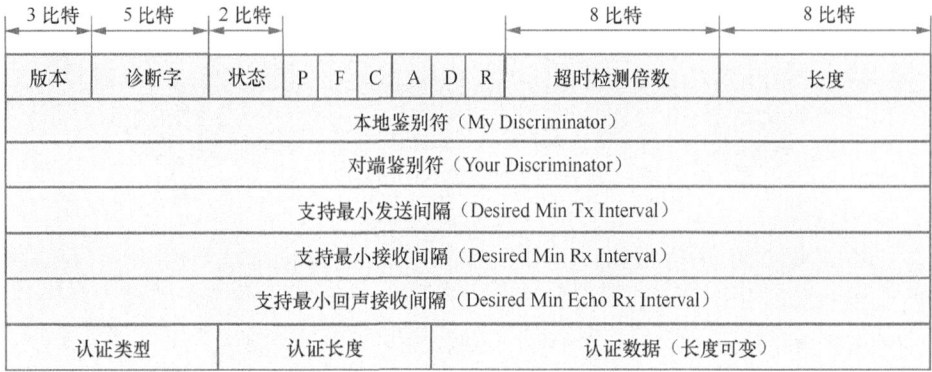

图 2-5　BFD 头部封装格式

- **状态**：如果有心，学习了 2.1.2 节的读者应该在看到图 2-5 时就开始主动寻找这个字段，因为我们 2.1.2 节的内容实际上都是围绕着这个字段展开的。这个字段的长度为 2 比特，因此可以取 4 个值：这个字段取值为"0"表示本地设备管理关闭了 BFD；取值为"1"表示本地设备当前 BFD 状态为 DOWN；取值为"2"表示当前 BFD 状态为 INIT；取值为"3"表示当前状态为 UP。

- **超时检测倍数**：在默认模式下，BFD 设备会周期性地发送 BFD 消息向对端通告自己的存在。如果一台 BFD 设备在超时时间周期内都没有接收到对端发送的 BFD 消息，那么这台设备就会认为与对方设备的通信出现了故障。这个字段的作用是标识本地设备的超时时间周期，是发送周期的多少倍。

- **长度**：长度字段的作用与 IP 数据包头部的作用类似，用来表示这个 BFD 头部所封装的数据长度。

- **本地鉴别符**：一对 BFD 对等体之间未必彼此通过介质直连。因此，BFD 消息中需要有专门的字段用来告知对端这是来自哪个 BFD 会话的消息，本地鉴别符的作用就在于此。如果 BFD 会话是动态建立的，那么系统会给每个会话的 BFD 消息自动分配一个本地鉴别符值。如果 BFD 会话是静态建立的，那么本地鉴别值则是管理员静态配置的数值。

- **对端鉴别符**：如果 BFD 会话是动态建立的，那么当 BFD 设备接收到对端发送的 BFD 消息时，它会用该消息中本地鉴别符字段中封装的数值，作为自己在这段会话中给对等体发送 BFD 消息时使用的对端鉴别符字段的值。如果 BFD 会话是静态建立的，那么本地鉴别值和对端鉴别值则都需要由管理员进行静态配置。

- **支持最小发送间隔**：这个字段的作用顾名思义，它标识了这台 BFD 设备支持的最小 BFD 消息发送间隔。

- **支持最小接收间隔**：这个字段标识了这台 BFD 设备支持的最小 BFD 消息接收间隔。

- **支持最小回声接收间隔**：这个字段的作用是标识这台 BFD 设备支持的最小回声

（Echo）消息接收间隔。

- **认证类型**：认证类型字段是可选字段。如果管理员启用了 BFD 认证，那么 BFD 消息中就会携带这个字段来标识管理员指定的认证类型。BFD 支持 5 种类型的认证，包括明文密码认证（类型字段取值为"1"）和加密 MD5 认证（类型字段取值为"2"）等。
- **认证长度**：既然认证类型是可选字段，认证长度当然也是可选字段。如果管理员启用了 BFD 认证，那么 BFD 消息中就会携带这个字段来标识认证类型字段、认证长度字段和认证数据字段这 3 个字段的总长度。
- **认证数据**：这一部分顾名思义就是认证的数据部分。显然，这个字段的长度不是固定的。

通过上面 3 节的介绍，读者已经基本了解了 BFD 的工作方式。下面我们简单说明一下动态建立的 BFD 会话是如何通过检测故障来影响通信的。

图 2-6 所示为管理员在 OSPF 进程下启用了 BFD，让 BFD 来检测 OSPF 的通信故障。

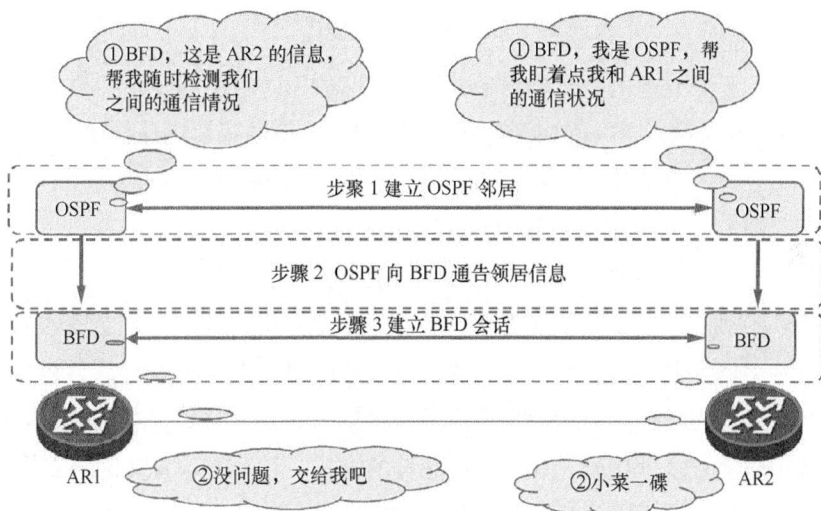

图 2-6　BFD 会话的建立

图 2-6 展示了 BFD 开始检测故障之前经历的 3 个步骤：

步骤 1　OSPF 建立了邻居关系；

步骤 2　OSPF 将邻居信息通告给了 BFD；

步骤 3　BFD 则利用这些信息建立了会话，并且通过这段会话周期性地相互发送消息来检测故障。

此时，如果 AR1 和 AR2 之间的通信因为链路故障而中断，那么 BFD 就会迅速检测出通信中断的情况，如图 2-7 所示。

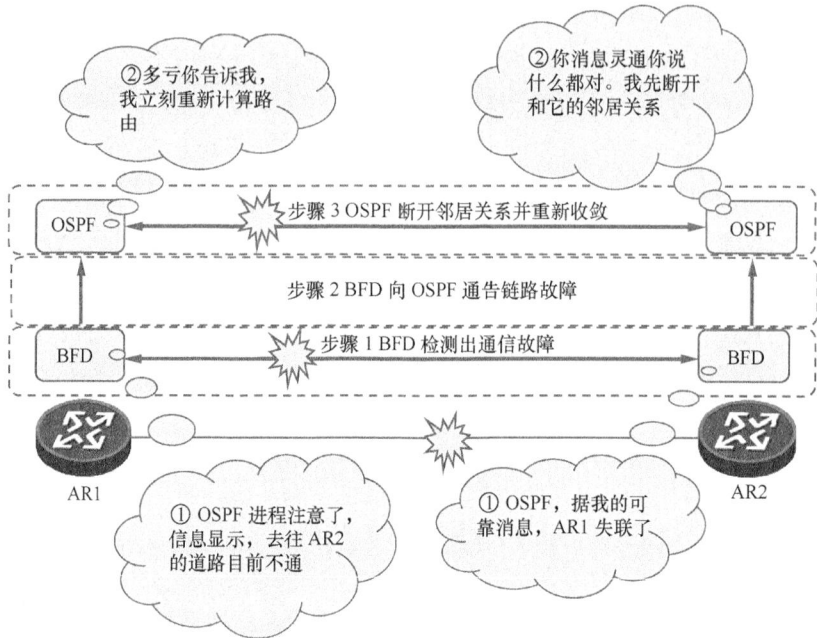

图 2-7　BFD 向 OSPF 通告链路故障

图 2-7 展示了 BFD 检测到故障发生并通告链路故障时经历的 3 个步骤：

步骤 1　BFD 因在指定时间内没有接收到对端的 BFD 消息而迅速检测出了 AR1 与 AR2 之间的通信故障，同时 BFD 的状态也由 UP 变为了 DOWN；

步骤 2　BFD 向 OSPF 通告邻居已经不可达的信息；

步骤 3　OSPF 断开邻居关系，OSPF 网络也会开始重新收敛。

　　静态建立的 BFD 会话检测通信故障的方式也是类似的，比如管理员就可以使用 BFD 来检测本地路由器上某条静态路由条目的下一跳路由器是否仍然可达。当然，静态路由并不会向 BFD 通告邻居信息，因此当管理员希望使用 BFD 来检测静态路由通信故障时，就需要通过手动配置本地鉴别符和对端鉴别符的方式，让双方设备之间建立静态 BFD 会话。另外，静态路由也不会重新收敛，如果 BFD 检测到某条静态路由条目的下一跳已经变为不可达，那么 BFD 就会将这条路由设置为"非激活"状态，此后路由器不能再使用这条路由来进行转发；直到 BFD 重新建立会话之后，BFD 才会将这条路由条目重新恢复为"激活"状态。

　　在 2.1 节中，我们简单地介绍了 BFD 的工作原理。

2.2　第一跳冗余协议

　　第一跳冗余协议（First Hop Redundancy Protocol，FHRP）并不是指一项特定的

协议，这个名词就像路由协议（Routing Protocol）一样，是一类协议的总称。这类协议所提供服务的共同特点就是为终端设备提供网关的冗余，因为对于局域网中的终端设备来说，局域网的网关就是它们经历的第一跳路由设备，配置在终端设备上的默认网关其实也就是一条将下一跳指向网关设备连接局域网接口的默认路由。

对于一个局域网来说，网关设备是连接局域网和外部网络的桥梁，局域网与网关设备之间的通信断开也就意味着局域网中所有终端断开了与外部网络的通信，比如在第 1 章图 1-3 所示的网络中，只要交换机与路由器之间的链路、这条链路两端的任何一个端口、路由器、路由器连接 Internet 的链路或者这条链路的端口任意一点出现故障，所有终端都会失去与 Internet 的连接。考虑到网关设备的重要性，人们采用部署冗余网关的设计方案也就顺理成章了。在 2.2 节中，我们会介绍一项在部署冗余网关时最常用的 FHRP，即虚拟路由器冗余协议（Virtual Router Redundancy Protocol，VRRP）。

2.2.1　VRRP 概述

为了避免上文所说的这种单点故障的隐患，最直接的想法是让交换机通过两条上行链路分别连接两台路由器，这两台路由器再分别与 Internet 相连，如图 2-8 所示。

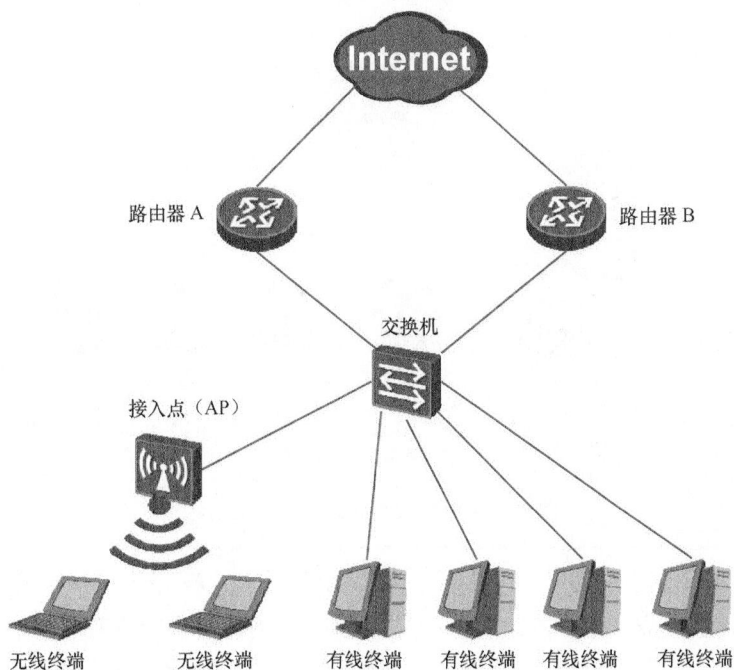

图 2-8　一个包含了冗余网关的小型网络

从功能上看，这个拓扑足以避免与网关相关的单点故障，但如果没有配套机制，这种设计方案却存在实现方面的问题。在《网络基础》一书配套实验手册的图 3-10 中，读者可以清楚地看到，系统配置项中只能输入一个默认网关，并不存在备用默认网关的设置。这也就是说,网络中需要一种机制能够让冗余网关设备工作起来像是一台网关设备,而我们这一节要介绍的 VRRP 就提供了这样一种机制。

虚拟化技术的种类多种多样,我们在《路由与交换技术》中介绍的 VLAN 技术属于一种可以将单一广播域通过虚拟化手段虚拟为多个广播域的虚拟化技术,而 2.2.1 节我们要介绍的 VRRP 则正好相反,这个协议提供了将多台路由器虚拟成一台路由器的服务。

通过虚拟化手段,我们可以将多台物理设备在逻辑上合并为一台虚拟设备,同时让这些物理路由器对外隐藏各自的信息,以便针对其他设备提供一致性的服务,如图 2-9 所示。

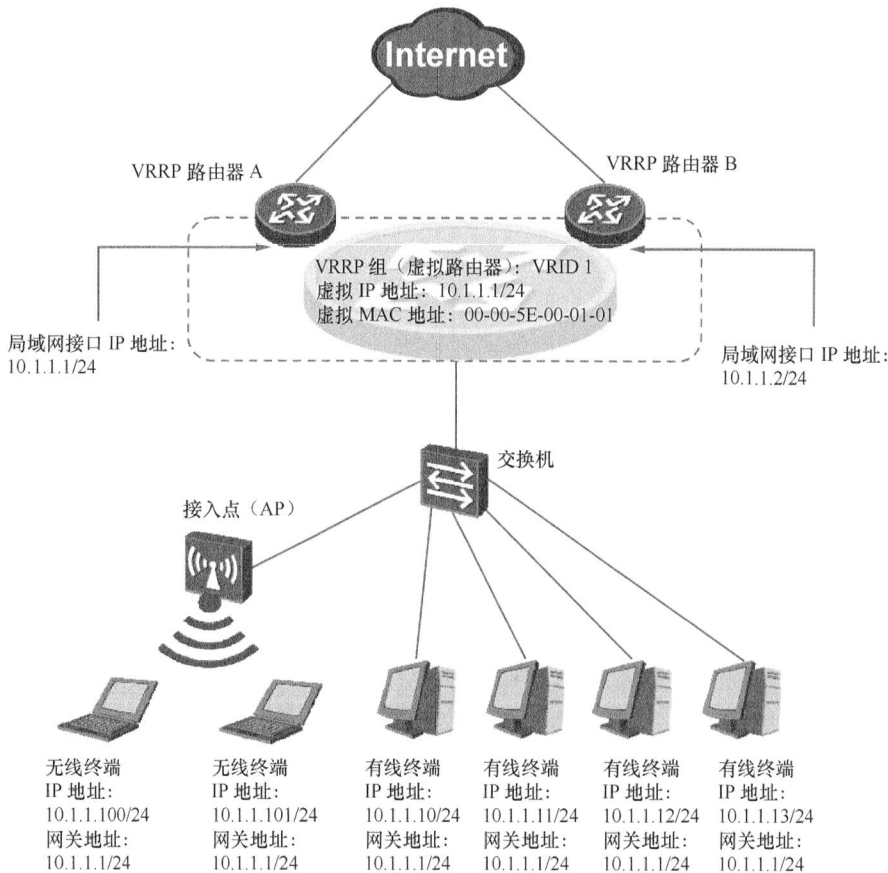

图 2-9　使用了 VRRP 环境的逻辑拓扑

如果我们在图 2-8 所示的物理拓扑中配置了 VRRP,将路由器 A 和路由器 B 连接交换机的接口配置成一个 VRRP 组,两台路由器的接口就会对外使用相同的 IP 地址(10.1.1.1/24)和 MAC 地址(00-00-5E-00-01-01)进行通信。此时,管理员只需要在所有终端设备上将这个 IP 地址(10.1.1.1/24)设置为默认网关的地址,就可以实现网关设备的冗余。当其中一台路由器出现故障时,在这个局域网与 Internet 之间路由数据包的操作虽然会由一台设备迁移到另一台设备,但是终端设备完全不知道原本的网关设备发生了故障,而当前充当网关的已经变成了另一台路由设备——因为虽然实际为它们提供流量转发的设备已经发生了切换,但它们仍然在使用原本的 IP 地址和 MAC 地址来发送需要由原先网关设备转发的流量。所以说,无论是在网关设备切换前,还是网关设备切换后,终端设备都认为这个网络的逻辑拓扑其实就是第 1 章中图 1-1 所示的拓扑。

在 2.2.1 节中,我们描述了 VRRP 提供的服务。在 2.2.2 节中,我们会对 VRRP 的工作原理进行简单的介绍。

2.2.2　VRRP 工作原理

在 2.2.1 节中,我们曾经提到,VRRP 可以在网关路由器出现故障时,让另一台同处一个 VRRP 组中的设备继续为局域网与 Internet 之间执行数据转发。这实际上从侧面说明了参与同一个 VRRP 组的路由器并不会同时都参与转发,VRRP 路由器的角色分为主用(Master)和备用(Backup)两种,只有主用路由器才会为局域网和 Internet 之间的流量执行转发,而备用路由器只会监听主用设备的状态,这是为了在主用设备出现故障时能够及时接替主用设备。

注释:

主用 VRRP 路由器和备用 VRRP 路由器实际上指的都是路由器的接口,而不是路由器。鉴于读者已经在学习 OSPF 时,学习过指定路由器(DR)和备份指定路由器(BDR)的概念,因此读者应该不难理解参与主用/备用路由器选举的网络实体实际上是路由器接口这一情形。由于技术术语与网络实体存在偏差是既成的事实,读者在阅读后面的文字时应该保持清醒。为了帮助读者熟悉这一概念,在下面的术语介绍中,我们会使用“路由器(接口)”的方式来提醒读者,VRRP 路由器其实指的是路由器接口。

为了说清楚 VRRP 的工作原理,我们有必要首先对一些 VRRP 术语进行说明,读者不妨参照图 2-9 来理解下面的说明。

- **VRRP 组:** 当管理员为了实现网关设备的冗余而通过配置的手段,将连接在同一个局域网中的一组 VRRP 路由器(接口)划分到同一个逻辑网关(接口)组中,让它们充当这个局域网中终端设备的主用/备用网关时,管理员所创建的这个逻辑组就是 VRRP 组。这些由 VRRP 路由器(连接在相同局域网中的接口)所组成的逻辑组,在这个局域网中的终端看来就像是一台网关路由器,因此 VRRP 组也称为虚拟路由器。例如,在图 2-9 中,VRRP 路由器 A 和 VRRP 路由器 B 连接局域网交换机的接口就被划分到了同一个 VRRP 组中,这个 VRRP 组在终端设备看来也就是一台虚拟路由器。
- **虚拟 IP 地址:** 由于在一个 VRRP 组中,多个路由器(的接口)需要作为一台虚拟路由器对外提供服务。因此,这些路由器(接口)需要对外使用相同的 IP 地址来响应终端发送给默认网关目的 IP 地址的流量,这个 IP 地址也就是 VRRP

组的虚拟 IP 地址。在图 2-9 中，VRRP 组（虚拟路由器）的虚拟 IP 地址为 10.1.1.1/24。

注释：

同一个 VRRP 组可以有多个虚拟 IP 地址，但不同 VRRP 组的虚拟 IP 地址不能相同。

- **IP 地址拥有者**：如果虚拟 IP 地址是某一个 VRRP 设备的真实 IP 地址，那么这台设备就是 IP 地址拥有者。比如，在图 2-9 中，VRRP 组（虚拟路由器）的虚拟 IP 地址为 10.1.1.1/24，这个 IP 地址与 VRRP 路由器 A 局域网接口的 IP 地址相同，因此 VRRP 路由器 A 就是这个 VRRP 组的 IP 地址拥有者。

- **虚拟 MAC 地址**：由于在一个 VRRP 组中，多个路由器（的接口）需要作为一台虚拟路由器对外提供服务。因此，这些路由器（接口）需要对外使用一个（不同于自己实际 MAC 地址的）一致的虚拟 MAC 地址来响应终端发送给默认网关流量的目的 MAC 地址，这个 MAC 地址也就是 VRRP 组的虚拟 MAC 地址，所以虚拟 MAC 地址与 VRRP 组（的组 ID）之间存在对应关系。在图 2-9 中，VRRP 组（虚拟路由器）的虚拟 MAC 地址为 00-00-5E-00-01-01。

- **VRID**：同一个 VRRP 路由器（接口）有时需要参与多个 VRRP 组，因此需要有一种标识能够区分每个 VRRP 组，VRID 就是标识不同 VRRP 组的标识符。例如，图 2-9 所示 VRRP 组（虚拟路由器）的 VRID 为"1"。

- **优先级**：每个 VRRP 组中会有一个 VRRP 路由器（接口）充当主用（Master）路由器，这个主用路由器会承担局域网网关的角色，为终端设备转发往返于局域网的数据流量；其他参与这个 VRRP 组的 VRRP 路由器接口则充当备用（Backup）路由器，以备在主用路由器无法为终端转发流量时有设备可以继任局域网的网关。优先级是管理员在每个 VRRP 组中分配给各个 VRRP 路由器（接口）的参数，一个 VRRP 组中优先级最高的那个 VRRP 路由器（接口）会在主用路由器选举中胜出，承担主用路由器的角色。

- **抢占**：如果一台 VRRP 路由器工作在抢占模式（Preempt Mode）下，那么当这台 VRRP 路由器（接口）的 VRRP 优先级值高于这个 VRRP 组中当前主用路由器的 VRRP 优先级值，这台 VRRP 路由器（的接口）就会成为主用路由器；如果一台 VRRP 路由器工作在非抢占模式下，那么即使这个 VRRP 路由器（接口）的 VRRP 优先级值高于这个 VRRP 组中当前主用路由器的 VRRP 优先级值，这个 VRRP 路由器也不会在该主用路由器失效之前，就替代它成为主用路由器。

VRRP 当前包含 VRRPv2 和 VRRPv3 两个版本，前者仅适用于 IPv4 环境，后者则同时适用于 IPv6 环境中。目前，华为 VRP 系统默认的 VRRP 版本为 VRRPv2。VRRP 消息是封装在 IP 头部之内的，当内部封装的消息是 VRRP 消息时，IP 头部的协议字段会取值"112"，表示这个 IP 数据包内部封装的上层协议是 VRRP；同时这个 IP 头部的目的 IP 地址封装的地址为组播地址 224.0.0.18。下面，我们来介绍一下 VRRP 消息中包含的字段内容。VRRPv2 的头部封装格式如图 2-10 所示。

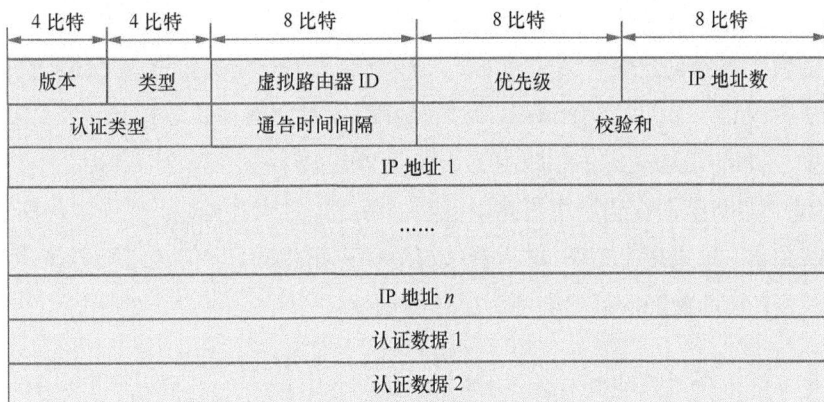

4 比特	4 比特	8 比特	8 比特	8 比特
版本	类型	虚拟路由器 ID	优先级	IP 地址数
认证类型		通告时间间隔	校验和	
IP 地址 1				
……				
IP 地址 n				
认证数据 1				
认证数据 2				

图 2-10　VRRPv2 头部封装格式

通过图 2-10，我们可以看到 VRRP 消息中会携带上文中介绍的虚拟路由器 ID 和优先级值。这两个字段在 VRRPv2 封装中定义的长度皆为 8 比特，因此虚拟路由器 ID 和优先级取值的上限皆为“255”，即 8 位二进制数全部取“1”时对应的十进制数。其中，虚拟路由器 ID 的取值范围是 1～255，而优先级字段的取值范围是 0～255，优先级值越大则这个接口在主用路由器选举中的优先级就越高，“0”表示这个 VRRP 路由器接口立刻停止参与这个 VRRP 组，如果管理员给主用路由器赋予了“0”这个优先级，那么优先级值最高的备用路由器就会被选举为新的主用路由器，而 IP 地址拥有者的优先级为“255”，优先级为“255”的设备会直接成为主用设备，华为路由器接口默认的优先级值为“100”。

除了这两个字段之外，VRRP 封装中还包括了下列字段。

- **版本**：对于 VRRPv2 消息，这个字段的取值一律为“2”。
- **类型**：这个字段的取值一律为“1”，表示这是一个 VRRP 通告消息。目前 VRRPv2 只定义了通告消息这样一种类型的消息。
- **IP 地址数**：我们在上文的备注中曾经提到，同一个 VRRP 组可以有多个虚拟 IP 地址。这个字段的作用就是标识这个 VRRP 组的虚拟 IP 地址数量。
- **认证类型**：VRRPv2 定义了 3 种类型的认证：当这个字段取“0”时，表示该消息的始发 VRRP 设备未配置认证；取“1”表示其采用了明文认证；取“2”则表示其采用了 MD5 认证。关于认证的配置方法，我们会在 2.2.3 节中进行介绍和演示。
- **通告时间间隔**：这个字段标识了 VRRP 设备发送 VRRP 通告的时间间隔，单位为 s。
- **校验和**：这个字段的表意顾名思义，其作用是让接收方 VRRP 设备检测这个 VRRP 消息是否与始发时一致。

- **IP 地址**：这个字段的作用是标识这个 VRRP 组的虚拟 IP 地址。IP 地址数字段显示这个 VRRP 组有多少虚拟 IP 地址，这个消息的头部封装中就会包含多少个 IP 地址字段。

- **认证数据**：即 VRRP 消息的认证字段。

到这里为止，我们已经介绍了 VRRP 所涉及的大部分基础知识。下面，我们需要结合上面介绍的内容，分步骤解释 VRRP 为局域网提供冗余网关的方式。

步骤 1　VRRP 组选举出主用路由器，如图 2-11 所示。

VRRP 组中的路由器在选举主用路由器时，会首先对比优先级，优先级最高的接口会成为主用路由器。如果多个 VRRP 路由器接口的优先级相同，它们之间则会继续对比接口的 IP 地址，IP 地址最高的接口会成为主用路由器。

注释：

具体描述 VRRP 主用路由器的选举机制需要花费大量篇幅，其中必须涉及 VRRP 状态的迁移。从实用的角度出发，不了解 VRRP 状态机的管理员也可以通过配置命令轻松管理 VRRP 组中设备的主用/备用角色。因此，本书为求直白，刻意规避了 VRRP 状态机和状态迁移的介绍。感兴趣的读者可以阅读其他包含 VRRP 的图书或在线资源，课下向华为 ICT 学院的任课教师请教，或者报名华为认证培训机构来学习和掌握更多关于 VRRP 的原理与操作。

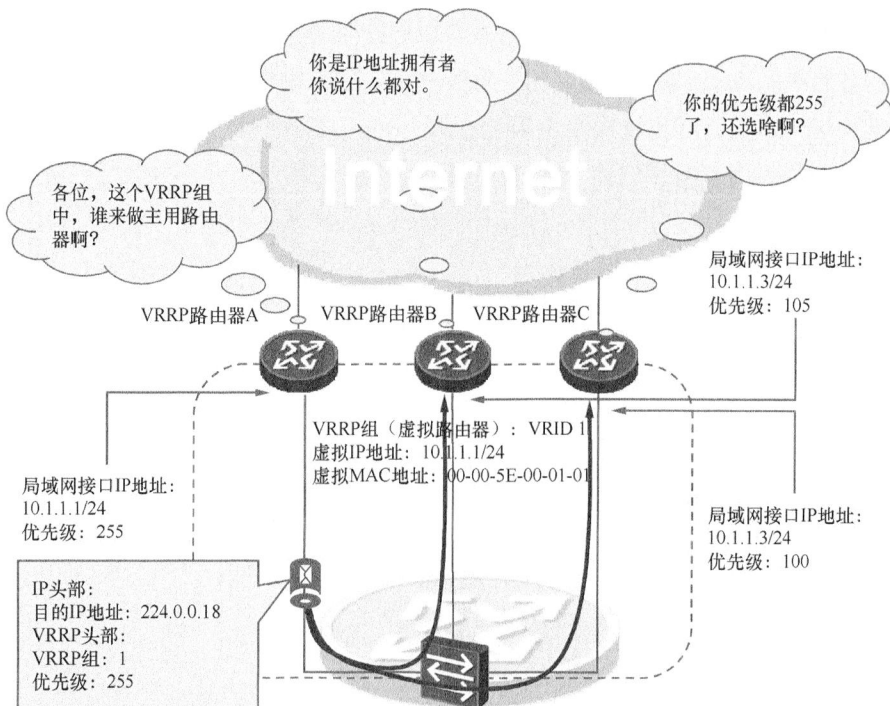

图 2-11　VRRP 主用路由器选举示意

步骤 2　主用路由器主动在这个局域网中发送 ARP 响应消息来通告这个 VRRP 组虚拟的 MAC 地址,并且开始周期性地向 VRRP 组中的其他路由器通告自己的信息和状态, 如图 2-12 所示。

注释:

　　一台设备不经请求就主动在局域网中泛洪的 ARP 响应消息称为 gratuitous ARP (gARP), 这类 ARP 被国内技术工作者翻译为 "免费 ARP" 或 "无偿 ARP"。这种译法尽管有欠妥当但却十分普遍,本书在后文中也会沿用这种 (并不贴切的) 译法。

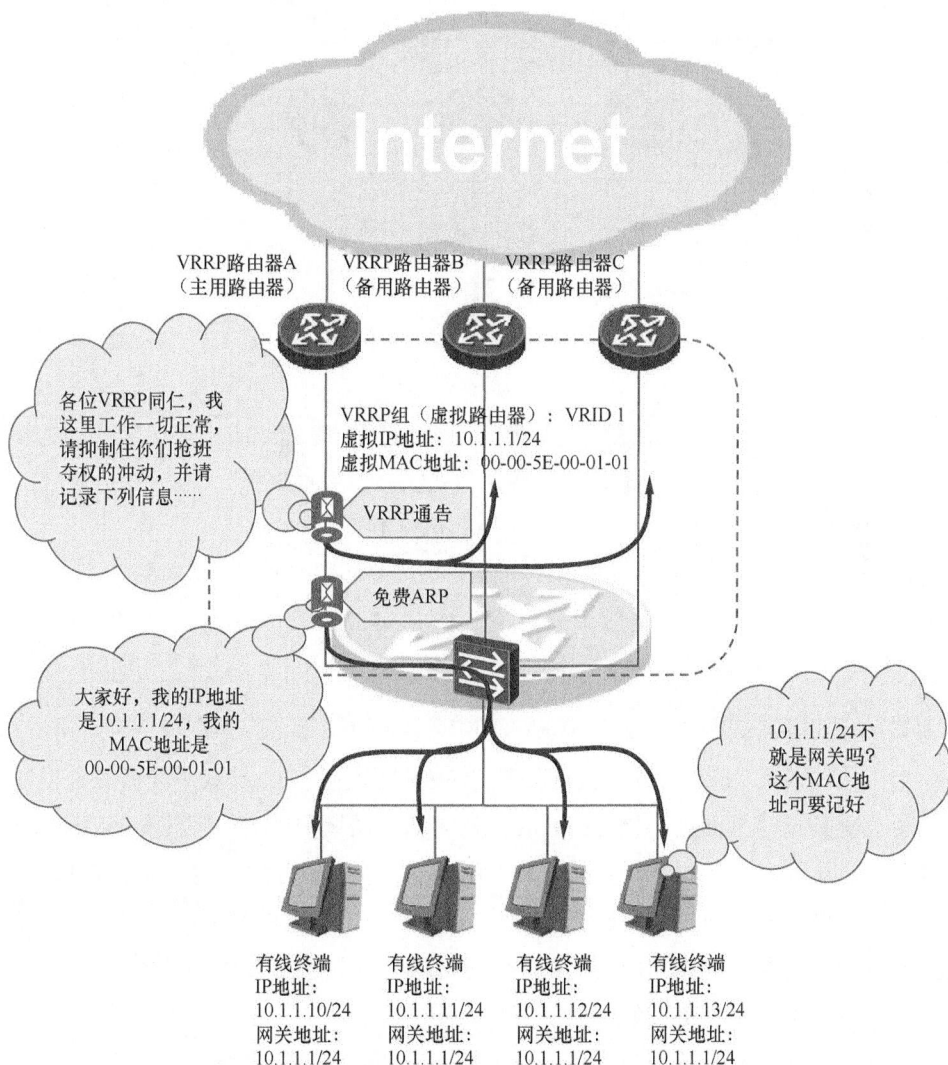

图 2-12　VRRP 主用路由器在局域网中发布免费 ARP 和 VRRP 通告的示意

　　同时,当这个局域网中的终端都获得了网关地址(也即 VRRP 组虚拟 IP 地址)所对应的 MAC 地址(即 VRRP 组虚拟 MAC 地址)之后,它们就会使用虚拟 IP 地址和虚拟 MAC

地址来封装数据。同时，在所有接收到发送给网关虚拟地址的 VRRP 组成员设备中，只有主用设备会对这些数据进行处理和/或转发，备用路由器则会丢弃发送给虚拟地址的数据，如图 2-13 所示。

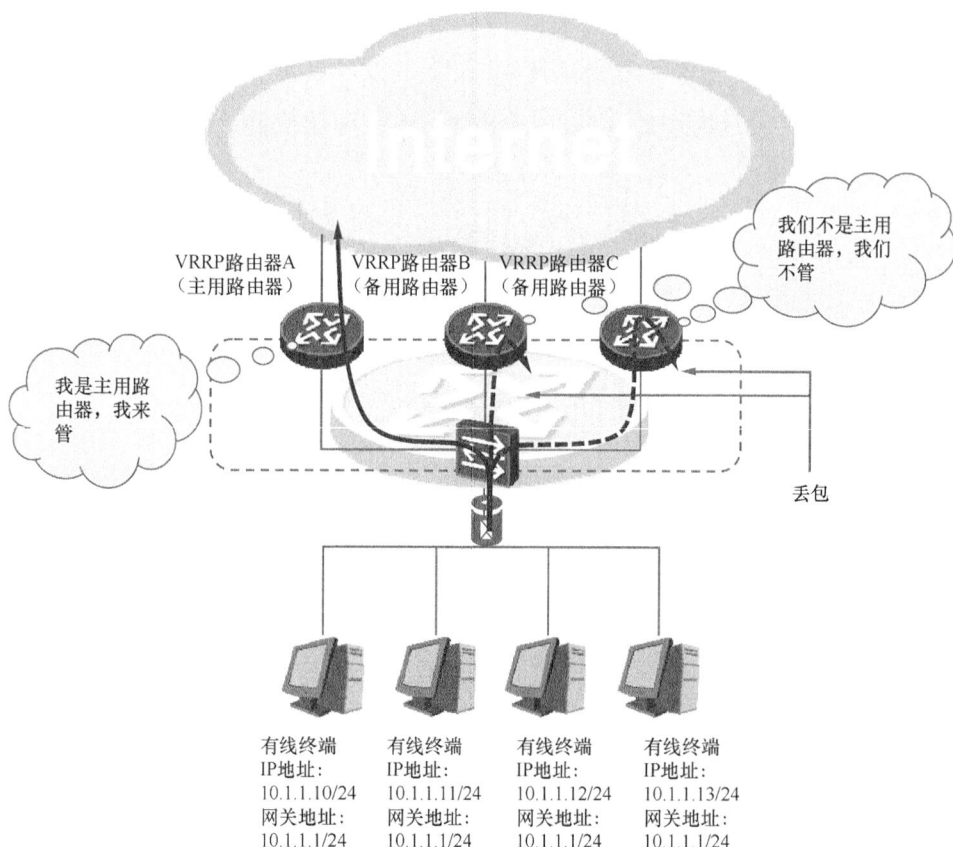

图 2-13　只有 VRRP 主用路由器负责为局域网中的终端转发往返于外部网络的流量

如果主用设备出现故障，那么 VRRP 组中的备用设备就会因为在指定时间内没有接收到来自主用设备的 VRRP 通告消息而发觉主用设备已经无法为局域网提供网关服务，于是它们就会重新选举新的主用设备，并且开始为这个局域网中的终端转发往返于外部网络的数据。这个物理网关设备切换的过程终端并不知情，这个过程也并不会影响终端设备继续使用 VRRP 虚拟地址来封装发送给网关设备和外部网络的数据包。尽管在实际上，对终端设备发送的数据包作出响应的物理设备已经不是过去那台网关设备了。

关于 VRRP 的原理，我们在 2.2.2 节中用图文并茂的方式进行了比较详细的介绍。在 2.2.3 节中，我们会演示如何在华为设备上配置 VRRP 组和相关参数。

2.2.3　VRRP 的配置

在学习了 VRRP 的理论知识后，2.2.3 节会在华为设备网络环境中展示 VRRP 的基本配置和认证部署。首先图 2-14 中展示了 2.2.3 节将会用到的拓扑图。

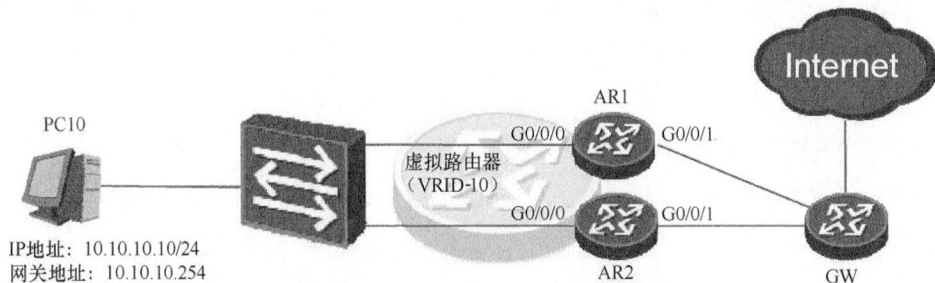

图 2-14　VRRP 基本配置环境

在图 2-14 所示的企业环境中，AR1 和 AR2 是两台连接企业网关（GW）的路由器，它们充当企业内部主机的网关，并且通过 VRRP 向企业内部网络呈现出一台虚拟路由器的状态。GW 设备连接 ISP（服务器提供商）并提供 Internet 访问。在默认情况下，管理员要求 AR1 为主用网关路由器，用来实际传输数据流量。当 AR1 发生故障时，AR2 自动从备用路由器切换为主用路由器，接替 AR1 来传输企业去往 Internet 的数据流量。企业内部用户（如图中的 PC10）使用虚拟路由器的 IP 地址（10.10.10.254）作为网关地址，在主用网关路由器（AR1）发生故障时，用户 PC10 并不会意识到网络中出现了问题，它们与 Internet 之间的数据传输并不会受到影响。与本例配置相关的接口和 IP 地址规划见表 2-1。

表 2-1　　　　　　　　　　VRRP 基本配置环境中的 IP 地址规划

设备接口	IP 地址
VRRP 虚拟路由器 VRID 10	10.10.10.254/24
AR1 接口 G0/0/0	10.10.10.253/24
AR1 接口 G0/0/1	192.168.0.2/30
AR2 接口 G0/0/0	10.10.10.252/24
AR2 接口 G0/0/1	192.168.0.6/30
PC10 IP 地址	10.10.10.10/24
PC10 网关地址	10.10.10.254
GW 与 AR1 相连接口	192.168.0.1/30
GW 与 AR2 相连接口	192.168.0.5/30
模拟 Internet 设备	192.168.0.10

注释：

为了在案例网络中实现任意节点之间的路由，我们在所有接口上都启用了 OSPF 协议。为了实现全网互通而实施的接口 IP 地址和 OSPF 协议配置不再演示，读者可以根据《路由与交换技术》第 7 章（单区域 OSPF）中介绍的配置命令，在自己的实验环境中搭建本例的拓扑环境。本书在后文的配置案例中也不再演示诸如接口配置和动态路由协议配置等内容，而是把重点放在新功能和新协议的配置上。

1. VRRP 的基本配置

在本例中，管理员把 VRRP 的虚拟路由器 ID（VRID）设置为 10，并且把虚拟路由器 IP 地址设置为 10.10.10.254。为了使 AR1 成为 VRRP 主用路由器，AR2 成为 VRRP 备用路由器，管理员在 AR1 和 AR2 的 G0/0/0 接口上分别配置了以下信息，详见例 2-1 所示。

例 2-1　在路由器接口添加 VRRP 配置

```
[AR1]interface g0/0/0
[AR1-GigabitEthernet0/0/0]vrrp vrid 10 virtual-ip 10.10.10.254
[AR1-GigabitEthernet0/0/0]vrrp vrid 10 priority 150

[AR2]interface g0/0/0
[AR2-GigabitEthernet0/0/0]vrrp vrid 10 virtual-ip 10.10.10.254
```

如例 2-1 所示，管理员在 AR1 接口 G0/0/0 上配置了命令 **vrrp vrid 10 virtual-ip 10.10.10.254**，这条命令中指定了 VRRP 备份组为 VRID 10，虚拟 IP 地址为 10.10.10.254。在实际工作中，管理员可以根据 VLAN ID 来设置 VRRP 备份组的 VRID。同时这个接口上还配置了命令 **vrrp vrid 10 priority 150**，这条命令会把这个接口在 VRID 10 中的优先级调整为 150，使其大于默认值 100，从而令 AR1 能够成为 VRID 10 的主用路由器。

管理员在 AR2 接口 G0/0/0 上也指定了 VRID 10 和虚拟 IP 地址 10.10.10.254，同时保留 VRRP 优先级 100 的默认设置。我们通过例 2-2 所示命令先来查看一下两台路由器上的 VRRP 简化信息。

例 2-2　检查 VRRP 状态

```
[AR1]display vrrp brief
Total:1    Master:1    Backup:0    Non-active:0
VRID  State        Interface          Type      Virtual IP

10    Master       GE0/0/0            Normal    10.10.10.254
[AR1]

[AR2]display vrrp brief
Total:1    Master:0    Backup:1    Non-active:0
VRID  State        Interface          Type      Virtual IP

10    Backup       GE0/0/0            Normal    10.10.10.254
```

在例 2-2 中，管理员在 AR1 和 AR2 上使用了相同的命令 **display vrrp brief**，这条命令可以用来查看 VRRP 简化信息，从中不仅可以看到接口上配置的 VRID 和虚拟 IP 地址，还可以看到接口的角色：AR1 上显示的 "Master" 表示本地路由器是 VRRP 主用路由器，用来传输数据流量；AR2 上显示的 "Backup" 表示本地路由器是 VRRP 备用路由器，当主用路由器失效时，它能够成为 VRRP 主用设备。

要想查看当前路由器上运行的 VRRP 版本，管理员可以使用命令 **display vrrp**

protocol-information，例 2-3 展示了 AR1 上这条命令的输出内容，阴影部分展示出 AR1
上 VRRP 协议的版本为 V2。

例 2-3　查看 VRRP 版本

```
[AR1]display vrrp protocol-information
 VRRP protocol information is shown as below:
    VRRP protocol version : V2
    Send advertisement packet mode : send v2 only
```

在这个案例中，管理员把 PC10 的网关地址设置为虚拟路由器 IP 地址 10.10.10.254，
在这个网络中未实施 VRRP 前，PC10 无法访问 Internet，因为网络中没有接口 IP 地址为
10.10.10.254 的设备。通过例 2-1 中几条命令的简单设置，现在 PC10 已经可以访问
Internet 了。例 2-4 展示了在 PC10 上访问（ping）Internet 地址（管理员在 GW 上启用
了一个环回接口 192.168.0.10 来模拟 Internet 设备），以及对这个地址执行 tracert
的结果。

例 2-4　在 PC10 上验证 VRRP 的配置效果

```
PC10>ping 192.168.0.10

Ping 192.168.0.10: 32 data bytes, Press Ctrl_C to break
From 192.168.0.10: bytes=32 seq=1 ttl=254 time=46 ms
From 192.168.0.10: bytes=32 seq=2 ttl=254 time=16 ms
From 192.168.0.10: bytes=32 seq=3 ttl=254 time=47 ms
From 192.168.0.10: bytes=32 seq=4 ttl=254 time=47 ms
From 192.168.0.10: bytes=32 seq=5 ttl=254 time=31 ms

--- 192.168.0.10 ping statistics ---
  5 packet(s) transmitted
  5 packet(s) received
  0.00% packet loss
  round-trip min/avg/max = 16/37/47 ms

PC10>tracert 192.168.0.10

traceroute to 192.168.0.10, 8 hops max
(ICMP), press Ctrl+C to stop
 1  10.10.10.253   31 ms  47 ms  47 ms
 2  192.168.0.10   62 ms  63 ms  78 ms
```

从例 2-4 展示的第一条 ping 命令可以看出，PC10 能够访问 Internet 设备；通过第
二条 tracert 命令，我们可以确认数据包传输的路径是 PC10->AR1->GW。继而验证了 VRRP
的配置效果，即 AR1 为 VRRP 的主用路由器，负责传输数据流量。

2. 让 VRRP 追踪上行接口状态

在 AR1 和 AR2 的 G0/0/0 接口配置好 VRRP 相关设置后，VRRP 就可以正常工作了。在网络中一切正常的情况下，VRRP 主用路由器（AR1）会通过 G0/0/0 接口周期性地发送 VRRP 消息，这使得 AR2 能够检测到 10.10.10.0/24 网络中的 AR1 故障。比如 AR1 的 G0/0/0 接口出现问题无法发送数据包，或者 AR1 整体宕机。但如果 AR1 与 GW 相连的链路出现问题而中断，AR2 是无法获得任何通知的，这时 AR1 仍是 VRRP 的主用设备，仍负责转发 PC10 发来的数据流量，但由于上行链路中断，PC10 实际上是无法通过 GW 访问 Internet 的。

既然配置 VRRP 的目的就是为了确保 LAN 中的主机能够在一台网关设备出现问题时，仍可以通过另一台网关设备进行通信，因此我们需要让 VRRP 也能够根据上行链路的状态相应地进行切换。因此，管理员在 AR1 的 G0/0/0 接口上配置了以下命令来实现这一目标，详见例 2-5 所示。

例 2-5　配置 VRRP 追踪上行链路状态

```
[AR1]interface g0/0/0
[AR1-GigabitEthernet0/0/0]vrrp vrid 10 track interface GigabitEthernet 0/0/1 reduced 100
```

从例 2-5 所示配置命令可以解读出：AR1 要在 VRRP VRID 10 中追踪接口 G0/0/1 的状态，当 G0/0/1 的状态变为 Down 时，把 VRRP VRID 10 的优先级减少 100。还记得例 2-1 中管理员把 AR1 接口 G0/0/0 的 VRID 10 优先级配置为"150"，因此当优先级减少 100 后，它的优先级就会低于 AR2 接口 G0/0/0 的优先级 100。这样一来，AR2 就可以通过优先级抢占主用角色。

本例中，我们通过手动关闭 AR1 接口 G0/0/1 来模拟上行链路故障。例 2-6 展示了 AR1 上的相关显示信息。

例 2-6　关闭 AR1 接口 G0/0/1 并观察 VRRP 状态变化

```
[AR1]interface g0/0/1
[AR1-GigabitEthernet0/0/1]shutdown
Mar 28 2017 04:52:09-08:00 AR1 %%01IFPDT/4/IF_STATE(1)[0]:Interface GigabitEther
net0/0/1 has turned into DOWN state.
[AR1-GigabitEthernet0/0/1]
[AR1-GigabitEthernet0/0/1]
Mar 28 2017 04:52:09-08:00 AR1 %%01IFNET/4/LINK_STATE(1)[1]:The line protocol IP
 on the interface GigabitEthernet0/0/1 has entered the DOWN state.
[AR1-GigabitEthernet0/0/1]
Mar 28 2017 04:52:09-08:00 AR1 %%01VRRP/4/STATEWARNINGEXTEND(1)[4]:Virtual Route
r state MASTER changed to BACKUP, because of priority calculation. (Interface=Gi
gabitEthernet0/0/0, VrId=167772160, InetType=IPv4)
[AR1-GigabitEthernet0/0/1]
```

```
Mar 28 2017 04:52:09-08:00 AR1 VRRP/2/VRRPMASTERDOWN:OID 16777216.50331648.10066
3296.16777216.67108864.16777216.3674669056.83886080.419430400.2130706432.3355443
2.503316480.16777216 The state of VRRP changed from master to other state. (Vrrp
IfIndex=50331648, VrId=167772160, IfIndex=50331648, IPAddress=253.10.10.10, Node
Name=AR1, IfName=GigabitEthernet0/0/0, CurrentState=Backup, ChangeReason=priorit
y calculation(GE0/0/1 down))
```

从例 2-6 中我们可以看出,当管理员在 AR1 接口 G0/0/1 上执行了 **shutdown** 命令后, AR1 自动弹出提示信息,表示接口状态从 "UP" 变为 "DOWN"。第一个阴影行展示出 VRRP 状态也发生了变化,由于优先级重新计算,AR1 的 VRRP 状态从 "MASTER" 改变为 "BACKUP"; 第二个阴影行给出了变更原因是 G0/0/1 接口状态变为 "DOWN"。

例 2-7 展示了 AR2 上的提示信息,从阴影行可以看出 AR2 接替成为 VRRP 主用路由器。

例 2-7　AR2 上的同步显示信息

```
[AR2]
Mar 28 2017 04:52:09-08:00 AR2 VRRP/2/VRRPCHANGETOMASTER:OID 16777216.50331648.1
00663296.16777216.33554432.16777216.1140850688.0.16777216 The status of VRRP cha
nged to master. (VrrpIfIndex=50331648, VrId=167772160, IfIndex=50331648, IPAddre
ss=252.10.10.10, NodeName=AR2, IfName=GigabitEthernet0/0/0, ChangeReason=priorit
y calculation)
[AR2]
Mar 28 2017 04:52:09-08:00 AR2 %%01VRRP/4/STATEWARNINGEXTEND(1)[1]:Virtual Route
r state BACKUP changed to MASTER, because of priority calculation. (Interface=Gi
gabitEthernet0/0/0, VrId=167772160, InetType=IPv4)
```

接下来我们再次在 PC10 上执行 tracert 测试,并观察测试结果,详见例 2-8 所示。

例 2-8　从 PC10 访问 Internet 地址

```
PC10>tracert 192.168.0.10

traceroute to 192.168.0.10, 8 hops max
(ICMP), press Ctrl+C to stop
 1  10.10.10.252   94 ms  47 ms  31 ms
 2  192.168.0.10   47 ms  47 ms  46 ms
```

从例 2-8 的阴影行我们可以看出,现在 PC10 已经开始通过 AR2 来访问 Internet 了, VRRP 的故障切换成功。

3. VRRP 的抢占功能

由于华为设备上的 VRRP 默认启用抢占功能,因此当 AR1 的 VRRP 优先级降低时,AR2 能够自动抢占成为 VRRP 主用路由器。同样的,当 AR1 接口 G0/0/1 恢复功能后,它也会重新夺回 VRRP 主用路由器的角色,详见例 2-9 所示。

例 2-9　开启 AR1 接口 G0/0/1 并观察 VRRP 状态变化

```
[AR1]interface g0/0/1
[AR1-GigabitEthernet0/0/1]undo shutdown
[AR1-GigabitEthernet0/0/1]
Mar 28 2017 05:14:17-08:00 AR1 %%01IFPDT/4/IF_STATE(1)[0]:Interface GigabitEther
net0/0/1 has turned into UP state.
[AR1-GigabitEthernet0/0/1]
Mar 28 2017 05:14:17-08:00 AR1 %%01IFNET/4/LINK_STATE(1)[1]:The line protocol IP
 on the interface GigabitEthernet0/0/1 has entered the UP state.
[AR1-GigabitEthernet0/0/1]
Mar 28 2017 05:14:17-08:00 AR1 %%01VRRP/4/STATEWARNINGEXTEND(1)[2]:Virtual Route
r state BACKUP changed to MASTER, because of priority calculation. (Interface=Gi
gabitEthernet0/0/0, VrId=167772160, InetType=IPv4)
[AR1-GigabitEthernet0/0/1]
Mar 28 2017 05:14:17-08:00 AR1 VRRP/2/VRRPCHANGETOMASTER:OID 16777216.50331648.1
00663296.16777216.33554432.16777216.1140850688.0.16777216 The status of VRRP cha
nged to master. (VrrpIfIndex=50331648, VrId=167772160, IfIndex=50331648, IPAddre
ss=253.10.10.10, NodeName=AR1, IfName=GigabitEthernet0/0/0, ChangeReason=priorit
y calculation)
```

从例 2-9 可以看出，在管理员手动开启了 AR1 接口 G0/0/1 后，AR1 几乎立即夺回了 VRRP 主用路由器的角色。使用命令 **display vrrp** 可以查看 VRRP 的抢占状态，详见例 2-10 所示。

例 2-10　命令 display vrrp 10 的输出内容

```
[AR1]display vrrp 10
  GigabitEthernet0/0/0 | Virtual Router 10
    State : Master
    Virtual IP : 10.10.10.254
    Master IP : 10.10.10.253
    PriorityRun : 150
    PriorityConfig : 150
    MasterPriority : 150
    Preempt : YES   Delay Time : 0 s
    TimerRun : 1 s
    TimerConfig : 1 s
    Auth type : NONE
    Virtual MAC : 0000-5e00-010a
    Check TTL : YES
    Config type : normal-vrrp
    Backup-forward : disabled
```

```
Track IF : GigabitEthernet0/0/1   Priority reduced : 100
IF state : UP
Create time : 2017-03-28 03:45:00 UTC-08:00
Last change time : 2017-03-28 05:14:17 UTC-08:00
```

从例 2-10 的阴影行我们可以看到抢占功能是开启的，并且延迟时间为 0s（默认设置）。也就是说，当路由器感知到需要切换 VRRP 状态的事件后，它会立即进行切换。除此之外，这条命令的输出内容中还包括接口上有关 VRRP 的其他配置信息，读者可以自行观察。

要想了解一个接口上的 VRRP 状态变化情况，管理员可以使用一条很有用的命令进行查看，详见例 2-11 所示。

例 2-11　观察路由器接口的 VRRP 状态变化情况

```
[AR1]display vrrp state-change interface GigabitEthernet 0/0/0 vrid 10
Time                           SourceState  DestState  Reason
--------------------------------------------------------------------------------
2017-03-28 03:45:00 UTC-08:00  Initialize   Backup     Interface up
2017-03-28 03:45:03 UTC-08:00  Backup       Master     Protocol timer expired
2017-03-28 04:52:09 UTC-08:00  Master       Backup     Priority calculation
2017-03-28 05:14:17 UTC-08:00  Backup       Master     Priority calculation
```

管理员可以使用命令 **display vrrp state-change interface GigabitEthernet 0/0/0 vrid 10** 来查看某个接口下某个 VRID 中的 VRRP 状态变化。本例中阴影行展示的正是关闭和启用 AR1 接口 G0/0/1 导致的 VRRP 状态切换事件。

4. VRRP 的认证

为了加强 VRRP 的安全性，管理员可以在 VRRP 设备的协商消息中添加认证参数，使具有相同认证配置的设备之间才能够进行 VRRP 协商。接下来我们在既有拓扑中添加一台 PC20，设置其 IP 地址为 10.10.10.20/24，网关地址为 10.10.10.251。管理员要在路由器 AR1 和 AR2 上添加一个 VRRP 备份组，将 VRID 设置为 20，虚拟 IP 地址设置为 10.10.10.251，主用路由器为 AR2，备用路由器为 AR1，并且它们之间需要使用密码进行通信，具体拓扑如图 2-15 所示。

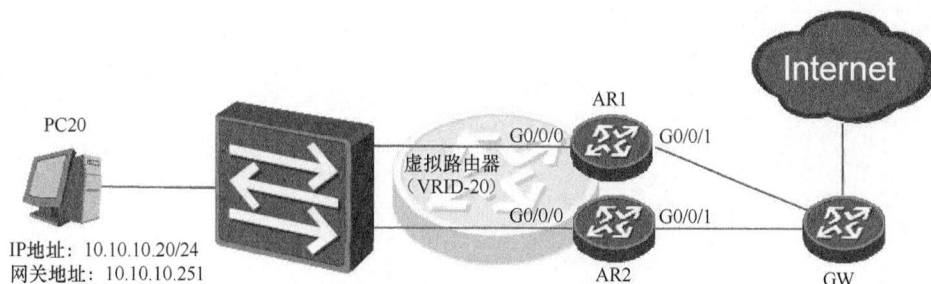

图 2-15　添加一个 VRRP 备份组 VRID 20

管理员在 AR1 和 AR2 上分别进行了如下配置，详见例 2-12。

例 2-12　在 AR1 和 AR2 上配置 VRRP VRID 20 并启用认证功能

```
[AR1]interface g0/0/0
[AR1-GigabitEthernet0/0/0]vrrp vrid 20 virtual-ip 10.10.10.251
[AR1-GigabitEthernet0/0/0]vrrp vrid 20 authentication-mode simple plain huawei

[AR2]interface g0/0/0
[AR2-GigabitEthernet0/0/0]vrrp vrid 20 virtual-ip 10.10.10.251
[AR2-GigabitEthernet0/0/0]vrrp vrid 20 priority 150
[AR2-GigabitEthernet0/0/0]vrrp vrid 20 authentication-mode simple plain huawei
```

从例 2-12 的配置中我们可以看出，管理员把 AR2 在 VRID 20 中的优先级调整为 150，使其成为主用路由器。在本例中，管理员用来启用 VRRP 认证的命令为 **vrrp vrid 20 authentication-mode simple plain huawei**。这条命令的完整语法是 **vrrp vrid** *virtual-router-id* **authentication-mode** {**simple** {*key* | **plain** *key* | **cipher** *cipher-key*} | **md5** *md5-key*}，其中重要的可选参数如下。

- **simple** | **md5**：指定认证密码在网络中的传输模式，"simple"表示以明文进行传输，"md5"表示以密文进行传输，后者更为安全；
- **simple** {*key* | **plain** *key* | **cipher** *cipher-key*}：在关键字 **simple** 后面可以直接配置执行认证所使用的密码，长度为 1～8 字符。plain 和 cipher 指定了认证密码在配置中的保存模式："plain"表示以明文保存在配置中，"cipher"表示以加密的形式保存在配置中，后者更为安全。

为了更清晰地展示配置命令与 display 命令输出内容之间的关系，本例使用了加密认证配置的所有组合中最不安全的做法，也就是让加密密码在网络中以明文的形式传输，并且在路由器配置中以明文的形式保存密码。在实际工作中，建议管理员使用更安全的配置选项。

例 2-13 在 AR1 上使用命令 **display vrrp 20** 验证了 VRRP VRID 20 的状态。

例 2-13　在 AR1 上验证 VRID 20 的状态

```
[AR1]display vrrp 20
  GigabitEthernet0/0/0 | Virtual Router 20
    State : Backup
    Virtual IP : 10.10.10.251
    Master IP : 10.10.10.252
    PriorityRun : 100
    PriorityConfig : 100
    MasterPriority : 150
    Preempt : YES   Delay Time : 0 s
    TimerRun : 1 s
    TimerConfig : 1 s
```

```
Auth type : SIMPLE    Auth key : huawei
Virtual MAC : 0000-5e00-0114
Check TTL : YES
Config type : normal-vrrp
Backup-forward : disabled
Create time : 2017-03-28 05:41:54 UTC-08:00
Last change time : 2017-03-28 05:59:12 UTC-08:00
```

从例 2-13 的阴影行我们可以看出，AR1 上启用了认证并且认证模式为"SIMPLE"，认证密钥（huawei）也明确地显示在配置中。图 2-16 展示了在 10.10.10.0/24 网络中的抓包结果，从这个以 AR2（10.10.10.252）为源发出的 VRRP 消息，我们可以看出 VRRP 通告消息版本为 V2，认证类型为明文认证，认证字符串也能够从抓包解析中直接看到：huawei。

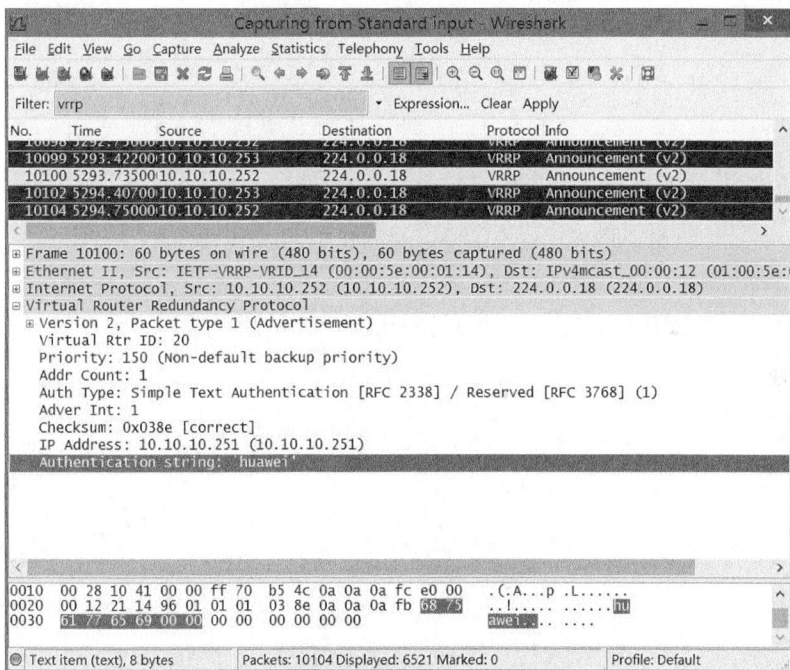

图 2-16　在抓包解析中查看 VRRP 认证密码

注释：

在图 2-16 的抓包截图中可以看出，在 10.10.10.0/24 网络中有两个源地址都在发送 VRRP 通告消息，其中 AR2（10.10.10.252）发送的是 VRID 20 的通告消息，AR1（10.10.10.253）发送的是 VRID 10 的通告消息。因为在 VRRP 协商成功后，只有 VRRP 主用设备会周期性发送 VRRP 消息。

通过对比这两个 VRRP 备份组的配置，我们可以看出，VRRP 的认证是基于 VRRP 备份组进行设置的，管理员可以为不同的 VRRP 备份组设置不同的认证模式以及不同的认证密码。

5. 通过 VRRP 实现负载分担

其实到目前为止，2.2.3 节展示的网络环境中已经通过 VRRP 实现了流量的负载分担：PC10 会通过 AR1 访问 Internet，PC20 会通过 AR2 访问 Internet。图 2-17 更加清晰地展示了流量路径。

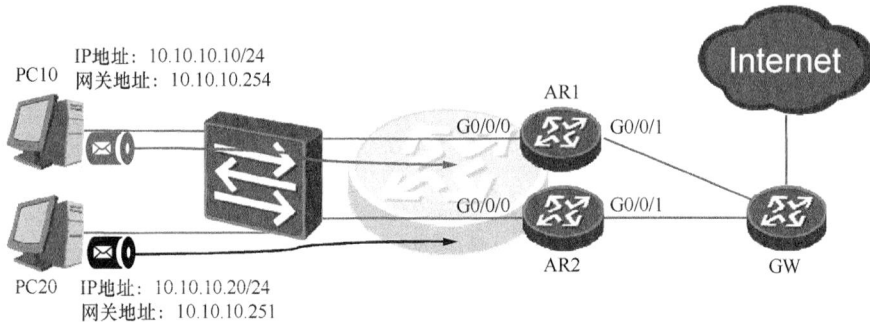

图 2-17　通过 VRRP 实现负载分担

图 2-17 中展示了 PC10 和 PC20 发往 Internet 的数据包路径，PC10 的数据包（灰色）会去往 AR1，PC20 的数据包（黑色）会去往 AR2。例 2-14 中也通过在 PC10 和 PC20 上执行 tracert 命令验证了这一结果。

例 2-14　在 PC10 和 PC20 上验证去往 Internet 的路径

```
PC10>tracert 192.168.0.10

traceroute to 192.168.0.10, 8 hops max
(ICMP), press Ctrl+C to stop
 1   10.10.10.253    94 ms   31 ms   47 ms
 2   192.168.0.10    78 ms   31 ms   47 ms

PC10>
```
```
PC20>tracert 192.168.0.10

traceroute to 192.168.0.10, 8 hops max
(ICMP), press Ctrl+C to stop
 1   10.10.10.252    78 ms   31 ms   47 ms
 2   192.168.0.10    63 ms   62 ms   63 ms

PC20>
```

例 2-15 通过 AR1 和 AR2 上的命令 display vrrp brief 查看了 VRRP 的状态信息。

例 2-15　在 AR1 和 AR2 上查看 VRRP 简化信息

```
[AR1]display vrrp brief
Total:2       Master:1       Backup:1       Non-active:0
VRID   State        Interface               Type        Virtual IP
--------------------------------------------------------------------------
10     Master       GE0/0/0                 Normal      10.10.10.254
20     Backup       GE0/0/0                 Normal      10.10.10.251
[AR2]display vrrp brief
Total:2       Master:1       Backup:1       Non-active:0
VRID   State        Interface               Type        Virtual IP
--------------------------------------------------------------------------
10     Backup       GE0/0/0                 Normal      10.10.10.254
20     Master       GE0/0/0                 Normal      10.10.10.251
```

从例 2-15 所示命令的输出信息可以清晰地看出 AR1 是 VRID 10 的主用路由器，是 VRID 20 的备用路由器；AR2 是 VRID 10 的备用路由器，是 VRID 20 的主用路由器。管理员再分别让网络中的一部分用户 PC 以 10.10.10.254 为网关地址，另一部分用户 PC 以 10.10.10.251 为网关地址，就实现了负载分担。

2.3　链路聚合

VRRP 技术提供的冗余网关部署方案可以为局域网中的终端提供设备层面的冗余。既然是设备层面的冗余，这种设计方案中自然也就包含了端口层面和链路层面的冗余，这几乎是一种全方位的冗余方案。然而，工程领域并不是解数学题，一个网络的设计方案往往不存在对错之分，更多是人们针对投入产出比作出的合理性考量。在网络设计中，人们确实常常会针对关键位置节点部署设备层面的冗余，因为关键位置节点在网络中的数量有限、作用重要，针对关键位置节点部署设备层面的冗余既不会大幅度增加整个网络的成本，又可以显著提升网络的可靠性，是一种合理的设计选择。然而，基于同样的理由研判，我们也可以得出另一个结论，那就是针对网络中的非关键节点部署设备层面的冗余并不合理，因为这类设备数量庞大，失效的影响范围不大，针对这些设备部署设备层面的冗余会大幅度增加网络的成本，但对于可靠性的提升作用却反而十分有限。此时，另一类仅对于这类环境部署端口/链路层面冗余的技术，就会被人们视为至宝。在 2.3 节中，我们会介绍一种在当今局域网中极为常见的端口冗余技术。

2.3.1　链路聚合介绍

在企业网三层设计方案的拓扑结构中，接入层交换机的端口是占用率最高的，因为接入层交换机需要为大量的终端设备提供连接，并且将大多数往返于这些终端的流量转发给汇聚层交换机，而这意味着接入层交换机和汇聚层交换机之间的链路需要承载着更多的流量。所以，接入层交换机与汇聚层交换机之间的链路应该拥有更高的速率。然而，如果工程师考虑的方法是直接在接入层交换机上使用高速率端口连接汇聚层交换机，那么接入层交换机的成本就会增加。考虑到一个企业网中往往需要部署大量的接入层交换机，由此增加的预算实在不容小觑。另外，这种采用高速率端口连接汇聚层交换机的做法也存在着扩展性方面的问题，这就是说当接入层交换机的上行流量增加到超出了上行端口可以承载的极限时，工程师无法利用当前的平台来改善这一问题。

从理论上讲，还有另一种做法是增加链路的带宽，用多条链路连接两台交换机，让交换机可以通过利用多条链路发送上行流量，这样一来不仅提升了上行带宽的扩展性，而且降低了接入层交换机的成本，一举两得。不过，如果我们采用多条平行链路来连接两台交换机，那么 STP 就会为了避免环路的存在而阻塞掉其中的大部分端口，最终能够有效利用来传输流量的上行链路还是只有一条，如图 2-18 所示。

上面这种情况是二层环境中面临的问题，在三层环境中，工程师如果希望扩展设备之间的链路带宽，那么他/她也面临着类似的问题。如果采用高速率端口，就会提高设备成本，而且扩展性差；采用多条平行链路连接两台设备的做法虽然不会因为受到 STP 的影响而导致只有一条链路可用，但管理员却必须在每条链路上为两端的端口分别分配一个 IP 地址，而这样势必会增加 IP 地址资源的耗费，IP 网络的复杂性也会因此增加，如图 2-19 所示。

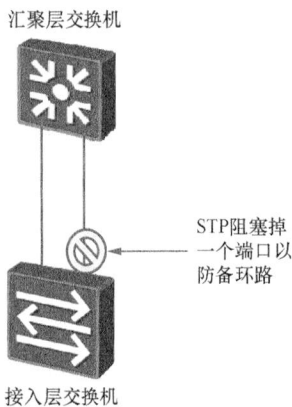

图 2-18　在有多条上行链路时 STP 阻塞
其中一条链路的一个端口

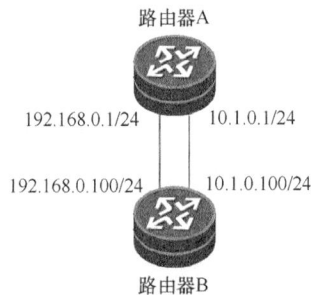

图 2-19　三层环境中部署有多
条上行链路会浪费更多 IP 地址

根据扩展链路带宽的需求，我们可以得出这样一个结论：如果当我们使用多条链路连接两台设备时，我们最好能够让两边的设备将其视为一条链路进行处理。我们的目的是实现这样的效果：对于二层环境，STP 就不会将这些平行链路构成的连接视为环路；而在三层环境中，我们又只需要给这条链路的两端配置一对 IP 地址就可以满足全部链路的通信需求。我们在 2.3 节中要介绍的链路聚合技术就满足了这样的需求。在使用链路聚合技术时，管理员只需要在两端的设备上分别创建一个逻辑的链路聚合端口，然后将连接这些平行链路的物理端口都加入到这个逻辑端口中。此后，当网络设备需要通过这些物理端口连接的链路转发流量时，就会以逻辑端口作为出站端口执行转发，让流量在其中捆绑的各个物理链路上执行负载分担。图 2-20 所示为在三层环境中采用链路聚合技术，将 3 条连接路由器的链路捆绑为了一条链路，此时管理员就只需要在这条链路两端的逻辑端口上分别配置一个 IP 地址即可。接下来，两台设备就会使用这 3 条平行链路来负载分担两台设备之间的流量。

图 2-20　链路聚合
（Eth-Trunk）

通过上面的叙述，我们可以得出这样的结论：链路聚合这种捆绑技术可以让我们将多个以太网链路捆绑为一条逻辑的以太网链路。这样一来，在采用通过多条以太网链路连接两台设备的冗余设计方案时，所有链路的带宽都可以充分用来转发两台设备之间的流量，如果使用三层链路连接两台设备，这种方案还可以起到节省 IP 地址的作用。

在 2.3.1 节中，我们大致介绍了链路聚合的概念。在 2.3.2 节中，我们则会介绍两种建立链路聚合的方式。

2.3.2　链路聚合的模式

建立链路聚合（后文称 Eth-Trunk）也像设置端口速率一样有手动配置和通过双方动态协商两种方式。在华为的 Eth-Trunk 语境中，前者称为手动模式（Manual Mode），而后者则根据协商协议被命名为了 LACP 模式（LACP Mode）。在 2.3.2 节中，我们会分别介绍这两种做法。首先，我们先从非常简单的手动配置方法说起。

1. 手动模式

采用 Eth-Trunk 的手动模式就像配置静态路由，或者在本地设置端口速率一样，都是一种把功能设置本地化、静态化的操作方式。说得具体一些，就是管理员在一台设备上创建出 Eth-Trunk，然后根据自己的需求将多条连接同一台交换机的端口都添加到这个 Eth-Trunk 中，然后再在对端交换机上执行对应的操作。既然是一种把功能设置本地化的操作逻辑，因此对于采用手动模式配置的 Eth-Trunk，设备之间不会就建立 Eth-Trunk 而交互信息，它们只会按照管理员的操作执行链路捆绑，然后采用负载分担的方式通过捆绑的链路发送数据。

在这一部分开篇我们曾经将手动模式建立 Eth-Trunk 与静态路由进行了类比。实际上，手动模式建立 Eth-Trunk 就像静态添加到路由表中的路由条目那样，它比动态学习到的路由更加稳定，但缺乏灵活性。如果静态路由的出站接口为"DOWN"状态，那么路由器就会将这条静态路由从路由表中暂时删掉，直至这个出站接口的状态恢复为止，否则即使这条静态路由是一个路由黑洞，路由器也会毫不知情地进行转发。

同理，如果在手动模式配置的 Eth-Trunk 中有一条链路出现了故障，那么双方设备可以检测到这一点，并且不再使用那条故障链路，而继续使用仍然正常的链路来发送数据。尽管因为链路故障导致一部分带宽无法使用，但通信的效果仍然可以得到保障，如图 2-21 所示。

图 2-21　手动模式 Eth-Trunk 使用故障链路外的其他链路执行负载分担

然而，如果某台交换机上以手动模式配置的 Eth-Trunk 中有一条链路工作正常，但它连接的是另一台交换机，管理员因为配置错误而将它划分到了 Eth-Trunk 逻辑端口中，那么这台交换机同样会毫不知情地使用这个端口进行转发，如图 2-22 所示。

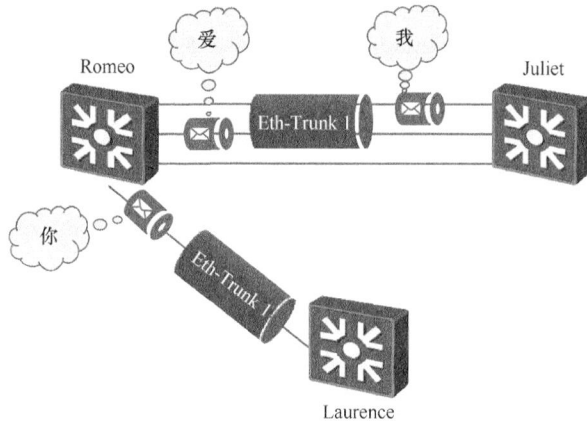

图 2-22　手动模式 Eth-Trunk 因配置错误而无法正常通信

2. LACP 模式

LACP 为链路聚合控制协议（Link Aggregation Control Protocol），这个协议旨在为建立链路聚合的设备之间提供协商和维护这条 Eth-Trunk 的标准。LACP 模式 Eth-Trunk 的配置也不复杂，管理员只需要首先在两边的设备上创建出 Eth-Trunk 逻辑端口，然后将这个端口配置为 LACP 模式，最后再把需要捆绑的物理端口添加到这个 Eth-Trunk 中即可。

在《路由与交换技术》介绍浮动静态路由时，我们曾经以汽车安装备胎进行类比，说明了一些网络基础设施只适合在主用基础设施无法使用时临时进行替换。在 Eth-Trunk 环境中，有时也存在相同的需求：对于捆绑在 Eth-Trunk 中的链路，管理员有时候希望两台设备只将其中的 M 条作为主用链路来负载分担流量，另外的 N 条则留待主用链路出现故障时进行替换。这种需求可以通过 LACP 模式提供的一种称为 $M:N$ 模式的备份链路机制来实现。下面，我们来简单介绍一下两台设备是如何协商建立 LACP 模式 Eth-Trunk 的。

首先，两台设备会分别在管理员完成 LACP 配置之后，开始向对端发送 LACP 数据单元（简称 LACPDU）。在双方交换的这个 LACPDU 中，包含了一个称为系统优先级的参数。在完成 LACPDU 交换之后，双方交换机会使用系统优先级来判断谁充当两者中的 LACP 主动端。如双方系统优先级相同，则 MAC 地址较小的交换机会成为 LACP 主动端。

在确定 LACP 主动端之后，双方会继续依次比较 LACP 主动端设备各个端口的 LACP 优先级。端口优先级同样包含在各个端口发出的 LACPDU 当中，其中端口优先级最高（端口优先级的数值越低，代表优先级越高）的 M 个端口会与对端建立 Eth-Trunk 主用链路，其余端口则会与对端建立 Eth-Trunk 备用链路。在图 2-23 中，由于交换机 A 的系统优先级高于交换机 B，因此交换机 A 成为 LACP 主动端。又因为管理员将主用链路的数量设置为了 2 条，而交换机 A 的端口 1、3 的端口优先级最高，因此 Eth-Trunk 中的 1、3 两个端口所连接的链路为主用链路，而端口 2 连接的链路则为备用链路——尽管在交换机 B 上端口 2 的端口优先级实际上最高也无济于事，因为主备链路的选举只由主动端交换机根据自身端口优先级来决定。

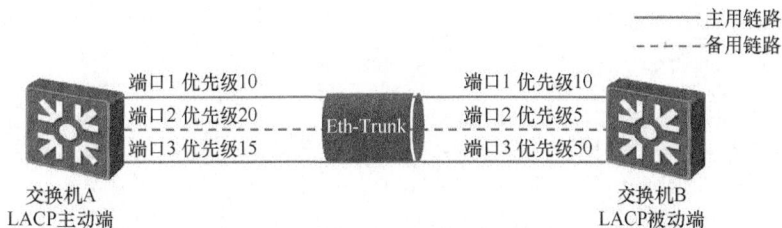

图 2-23　LACP 模式 Eth-Trunk 的主用链路和备用链路

在图 2-23 所示的情形中，如果交换机 A 端口 1 或端口 3 无法通信，那么端口 2 所连接的链路就会被激活并且开始承担流量负载，这就是 LACP 模式 Eth-Trunk 提供的 $M:N$ 备份机制。

如果在 Eth-Trunk 的 LACP 主动端上，有一个比主用链路端口优先级值更优的端口被添加了进来或者故障端口得到了恢复，那么这个端口所连接的链路是否会作为主用链路被添加到 Eth-Trunk 中，取决于 Eth-Trunk 是否配置了抢占模式。顾名思义，如果管理员没有配置抢占模式，那么即使新加入/恢复的端口优先级比当前主用链路所连端口的优先级更高，这些端口所在的链路也不会成为主用链路。

在 2.3.2 节中，我们介绍了两种链路聚合模式的工作方式。在 2.3.3 节中，我们会演示如何配置和调试 Eth-Trunk。

2.3.3 链路聚合的配置

在学习了链路聚合特性的作用与功能后，我们在 2.3.3 节来演示如何在华为交换机上实现二层链路聚合功能。我们在 2.3.3 节将会使用图 2-24 所示拓扑来展示两台交换机 SW1 和 SW2 之间的链路聚合配置。这两台交换机可以是网络中任意位置的两台需要配置链路聚合模式的交换机，2.3.3 节只展示两台交换机之间的链路聚合配置，并不涉及任何设计层面的内容。

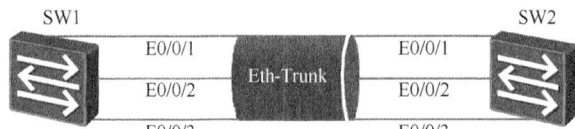

图 2-24　链路聚合配置环境

下面，我们先来演示如何手动配置链路聚合。下面的案例会以图 2-24 为拓扑，把 SW1 和 SW2 的 E0/0/1、E0/0/2 和 E0/0/3 接口进行链路聚合。管理员在 SW1 和 SW2 上实施了例 2-16 中的配置。

例 2-16　在 SW1 和 SW2 上实施手动配置的链路聚合功能

```
[SW1]interface eth-trunk 10
[SW1-Eth-Trunk10]trunkport Ethernet 0/0/1 to 0/0/3
[SW1-Eth-Trunk10]port link-type trunk
[SW1-Eth-Trunk10]port trunk allow-pass vlan all
```
```
[SW2]interface eth-trunk 10
[SW2-Eth-Trunk10]trunkport Ethernet 0/0/1 to 0/0/3
[SW2-Eth-Trunk10]port link-type trunk
[SW2-Eth-Trunk10]port trunk allow-pass vlan all
```

接下来我们逐条解析例 2-16 中的配置命令，SW1 和 SW2 上的配置命令完全相同。

- **interface eth-trunk 10**：系统视图命令，用来创建并进入 Eth-Trunk 接口。管理员可以指定 Eth-Trunk 接口的编号，取值范围是 0~63[②]，本例中选择了 10。

- **trunkport Ethernet 0/0/1 to 0/0/3**：Eth-Trunk 接口视图命令，用来向 Eth-Trunk 接口中添加成员接口。管理员可以使用关键字 to 来快速添加多个编号连续的接口。需要注意的是，在一个 Eth-Trunk 中，管理员必须指定类型相同的接口。在本例中，管理员把接口 E0/0/1、E0/0/2 和 E0/0/3 作为成员接口添加到 Eth-Trunk 10 中。

- **port link-type trunk**：接口视图命令，用来把接口的链路类型设置为 Trunk，

---

② 不同型号设备的取值范围有所不同，具体以设备使用手册为准。

这与普通物理接口的命令相同。

- **port trunk allow-pass vlan all**：接口视图命令，用来允许这个 Trunk 链路能够发送的 VLAN 流量，这与普通物理接口的命令相同。本例中放行了所有 VLAN 的流量。

管理员可以使用命令 display eth-trunk 10 来检查这个 Eth-Trunk 以及成员接口的状态，详见例 2-17 所示。

例 2-17　在 SW1 上检查 Eth-Trunk 的配置和状态

```
[SW1]display eth-trunk 10
Eth-Trunk10's state information is:
WorkingMode: NORMAL          Hash arithmetic: According to SA-XOR-DA
Least Active-linknumber: 1   Max Bandwidth-affected-linknumber: 8
Operate status: up           Number Of Up Port In Trunk: 3
--------------------------------------------------------------------
PortName                 Status      Weight
Ethernet0/0/1            Up          1
Ethernet0/0/2            Up          1
Ethernet0/0/3            Up          1

[SW1]
```

从例 2-17 命令输出内容的阴影部分我们可以看出刚才添加的 3 个成员接口状态和转发权重，这 3 个接口的状态都是"UP"，权重都是"1"，也就是说交换机在转发所有 VLAN 的流量时，会把流量平均分配到这 3 条物理链路上进行传输。

手动模式配置简单方便，但是无法检测到链路层故障、链路错连等故障。所以在现网中，如果设备支持 LACP，尽量使用 LACP 来配置和维护链路聚合功能。接下来我们就把上述拓扑中的设备配置清空，再次展示 LACP 的配置，详见例 2-18 所示。

例 2-18　在 SW1 和 SW2 上配置 LACP

```
[SW1]interface Eth-Trunk 20
[SW1-Eth-Trunk20]mode lacp-static
[SW1-Eth-Trunk10]trunkport Ethernet 0/0/1 to 0/0/3
[SW2]interface Eth-Trunk 20
[SW2-Eth-Trunk20]mode lacp-static
[SW2-Eth-Trunk10]trunkport Ethernet 0/0/1 to 0/0/3
```

接下来我们逐条解析例 2-18 中的配置命令，SW1 和 SW2 上的配置命令完全相同。

- **interface eth-trunk 20**：系统视图命令，用来创建并进入 Eth-Trunk 接口，这条命令与手动配置相同。管理员可以指定 Eth-Trunk 接口的编号，取值范围是 0~63，本例中选择了 20。
- **mode lacp-static**：Eth-Trunk 接口视图命令，用来启用 LACP 工作模式。默认

情况下 Eth-Trunk 的工作模式是手动模式,如果需要把当前为 LACP 工作模式的 Eth-Trunk 接口更改为手动配置的话,需要在 Eth-Trunk 接口视图中使用命令 **mode manual**。两端设备的 Eth-Trunk 工作模式必须相同,并且需要注意的是,在把 Eth-Trunk 接口更改为 LACP 工作模式时,Eth-Trunk 中可以包含成员接口;但反之把 Eth-Trunk 接口更改为手动工作模式时,Eth-Trunk 接口中不能有任何成员接口。手动模式是默认的 Eth-Trunk 模式。

- **trunkport Ethernet 0/0/1 to 0/0/3**:Eth-Trunk 接口视图命令,用来向 Eth-Trunk 接口中添加成员接口,这条命令与手动配置相同。管理员可以在两个接口编号之间使用关键字 **to** 来快速添加多个编号连续的接口。需要注意的是,在一个 Eth-Trunk 中,管理员必须指定类型相同的接口。在本例中,管理员把接口 E0/0/1、E0/0/2 和 E0/0/3 作为成员接口添加到 Eth-Trunk 10 中。除了以这种方式添加成员接口外,管理员还可以在成员接口视图中,使用命令 **eth-trunk** *trunk-id*,使当前接口加入某个 Eth-Trunk。在把成员接口加入到 Eth-Trunk 时,管理员要注意以下注意事项:

  - 每个 Eth-Trunk 接口下最多支持 8 个成员接口;
  - 在把成员接口加入到 Eth-Trunk 时,成员接口必须为默认的接口类型;
  - 加入到 Eth-Trunk 的成员接口不能是 Eth-Trunk 接口;
  - 一个以太网接口只能加入一个 Eth-Trunk,如果管理员要把它添加到其他 Eth-Trunk 中,需要首先让它退出当前的 Eth-Trunk;
  - 一个 Eth-Trunk 中的所有成员接口必须为相同类型;
  - 一条链路两端的接口必须都加入且都加入同一个 Eth-Trunk,这样两端设备才能够正常通信;
  - Eth-Trunk 链路两端的物理接口数量、速率、双工模式等参数必须保持一致。

管理员可以使用命令 display eth-trunk 20 来检查这个 Eth-Trunk 以及成员接口的状态,详见例 2-19 所示。

例 2-19 在 SW1 上检查 Eth-Trunk 的配置和状态

```
[SW1]display eth-trunk 20
Eth-Trunk20's state information is:
Local:
LAG ID: 20                     WorkingMode: STATIC
Preempt Delay: Disabled        Hash arithmetic: According to SIP-XOR-DIP
System Priority: 32768         System ID: 4c1f-ccc1-374a
Least Active-linknumber: 1     Max Active-linknumber: 8
Operate status: up             Number Of Up Port In Trunk: 3
```

```
ActorPortName          Status    PortType PortPri PortNo PortKey PortState Weight
Ethernet0/0/1          Selected  100M     32768   2      5153    10111100  1
Ethernet0/0/2          Selected  100M     32768   3      5153    10111100  1
Ethernet0/0/3          Selected  100M     32768   4      5153    10111100  1


Partner:
--------------------------------------------------------------------------------
ActorPortName          SysPri    SystemID       PortPri PortNo PortKey PortState
Ethernet0/0/1          32768     4c1f-cc2a-74f1 32768   2      5153    10111100
Ethernet0/0/2          32768     4c1f-cc2a-74f1 32768   3      5153    10111100
Ethernet0/0/3          32768     4c1f-cc2a-74f1 32768   4      5153    10111100


[SW1]
```

这条命令的输出信息要比手动配置时的信息丰富很多，并且显示信息分为两大部分，上半部分为本地成员接口信息，下半部分（阴影）为对端成员接口信息。在这里，我们需要着重关注以下字段的含义。

- ActorPortName：本地成员接口或对端成员接口的名称。
- Status：本地成员接口的状态，在 LACP 模式下状态分为 Selected（表示接口被选中并成为主用接口）和 Unselect（表示接口未被选中并成为备用接口），在手动配置模式下状态分为 Up（表示接口状态正常）和 Down（表示接口出现物理故障）。
- PortType：本地成员接口的类型。
- PortPri：本地成员接口或对端成员接口的 LACP 端口优先级。
- SysPri：对端系统的 LACP 系统优先级。
- SystemID：对端系统的系统 ID。

接下来我们来关注几个 LACP 模式中的 Eth-Trunk 可选配置参数。

1. LACP 系统优先级

在 LACP 模式下，两端设备的活动接口必须保持一致，这样才能正常建立 Eth-Trunk。为了让两端设备能够动态地确定活动接口，LACP 会根据系统优先级确定主动端，并让主动端来选择活动接口。管理员可以手动更改这个参数，优先级的取值范围是 0～65535，默认值为 32768，数值越小优先级越高。在默认情况下，两端优先级相同，这时它们会使用系统 MAC 地址来确定谁是主动端，MAC 地址小的为主动端。在本例中，管理员要让 SW1 成为主动端，并把它的 LACP 系统优先级设置为 2000，详见例 2-20 所示。

例 2-20 在 SW1 上设置 LACP 系统优先级并查看相关信息

```
[SW1]lacp priority 2000
[SW1]display eth-trunk 20
```

```
Eth-Trunk20's state information is:
Local:
LAG ID: 20                  WorkingMode: STATIC
Preempt Delay: Disabled     Hash arithmetic: According to SIP-XOR-DIP
System Priority: 2000       System ID: 4c1f-ccc1-374a
Least Active-linknumber: 1  Max Active-linknumber: 8
Operate status: up          Number Of Up Port In Trunk: 3
--------------------------------------------------------------------------
ActorPortName      Status    PortType PortPri PortNo PortKey PortState Weight
Ethernet0/0/1      Selected  100M     32768   2      5153    10111100  1
Ethernet0/0/2      Selected  100M     32768   3      5153    10111100  1
Ethernet0/0/3      Selected  100M     32768   4      5153    10111100  1

Partner:
--------------------------------------------------------------------------
ActorPortName      SysPri  SystemID        PortPri PortNo PortKey PortState
Ethernet0/0/1      32768   4c1f-cc2a-74f1  32768   2      5153    10111100
Ethernet0/0/2      32768   4c1f-cc2a-74f1  32768   3      5153    10111100
Ethernet0/0/3      32768   4c1f-cc2a-74f1  32768   4      5153    10111100

[SW1]
```

在例 2-20 中，管理员先使用系统视图命令 **lacp priority 2000**，把 SW1 的 LACP 系统优先级更改为 2000；然后使用命令 **display eth-trunk 20** 确认了配置的变更结果，阴影部分显示出 SW1 本地的 LACP 系统优先级值 2000。

2. LACP 接口优先级

LACP 接口优先级的配置命令与 LACP 系统优先级类似，只是这时需要管理员在成员接口的接口视图中进行配置，详见例 2-21 所示。

例 2-21　在 SW1 上设置 LACP 接口优先级并查看相关信息

```
[SW1]interface e0/0/1
[SW1-Ethernet0/0/1]lacp priority 1000
[SW1-Ethernet0/0/1]interface e0/0/2
[SW1-Ethernet0/0/2]lacp priority 2000
[SW1-Ethernet0/0/2]interface e0/0/3
[SW1-Ethernet0/0/3]lacp priority 3000
[SW1-Ethernet0/0/3]quit
[SW1]display eth-trunk 20
Eth-Trunk20's state information is:
Local:
LAG ID: 20                  WorkingMode: STATIC
```

```
Preempt Delay: Disabled       Hash arithmetic: According to SIP-XOR-DIP
System Priority: 2000         System ID: 4c1f-ccc1-374a
Least Active-linknumber: 1    Max Active-linknumber: 8
Operate status: up            Number Of Up Port In Trunk: 3
-----------------------------------------------------------------------------

ActorPortName      Status    PortType PortPri PortNo PortKey PortState Weight
Ethernet0/0/1      Selected  100M     1000    2      5153    10111100  1
Ethernet0/0/2      Selected  100M     2000    3      5153    10111100  1
Ethernet0/0/3      Selected  100M     3000    4      5153    10111100  1


Partner:
-----------------------------------------------------------------------------

ActorPortName      SysPri    SystemID       PortPri PortNo PortKey PortState
Ethernet0/0/1      32768     4c1f-cc2a-74f1 32768   2      5153    10111100
Ethernet0/0/2      32768     4c1f-cc2a-74f1 32768   3      5153    10111100
Ethernet0/0/3      32768     4c1f-cc2a-74f1 32768   4      5153    10111100

[SW1]
```

例 2-21 先在 SW1 上对 E0/0/1、E0/0/2 和 E0/0/3 的 LACP 优先级进行了设置，分别配置为 1000、2000 和 3000；然后使用命令 **display eth-trunk 20** 确认了配置的变更结果，阴影部分显示出 SW1 本地成员接口的 LACP 优先级数值。

LACP 接口优先级的工作还与活动接口的数量以及 LACP 抢占功能两个参数相关。

3. Eth-Trunk 中活动接口的数量

在每个 Eth-Trunk 中，默认的活动接口数量为 8 个接口，管理员可以根据实际需求更改这个参数，取值范围是 1～8。本例中把 Eth-Trunk 20 中的活动接口数量更改为 2，详见例 2-22。

例 2-22　在 SW1 上设置 Eth-Trunk 20 中的活动接口数量并查看相关信息

```
[SW1]interface eth-trunk 20
[SW1-Eth-Trunk20]max active-linknumber 2
[SW1-Eth-Trunk20]quit
[SW1]display eth-trunk 20
Eth-Trunk20's state information is:
Local:
LAG ID: 20                    WorkingMode: STATIC
Preempt Delay: Disabled       Hash arithmetic: According to SIP-XOR-DIP
System Priority: 2000         System ID: 4c1f-ccc1-374a
Least Active-linknumber: 1    Max Active-linknumber: 2
Operate status: up            Number Of Up Port In Trunk: 2
-----------------------------------------------------------------------------
```

```
ActorPortName         Status    PortType PortPri PortNo PortKey PortState Weight
Ethernet0/0/1         Selected  100M     1000    2      5153    10111100  1
Ethernet0/0/2         Selected  100M     2000    3      5153    10111100  1
Ethernet0/0/3         Unselect  100M     3000    4      5153    10100000  1

Partner:
──────────────────────────────────────────────────────────────────────────────

ActorPortName         SysPri    SystemID         PortPri PortNo PortKey PortState
Ethernet0/0/1         32768     4c1f-cc2a-74f1   32768   2      5153    10111100
Ethernet0/0/2         32768     4c1f-cc2a-74f1   32768   3      5153    10111100
Ethernet0/0/3         32768     4c1f-cc2a-74f1   32768   4      5153    10110000

[SW1]
```

例 2-22 先在 SW1 的 Eth-Trunk 接口视图下使用命令 **max active-linknumber 2** 更改了 Eth-Trunk 20 中的活动接口数量；然后使用命令 **display eth-trunk 20** 确认了配置的变更结果，第一个阴影行显示出 Max Active-linknumber（最大活动链路数量）已经由默认的 8 更改为 2。更重要的是，第二个阴影行显示出 SW1 上 LACP 接口优先级最低的接口已经成为 Unselect（备用接口）。

4. 活跃接口故障时自动启用备用接口

接下来我们通过在 SW1 上关闭 E0/0/1 接口来模拟 E0/0/1 接口的物理故障，并观察抢占的结果，详见例 2-23 所示。

例 2-23　在 SW1 上禁用 E0/0/1 并查看 Eth-Trunk 状态

```
[SW1]interface E0/0/1
[SW1-Ethernet0/0/1]shutdown
[SW1-Ethernet0/0/1]quit
[SW1]display eth-trunk 20
Eth-Trunk20's state information is:
Local:
LAG ID: 20                    WorkingMode: STATIC
Preempt Delay: Disabled       Hash arithmetic: According to SIP-XOR-DIP
System Priority: 2000         System ID: 4c1f-ccc1-374a
Least Active-linknumber: 1    Max Active-linknumber: 2
Operate status: up            Number Of Up Port In Trunk: 2
──────────────────────────────────────────────────────────────────────────────

ActorPortName         Status    PortType PortPri PortNo PortKey PortState Weight
Ethernet0/0/1         Unselect  100M     1000    2      5153    10100010  1
Ethernet0/0/2         Selected  100M     2000    3      5153    10111100  1
Ethernet0/0/3         Selected  100M     3000    4      5153    10111100  1
```

Partner:

ActorPortName	SysPri	SystemID	PortPri	PortNo	PortKey	PortState
Ethernet0/0/1	0	0000-0000-0000	0	0	0	10100011
Ethernet0/0/2	32768	4c1f-cc2a-74f1	32768	3	5153	10111100
Ethernet0/0/3	32768	4c1f-cc2a-74f1	32768	4	5153	10111100

[SW1]

从例 2-23 中的前两个阴影行我们可以看出，现在 E0/0/1 已经不再是活动接口，而 E0/0/3 自动成为活动接口，承担流量转发工作。最后一个阴影行展示出对端接口 E0/0/1 的状态参数都为空，从这里也可以看出这条链路的状态并不正常。

5. LACP 抢占功能

要想在 E0/0/1 接口恢复正常工作后，让 SW1 能够自动切换回使用 E0/0/1，管理员还需要启用 LACP 抢占功能，详见例 2-24 所示。

例 2-24　在 SW1 上配置 LACP 抢占功能并查看相关信息

```
[SW1]interface Eth-Trunk 20
[SW1-Eth-Trunk20]lacp preempt enable
[SW1-Eth-Trunk20]lacp preempt delay 10
[SW1-Eth-Trunk20]quit
[SW1]interface e0/0/1
[SW1-Ethernet0/0/1]undo shutdown
[SW1-Ethernet0/0/1]quit
[SW1]display eth-trunk 20
Eth-Trunk20's state information is:
Local:
LAG ID: 20                    WorkingMode: STATIC
Preempt Delay Time: 10        Hash arithmetic: According to SIP-XOR-DIP
System Priority: 2000         System ID: 4c1f-ccc1-374a
Least Active-linknumber: 1    Max Active-linknumber: 2
Operate status: up            Number Of Up Port In Trunk: 2
```

ActorPortName	Status	PortType	PortPri	PortNo	PortKey	PortState	Weight
Ethernet0/0/1	Selected	100M	1000	2	5153	10111100	1
Ethernet0/0/2	Selected	100M	2000	3	5153	10111100	1
Ethernet0/0/3	Unselect	100M	3000	4	5153	10100000	1

Partner:

ActorPortName	SysPri	SystemID	PortPri	PortNo	PortKey	PortState

Ethernet0/0/1	32768	4c1f-cc2a-74f1	32768	2	5153	10111100
Ethernet0/0/2	32768	4c1f-cc2a-74f1	32768	3	5153	10111100
Ethernet0/0/3	32768	4c1f-cc2a-74f1	32768	4	5153	10110000

[SW1]

例 2-24 先在 SW1 的 Eth-Trunk 接口视图下使用命令 `lacp preempt enable`，为 Eth-Trunk 20 启用了抢占功能；然后使用命令 `lacp preempt delay 10` 更改了抢占延迟时间，这个参数以秒为单位，取值范围是 10～180，默认值为 30。

接着启用 E0/0/1 接口，并使用命令 `display eth-trunk 20` 验证当前的 Eth-Trunk 状态，第一个阴影行显示出 Preempt Delay Time: 10，表示启用了抢占功能，并且延迟时间为 10 秒。第二个阴影行显示出 E0/0/1 在启用后已经再次抢占为活动接口，抢占功能测试成功。

例 2-25 中展示了 SW2 上的命令 `display eth-trunk 20` 显示信息。

例 2-25　在 SW2 上查看 Eth-Trunk 20 状态

```
[SW2]display eth-trunk 20
Eth-Trunk20's state information is:
Local:
LAG ID: 20                    WorkingMode: STATIC
Preempt Delay: Disabled       Hash arithmetic: According to SIP-XOR-DIP
System Priority: 32768        System ID: 4c1f-cc2a-74f1
Least Active-linknumber: 1    Max Active-linknumber: 8
Operate status: up            Number Of Up Port In Trunk: 2
_____
ActorPortName        Status    PortType PortPri PortNo PortKey PortState Weight
Ethernet0/0/1        Selected  100M     32768   2      5153    10111100  1
Ethernet0/0/2        Selected  100M     32768   3      5153    10111100  1
Ethernet0/0/3        Unselect  100M     32768   4      5153    10110000  1

Partner:
_____
ActorPortName        SysPri   SystemID       PortPri PortNo PortKey PortState
Ethernet0/0/1        2000     4c1f-ccc1-374a 1000    2      5153    10111100
Ethernet0/0/2        2000     4c1f-ccc1-374a 2000    3      5153    10111100
Ethernet0/0/3        2000     4c1f-ccc1-374a 3000    4      5153    10100000

[SW2]
```

从例 2-25 的命令输出内容中，我们可以看出 SW2 上的抢占功能没有开启，最大活动接口数量也保持默认值 8。在 LACP 的工作中，管理员只在 LACP 主动端上修改相关参数也可以实现相应的效果，但我们并不推荐这种做法。在网络的设计和实施中，所有设备上的配置要统一，因此管理员也需要在 SW2 上执行相关配置，2.3.3 节中不再演示，读者可以在做实验的过程中自行补全 SW2 上的相关配置。

2.4　本章总结

本章我们一共介绍了 3 种与网络可靠性有关的技术。其中，第一项技术并非冗余技术，而是一项能够帮助网络中其他机制迅速发现网络中的通信异常，并作出相应处理的故障检测技术。在 2.1 节中，我们对这种称为双向检测机制（BFD）的技术进行了工作机制和报文格式方面的介绍，读者通过这一节的学习，应该能够理解 BFD 的工作原理，同时也能够从数据封装的角度体会到这种协议的实现方式。本章后面介绍的两项技术都是冗余技术，其中 VRRP 技术的作用是在局域网中给网关技术提供设备层面的冗余。在 2.2 节中，我们着重介绍了 VRRP 的工作原理，同时演示了 VRRP 的配置方法。2.3 节介绍了一项为网络提供端口/链路层面冗余的技术，也就是链路聚合技术，管理员可以根据自己的需求将多个平行以太网端口/链路捆绑为一个逻辑端口/链路，来实现物理链路的冗余和带宽的提升。针对这项使用十分广泛的技术，我们在 2.3 节中同样分为概述、原理和配置 3 个部分对其进行了介绍，同时说明了链路聚合技术的两种模式——手动模式和 LACP 模式。

2.5　练习题

一、选择题

1. 下列有关 BFD 的说法中，正确的是？（多选）（　　　）

A. BFD 的全称是双向转发检测，它能够检测到直连链路上的错误

B. BFD 在能够开始检测链路状态前，需要经历三次握手来建立会话

C. BFD 在能够开始检测链路状态前，必须先进入到 UP 状态

D. BFD 可以为动态路由协议提供链路可用性检测

2. 在 BFD 报文的格式中，有关认证字段的说法正确的是？（多选）（　　　）

A. 认证类型字段中标明了 BFD 所使用的认证方式，明文密码认证为 1，MD5 认证为 5

B. 认证长度字段中标明了有关认证的总字段长度

C. 认证数据的长度是固定的

D. 认证类型、认证长度和认证数据这三个字段都是可选的

3. 下列有关 VRRP 的说法中，正确的是？（多选）（　　　）

A. VRRP 是一种 FHRP

B. 一台路由器上只能配置一个 VRRP 虚拟 IP 地址

C. 一个 VRRP 组中只能有一个虚拟 IP 地址

D. VRRP 对于终端用户来说是透明的

4. 下列有关 VRRP 组的说法中，正确的是？（　　　）

A. VRRP 组的虚拟 IP 地址必须为组中某个物理接口的 IP 地址

B. 不同的 VRRP 组可以使用同一个虚拟 IP 地址，只要虚拟 MAC 地址不同就可以

C. 同一个物理接口可以同时参与多个 VRRP 组

D. 一个 VRRP 组中可以有多台主用路由器

5. 有关链路聚合的优势有哪些？（多选）（　　　）

A. 提高连接的带宽　　　　　　　　B. 防止链路上出现环路

C. 为连接动态地提供备用链路　　　D. 提升了连接的可扩展性且降低了成本

6. 下列有关 LACP 的说法中，正确的是？（多选）（　　　）

A. 手动模式灵活性较低

B. LACP 根据系统优先级选择 LACP 主动端

C. LACP 根据接口优先级选择启用的接口

D. LACP 抢占功能默认是启用的，并且抢占延迟为 30 秒

7. 下列有关 LACP 的配置，说法正确的是？（　　　）

A. 一个 Eth-Trunk 中的物理接口编号必须连续

B. 一个 Eth-Trunk 中的所有物理接口必须都为 UP 状态

C. 一个物理接口能够加入多个 Eth-Trunk 中

D. 一个 Eth-Trunk 中的所有物理接口速率、双工必须相同

二、判断题

1. 如果 BFD 对等体双方，一端配置了认证，另一端没有配置认证，则 BFD 对等体关系建立失败。

2. 在配置 VRRP 时，最简单的配置就是在接口输入 **vrrp vrid** *virtual-router-id* **virtual-ip** *virtual-address* 命令，指明接口所属的 VRRP 组和虚拟 IP 地址。

3. Eth-Trunk 的默认工作模式是 LACP 模式，如果需要把当前为 LACP 工作模式的 Eth-Trunk 接口更改为手动配置的话，需要在 Eth-Trunk 接口视图中使用命令 **mode manual**。

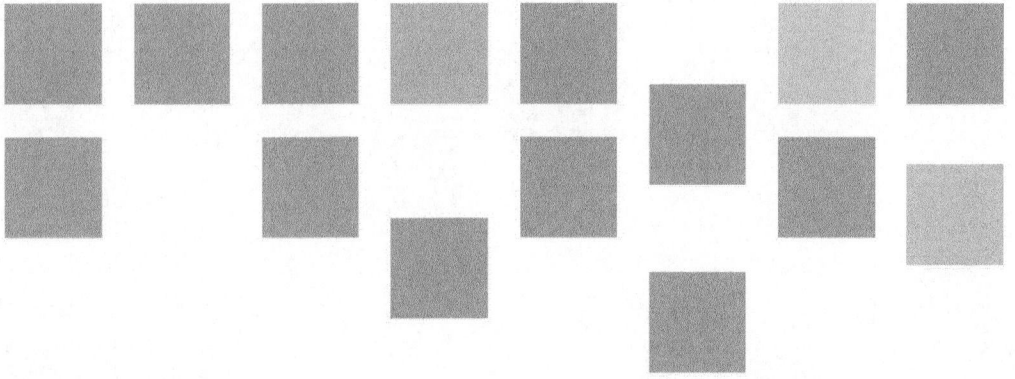

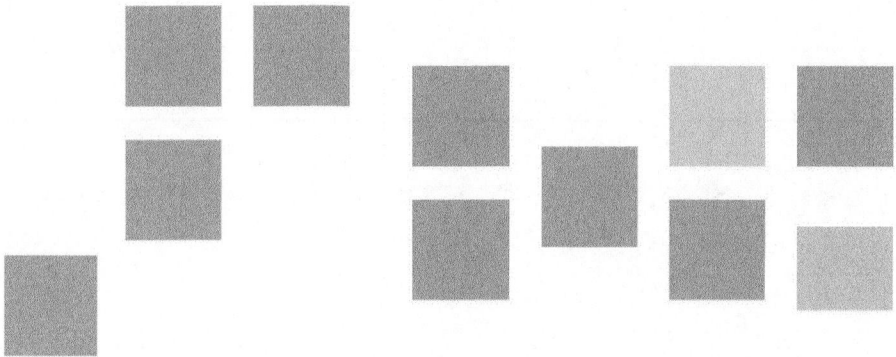

第3章
访问控制列表

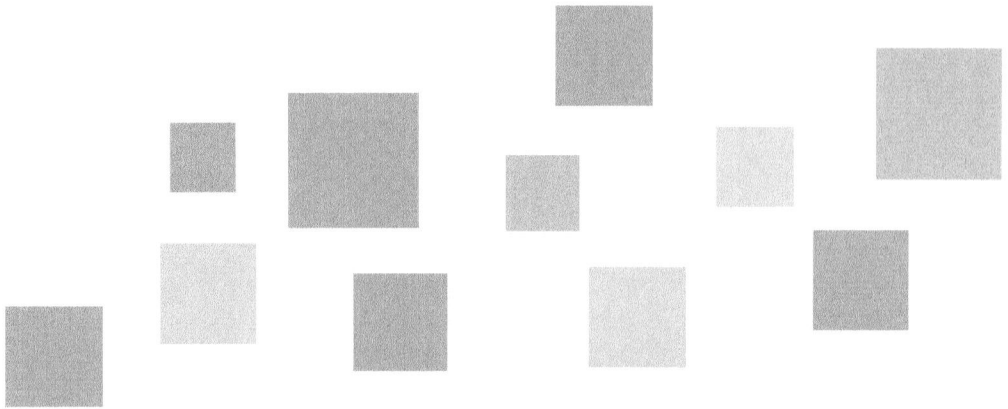

在华为 ICT 学院的《路由与交换技术》中，我们学习了用来让网络中的各类设备（主机、服务器、路由器、交换机等）互联在一起的各类技术，它们的目的大都是为了让连接在网络中的设备能够完成相互之间有效的通信，比如我们在《路由与交换技术》中介绍的路由技术，其目的就是实现网际的互联。当然，这里面也有例外，比如我们在《路由与交换技术》第 2 章中介绍的 VLAN 技术，其目的就不是促成设备之间的互联，而是实现设备之间在二层的隔离。

本章要介绍的这项技术也提供了安全防护措施，它能够使管理员有选择地对网络中的流量进行过滤，从而达到保护网络资源的目的。举例来说，管理员可以限制网络设备对重要数据服务器的访问，来实现诸如只有财务部门的员工能够访问财务服务器，只有人力部门的员工能够访问人力数据库等需求，以保护重要数据的安全和隐私。管理员也可以限制工作时间段内的上网流量，比如限制每天 8:00 至 18:00 之间所有主机都不能访问 Internet，通过这种方式限制员工对网络资源的使用行为。我们在本章中要介绍的这项技术称为 IP 访问控制列表（Access Control List），简称 IP ACL。

在本章中，我们会先对 IP ACL 的概念进行概述，随后详细介绍 IP ACL 的工作原理，其中最重要的内容是 IP ACL 识别数据包的方法；同时还会介绍 IP ACL 的执行顺序和应用方向。在本章的后半部分中，我们会以路由器为例详细介绍华为设备上的 IP ACL 配置方法，其中包含基本 IP ACL 和高级 IP ACL 的配置和验证方式。

学习目标

- 理解 IP ACL 的工作原理;
- 掌握通配符掩码的使用规则;
- 理解在设计和实施 IP ACL 时的顺序;
- 理解 IP ACL 的应用方向;
- 掌握在应用 IP ACL 时的方向选择;
- 掌握基本 IP ACL 的创建和应用;
- 掌握高级 IP ACL 的创建和应用。

3.1 IP ACL 概述

ACL 的全称是访问控制列表（Access Control List），顾名思义，它的作用就是对网络流量的访问行为进行控制，它是管理员管理、监控网络流量的得力工具。在网络中，ACL 常常会与服务质量（Quality of Service，QoS）和路由策略等技术结合起来使用，为某项后续的操作定义流量的匹配标准。在华为设备上，IP ACL 分为基本 IP ACL 和高级 IP ACL，它们在匹配标准上有所区别。基本 IP ACL 只能基于源 IP 地址进行匹配，而高级 IP ACL 能够基于多种参数进行匹配，这些参数包括三层信息，比如源和目的 IP 地址，以及四层信息，比如 TCP/UDP 的源和目的端口号。

当然，根据标准来匹配数据包并不是目的，ACL 的目的是根据匹配结果来决定不同的操作方式。因此，无论通过哪些参数对数据包进行匹配，ACL 在匹配后还会对匹配数据包执行相应的操作。在这里，我们所说的操作就是放行或拒绝。在日常生活中一提到放行或拒绝，大多数人能够想到的多是出入管理系统，比如公寓楼/小区、校园或企业办公区等。这些地方的门卫/门禁系统可以通过访客是否持有门禁卡、学生证或工作证，来执行"访问控制"。访问控制的"匹配规则"是卡，操作是有卡放行、无卡拒绝。

接下来，第 3 章将会从 IP ACL 的工作原理开始，逐步介绍使用 IP ACL 进行匹配时的具体匹配方法，以及网络设备在执行 ACL 时的工作流程。

注释：

第 3 章内容只涉及 IP ACL 的介绍，IP ACL 同时支持对 IPv4 和 IPv6 流量进行过滤控制，它们的原理都是相同的，在配置上有些许不同，第 3 章只会介绍与 IPv4 ACL 相关的配置信息。除了 IP ACL 之外，华为设备还支持二层 ACL 和用户自定义 ACL，这些内容超出了本书范畴，因此在这里不做介绍。对此感兴趣的读者可以在华为官网上查看与之相关的描述和配置信息。

注释：

ACL 在配置后并不能马上生效，只有管理员在相应的业务模块中应用配置好的 ACL 后，ACL 才会发挥它的作用。能够应用 ACL 的业务模块包括流策略/简化流策略、黑名单、Telnet、SNMP、FTP、HTTP、设备支持的路由协议等。第 3 章只介绍如何在简化流策略中应用 ACL，目的是利用 ACL 来对设备转发的流量进行过滤。

3.2 IP ACL 工作原理

ACL 是一个由多条匹配规则和行为构成的过滤列表，每个 ACL 中都可以包含多个匹配规则，每个匹配规则必须关联一个行为（允许或拒绝）。当与数据包相匹配的规则中指定了拒绝行为，设备就会丢弃这个数据包；当与数据包相匹配的规则中指定了允许行为，设备就会继续处理这个数据包。具体的处理行为与其他因素相关，我们会在 3.2.3 节（入向 IP ACL）和 3.2.4 节（出向 IP ACL）中进行详细介绍。

图 3-1 展示了 ACL 的工作示意，匹配"允许"行为的数据包会继续接受下一步处理，而匹配"拒绝"行为的数据包则会被直接丢弃。

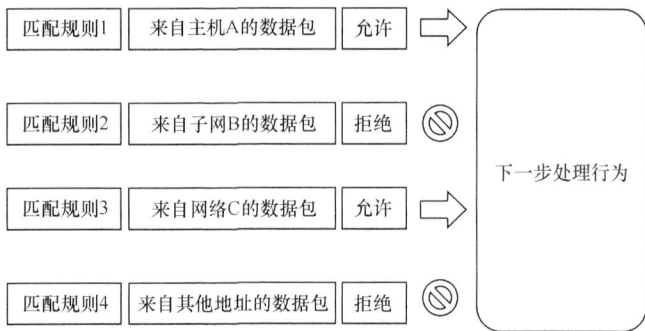

图 3-1　ACL 的工作示意

下面，我们结合图 3-1 所示的示意，分别解释一下数据包匹配 ACL"允许"和"拒绝"行为时，设备执行的操作。

- 数据包与 ACL 中的"允许"行为相匹配时的操作如下。如图 3-2 所示，一个来自网络 C 的数据包需要接受这个 ACL 的过滤。它与"匹配规则 1"不相匹配，因此下移至下一条匹配规则；它与"匹配规则 2"也不相匹配，因此下移至再下一条匹配规则；它与"匹配规则 3"相匹配，并接受允许行为，也就是继续进行下一步处理。

- 数据包与 ACL 中的"拒绝"行为相匹配时的操作如下。如图 3-3 所示，一个来自子网 B 的数据包需要接受这个 ACL 的过滤。它与"匹配规则 1"不相匹配，因此下移至下一条匹配规则；它与"匹配规则 2"相匹配，并接受拒绝行为，也就是被设备丢弃。

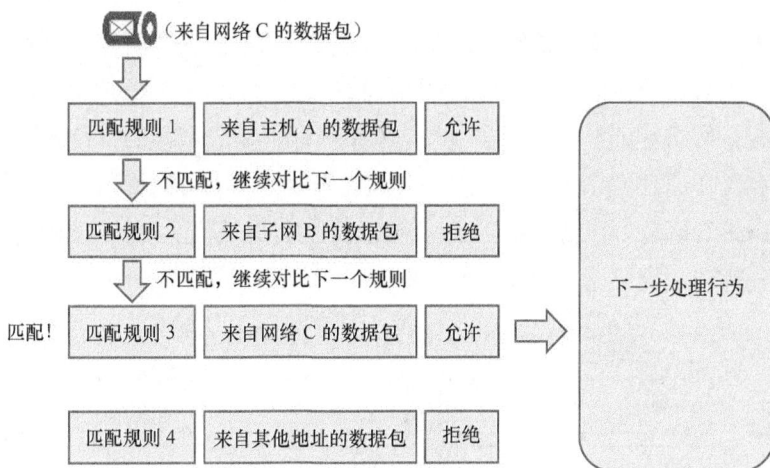

图 3-2 ACL 的工作示意——允许行为

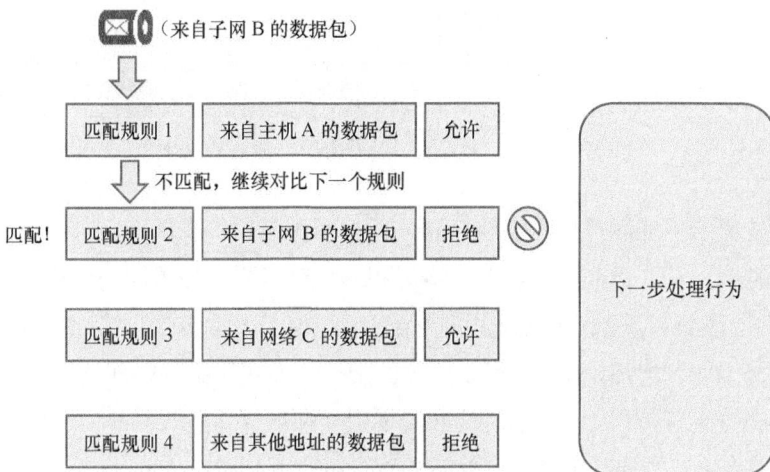

图 3-3 ACL 的工作示意——拒绝行为

通过这一部分展示的三个示意，读者应该对 ACL 的工作方式有了一个大致的了解。接下来，我们会分别详细介绍 ACL 中的每一个组成部分。首先，我们会在 3.2.1 节中介绍使用 IP ACL 进行数据包匹配时，最重要的一种匹配方法——使用通配符掩码来限定需要匹配的源和/或目的地址。

3.2.1 通配符掩码

在 3.1（IP ACL 概述）节中，我们提到过 IP ACL 分为两类——基本 IP ACL 和高级

IP ACL，其中基本 IP ACL 只能根据数据包头部携带的源 IP 地址字段进行匹配，而高级 IP ACL 则可以匹配包含源 IP 地址在内的多个字段。这也就是说，根据 IP 地址进行匹配是最基本的匹配方式，因此在 3.2.1 节中，我们先抛开 ACL 中与行为相关的内容，着重关注在对 IP 地址进行匹配时，所使用的一项重要参数——通配符掩码。

要想知道通配符掩码如何能够限定 IP 地址的范围，先要知道什么是通配符掩码。通配符掩码听起来似乎比较晦涩难懂，但如果称之为"反掩码"或许听起来就简单很多。在本系列教材《网络基础》第 6 章 6.1.3（网络掩码）节中，我们曾经详细介绍了"掩码"的作用和工作原理。在 3.2.1 节中，我们会先从形态上对比掩码和反掩码，然后再对它们的作用进行区分。图 3-4 展示了一个连续的 IP 地址范围，以及与这个 IP 地址范围相对应的掩码和反掩码。

IP 地址范围	192.168.8.0 ～ 192.168.8.255
掩码（十进制）	255.255.255.0
通配符掩码（十进制）	0.0.0.255
掩码（二进制）	11111111 11111111 11111111 00000000
通配符掩码（二进制）	00000000 00000000 00000000 11111111

图 3-4　与一个 IP 地址范围相对应的掩码和反掩码

如图 3-4 所示，通配符掩码也和掩码一样有两种常用的表现形式：十进制（点分十进制）和二进制。从二进制形式看来，掩码和通配符掩码在描述同一个连续的地址范围时，1 和 0 的取值是相反的，即在掩码的匹配规则中，1 表示必须匹配，0 表示无需匹配；而在通配符掩码的匹配规则中，1 表示无需匹配，而 0 表示必须匹配。

因此，在通配符掩码中，0 和 1 的匹配规则分别如下所述。

- **二进制 0**：必须与 IP 地址中的对应位取值相匹配；
- **二进制 1**：无需与 IP 地址中的对应位取值相匹配，因此可以称之为不关心位。

虽然通配符掩码和掩码都称为掩码，但它们的作用却是不尽相同的。IP 地址/掩码的组合描述了一个 IP 地址所属的网络范围，更重要的是，通过这个组合，我们可以推断出这个 IP 地址的网络地址、主机地址范围和广播地址。但 IP 地址/通配符掩码的组合只是以一种简便的方式，一次性描述了多个 IP 地址。这种组合能够减少管理员在配置华为设备时输入的命令条数，让管理员可以在一条命令中限定多个 IP 地址，而无需为每个 IP 地址单独输入一条命令。因此通配符掩码并不具备子网划分的概念，它只是用来描述多个 IP 地址的组合。

表 3-1 中总结了通配符掩码与网络掩码的区别。

表 3-1 通配符掩码与网络掩码的区别

	通配符掩码	网络掩码
匹配规则	0 表示必须匹配 1 表示无需匹配	1 表示必须匹配 0 表示无需匹配
功能	描述一个或多个 IP 地址	限定网络位的长度
作用（与 IP 地址相结合）	描述一个或多个 IP 地址	描述网络地址、主机地址范围和广播地址

以下为几个简单的通配符掩码示例。

- 192.168.8.10 0.0.0.0——只匹配一个 IP 地址（主机地址）192.168.8.10。在华为设备的配置中，我们可以把表示一个 IP 地址（主机地址）的通配符掩码 0.0.0.0 简写为 0，以此简化管理员需要输入的内容。

- 192.168.8.10 0.0.0.255——匹配一个连续的 IP 地址范围 192.168.8.0～192.168.8.255。如果在华为设备的配置中使用这个组合来匹配一个连续的 IP 地址范围，在管理员输入配置命令后，华为设备会在把这条命令写入配置文件的同时，自动把前面的 IP 地址改写为这个范围中的第一个 IP 地址，也就是管理员会在配置文件中看到 192.168.8.0 0.0.0.255。

- 192.168.8.10 0.0.7.255——匹配一个连续的 IP 地址范围 192.168.8.0～192.168.15.255。

- 192.168.8.10 0.0.15.255——匹配一个连续的 IP 地址范围 192.168.0.0～192.168.15.255。

- 192.168.8.10 255.255.255.255——匹配所有 IP 地址。在使用通配符掩码 255.255.255.255 来匹配所有 IP 地址时，前面的 IP 地址是什么其实都无所谓，因此我们通常以 0.0.0.0 255.255.255.255 来表示匹配所有 IP 地址。当然，在华为设备的配置中，我们可以使用关键字 any 来表示匹配任意（所有）IP 地址，这个关键字简化了管理员需要输入的内容。

上述通配符掩码的应用案例是在配置网络设备时，管理员必须熟练掌握的通配符掩码使用方法。抛开网络设备上的实际应用，为了让读者更深入地理解通配符掩码的匹配规则，接下来通过表 3-2 展示几个较复杂的案例。表中使用的 IP 地址统一为 10.10.10.10。

表 3-2 通配符掩码的匹配示例（**IP 地址为 10.10.10.10**）

通配符掩码	匹配结果
0.0.0.1	2 个连续的 IP 地址：10.10.10.10 和 10.10.10.11
0.0.0.2	2 个 IP 地址：10.10.10.8 和 10.10.10.10
0.0.0.3	4 个连续的 IP 地址：10.10.10.8～10.10.10.11
0.0.0.4	2 个 IP 地址：10.10.10.10 和 10.10.10.14

（续表）

通配符掩码	匹配结果
0.0.0.5	4 个 IP 地址：10.10.10.10、10.10.10.11、10.10.10.14 和 10.10.10.15
0.0.0.6	4 个 IP 地址：10.10.10.8、10.10.10.10、10.10.10.12 和 10.10.10.14
0.0.0.7	8 个连续的 IP 地址：10.10.10.8～10.10.10.15
0.0.0.15	16 个连续的 IP 地址：10.10.10.0～10.10.10.15
0.0.0.31	32 个连续的 IP 地址：10.10.10.0～10.10.10.31
0.0.0.63	64 个连续的 IP 地址：10.10.10.0～10.10.10.63
0.0.0.127	128 个连续的 IP 地址：10.10.10.0～10.10.10.127
0.0.0.255	256 个连续的 IP 地址：10.10.10.0～10.10.10.255

从表 3-2 给出的示例中，我们会发现一个规律，如果要想匹配多个连续的 IP 地址，通配符掩码（十进制）非 0 位的取值必须是 1、3、7、15、31、63、127、255。让我们把这些数字转换成二进制，规则就一目了然了，详见表 3-3。

表 3-3　　　　　　　　　把 1、3、7、15、31、63、127 和 255 转换为二进制

十进制	二进制
1	00000001
3	00000011
7	00000111
15	00001111
31	00011111
63	00111111
127	01111111
255	11111111

通过二进制的展示我们可以看出，要想描述一个连续的 IP 地址范围，需要二进制通配符掩码中的 1 从右侧起就是连续的，不能在任意两个 1 之间出现 0。实际上，在描述一个连续的 IP 地址范围时，通配符掩码正好是网络掩码的"反向"表达，也就是把网络掩码中的 1 替换为 0，再把网络掩码中的 0 替换为 1，就形成了通配符掩码。

网络掩码由于它的作用是限定 IP 网络位的个数，因此用来描述网络位的多个 1 必须是连续的，用来描述主机位的多个 0 也必须是连续的，从而网络掩码不能也无法描述非连续的 IP 地址。通配符掩码的作用只是描述多个 IP 地址，因此并没有"前半部分必须是连续的 0，后半部分必须是连续的 1"这种限制。如果使用这种限制来指定通配符掩码，那么这个通配符掩码所匹配的 IP 地址一定是多个连续的 IP 地址。下面我们看表 3-4 中给出的几个案例。

表 3-4　　　　　　　　　　　通配符掩码的匹配示例

IP 地址　通配符掩码	匹配结果
172.16.32.0　0.0.3.255	172.16.32.0～172.16.35.255
172.16.32.0　0.0.7.255	172.16.32.0～172.16.39.255
172.16.32.0　0.0.15.255	172.16.32.0～172.16.47.255

在表 3-4 所示的案例中，我们把 0、1 之间的分界线移到了通配符掩码的第 3 个八位组中，这样匹配的 IP 地址数量就增多了。也就是说，0 和 1 之间的分界线越往左侧移动，匹配的 IP 地址数量就越多。当然，就像前文中提到的，在描述连续范围内的 IP 地址时，二进制格式的通配符掩码要满足"前半部分必须是连续的 0，后半部分必须是连续的 1"。在理解了这一点之后，读者在为指定的 IP 地址范围找出适合的通配符掩码时就会很容易。表 3-5 总结了描述连续 IP 地址范围所使用的网络掩码和通配符掩码，以供读者参考。

表 3-5　　　　　　　　　　　描述连续 **IP** 地址范围的网络掩码和通配符掩码

掩码长度	网络掩码	通配符掩码
/32	255.255.255.255	0.0.0.0
/31	255.255.255.254	0.0.0.1
/30	255.255.255.252	0.0.0.3
/29	255.255.255.248	0.0.0.7
/28	255.255.255.240	0.0.0.15
/27	255.255.255.224	0.0.0.31
/26	255.255.255.192	0.0.0.63
/25	255.255.255.128	0.0.0.127
/24	255.255.255.0	0.0.0.255
/23	255.255.254.0	0.0.1.255
/22	255.255.252.0	0.0.3.255
/21	255.255.248.0	0.0.7.255
/20	255.255.240.0	0.0.15.255
/19	255.255.224.0	0.0.31.255
/18	255.255.192.0	0.0.63.255
/17	255.255.128.0	0.0.127.255
/16	255.255.0.0	0.0.255.255
/15	255.254.0.0	0.1.255.255
/14	255.252.0.0	0.3.255.255
/13	255.248.0.0	0.7.255.255
/12	255.240.0.0	0.15.255.255
/11	255.224.0.0	0.31.255.255
/10	255.192.0.0	0.63.255.255
/9	255.128.0.0	0.127.255.255
/8	255.0.0.0	0.255.255.255
/7	254.0.0.0	1.255.255.255
/6	252.0.0.0	3.255.255.255
/5	248.0.0.0	7.255.255.255
/4	240.0.0.0	15.255.255.255
/3	224.0.0.0	31.255.255.255
/2	192.0.0.0	63.255.255.255
/1	128.0.0.0	127.255.255.255
/0	0.0.0.0	255.255.255.255

通配符掩码仅仅是 IP ACL 中的一个参数，在掌握了如何使用通配符掩码来限定 IP 地址的范围后，我们会在 3.2.2 节中把视野扩大到整个 IP ACL，关注在拥有多条匹配规则的 IP ACL 中，这些匹配规则的应用顺序。

3.2.2　IP ACL 中的匹配顺序

从图 3-2 和图 3-3 所示的 ACL 示意我们可以看出，在有多条匹配规则的 ACL 中，数据包是按顺序从上到下与多个规则一一进行匹配的。实际上，在华为设备的 ACL 配置中，ACL 中的每个条目（匹配规则）都有一个相应的编号，在使用这个 ACL 对数据包进行匹配时，设备会按照编号从小到大的顺序来对数据包进行匹配。

注释：

在华为设备的 ACL 配置中，ACL 中每个条目的编号称为规则编号（rule-id）。如果在配置每个条目时管理员没有指定具体的编号数值，设备会按照默认步长来自动为这个条目分配编号。步长是编号的递增规则，华为设备默认的 ACL 步长为 5，也就是默认每个 ACL 中的第 1 个条目编号为 5，第 2 个条目编号为 10，第 3 个条目编号为 15，以此类推。管理员可以自定义步长参数，具体做法会在本章配置部分进行详细说明。

在有关 ACL 匹配顺序的主题中，难点并不在于设备如何使用 ACL 中的每个条目，而在于管理员如何依照设备的匹配规则，来设计 ACL 中的条目及其顺序。在设计 ACL 中的条目及其顺序时，管理员要考虑到以下几点。

- 设备会按照从上到下（即编号从小到大）的顺序来依次匹配数据包；
- 一旦数据包与当前规则匹配成功，设备就会按照当前规则中指定的行为来处理数据包，同时 ACL 匹配行为也到此结束，设备不会继续在 ACL 中查找其他匹配条目。

总的来说，管理员在设计一个 ACL 中的语句顺序时，要做到精确匹配在前、模糊匹配在后。以下面这两个 IP 地址范围为例。

- 10.10.10.0 0.0.0.255；
- 10.10.0.0 0.0.255.255。

单从通配符掩码可以看出，这两个网络的范围是有大小之分的，第 1 个 IP 地址范围小，第 2 个范围大。结合前面指定的 IP 地址可以发现，第 1 个网络包含在第 2 个网络范围内，是第 2 个网络中的一个子集。因此如果要在 ACL 中为这两个网络范围分别设置不同的行为，管理员就需要为范围小的网络使用较小的规则编号，为范围大的网络使用较大的规则编号，使它们在 ACL 中的顺序如上面的列表所示。比如，将规则编号 10 的语句设置为放行源 IP 地址匹配 10.10.10.0　0.0.0.255 的数据包，将规则编号 20 的语句设置为拒绝源 IP 地址匹配 10.10.0.0　0.0.255.255 的数据包。只有按照这种顺序进行设置，源 IP 地址属于 10.10.10.0/24 网络的数据包才会被设备放行。这是因为一旦数据包在 ACL 中遇到了一个匹配条目，设备就会按照这个条目中指定的行为来处理数据包，并不会继续查找其他的匹配规则。

相信到这里读者应该明白了该如何排列 ACL 中的多个匹配语句，接下来我们来明确描述一下何谓"匹配"。

- 如果 ACL 中没有定义任何规则，则 ACL 匹配结果为：未命中。
- 如果 ACL 中定义了规则，则设备按照规则编号逐个查找匹配规则。
  - 如果数据包与允许语句相匹配，则 ACL 匹配结果为：匹配（允许）；
  - 如果数据包与拒绝语句相匹配，则 ACL 匹配结果为：匹配（拒绝）；
  - 如果数据包与管理员明确配置的语句都不匹配，则 ACL 匹配结果为：未命中。

在上述匹配过程中，我们可以看出数据包会有两种匹配结果：匹配或未命中。当数据包匹配一条语句时，设备会按照这条语句中指定的行为来处理数据包：允许行为用来放行数据包，拒绝行为用来丢弃数据包。当数据包的匹配结果为未命中时，流控制/简化流控制模块对于数据包的处理行为是放行。

注释：

当 ACL 的匹配结果为未命中时，所关联的行为（允许还是拒绝）与应用 ACL 的业务模块相关。本章只讨论在流控制/简化流控制模块中应用 ACL 的场景。在其他业务模块上应用 ACL 时，ACL 的默认行为，以及在匹配 ACL 语句时的处理机制，需要管理员在华为官网查阅相关的产品文档。

3.2.3　入向 IP ACL

前文中我们曾经提到过，在管理员配置好 ACL 后，这个 ACL 虽然已经存在于设备的配置文件中，但它还没有生效，需要管理员在特定位置进行应用才能生效。管理员可以在多个地方应用 ACL，比如在使用流控制/简化流控制来对设备转发的数据包进行过滤时，就可以在全局、某个接口或某个 VLAN 中应用 ACL；在实现登录控制时，管理员也可以在相应的业务模块上应用 ACL。

在 3.2.3 节中，我们会从最基本的 ACL 应用方法入手来解释设备在使用 ACL 时最基本的工作原理。因此，我们在这里只考虑一种情景，即在路由器的物理接口上使用 ACL 过滤流量的情形。此时，我们需要在路由器接口上应用 ACL，并且指明针对哪个方向的流量应用 ACL。要想对路由器接收到的数据包执行过滤，管理员就要在入站方向上应用 ACL，也称为入向 ACL；要想对路由器转发出去的数据包执行过滤，管理员就要在出站方向上应用 ACL，也称为出向 ACL。图 3-5 展示了能够在路由器上应用 ACL 的位置，以及 ACL 的方向。

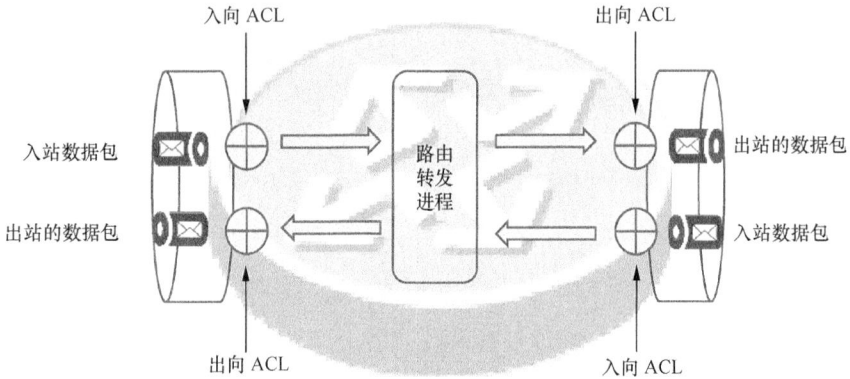

图 3-5　IP ACL 的应用位置和方向

结合图 3-5 所示的两个路由器接口可以看出，对于路由器转发的数据包来说，路由器会从一个接口上收到这个数据包，并把这个数据包从另一个接口转发出去。因此这个数据包可能会经由两个 ACL 进行过滤：在入站接口上通过入向 ACL 进行过滤，在出站接口上再通过出站 ACL 进行过滤。路由器的每个接口都可以接收数据包，也都可以发送数据包，因此路由器的每个接口上也可以同时应用一个入向 IP ACL 和一个出向 IP ACL。在 3.2.3 节中，我们会着重介绍入向 IP ACL，3.2.4 节则会重点介绍出向 IP ACL。

注释：

　　应用在接口的 IP ACL 只能过滤路由器转发的数据包，而无法过滤路由器始发的数据包。举例来说，如果管理员在路由器接口上应用了一个丢弃所有数据包的出向 ACL，路由器仍可以从这个接口发送 ping 消息、路由通告等数据包，因为这些数据包是由路由器生成的，这类路由器始发的数据包不会受到接口出向 ACL 的控制。

数据包在进入路由器接口时，会受到入站接口上应用的入向 IP ACL 的过滤，并且会产生以下两种结果。

- **路由器把数据包转交给路由转发进程进行处理**：当接口上没有应用 ACL 时，当接口上应用了 ACL 且数据包匹配 ACL 中的允许语句时，或者当接口上应用了 ACL 且数据包与 ACL 不匹配时，路由器就会允许数据包通过，并将其转交给路由转发进程。
- **路由器丢弃数据包**：当接口上应用了 ACL 且数据包匹配 ACL 中的拒绝语句时，路由器就会拒绝数据包通过，并丢弃这个数据包。

图 3-6 展示了 3.2.3 节所讨论的入向 IP ACL 的应用位置和方向。

路由器在接收到一个数据包后，基于接口入向 ACL 进行匹配，根据匹配结果执行相应的行为，其整个过程如图 3-7 所示。

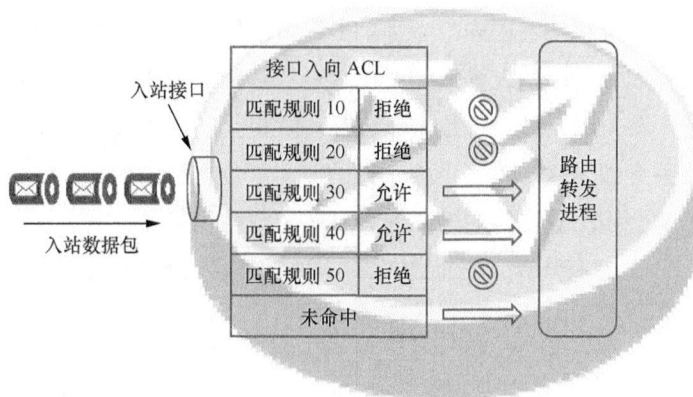

图 3-6　入向 IP ACL 示意

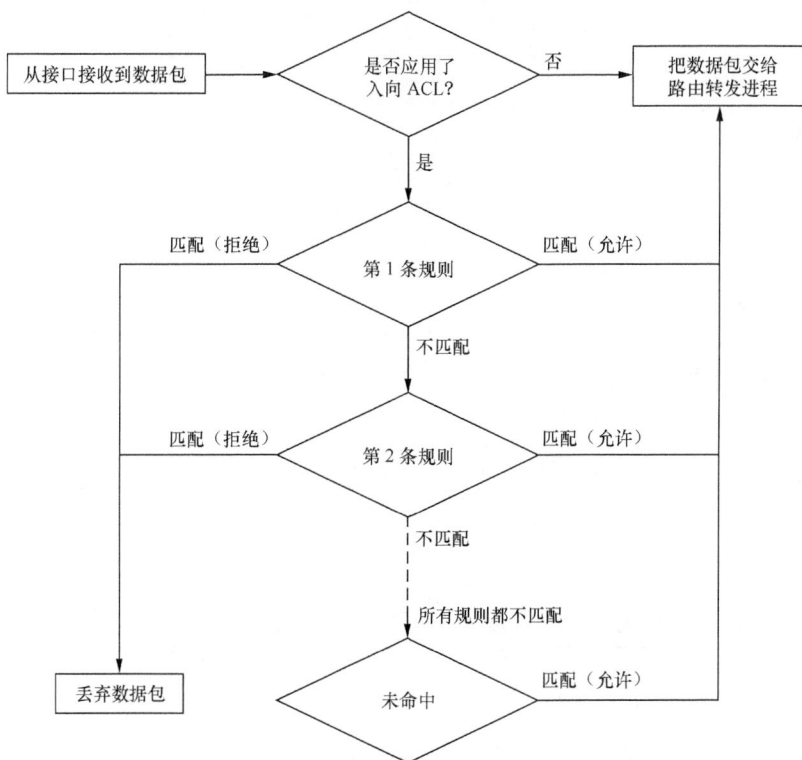

图 3-7　入站数据包过滤流程

　　图 3-7 所示的流程中只展示了两条匹配规则（即第 1 条规则和第 2 条规则）。然而，一个 IP ACL 中可以包含多条规则，数据包必须与管理员配置的所有规则都不匹配时，才会被判定为未命中，因此在第 2 条规则和未命中结果之间，我们使用的线型为虚线。

3.2.4　出向 IP ACL

　　当路由器通过查询 IP 路由表找到了转发数据包所使用的出站接口后，数据包就会受到出站接口应用的出向 IP ACL 的过滤，并且会产生以下两种结果。

- **路由器把数据包转发出去**：当接口上没有应用 ACL 时，当接口上应用了 ACL 且数据包匹配 ACL 中的允许语句时，或者当接口上应用了 ACL 且数据包与 ACL 不匹配时，路由器就会允许数据包通过，并将其从这个接口转发出去。
- **路由器丢弃数据包**：当接口上应用了 ACL 且数据包匹配 ACL 中的拒绝语句时，路由器就会拒绝数据包通过，并丢弃这个数据包。

图 3-8 展示了 3.2.4 节所讨论的出向 IP ACL 的应用位置和方向。

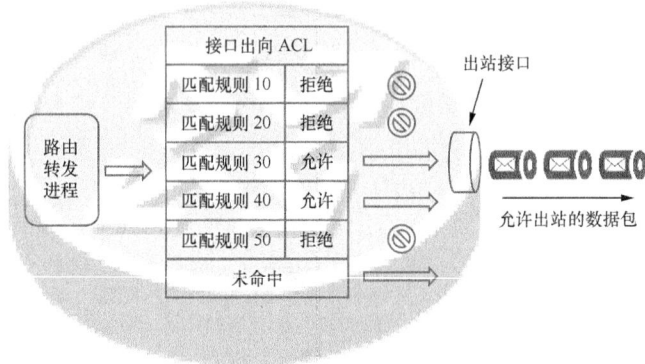

图 3-8　出向 IP ACL 示意

路由器在对一个数据包作出路由转发决策后，会基于出站接口上应用的出向 ACL 执行过滤，根据匹配结果执行相应的行为，整个过程如图 3-9 所示。

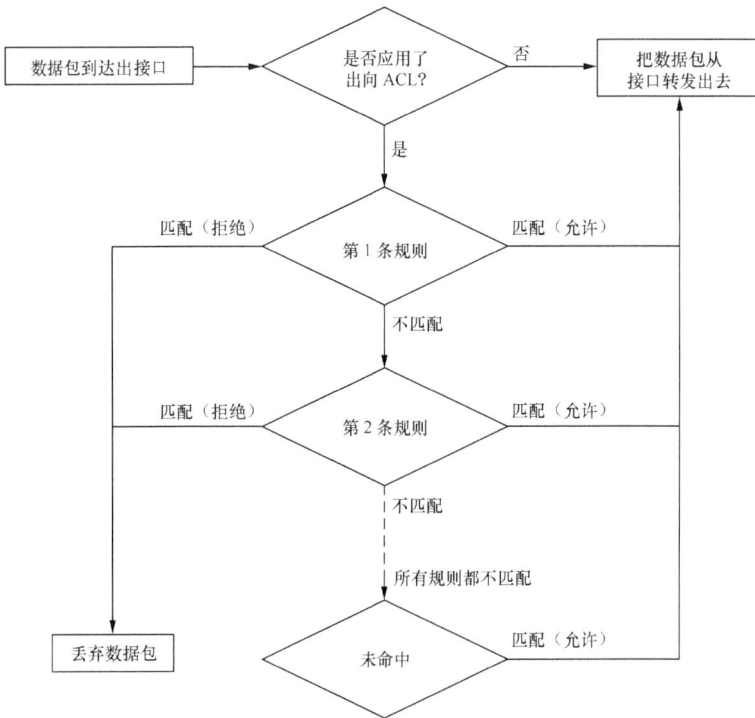

图 3-9　出站数据包过滤流程

图 3-9 所示的流程图也和图 3-8 一样只展示了两条匹配规则，但一个 IP ACL 中可以包含多条规则，只有当数据包与管理员配置的所有规则都不匹配时，才会被判定为未命中。

到此为止，我们已经介绍了所有与 IP ACL 相关的基础知识。接下来，我们会介绍如何在华为路由器上配置 IP ACL。在 3.3 节中，我们会先从基本 IP ACL 的配置命令入手，继而对高级 IP ACL 中能够指定的匹配参数进行说明。

3.3 基本 IP ACL

在使用基本 IP ACL 进行流量过滤时，管理员只能在匹配规则中设置以下参数：源 IP 地址、分片信息和生效时间。当在一条匹配规则中同时配置了上述参数时，所有参数都必须满足条件，路由器才会认为数据包与这条规则相匹配。当然，管理员可以根据实际需求有选择地使用上述参数。在第 3 章的配置中，我们只介绍根据源 IP 地址匹配流量的情况，使用分片信息和生效时间匹配流量的操作在这里不做介绍。

在流控制/简化流控制模块中应用 ACL 来过滤流量时，管理员可以使用以下三个步骤来创建并应用基本 IP ACL。

步骤 1 acl［number］*acl-number*：这是一条系统视图命令，这条命令的作用是创建一个 IP ACL，并进入 IP ACL 视图。管理员可以使用这条命令创建任意类型的 ACL（IP ACL、MAC ACL 或用户自定义 ACL），但要注意根据 ACL 类型来选择 ACL 的编号。这条命令中的参数如下所示。

- acl：必选关键字，表示管理员将要配置一个 ACL。
- number：可选关键字，表示管理员要为这个 ACL 定义一个编号。在 3.3.1 节的配置案例中，我们会省略这个关键字。
- *acl-number*：必选参数，在这里设置管理员要配置的 ACL 编号。基本 IP ACL 的编号取值范围是 2000～2999。

步骤 2 rule［*rule-id*］{deny｜permit}［source {*source-address source-wildcard*｜any}］：这是一条基本 IP ACL 视图命令，这条命令的作用是定义一条匹配规则。这条命令中的参数如下所示。

- rule：必选关键字，表示管理员将要配置一条规则。
- *rule-id*：可选关键字，管理员可以手动指定这条规则的编号，这个关键字多用于管理员需要向现有 ACL 的规则中插入新规则的情形。当管理员没有配置这个参数时，路由器会按照步长（默认为 5）自动为这条规则设置编号。
- deny｜permit：必选关键字（二选一），指定这条匹配规则的行为。如果要丢弃与这条规则相匹配的 IP 数据包，就使用关键字 **deny**。如果要放行与这条规则相匹配的 IP 数据包，就使用关键字 **permit**。

- **source** {*source-address source-wildcard* | **any**}：可选关键字组，关键字 **source** 表示管理员要配置源 IP 地址信息；*source-address source-wildcard* 参数用来指定具体的 IP 地址，注意这里使用的是 IP 地址加通配符掩码的格式；关键字 **any** 表示这条规则要匹配任意源 IP 地址的数据包。

步骤 3 **traffic-filter** {**inbound** | **outbound**} {**acl** | **ipv6 acl**} {*acl-number* | **name** *acl-name*}：这是一条接口视图命令，其作用是在接口上应用 ACL。这条命令各个参数的作用如下所示。

- **traffic-filter**：必选关键字，表示管理员要在接口上应用 ACL，并根据 ACL 中的设置进行数据包过滤。

- **inbound** | **outbound**：必选关键字（二选一），指定这个 ACL 的应用方向。如果想要对路由器从这个接口接收到的数据包执行过滤，就使用关键字 **inbound**；如果想要对路由器通过这个接口转发的数据包执行过滤，就使用关键字 **outbound**。

- **acl** | **ipv6 acl**：必选关键字（二选一），指定对 IPv4 还是 IPv6 数据包进行过滤。如果想要对 IPv4 数据包执行过滤，就使用关键字 **acl**；如果想要对 IPv6 数据包执行过滤，就使用关键字 **ipv6 acl**。

- *acl-number* | **name** *acl-name*：必选关键字（二选一），指定要用来过滤数据包的 IP ACL。管理员可以通过 ACL 编号或 ACL 名称来进行应用。

注释：

步骤 2 创建 IP ACL 规则的命令中还包含一些其他的可选关键字可供管理员使用，但由于这些内容超出了本书范畴，因此本书不进行介绍。有关这条命令的完整句法与参数描述信息，感兴趣的读者可以参考华为设备配置命令参考。

接下来我们通过一个简单的案例来具体实施一个基本 IP ACL。

3.3.1 创建基本 IP ACL

图 3-10 所示为一个简单的企业网环境案例，AR1 作为网络中唯一一台路由器，负责不同 VLAN 之间的数据转发，同时作为企业网的网关为局域网中的主机提供 Internet 连接。AR1 通过 G6/0/0 接口连接服务提供商网络，使用服务提供商分配的 IP 地址 222.200.8.10 与服务提供商的路由器进行通信。管理员在 AR1 上手动配置了一条默认路由，这条默认路由的出接口为 G6/0/0，下一跳 IP 地址为 222.200.8.9。G6/0/1 接口连接公司的服务器 VLAN（VLAN 10），其 IP 地址为 10.10.10.254/24。G6/0/2 接口连接公

司的工程部 VLAN（VLAN 20），其 IP 地址为 10.10.20.254/24。G6/0/3 接口连接公司的财务部 VLAN（VLAN 30），其 IP 地址为 10.10.30.254/24。财务部门服务器使用的 IP 地址是 10.10.10.10/24，PC20 使用的 IP 地址是 10.10.20.20/24，PC30 使用的 IP 地址是 10.10.30.30/24。

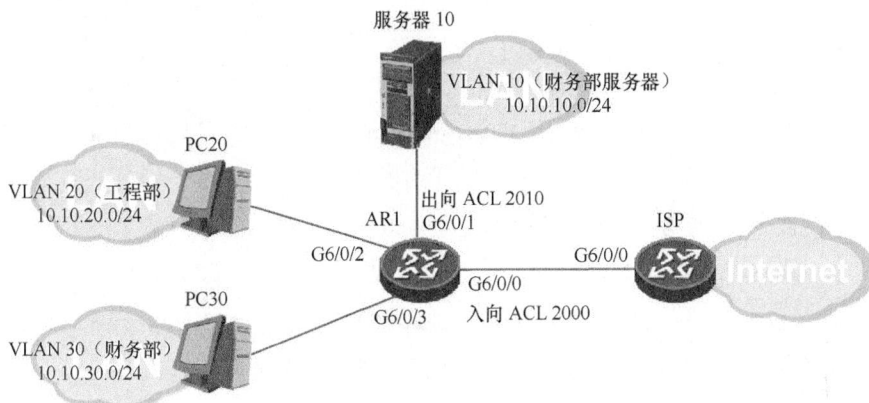

图 3-10　基本 IP ACL 实施环境

为了方便读者参考，我们把图中的接口、PC 和服务器的地址规划整理为表 3-6。

表 3-6　　　　　　　　　　　　基本 IP ACL 环境中的 IP 地址规划

设备	IP 地址
AR1 接口 G6/0/0	222.200.8.10/30
AR1 接口 G6/0/1	10.10.10.254/24
AR1 接口 G6/0/2	10.10.20.254/24
AR1 接口 G6/0/3	10.10.30.254/24
ISP 接口 G0/0/0	222.200.8.9/30
服务器 10	10.10.10.10/24
PC20	10.10.20.20/24
PC30	10.10.30.30/24

在这个企业网环境中，管理员要通过基本 IP ACL 实现以下需求。

- 源 IP 地址为私有地址的流量不能从 Internet 进入企业网络。
- 财务部门服务器 VLAN（10.10.10.0/24）中的服务器只能由财务部 VLAN（10.10.30.0/24）中的主机进行访问。

根据上述需求，管理员决定在 AR1 的 G6/0/0 和 G6/0/1 接口上实施相应的过滤行为，并创建了下面两个基本 IP ACL，详见例 3-1 所示。

例 3-1　在 AR1 上创建基本 IP ACL

```
[AR1]acl 2000
[AR1-acl-basic-2000]rule deny source 10.0.0.0 0.255.255.255
[AR1-acl-basic-2000]rule deny source 172.16.0.0 0.15.255.255
```

```
[AR1-acl-basic-2000]rule deny source 192.168.0.0 0.0.255.255
[AR1-acl-basic-2000]quit
[AR1]acl 2010
[AR1-acl-basic-2010]rule permit source 10.10.30.0 0.0.0.255
[AR1-acl-basic-2010]rule deny source any
```

注释：

私有地址是为了让不同的私有网络能够复用相同的网络地址，以达到节省 IP 地址资源的目的，而保留的一段 IPv4 地址空间，这段地址空间定义在 RFC 1918 文档中。根据 RFC 1918 的定义，以下 3 个地址空间被保留给各个私有网络。

- 10.0.0.0/8：包含的 IP 地址范围是 10.0.0.0～10.255.255.255。
- 172.16.0.0/12：包含的 IP 地址范围是 172.16.0.0～172.31.255.255。
- 192.168.0.0/16：包含的 IP 地址范围是 192.168.0.0～192.168.255.255。

有关私有 IP 地址的内容，我们会在第 4 章中进行详细介绍。

根据前文需求，管理员在 ACL 2000 中拒绝了所有源为私有 IP 地址的访问，在 ACL 2010 中只允许 VLAN 30 的主机访问。例 3-2 使用 **display acl** 命令查看了这两个 IP ACL 的配置。

例 3-2　查看管理员创建的两个 IP ACL

```
[AR1]display acl all
 Total quantity of nonempty ACL number is 2


Basic ACL 2000, 3 rules
Acl's step is 5
 rule 5 deny source 10.0.0.0 0.255.255.255
 rule 10 deny source 172.16.0.0 0.15.255.255
 rule 15 deny source 192.168.0.0 0.0.255.255


Basic ACL 2010, 2 rules
Acl's step is 5
 rule 5 permit source 10.10.30.0 0.0.0.255
 rule 10 deny


[AR1]
```

管理员可以使用 **display acl all** 命令来查看路由器上配置的所有 ACL，也可以使用 **display acl** *acl-number* 来查看指定 ACL。

在 3.3.2 节中，我们会把这两个 ACL 分别应用在相应接口的相应方向上，并且通过测试来验证 ACL 的配置结果。

3.3.2 应用基本 IP ACL

现在我们先按照设计，把两个基本 IP ACL 应用在相应的位置上，详见例 3-3 所示。

例 3-3 应用管理员创建的两个 IP ACL

```
[AR1]interface g6/0/0
[AR1-GigabitEthernet6/0/0]traffic-filter inbound acl 2000
[AR1-GigabitEthernet6/0/0]quit
[AR1]interface g6/0/1
[AR1-GigabitEthernet6/0/1]traffic-filter outbound acl 2010
```

从例 3-3 所示命令可以看出，管理员在连接 ISP（服务提供商）的接口 G6/0/0 上应用了入向 ACL，过滤源 IP 地址为私有地址的流量。在连接服务器 VLAN 的接口 G6/0/1 上应用了出向 ACL，只放行 VLAN 30 的流量。接下来，我们来测试一下这两个基本 IP ACL 的效果。首先，我们从 IP ACL 2000 开始测试，详见例 3-4。

例 3-4 测试基本 IP ACL 2000

```
[ISP]ping 222.200.8.10
  PING 222.200.8.10: 56   data bytes, press CTRL_C to break
    Reply from 222.200.8.10: bytes=56 Sequence=1 ttl=255 time=90 ms
    Reply from 222.200.8.10: bytes=56 Sequence=2 ttl=255 time=10 ms
    Reply from 222.200.8.10: bytes=56 Sequence=3 ttl=255 time=50 ms
    Reply from 222.200.8.10: bytes=56 Sequence=4 ttl=255 time=40 ms
    Reply from 222.200.8.10: bytes=56 Sequence=5 ttl=255 time=50 ms

  --- 222.200.8.10 ping statistics ---
    5 packet(s) transmitted
    5 packet(s) received
    0.00% packet loss
    round-trip min/avg/max = 10/48/90 ms

[ISP]ping -a 172.16.0.1 222.200.8.10
  PING 222.200.8.10: 56   data bytes, press CTRL_C to break
    Request time out
    Request time out
    Request time out
    Request time out
    Request time out

  --- 222.200.8.10 ping statistics ---
    5 packet(s) transmitted
    0 packet(s) received
```

```
    100.00% packet loss
```

[ISP]

在例 3-4 中，我们从 ISP 路由器向 AR1 的 G6/0/0 接口发起了 ping 测试。在第一次测试中，我们使用了默认源 IP 地址，也就是 ISP 接口 G0/0/0 的 IP 地址 222.200.8.9，测试成功。第二次测试我们在 **ping** 命令中使用**-a** 关键字指定了发起这个 ping 测试的源 IP 地址，并将其指定为一个私有 IP 地址，测试失败。

当 AR1 从 G6/0/0 接口接收到数据包时，它会检查接口有无应用任何入向过滤措施。在发现需要使用入向 ACL 2000 对这个数据包执行过滤时，AR1 会按照 ACL 2000 中配置的匹配规则来对这个数据包进行匹配。在第二次 ping 测试过程中，AR1 发现它接收到的数据包与 ACL 2000 中编号为 10 的条目相匹配，这时它就会对这个数据包应用条目 10 中指定的行为——丢弃。

在 3.2.3 节（入向 IP ACL）中，我们曾经描述过路由器对于入向 IP ACL 的处理过程。在这里，我们可以根据案例，再次明确指出拒绝（deny）语句的作用：一旦数据包与拒绝（deny）语句相匹配，那么无论这个数据包应该受到的下一步处理行为是什么，路由器都会直接丢弃这个数据包，而不会进行任何下一步操作（不会返回任何 ICMP 消息）。相反，对于允许（permit）语句，当数据包与允许（permit）语句相匹配时，路由器才会进一步处理这个数据包，在本例中也就是为这个 ICMP Echo-Request 消息返回 ICMP Echo-Reply 消息。图 3-11 中展示了进行这两次 ping 测试时，在 AR1 接口 G6/0/0 的抓包截图。

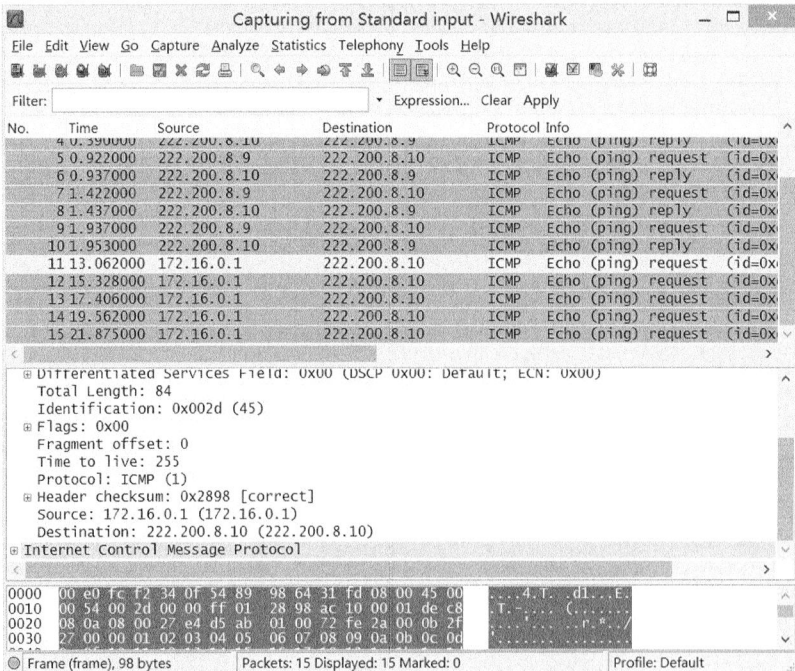

图 3-11　在 AR1 接口 G6/0/0 上抓包的截图

从图 3-11 中可以看出，AR1 以 ICMP Echo-Reply 消息回应了源 IP 地址为 222.200.8.9 的 ping 请求，但对于源 IP 地址为 172.16.0.1 的 ping 请求，AR1 则没有给出任何回应。因此，在例 3-4 中，ISP 路由器发起的第二次 ping 测试返回的结果为请求时间超时（Request time out）。

注释：

本例展示的是在**简化流策略**中应用 ACL 的案例。此时，如果使用基于源 IP 地址作为匹配规则的基本 IP ACL 来过滤 IP 流量，过滤的流量就会包括以设备本地作为目的地址的 ICMP 流量。若在**流策略**中应用 ACL 进行过滤，则本例中的 ACL 不能用来过滤以设备本地作为目的地址的 ICMP 流量。这是因为流策略中的 ACL 无法过滤那些要被上送到 CPU 处理的流量，而这其中就包括了去往设备本地的 ICMP 流量。读者在使用不同的 ACL 应用方式时，应参考华为官方网站的配置参考文档，确认该种 ACL 应用方式中的使用条件和具体配置命令。

下面我们来测试基本 IP ACL 2010 的效果，测试过程见例 3-5 所示。

例 3-5　测试基本 IP ACL 2010

```
PC30>ping 10.10.10.10

Ping 10.10.10.10: 32 data bytes, Press Ctrl_C to break
From 10.10.10.10: bytes=32 seq=1 ttl=254 time=16 ms
From 10.10.10.10: bytes=32 seq=2 ttl=254 time=16 ms
From 10.10.10.10: bytes=32 seq=3 ttl=254 time=15 ms
From 10.10.10.10: bytes=32 seq=4 ttl=254 time=16 ms
From 10.10.10.10: bytes=32 seq=5 ttl=254 time=16 ms


--- 10.10.10.10 ping statistics ---
  5 packet(s) transmitted
  5 packet(s) received
  0.00% packet loss
  round-trip min/avg/max = 15/15/16 ms


PC30>
```
```
PC20>ping 10.10.10.10

Ping 10.10.10.10: 32 data bytes, Press Ctrl_C to break
Request timeout!
Request timeout!
Request timeout!
Request timeout!
```

```
Request timeout!

—— 10.10.10.10 ping statistics ——
  5 packet(s) transmitted
  0 packet(s) received
  100.00% packet loss

PC20>
```

例 3-5 分别从 PC30 和 PC20 向服务器 10 发起了 ping 测试。从测试结果可以看出，PC30 的 ping 测试成功，而 PC20 的 ping 测试失败，这也正是我们通过基本 IP ACL 2010 想要实现的效果。

现在，请注意 PC20 的 ping 测试，此测试结果也是超时。也就是说，路由器在根据 ACL 中定义的规则丢弃数据包后，并不会针对这次丢弃行为向发出这个数据包的源设备做出任何"解释"。

在测试并验证了这两个基本 IP ACL 能够正常发挥其功能后，我们还遗留了一个问题，那就是在创建和应用 ACL 之前的设计步骤。尽管在实施中，管理员需要先创建 ACL 再将其应用在某个接口的某个方向上，但实际上管理员先要确定的是 ACL 的应用位置和方向，然后才会相应地创建 ACL 中的具体匹配规则和行为。

这也就是说，在实施 IP ACL 时，管理员的工作流程是首先确定需求，然后设计 IP ACL（确定应用的位置和方向，再确定具体的匹配规则和顺序），最后实施 IP ACL。其实我们在展示本例中的基本 IP ACL 配置之前，已经提到过"根据上述需求，管理员决定在 G0/0/1 和 G0/0/0 接口上实施相应的过滤行为"。通常只有确定了 IP ACL 的应用位置和方向，管理员才能开始设计 IP ACL 中的具体规则和顺序。这是因为应用位置和方向对于 ACL 的匹配规则是会产生影响的。

以本例中的第 2 个需求为例，请考虑图 3-12 所示拓扑的情况。

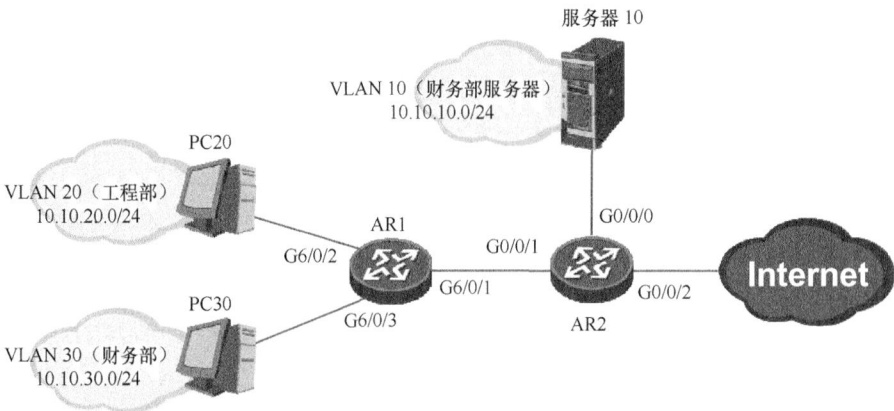

图 3-12　增加路由器后 ACL 应用位置的变更

假设在这个企业网络中，管理员使用其他路由器连接服务器区域（包括服务器 10），那么这时要想通过基本 IP ACL，实现"只允许 VLAN 30 中的用户 PC 能够访问服务器 VLAN 10"的需求，需要如何修改我们之前的配置呢？

首先我们要确定在这个环境中，哪个位置适合应用基本 IP ACL，并根据源 IP 地址进行过滤。这时我们有一个设计原则：在靠近目的的位置应用基本 IP ACL。根据这个设计原则，管理员可以确定 AR2 的 G0/0/0 接口为最佳的实施位置，因为它是直接连接目的 VLAN 10 的接口，并且 ACL 的应用方向是出方向。接着需要确定 ACL 的具体条目，这时我们会发现原本应用在 AR1 接口 G6/0/1 上的出向 ACL 2010 也适用于图 3-12 中的环境。因此管理员只要把 AR1 接口 G6/0/1 上的出向 ACL 删除，在 AR2 上创建匹配规则相同的 ACL，并将其应用在 AR2 接口 G0/0/0 的出方向上，就满足了新拓扑的过滤需求。

如果读者还没有完全清晰地理解"在靠近目的的位置应用基本 IP ACL"的设计原则，那么请考虑不修改之前的配置，在新拓扑中仍由 AR1 在其 G6/0/1 接口上执行出向过滤，看看这时会发生什么。假设现在工程部（VLAN 20）中的终端 PC20 需要访问互联网，它的访问可以成功吗？显然是不行的，AR1 在收到 PC20 发来的数据包后，会检查这个数据包是否要执行入向过滤，发现 G6/0/2 接口上并没有应用任何入向 ACL 后，AR1 继续处理这个数据包。查询了本地的 IP 路由表后，AR1 知道应该从接口 G6/0/1 把这个数据包转发出去。在真正执行转发行为之前，它还会查看 G6/0/1 接口的出向过滤措施，然后根据 ACL 2010 中的设置丢弃这个数据包。

图 3-13 描绘了路由器 AR1 接口 G6/0/1 上出向 ACL 和路由器 AR2 接口 G0/0/0 上出向 ACL 的影响范围。

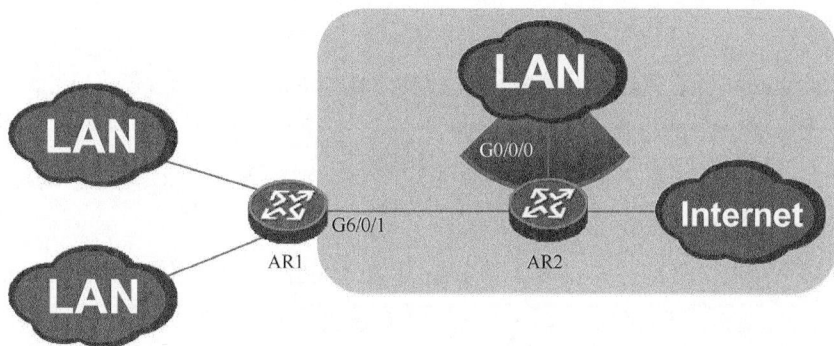

图 3-13 出向 ACL 的影响范围

在这个拓扑中，AR1 接口 G6/0/1 上出向 ACL 的影响范围（矩形灰色区域）要比 AR2 接口 G0/0/0 上出向 ACL 的影响范围（扇形灰色区域）大很多。从图 3-13 中很容易可以看出，在使用源 IP 地址执行过滤时，要把过滤行为尽量部署在靠近目的的位置，这样做可以避免把应该转发的流量提前丢弃，也可以实现更精确的过滤。

但这种过滤方式也有一定的缺陷，那就是本应该被丢弃的流量会穿越整个网络，直到差一步就抵达目的地的位置才被丢弃。比如其他部门的 PC 在尝试访问服务器区域时，AR1 会转发这些流量，AR2 会处理这些流量，并在转发之前进行丢弃。这种做法耗费了转发路径中所有路由器的处理资源，以及网络路径中的带宽资源，违背了我们在本册教材 1.2.1 节（接入层）中提出的"尽快过滤"原则。要想在实施过滤的同时兼顾到设备和网络资源，管理员可以使用高级 IP ACL，这也是 3.4 节将要介绍的重点。

3.4　高级 IP ACL

在使用高级 IP ACL 进行流量过滤时，管理员能够在匹配规则中设置多种参数，其中包括：源和目的 IP 地址、IP 协议类型、TCP/UDP 源和目的端口号（端口号范围）、分片信息和生效时间。当在一条匹配规则中同时配置了上述参数时，则必须所有参数都满足条件，路由器才会认为数据包与这条规则相匹配。当然，管理员可以根据实际需求有选择地使用上述参数。在 3.4 节的配置案例中，我们只会展示根据目的 IP 地址进行匹配的情况，其他参数可由读者自行尝试。

在流控制/简化流控制模块中应用 ACL 来过滤流量时，管理员可以使用以下三个步骤来创建并应用高级 IP ACL。

步骤 1　acl [number] *acl-number*：这是一条系统视图命令，这条命令的作用是创建一个 IP ACL，并进入 IP ACL 视图。管理员可以使用这条命令创建任意类型的 ACL（IP ACL、MAC ACL 或用户自定义 ACL），但要注意根据 ACL 类型来选择 ACL 的编号。这条命令中的参数如下所示。

- acl：必选关键字，表示管理员将要配置一个 ACL。
- number：可选关键字，表示管理员要为这个 ACL 定义一个编号。在 3.4 节的配置案例中，我们会省略这个关键字。
- *acl-number*：必选参数，在这里设置管理员要配置的 ACL 编号。高级 IP ACL 的编号取值范围是 3000～3999。

步骤 2　rule [*rule-id*] {deny | permit} ip [destination {*destination-address destination-wildcard* | any} | source {*source-address source-wildcard* | any}：这是一条高级 IP ACL 视图命令，这条命令的作用是定义一条规则。这条命令中的参数如下所示。

- rule：必选关键字，表示管理员将要配置一条规则。
- *rule-id*：可选关键字，管理员可以手动指定这条规则的编号，这个参数多用于管理员需要向现有 ACL 的规则中插入新规则的情形。当管理员没有配置这个参数时，路由器会按照步长（默认为 5）自动为这条规则设置编号。

- deny｜permit：必选关键字（二选一），指定这条匹配规则的行为。如果要丢弃与这条规则相匹配的 IP 数据包，就使用关键字 **deny**。如果要放行与这条规则相匹配的 IP 数据包，就使用关键字 **permit**。

- destination｛*destination-address destination-wildcard*｜**any**｝：可选关键字组，关键字 **destination** 表示管理员要配置目的 IP 地址信息；*destination-address destination-wildcard* 参数用来指定具体的 IP 地址，注意，这里使用的是 IP 地址加通配符掩码的格式；关键字 **any** 表示这条规则要匹配任意目的 IP 地址的数据包。

- source｛*source-address source-wildcard*｜**any**｝：可选关键字组，关键字 **source** 表示管理员要配置源 IP 地址信息；*source-address source-wildcard* 参数用来指定具体的 IP 地址；关键字 **any** 表示这条规则要匹配任意源 IP 地址的数据包。

步骤 3　**traffic-filter** ｛**inbound**｜**outbound**｝｛**acl**｜**ipv6 acl**｝｛*acl-number*｜**name** *acl-name*｝：这是一条接口视图命令，其作用是在接口上应用 ACL。这条命令各个参数的作用如下所示。

- **traffic-filter**：必选关键字，表示管理员要在接口上应用 ACL，并根据 ACL 中的设置进行数据包过滤。

- **inbound**｜**outbound**：必选关键字（二选一），指定这个 ACL 的应用方向。如果想要对路由器从这个接口接收到的数据包执行过滤，就使用关键字 **inbound**；如果想要对路由器通过这个接口转发的数据包执行过滤，就使用关键字 **outbound**。

- **acl**｜**ipv6 acl**：必选关键字（二选一），指定对 IPv4 还是 IPv6 数据包进行过滤。如果想要对 IPv4 数据包执行过滤，就使用关键字 **acl**；如果想要对 IPv6 数据包执行过滤，就使用关键字 **ipv6 acl**；

- *acl-number*｜**name** *acl-name*：必选关键字（二选一），指定用来过滤数据包的 IP ACL。管理员可以通过 ACL 编号或 ACL 名称来进行应用。

注释：

在设备上配置高级 IP ACL 规则时，根据 IP 所承载的不同协议类型（比如 ICMP、TCP、UDP、OSPF 等），ACL 规则中有不同的参数组合。步骤 2 展示了协议类型为 IPv4 时创建高级 IP ACL 的规则，并且该命令中还包含其他的可选关键字可供管理员使用。由于这些内容超出了本套教材的范畴，因此不再过多介绍。有关这条命令以及其他协议类型命令的完整句法与参数描述信息，感兴趣的读者可以参考华为设备配置命令参考。

接下来我们通过一个简单的案例来具体实施一个高级 IP ACL。

3.4.1 创建高级 IP ACL

图 3-14 所示企业网环境与基本 IP ACL 案例中添加了一台路由器后的拓扑相同，这时路由器 AR1 的 G6/0/1 接口与 AR2 相连，它们之间使用的网段是 10.10.12.0/24，其中 AR1 接口 G6/0/1 的 IP 地址是 10.10.12.1/24。AR1 的 G6/0/2 接口连接公司的工程部 VLAN（VLAN 20），其 IP 地址为 10.10.20.254/24。G6/0/3 接口连接公司的财务部 VLAN（VLAN 30），其 IP 地址为 10.10.30.254/24。路由器 AR2 负责连接服务器区域，同时它还充当了企业网连接服务提供商的网关设备，为局域网中的内部主机提供 Internet 连接。AR2 通过 G0/0/0 接口连接公司的服务器 VLAN（VLAN 10），其 IP 地址为 10.10.10.254/24；AR2 通过 G0/0/1 连接 AR1，其 IP 地址为 10.10.12.2/24。财务部门服务器使用的 IP 地址是 10.10.10.10/24，PC20 使用的 IP 地址是 10.10.20.20/24，PC30 使用的 IP 地址是 10.10.30.30/24。

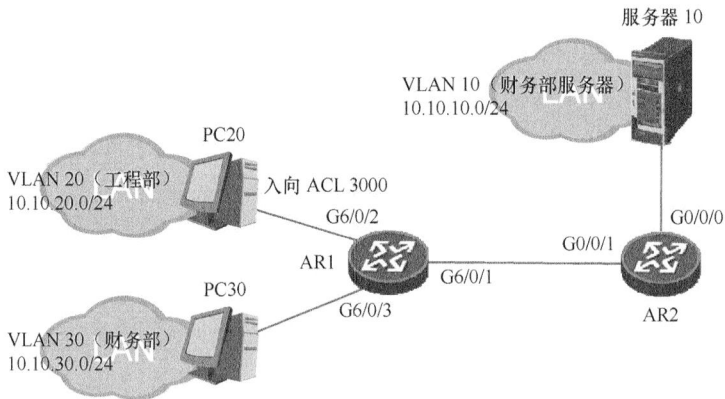

图 3-14　高级 IP ACL 实施环境

为了方便读者参考，我们把图中的接口、PC 和服务器的地址规划整理为表 3-7。

表 3-7　　　　　　　　　　　　高级 **IP ACL** 环境中的 **IP** 地址规划

设备	IP 地址
AR1 接口 G6/0/1	10.10.12.1/24
AR1 接口 G6/0/2	10.10.20.254/24
AR1 接口 G6/0/3	10.10.30.254/24
AR2 接口 G0/0/0	10.10.10.254/24
AR2 接口 G0/0/1	10.10.12.2/24
服务器 10	10.10.10.10/24
PC20	10.10.20.20/24
PC30	10.10.30.30/24

在这个企业网环境中，管理员要通过高级 IP ACL 实现以下需求。

- 财务部门服务器 VLAN（10.10.10.0/24）中的服务器只能由财务部 VLAN（10.10.30.0/24）中的主机进行访问。

根据上述需求，管理员决定在 AR1 的 G6/0/2 接口上实施相应的过滤行为，并创建了一个高级 IP ACL，详见例 3-6 所示。

例 3-6　在 AR1 上创建高级 IP ACL

```
[AR1]acl 3000
[AR1-acl-adv-3000]rule deny ip destination 10.10.10.0 0.0.0.255
```

根据前文需求，管理员在 ACL 3000 中禁止 VLAN 20 中的用户 PC 访问 VLAN 10。例 3-7 使用 display acl 命令查看了这个 IP ACL 的配置。

例 3-7　查看管理员创建的高级 IP ACL

```
[AR1]display acl 3000
Advanced ACL 3000, 1 rule
Acl's step is 5
 rule 5 deny ip destination 10.10.10.0 0.0.0.255


[AR1]
```

在 3.4.2 节中，我们会把这个高级 IP ACL 应用在相应接口的相应方向上，并且通过测试来验证配置的结果。

3.4.2　应用高级 IP ACL

现在我们先按照设计，把这个高级 IP ACL 应用在相应的位置上，详见例 3-8 所示。

例 3-8　应用管理员创建的高级 IP ACL

```
[AR1]interface g6/0/2
[AR1-GigabitEthernet6/0/2]traffic-filter inbound acl 3000
```

从例 3-8 所示命令可以看出，管理员在 AR1 连接工程部 VLAN 的接口 G6/0/2 上应用了入向 ACL，过滤目的 IP 地址为财务部服务器 VLAN 的流量。接下来我们测试一下这个高级 IP ACL 的效果，详见例 3-9。

例 3-9　测试高级 IP ACL 3000

```
PC20>ping 10.10.10.10

Ping 10.10.10.10: 32 data bytes, Press Ctrl_C to break
Request timeout!
Request timeout!
Request timeout!
Request timeout!
Request timeout!
```

```
--- 10.10.10.10 ping statistics ---
   5 packet(s) transmitted
   0 packet(s) received
   100.00% packet loss

PC20>
```

```
PC30>ping 10.10.10.10

Ping 10.10.10.10: 32 data bytes, Press Ctrl_C to break
From 10.10.10.10: bytes=32 seq=1 ttl=253 time=78 ms
From 10.10.10.10: bytes=32 seq=2 ttl=253 time=31 ms
From 10.10.10.10: bytes=32 seq=3 ttl=253 time=47 ms
From 10.10.10.10: bytes=32 seq=4 ttl=253 time=31 ms
From 10.10.10.10: bytes=32 seq=5 ttl=253 time=32 ms

--- 10.10.10.10 ping statistics ---
   5 packet(s) transmitted
   5 packet(s) received
   0.00% packet loss
   round-trip min/avg/max = 31/43/78 ms

PC30>
```

例 3-9 分别从 PC20 和 PC30 向服务器 10 发起了 ping 测试。从测试结果可以看出，PC20 的 ping 测试失败，而 PC30 的 ping 测试成功，这也正是我们通过高级 IP ACL 3000 想要实现的效果。

现在，我们不妨对比一下在类似的拓扑环境中，使用基本 IP ACL 和高级 IP ACL 来实现相同的访问限制需求有什么区别，如图 3-15 所示。

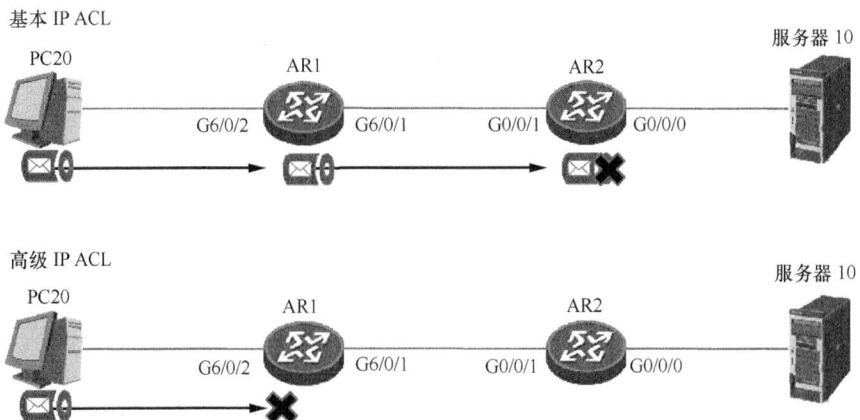

图 3-15　对比基本 IP ACL 和高级 IP ACL

图 3-15 简化了前两个案例所使用的拓扑环境，我们把需求也简化描述为不允许 PC20 访问服务器 10。在图 3-15 上半部分展示的使用基本 IP ACL 进行过滤时，管理员只能匹配源 IP 地址参数。为了避免错误地过早丢弃以 PC20 为源的数据包，导致 PC20 无法访问本应能够访问的目的地，管理员只能在靠近目的地（服务器 10）的位置应用 ACL（AR2 的 G0/0/0 接口出方向）。这符合部署基本 IP ACL 时的建议，即要在靠近目的的位置应用基本 ACL。但这样做会导致本应被丢弃的数据包在穿越整个网络后才被丢弃，浪费了路径中负责转发的路由器资源，以及链路带宽资源，违背了"尽快过滤"的原则。

在图 3-15 下半部分展示了使用高级 IP ACL 进行过滤时，ACL 的应用位置（AR1 的 G6/0/2 接口入方向），即当这个不符合策略的数据包刚一进入到网络中，就马上被丢弃了。这正是在部署高级 IP ACL 时的建议：在靠近源的位置应用高级 ACL，这也正好符合我们在本册教材第 1 章提到的"尽快过滤"的原则。

在展示了高级 IP ACL 的应用并分析了基本 ACL 和高级 ACL 在应用上的区别后，我们最后再来对 ACL 中规则的调整进行一点说明。

单独删除指定规则：管理员可以根据规则编号单独删除某一条规则，详见例 3-10 所示。

例 3-10　单独删除一条 ACL 规则

```
[AR1] display acl 2000
Basic ACL 2000, 4 rules
Acl's step is 5
 rule 5 deny source 10.0.0.0 0.255.255.255
 rule 10 permit source 10.10.0.0 0.0.255.255
 rule 15 deny source 172.16.0.0 0.0.15.255
 rule 20 deny source 192.168.0.0 0.0.255.255

[AR1] acl 2000
[AR1-acl-basic-2000]undo rule 10
[AR1-acl-basic-2000]quit
[AR1]display acl 2000
Basic ACL 2000, 3 rules
Acl's step is 5
 rule 5 deny source 10.0.0.0 0.255.255.255
 rule 15 deny source 172.16.0.0 0.0.15.255
 rule 20 deny source 192.168.0.0 0.0.255.255

[AR1]
```

从例 3-10 中的第 1 条 **display** 命令的输出内容中我们可以看出，管理员在基本 IP ACL 2000 中配置了 4 条规则。这个 ACL 无法正确实现管理员的设计，因为规则 10 定义的 IP 地址范围包含在规则 5 定义的 IP 地址范围当中，这使得规则 10 永远不会被命中。因此管理员通过 ACL 视图中的命令 **undo rule 10**，单独删除了规则 10。最后一条 display 命令的输出内容展示了配置后的 ACL 2000 中只剩下了 3 条规则。

利用 ACL 步长重新自动编号：管理员可以通过修改 ACL 的步长，让设备自动调整 ACL 中已有规则的编号，详见例 3-11 所示。

例 3-11　通过修改 ACL 步长来重新编号

```
[AR1]display acl 2000
Basic ACL 2000, 3 rules
Acl's step is 5
 rule 5 deny source 10.0.0.0 0.255.255.255
 rule 15 deny source 172.16.0.0 0.0.15.255
 rule 20 deny source 192.168.0.0 0.0.255.255


[AR1]acl 2000
[AR1-acl-basic-2000]rule 4 permit source 10.10.0.0 0.0.255.255
[AR1-acl-basic-2000]display acl 2000
Basic ACL 2000, 4 rules
Acl's step is 5
 rule 4 permit source 10.10.0.0 0.0.255.255
 rule 5 deny source 10.0.0.0 0.255.255.255
 rule 15 deny source 172.16.0.0 0.0.15.255
 rule 20 deny source 192.168.0.0 0.0.255.255


[AR1-acl-basic-2000]step 10
[AR1-acl-basic-2000]display acl 2000
Basic ACL 2000, 4 rules
Acl's step is 10
 rule 10 permit source 10.10.0.0 0.0.255.255
 rule 20 deny source 10.0.0.0 0.255.255.255
 rule 30 deny source 172.16.0.0 0.0.15.255
 rule 40 deny source 192.168.0.0 0.0.255.255


[AR1-acl-basic-2000]
```

例 3-11 中的第 1 条 display 命令再次展示出上一个案例中删除了一条规则后的 ACL 2000，之后管理员在正确的位置插入了刚才删除的规则——插入在规则 4 的位置。在第 2 条 display 命令的输出信息中，我们可以看这个 ACL 中各个语句的编号由于之前的删除和添加操作而变得很不规则。接着，我们使用 ACL 视图命令 **step 10** 把 ACL 2000 的步长更改为 10，这条命令同时还会重新排列 ACL 2000 中已有规则的编号。最后一条 display

命令则验证了重新排序的结果。

3.5　本章总结

本章重点介绍了与访问控制列表相关的知识，我们从访问控制列表的作用和工作原理入手，介绍了在 IP ACL 中使用的一种特殊掩码——通配符掩码。通配符掩码的运算逻辑与子网掩码相反，在通配符掩码的二进制数值中，0 表示必须匹配，1表示无需匹配。接下来，本章介绍了 IP ACL 中最为重要的内容，即 IP ACL 中的匹配顺序。管理员在设计 IP ACL 时，要注意多个规则之间的先后顺序。鉴于设备默认是按照规则编号进行匹配的，管理员要把较为精确的规则放在较为宽泛的规则之前，这样才能保证 ACL 能够实现管理员预期的效果。接着，在 IP ACL 的工作原理部分，我们还介绍了 IP ACL 的方向。设备会按照 ACL 的应用方向，针对单向流量实施过滤。

在完成了对 IP ACL 工作原理的说明之后，本章以案例的形式展示了在华为路由器上部署基本 IP ACL 和高级 IP ACL 的方法，并且通过相同的网络拓扑对比了这两种 ACL在应用上的区别。通过这部分的学习，读者要掌握"在靠近目的的位置应用基本 IP ACL，在靠近源的位置应用高级 IP ACL"的设计原则。在本章的最后，我们介绍了在 ACL 的配置中，两个实用的配置窍门，即利用规则编号删除指定规则，以及利用 ACL 步长重新调整 ACL 编号。

3.6　练习题

一、选择题

1. 访问控制列表（ACL）能够实现哪些功能？（多选）（　　　）

A. 流量过滤　　　　　B. 数据加密　　　　　　C. 身份认证　　　D. 数据包匹配

2. ACL 中可以关联以下哪些行为？（多选）（　　　）

A. 标记（Mark）　　　B. 允许（Permit）　　C. 拒绝（Deny）　D. 丢弃（Drop）

3. 要想在 ACL 中匹配以下地址范围，需要使用哪个地址/通配符掩码对？（　　　）

172.16.30.0～172.16.47.255

A. 172.16.30.0　0.0.15.255

B. 172.16.30.0　0.0.31.255

C. 172.16.30.0　0.0.1.255 和 172.16.32.0　0.0.15.255

D. 172.16.30.0　0.0.15.255 和 172.16.32.0　0.0.3.255

4. 在以下选项中，哪个选项匹配的 IP 地址范围最精确？（　　）

A. 10.20.0.0 0.15.255.255　　　　B. 10.168.40.0 0.0.31.255

C. 10.16.0.0 0.7.255.255　　　　D. 10.192.78.0 0.0.0.255

5. 如果管理员在一个接口上应用了一个入向 IP ACL，但这个 IP ACL 中没有定义任何规则，以下说法中正确的是？（　　）

A. 未命中，放行所有流量

B. 未命中，拒绝所有流量

C. 在接口输入应用 ACL 的命令时，设备会弹出提示消息并接受命令

D. 在接口输入应用 ACL 的命令时，设备会报错并拒绝命令

6. 高级 IP ACL 在以下哪些方面优于基本 IP ACL？（多选）（　　）

A. 在越大型的网络环境中，越能够节省多数路由器的处理资源

B. 在越大型的网络环境中，越能够节省网络中的带宽资源

C. 可以对数据包匹配得更为精确

D. 配置更为简单

7. 针对以下命令的输出信息，选项中说法错误的是？（　　）

```
[AR1]display acl 3000
Advanced ACL 3000, 2 rules
Acl's step is 5
 rule 5 permit ip source 10.10.30.0 0.0.0.255 destination 10.10.10.0 0.0.0.255
 rule 10 deny ip destination 10.10.10.0 0.0.0.255


[AR1]
```

A. ACL 3000 的步长为 5

B. ACL 3000 中有两个匹配规则

C. AR1 上只配置了一个高级 IP ACL

D. 规则 10 拒绝了所有目的 IP 地址为 10.10.10.0～10.10.10.255 的数据包

二、判断题

1. 在华为设备中，管理员使用系统视图命令 **acl** *acl-number* 创建了基本或高级 ACL 后，这个 ACL 就会立即生效。

2. 华为路由器在对数据包进行 ACL 匹配时，默认会在相应的 ACL 中找到最精确匹配的规则。

3. 访问控制列表的使用原则是在靠近源的位置应用基本 ACL，在靠近目的的位置应用高级 ACL。

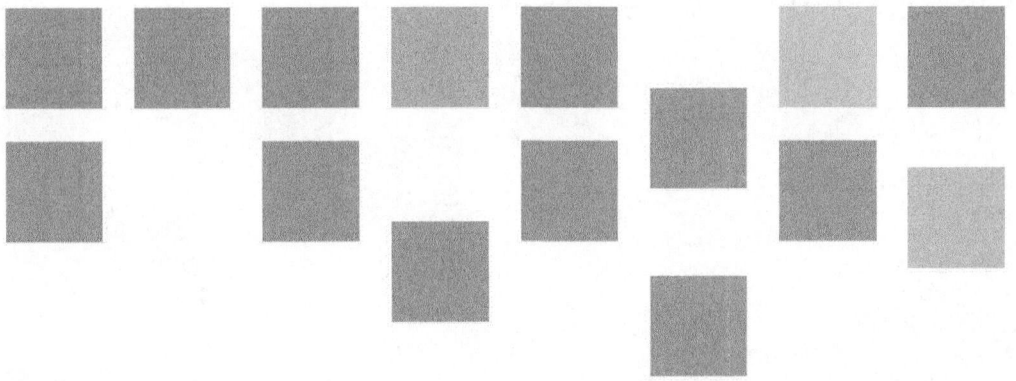

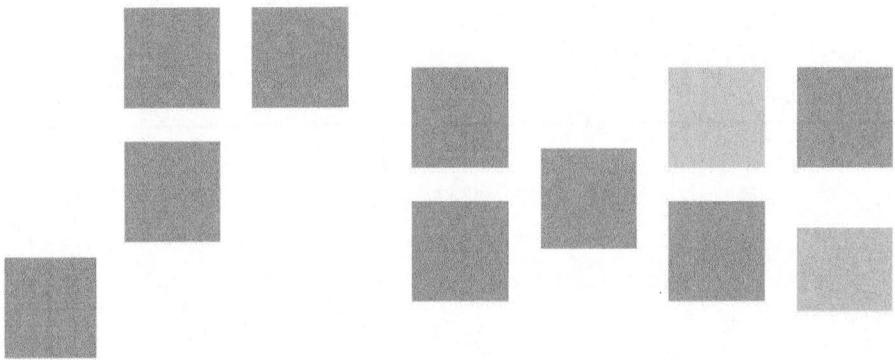

第4章
网络地址转换

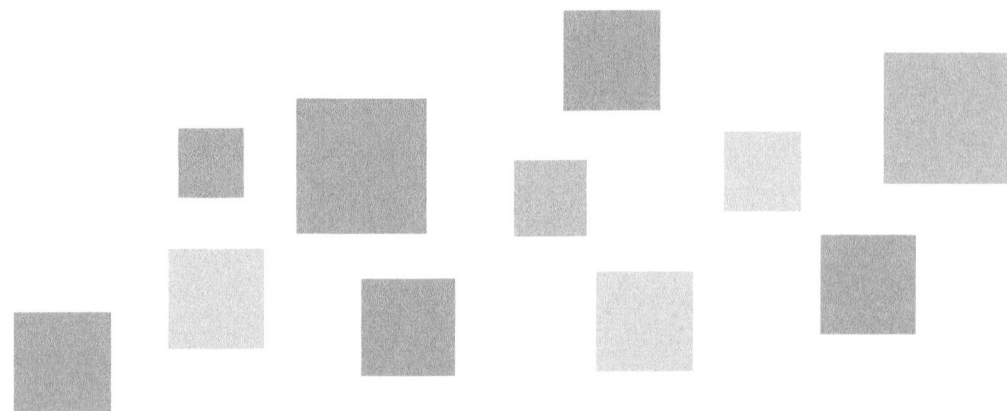

到目前为止，在我们学习的过程中，大量知识都是围绕着私有网络展开的。在本书中，我们也会接触一些广域网技术。而本章中，我们所要介绍的网络地址转换（NAT）技术，常常用于实现私有网络中的主机与公共网络中的资源之间的通信。

当然了，NAT 技术不仅仅可以实现私有网络和公共网络的互访，它还提供了一定的安全功能，并且也会在网络迁移时成为管理员的首选方案。这些内容我们都会在本章中一一进行揭示。本章会先从 NAT 的作用入手，其中包含私有 IP 地址的详细信息，接着着重讲述 NAT 的工作原理，以及为了实现 NAT 作用而实现的几种 NAT 类型。

在掌握了 NAT 理论知识后，本章的后半部分会详细介绍 NAT 在华为设备中的实施方法，其中包括华为设备所能够提供的 NAT 类型，以及与之相关的配置命令。本章会根据每种类型的 NAT 所适用的环境，提供一个相关的案例，并展示这个案例从配置到验证的全部内容。

学习目标

- 掌握 IPv4 私有地址的作用和范围；
- 了解 NAT 的作用；
- 理解 NAT 的工作原理；
- 掌握 NAT 的类型；
- 掌握 NAT 的基本配置；
- 掌握 NAPT 的配置；
- 掌握 Easy IP 的配置；
- 掌握 NAT 服务器的配置。

4.1　NAT 原理

　　网络地址转换（Network Address Translation，NAT）技术的一种应用场景是在私有 IP 地址和公网 IP 地址之间执行转换，在 4.1.1 节中我们会具体介绍 NAT 的这种用法。在开始进入 NAT 的学习之前，我们有必要先来介绍一下私有 IP 地址的概念。

　　在网络的发展过程中，最早只有少数几个互不相连的独立网络。后来，这些独立的网络连接在了一起，构成一个较大的公共互联网络，并逐渐倾向于使用 TCP/IP 架构。之后，使用 TCP/IP 架构的网络数量直线上升，规模迅速扩充，超出了人们的预期。随着连接到这个公共互联网络中的网络越来越多，IPv4 地址出现了耗竭的迹象。

　　因此 IANA（互联网号码分配机构）对地址分配规划作出了调整，预留了 3 个 IP 地址段用于私有网络，这些地址不能在公共网络中进行路由。这使得所有组织机构都可以在自己的私有网络中，通过这些范围内的 IP 地址（称为私有 IP 地址）来实现私有网络中的通信功能，以此达到复用 IP 地址空间、延缓 IP 地址消耗速度的目的。

　　IANA 为私有网络预留的 IP 地址空间如下所示。

- 　10.0.0.0/8：包含的 IP 地址范围是 10.0.0.0～10.255.255.255；
- 　172.16.0.0/12：包含的 IP 地址范围是 172.16.0.0～172.31.255.255；
- 　192.168.0.0/16：包含的 IP 地址范围是 192.168.0.0～192.168.255.255。

　　IPv4 私有地址空间定义在 RFC 1918 文档中。IPv6 地址虽然没有耗竭之虞，但也有一部分地址被保留为私有地址，IPv6 私有地址定义在 RFC 4193 中。在这一章中，我们要讨论的只与 IPv4 地址有关。

4.1.1　NAT 的作用

　　网络地址转换（NAT）是指把一个 IP 地址转换为另一个 IP 地址的做法，实施这个操作的设备通常是连接两个不同网络的边界路由设备（网关）。

　　相信很多读者都有过部署家庭网关路由器的经历：用户向本地运营商申请宽带服务，运营商工程师上门安装调试，通过家里的 PC 执行拨号后上网。如果家里有多台设备需要上网，则需要自己购买一台带无线 AP（接入点）功能的无线家庭路由器，并让路由器来代替 PC 进行拨号。这时，如果读者观察 PC 获得的 IP 地址，就会发现它使用的其实是一个私有 IP 地址，而运营商分配的公网 IP 地址是配置在路由器上的，这表示路由器通过 NAT 技术，实现了私有 IP 地址与公网 IP 地址之间的转换，把发往运营商的数据包源 IP 地址都转换为了运营商分配的公网 IP 地址。

注释：

有些厂商的家庭路由器管理界面中并没有提供与 NAT 相关的配置选项，这是为了简化配置并降低用户误操作的几率，但它们实际上都支持并默认使用了 NAT。

网络管理员可以通过在网关设备上部署 NAT 技术，为整个使用私有 IP 地址空间的私有网络提供一个或多个公网可路由的 IP 地址，图 4-1 描绘了这种情景。

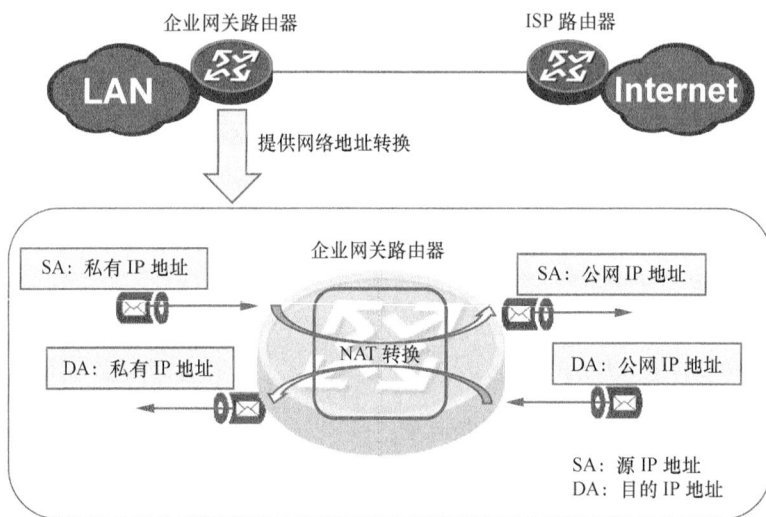

图 4-1　为上网主机提供 NAT 转换

NAT 在执行网络地址转换的同时，也会对外隐藏私有网络内部的地址结构。于是，在 ISP 看来，宽带用户或组织机构只使用了自己分配出去的 IP 地址，而并不知道宽带用户实际使用了几台设备上网，也不会知道组织机构的内部网络结构。

最后再介绍 NAT 的另一种常见应用：当一个企业的网络需要与合作伙伴的网络进行部分互联时，为了确保一定的安全性，管理员可以使用 NAT 技术对合作伙伴隐藏自己的内部网络结构；或者在企业并购后要把多个企业网络合并成一个新企业网络的环境，如果合并前的多个网络使用了相同范围的私有 IP 地址，或者私有 IP 地址有部分重叠，那么管理员就可以使用 NAT 技术作为割接时的过渡手段，优先实现企业业务流量的正常转发。日后在对网络进行重新设计后，逐步实施旧网络规划到新网络规划的迁移，图 4-2 中描绘了这种情景。

在图 4-2 中，企业网络 A 和企业网络 B 使用的 IP 地址空间都是 10.0.0.0/24，现在这两个网络要合并到一起，构成一个完整的新企业网络。在不中断业务的前提下，管理员设计了过渡方案：把网络 A 的地址转换为 172.16.0.0/24，把网络 B 的地址转换为 192.168.0.0/24。此后，管理员可以重新设计企业网络，并逐步实施迁移计划。这种同时转换源和目的 IP 地址的做法有一个专门的名称——两次 NAT，亦称为双向 NAT。我们在本章中只介绍基本的 NAT 应用,两次 NAT 的配置方法超出了本书的知识范围,在本书中不作进一步介绍,读者只需了解 NAT 存在这样一种应用方法和应用场景即可。

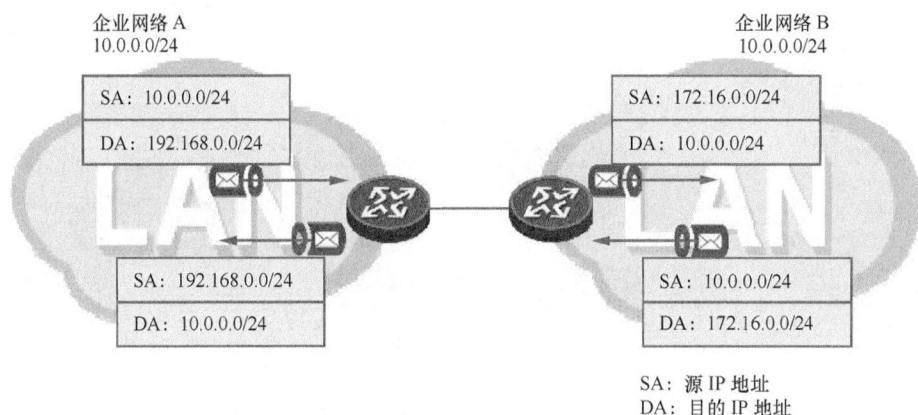

图 4-2　企业网络融合的过渡解决方案

4.1.2　NAT 的工作原理

无论组织机构无法把内部 IP 地址用于外部通信的理由是什么(或是它所使用的 IP 地址为私有地址因而无法实现公网中的路由;或是企业出于隐私性考虑而不希望向外部网络暴露自己的网络结构信息等),企业此时都需要执行 IP 地址转换。在实施了 NAT 后,不仅内网主机使用的私有 IP 地址会被转换为公网可路由的公有 IP 地址,而且外网(公网)设备无法主动向内网主机发起访问,如果需要外网主动向内网发起访问,则需要配置一种特殊类型的 NAT。在 4.1.2 节中,我们会介绍"传统 NAT"的工作原理,其他类型的 NAT 会在 4.1.3 节中进行介绍。

通过使用传统 NAT,管理员能够实现内网主机向外网主机发起并建立会话,而主机用户不会体验到通信的过程经历了网络地址转换的操作。也就是说,主机用户不会意识到在与外网主机进行通信时,自己主机的 IP 地址发生了变化。

如图 4-1 和图 4-2 所描绘的场景所示,只有连接多个网络的边界路由器上需要执行网络地址转换操作。下面,我们来详细介绍一下执行 NAT 的边界路由器具体执行的操作。

传统 NAT 中包含基本 NAT 和 NAPT,我们首先从最简单的基本 NAT 说起。

1. 基本 NAT 的工作原理

对于使用了私有 IP 地址的内网主机来说,管理员可以通过手动配置,把私有 IP 地址转换为全局可路由的(公网)IP 地址,以此来实现内网主机与外网的通信。如果内网中需要访问外网的设备数量小于或等于公网 IP 地址数量,那么每个私有地址都能够被转换为一个公网地址,如图 4-3 所示环境。否则,能够同时访问外网的主机数量就会受公网地址数量所限,导致并不是所有内网主机都可以同时访问外网。对于能够访问外网的主机来说，它们可以通过同一个"私有地址/公网地址"转换关系向外网发起多个并发会话。

图 4-3 基本 NAT 的操作

如图 4-3 所示，假设当前企业中只有两台主机需要访问外网，但管理员考虑到近期的扩展需求而向 ISP 申请了 4 个公网地址。这时管理员就可以在企业网关路由器上静态配置一对一的 IP 地址转换关系，比如把 PC1 使用的私有 IP 地址 10.0.0.1/24 转换为 ISP 分配的公网 IP 地址 123.119.122.1/29，把 PC2 使用的私有 IP 地址 10.0.0.2/24 转换为 ISP 分配的公网 IP 地址 123.119.122.2/29。

下面，我们以图 4-3 中管理员在企业网关路由器接口 G0/0/1 上设置的 NAT 规则为例，介绍在需要执行 IP 地址转换的环境中，企业网关路由器在转发数据包时是如何工作的。

（1）**PC1 发出的数据包**：从接口 G0/0/0 接收到 PC1 发来的去往互联网中某网站（43.226.160.17）的数据包，根据目的 IP 地址查询 IP 路由表，找到出站接口 G0/0/1。

（2）根据出站接口 G0/0/1 上定义的 NAT 规则，确定 PC1 的 IP 地址（10.0.0.1）符合需要转换的条件，并且应被转换为 123.119.122.1。

（3）重新以源 IP 地址 123.119.122.1 封装去往 43.226.160.17 的数据包，并从 G0/0/1 发送出去。

（4）**去往 PC1 的数据包**：从接口 G0/0/1 接收到从 43.226.160.17 发来且去往 123.119.122.1 的数据包，根据 G0/0/1 接口上定义的 NAT 规则，确定这个目的 IP 地址 123.119.122.1 应该被转换为 10.0.0.1。

（5）根据转换后的目的 IP 地址 10.0.0.1 查询 IP 路由表，找到出站接口 G0/0/0。

（6）重新以目的 IP 地址 10.0.0.1 封装来自 43.226.160.17 的数据包，并从 G0/0/0 发送出去。

管理员也可以让路由器自动执行转换，即当一台主机发来去往外网的数据包时，路由器在仍有公网 IP 地址可用的前提下，会自动为内部主机执行转换并记录转换关系。当所有公网 IP 地址都被转换为某个内部主机的地址后，其他内部主机就无法访问外网了。其他主机用户只能等待已绑定的 NAT 转换关系超时，有空闲的公网 IP 地址后，路由器才能够继续执行新的转换并记录新的转换关系。

然而，当企业内部需要访问外网的主机数量多于企业向 ISP 申请的公网 IP 地址数量时，静态配置一对一转换的方式就显然无法满足所有内部主机访问外网的需求，这时就需要使用另一种传统 NAT 技术——NAPT。

2. NAPT 的工作原理

NAPT 的全称是网络地址端口转换（Network Address Port Translation），从这个名称我们可以看出，NAPT 在网络地址转换的转换关系中添加了一个因素——端口。这样一来，组织机构和个人可以只向 ISP 申请一个或少量公网 IP 地址，就可以实现多台主机同时访问外网的需求。NAPT 能够把 IP 地址和端口号这个二元组从"内部 IP 地址，内部 TCP/UDP 端口号"转换为"公网 IP 地址，公网 TCP/UDP 端口号"，如图 4-4 所示。

图 4-4　NAPT 的操作

以图 4-4 所示环境为例，企业内部使用 10.0.0.0/24 私有 IP 地址范围，企业向 ISP 申请了 1 个公网 IP 地址 123.119.122.200，管理员在企业网关路由器的 G0/0/1 接口上实施了 NAPT。

下面，我们来解析当 PC1 和 PC2 先后向外网服务器 43.226.160.17 发起 Telnet 连接（TCP 端口 23）时，企业网关路由器的转换行为。

（1）**PC1 的数据包**：从接口 G0/0/0 接收到 PC1 发来的源 IP 为 10.0.0.1、源端口为 3017、目的 IP 为 43.226.160.17、目的端口为 23 的数据包后，查询路由表找到出站接口 G0/0/1。

（2）根据出站接口 G0/0/1 上定义的 NAPT，把 PC1 数据包的源 IP:源端口转换为

123.119.122.200:1024，并在 NAT 转换表中记录这条转换规则。显然，转换之前的内部源端口的取值是由 PC1 决定的，但转换后的公网源端口是由执行网络地址转换的路由器决定的，路由器会选取当前未转换出去的端口来使用。

（3）重新以源 IP：源端口 123.119.122.200:1024 封装去往 43.226.160.17:23 的数据包，并从 G0/0/1 发送出去。

（4）**PC2 的数据包**：从接口 G0/0/0 收到 PC2 发来的源 IP:源端口为 10.0.0.2:3017、目的 IP:目的端口为 43.226.160.17:23 的数据包后，查询路由表找到出站接口 G0/0/1。

（5）根据出站接口 G0/0/1 上定义的 NAPT，把 PC2 数据包的源 IP:源端口转换为 123.119.122.200:1025，并在 NAT 转换表中记录这条转换规则。在本例中，我们为了说明即使多台内部主机选择使用了相同的源端口号，NAPT 也能够为它们建立唯一的转换关系，所以假设 PC1 和 PC2 都恰好选取了相同的源端口来建立 Telnet 会话。

（6）重新以源 IP:源端口 123.119.122.200:1025 封装去往 43.226.160.17:23 的数据包，并从 G0/0/1 发送出去。

NAPT 只支持从内部主机向外部发起 TCP/UDP 会话，无法支持那些需要从外部向企业内部发起会话的应用。如果企业中有从外部向内部发起访问的需求，管理员就需要在企业网关路由器上部署其他类型的 NAT（NAT 服务器功能）。在 4.1.3 节中，我们会介绍包含 NAT 服务器功能在内的华为设备上能够实现的 NAT 类型。

4.1.3　NAT 的类型

NAT 在华为设备中的实现方法主要包括：静态 NAT/NAPT、Easy IP 和 NAT 服务器。无论哪种类型的 NAT 实现方法，都要遵循我们在 4.1.2 节介绍的 NAT 工作原理。在 4.2 节介绍具体的配置命令和验证方法前，我们先通过 4.1.3 节介绍一下不同类型 NAT 的适用环境。

1. 静态 NAT/NAPT

静态 NAT 的实现方法是当管理员配置 NAT 转换时，会把内网中一个主机的私有 IP 地址与一个公网 IP 地址相绑定。也就是说，在静态 NAT 中，公网 IP 地址只会被转换给唯一且固定的内网主机，实现一对一的转换关系。这种方式无法通过一个公网 IP 地址为内网中的多台主机同时提供外网连接，因此在实际使用中比较少见。

静态 NAPT 的实现方法是把二元组"内部网络主机的 IP+端口号"以及"公网 IP+端口号"执行一对一绑定。从这种绑定关系我们就可以看出，如果执行静态 NAPT，那么一个公网 IP 地址可以同时为多个私有 IP 地址提供外网连接。

除此之外，静态 NAT/NAPT 还可以把一个私有 IP 地址范围与一个公网 IP 地址范围进行绑定。当内部主机访问外网主机时，如果内网主机使用的 IP 地址包含在管理员指定的私有 IP 地址范围内，路由器就会把这个地址转换为对应的公网 IP 地址。

2．Easy IP

Easy IP 可以在拨号上网的环境中，使所有内网用户都通过 ISP 分配的同一个公网 IP 地址连接互联网。这种类型与 NAPT 的区别在于，通过拨号上网获得的公网 IP 地址是临时的，往往每次拨号都会获得不同的公网 IP 地址。如果使用 Easy IP，路由器在拨号成功并获得公网 IP 地址后，会自动把这个公网 IP 地址应用为转换后的 IP 地址，无需管理员进行更多的操作。这种方式适合在小型局域网中进行部署，为小型局域网提供上网服务，比如小型办公室或中小型网吧。这种环境的特点是内部主机的数量较少，出站接口需要通过拨号的方式获得 ISP 分配的临时公网 IP 地址，所有内网主机都需要使用这个临时公网 IP 地址来访问互联网。管理员可以在 Easy IP 的配置中应用 ACL（访问控制列表），来指定能够进行 NAT 转换以访问互联网的私有 IP 地址范围。图 4-5 中描绘了 Easy IP 的操作。

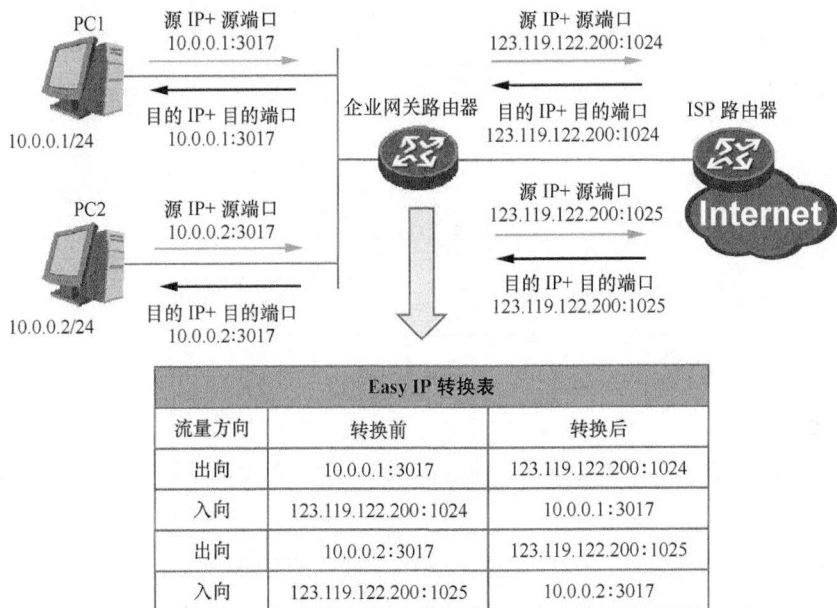

流量方向	转换前	转换后
出向	10.0.0.1：3017	123.119.122.200：1024
入向	123.119.122.200：1024	10.0.0.1：3017
出向	10.0.0.2：3017	123.119.122.200：1025
入向	123.119.122.200：1025	10.0.0.2：3017

图 4-5　Easy IP 的操作

图 4-5 延续使用了图 4-4 中的 IP 地址示例。但为了简洁起见，我们没有标注外网主机的 IP 地址，只标明了需要进行 NAT 转换的私有 IP 地址以及转换后的公网 IP 地址。Easy IP 对于数据包的处理方式如下。

（1）企业网关路由器接收到了内网主机（比如 PC1）访问外网主机的数据包，源地址为 10.0.0.1，端口号为 3017。

（2）企业网关路由器根据 ISP 分配的公网 IP 地址，把内部主机使用的私有"源 IP 地址+源端口号"转换为公网"源 IP 地址+源端口号"，并把 NAT 转换关系记录在 Easy IP 转换表中。路由器在收到出向（PC1 发往外部主机）的数据包时，会正向查找 Easy IP 表条目，把数据包的源 IP 地址+源端口号转换为 123.119.122.200:1024 并发送出去。

（3）企业网关路由器在接收到入站（外部主机响应PC1）的数据包时，会反向查找Easy IP表条目，把数据包的目的IP地址+目的端口号转换为10.0.0.1:3017并发送给PC1。

3．NAT服务器

由于NAT具有隐藏内部IP地址结构的功能，一般情况下外网主机无法主动访问内网主机，但有时企业又需要使用内网服务器对外网主机提供特定服务，这时管理员可以使用称为NAT服务器（NAT Server）的实现方法，使内网服务器不被屏蔽，以便外网用户能够随时主动访问内网服务器。

在使用NAT服务器时，管理员要事先配置好转换关系，也就是公网"IP地址+端口号"和私有"IP地址+端口号"之间的转换，把需要向外网提供服务的服务器公网"IP地址+端口号"转换为这台服务器的私有"IP地址+端口号"。图4-6中描绘了NAT服务器的操作。

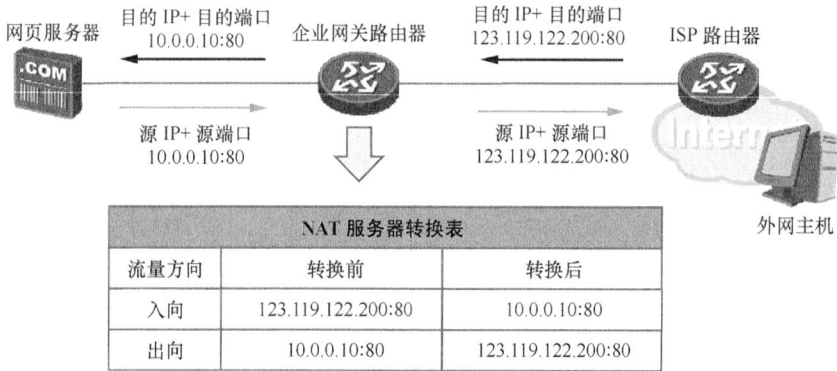

NAT 服务器转换表		
流量方向	转换前	转换后
入向	123.119.122.200:80	10.0.0.10:80
出向	10.0.0.10:80	123.119.122.200:80

图 4-6　NAT 服务器的操作

图4-6延用了图4-4中的私有IP地址范围和公网IP地址示例。但为了简洁起见，我们没有标注外网主机的IP地址，只标明了需要进行NAT转换的网页服务器私有IP地址以及转换后的公网IP地址。NAT服务器对于数据包的处理方式如下。

（1）管理员需要事先在企业网关路由器上配置NAT服务器的转换条目。

（2）企业网关路由器在接收到（公网用户主动发起的）入站数据包时，会根据公网用户希望访问的公网"IP地址+端口号"来查找NAT服务器转换表条目，找到它所对应的私有"IP地址+端口号"，并根据查找结果对入向数据包的目的"IP地址+端口号"进行转换。在本例中，外网主机发送的数据包目的"IP地址+端口号"是123.119.122.200:80，转换后的私有"IP地址+端口号"是10.0.0.10:80。

（3）企业网关路由器在接收到内部网页服务器的响应数据包后，会根据这个数据包的源"IP地址+端口号"查找NAT服务器转换表条目，找到它所对应的公网"IP地址+端口号"，并根据查找结果对出站数据包的源"IP地址+端口号"进行转换。在本例中，内网网页服务器响应的数据包源"IP地址+端口号"是10.0.0.10:80，转换后的公网"IP地址+端口号"是123.119.122.200:80。

在 4.1 节中，我们对 NAT 的作用、工作原理和实现方式进行了理论上的介绍。在 4.2 节中，我们会对如何在华为设备上配置和查看这些 NAT 技术进行演示和说明。

4.2　配置 NAT

截止到 2011 年 2 月 3 日，互联网数字分配机构（IANA）所维护的互联网主地址池已经彻底耗尽。此后，亚太网络信息中心（APNIC）首当其冲分配出去了剩余的 IPv4 地址段，其他各个区域互联网注册机构（RIR）也纷纷耗尽了自己负责分配的 IPv4 地址资源。这意味着没有获得足够 IPv4 地址资源的组织机构在构建自己的局域网时，都难免需要使用 RFC 1918 文档中保留的私有 IP 地址空间，并且在连接到互联网时通过 NAT 执行 IP 地址转换把私有 IP 地址转换为全局可路由的公网 IP 地址。在这样的大背景下，掌握 NAT 的配置方法显得格外重要，因为几乎所有网络技术人员在工作中都少不了要与 NAT 打交道。

华为路由器提供了多种 NAT 实现方式，读者可以按照 4.1.3 节（NAT 的类型）中介绍的 NAT 实现方法和适用环境，根据自己的需求来选择应用哪种类型的 NAT。在 4.2 节中，我们会逐个介绍每种 NAT 实现方法的基本配置和验证方法。

4.2.1　配置基本 NAT

基本 NAT 实现的是 IP 地址一对一转换关系，因此配置基本 NAT 只需要一条命令：把私有 IP 地址转换为公网 IP 地址。在命令中，关键字 inside（内部）指的是私有 IP 地址，关键字 global（全局）指的是公网 IP 地址。这是一个接口视图的命令，句法为 **nat static global** *global-address* **inside** *host-address*。图 4-7 展示了本例使用的简单网络环境，我们需要在路由器 GW-AR1 上配置这条命令。

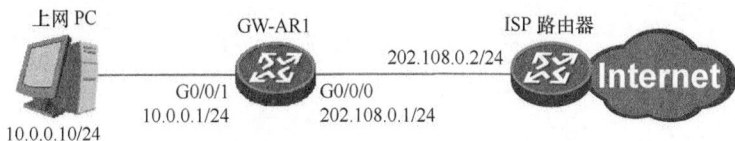

图 4-7　配置基本 NAT 的网络环境

在本例所示环境中，内网中只有一台 PC 能够访问互联网，它的私有 IP 地址是 10.0.0.10/24，网关 IP 地址是 10.0.0.1/24。作为网关的路由器 GW-AR1，一边通过接口 G0/0/1 连接内网，使用私有 IP 地址 10.0.0.1/24；一边通过接口 G0/0/0 连接 ISP，使用固定公网 IP 地址 202.108.0.1/24。ISP 侧连接 GW-AR1 的接口 IP 地址为 202.108.0.2/24。现在管理员要在 GW-AR1 上把上网 PC 的私有 IP 地址 10.0.0.10 静态转换为公网 IP 地址 202.108.0.3，让 PC 能够通过这个公网 IP 地址访问互联网。例 4-1 中展示了 GW-AR1 上的全部配置命令。

例 4-1　在 GW-AR1 上配置基本 NAT

```
<Huawei>system-view
[Huawei]sysname GW-AR1
[GW-AR1]interface gigabitethernet 0/0/1
[GW-AR1-GigabitEthernet0/0/1]ip address 10.0.0.1 255.255.255.0
[GW-AR1-GigabitEthernet0/0/1]quit
[GW-AR1]interface gigabitethernet 0/0/0
[GW-AR1-GigabitEthernet0/0/0]ip address 202.108.0.1 255.255.255.0
[GW-AR1-GigabitEthernet0/0/0]nat static global 202.108.0.3 inside 10.0.0.10
[GW-AR1-GigabitEthernet0/0/0]quit
[GW-AR1]ip route-static 0.0.0.0 0.0.0.0 202.108.0.2
```

在例 4-1 所示配置中，我们展示了完成这个案例所需的所有配置命令。除了常规的接口 IP 地址配置外，命令展示中的最后一条命令指定了一条默认路由，以 202.108.0.2 为下一跳 IP 地址，这也是网关路由器上的常见配置。这个配置案例中的重点命令是 G0/0/0 接口视图下的第 2 条 **nat** 命令，从这条命令中我们可以看出，管理员在公网 IP 地址 202.108.0.3 和私有 IP 地址 10.0.0.10 之间进行了转换。例 4-2 使用 **display nat static** 命令查看了 GW-AR1 上的静态 NAT 配置。

例 4-2　查看 GW-AR1 上的静态 NAT 配置

```
[GW-AR1]display nat static
  Static Nat Information:
  Interface  : GigabitEthernet0/0/0
    Global IP/Port    : 202.108.0.3/----
    Inside IP/Port    : 10.0.0.10/----
    Protocol : ----
    VPN instance-name  : ----
    Acl number      : ----
    Netmask  : 255.255.255.255
    Description : ----

  Total :   1
[GW-AR1]
```

从这条命令的输出信息中我们可以看出，G0/0/0 接口下有一对转换关系：公网 IP 地址 202.108.0.3 和内部 IP 地址 10.0.0.10 之间的转换。除此之外，我们还可以了解到，静态 NAT 的配置中还可以设置端口号、指定具体协议、应用 ACL，以及添加描述信息。4.2.1 节开篇展示的静态 NAT 命令句法中省略了配置这些内容的关键字和参数信息，对命令的完整句法感兴趣的读者可以参考华为设备的产品文档或命令参考。

例 4-3 验证了上网 PC 与 ISP 路由器之间的连通性，管理员在 PC 上发起 ping 命令，测试 PC 与 202.108.0.2 之间的连通性。

例 4-3　在上网 PC 上测试联网结果

```
PC>ping 202.108.0.2

Ping 202.108.0.2: 32 data bytes, Press Ctrl_C to break
From 202.108.0.2: bytes=32 seq=1 ttl=127 time=31 ms
From 202.108.0.2: bytes=32 seq=2 ttl=127 time<1 ms
From 202.108.0.2: bytes=32 seq=3 ttl=127 time<1 ms
From 202.108.0.2: bytes=32 seq=4 ttl=127 time=16 ms
From 202.108.0.2: bytes=32 seq=5 ttl=127 time<1 ms

--- 202.108.0.2 ping statistics ---
  5 packet(s) transmitted
  5 packet(s) received
  0.00% packet loss
  round-trip min/avg/max = 0/9/31 ms

PC>
```

例 4-3 展示的测试结果显示测试成功。但 GW-AR1 是否执行了 NAT 转换呢？我们分别在 GW-AR1 的 G0/0/1 和 G0/0/0 接口上设置了抓包，图 4-8 和图 4-9 分别展示了这两个接口的抓包信息。

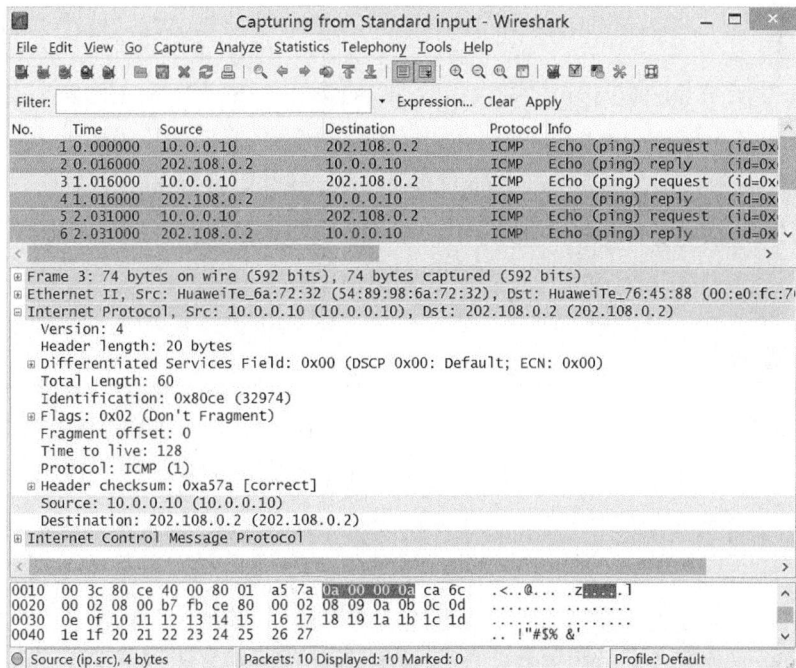

图 4-8　GW-AR1 内网接口 G0/0/1 的抓包

从图 4-8 所示 G0/0/1 接口的抓包中我们可以看出，GW-AR1 从 PC 那里收到了从 10.0.0.10 发往 202.108.0.2 的 Echo Request 消息，同时 GW-AR1 还向 PC 转发了从 202.108.0.2 发往 10.0.0.10 的 Echo Reply 消息。

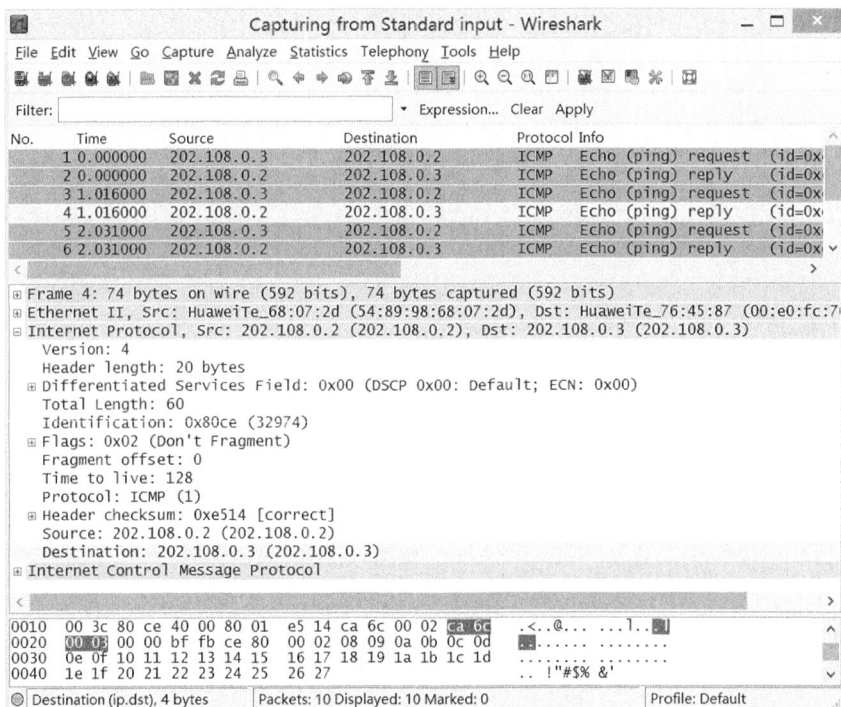

图 4-9　GW-AR1 公网接口 G0/0/0 的抓包

从图 4-9 所示 G0/0/0 接口的抓包中我们可以看出，GW-AR1 向 ISP 路由器发送了从 202.108.0.3 发往 202.108.0.2 的 Echo Request 消息，同时 GW-AR1 还从 ISP 路由器那里收到了从 202.108.0.2 发往 202.108.0.3 的 Echo Reply 消息。

从 ISP 路由器看来，它并不知道 10.0.0.10，而只知道自己分配出去的公网 IP 地址 202.108.0.3。由此也可以验证 NAT 向外隐藏内部 IP 规划的效果。

4.2.2　配置 NAPT

NAPT 能够在内网和外网 IP 地址的转换关系中添加端口号，也就是记录二元组"IP 地址+端口号"的转换关系，使内网的多台主机可以使用一个或少数几个公网 IP 地址连接互联网。在配置中，管理员需要使用 ACL 来指定私有 IP 地址范围，还要使用地址组（Address-Group）配置命令来指定一个连续的公网 IP 地址范围。最后在连接 ISP 的接口上，把定义了私有 IP 地址的 ACL 和定义了公网 IP 地址的地址组关联起来。图 4-10 展示了本例使用的网络环境，我们需要在路由器 GW-AR1 上配置这些命令。

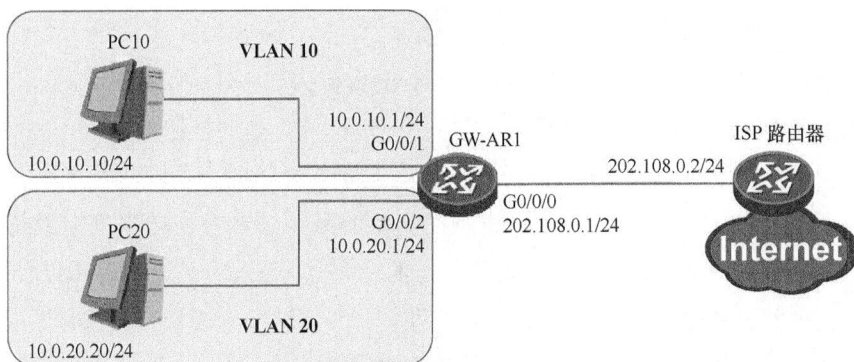

图 4-10　配置 NAPT 的网络环境

在本例所示环境中，内网分为两个 VLAN（VLAN 10 和 VLAN 20），VLAN 10 中主机使用的 IP 地址范围是 10.0.10.0/24，网关地址是 10.0.10.1；VLAN 20 中主机使用的 IP 地址范围是 10.0.20.0/24，网关地址是 10.0.20.1。作为网关的路由器 GW-AR1，一边通过接口 G0/0/1 和 G0/0/2 分别连接内网中的两个 VLAN，这两个接口上分别配置了 IP 地址 10.0.10.1/24 和 10.0.20.1/24，一边通过接口 G0/0/0 连接 ISP，使用固定公网 IP 地址 202.108.0.1/24。ISP 侧连接 GW-AR1 的接口 IP 地址为 202.108.0.2/24。ISP 为这个网络分配了 4 个可用的公网 IP 地址：202.108.0.3～202.108.0.6。现在管理员要把前两个公网 IP 地址分给 VLAN 10 的用户，把后两个分给 VLAN 20 的用户。例 4-4 中展示了 GW-AR1 上与 NAPT 相关的配置命令。

例 4-4　在 GW-AR1 上配置 NAPT

```
[GW-AR1]acl 2010
[GW-AR1-acl-basic-2010]rule permit source 10.0.10.0 0.0.0.255
[GW-AR1-acl-basic-2010]quit
[GW-AR1]acl 2020
[GW-AR1-acl-basic-2020]rule permit source 10.0.20.0 0.0.0.255
[GW-AR1-acl-basic-2020]quit
[GW-AR1]nat address-group 1 202.108.0.3 202.108.0.4
[GW-AR1]nat address-group 2 202.108.0.5 202.108.0.6
[GW-AR1]interface g0/0/0
[GW-AR1-GigabitEthernet0/0/0]nat outbound 2010 address-group 1
[GW-AR1-GigabitEthernet0/0/0]nat outbound 2020 address-group 2
```

例 4-4 中只展示了 NAPT 的相关配置，有关 IP 地址和默认路由的配置信息不再展示，相信读者能够凭借到目前为止我们已经学习过的内容，自己搭建这个简单的网络环境。下面我们来说说 NAPT 的配置。

（1）在 ACL 中指定私有 IP 地址范围

管理员可以使用基本 ACL 来指定私有 IP 地址范围。命令句法不再解释，本例一开始就使用 ACL 2010 指定了 VLAN 10 的 IP 地址空间，使用 ACL 2020 指定了 VLAN 20 的 IP 地址空间。

（2）在 NAT 地址组中指定公网 IP 地址范围

管理员可以使用系统视图命令 **nat address-group** *group-index start-address end-address* 来指定公网 IP 地址范围。其中 *group-index* 是地址组的编号，这个编号的取值范围会根据不同的设备平台而有所不同，管理员在配置时，可以使用问号（?）功能查看设备所支持的编号范围，也可以查询产品手册和命令参考文档来确定取值范围。*start-address end-address* 是管理员要指定的 IP 地址范围中的第一个和最后一个 IP 地址。本例中配置的相关命令就分别指定了两个 NAT 地址组，编号分别选择了 1 和 2，并按照前文中提出的需求，把这 4 个公网 IP 地址两两分为一组。

（3）在接口上使用出向 NAT 绑定转换关系

管理员需要在连接外网（本例中是连接 ISP）的接口上使用接口视图命令 **nat outbound** *acl-number* **address-group** *group-index*，绑定 NAT 转换关系。参数 *acl-number* 部分需要输入管理员之前创建的基本 ACL，参数 *group-index* 部分需要输入 NAT 地址组编号，这样就可以通过一条命令建立一个转换关系。本例中管理员使用了两条命令创建两个转换关系。

注释：

ACL 和 NAT 地址组都是只有在应用后才会生效的配置，因此步骤 1 和步骤 2 的顺序可以互换。

接下来我们通过命令先查看一下 NAT 地址组的配置，见例 4-5 所示。

例 4-5　查看 GW-AR1 上的 NAT 地址组配置

```
[GW-AR1]display nat address-group

NAT Address-Group Information:
--------------------------------------------
Index    Start-address    End-address
--------------------------------------------
1        202.108.0.3      202.108.0.4
2        202.108.0.5      202.108.0.6
--------------------------------------------
  Total : 2
[GW-AR1]
```

例 4-5 中使用命令 **display nat address-group** 查看了 GW-AR1 上的 NAT 地址组配置。从命令的输出内容中我们可以看出，GW-AR1 上配置了两个 NAT 地址组，编号、起始地址和结束地址都清晰地以列表的形式列出。管理员还可以使用命令来查看 NAPT 的应用配置，见例 4-6 所示。

例 4-6 查看 GW-AR1 上的出向 NAPT 配置

```
[GW-AR1]display nat outbound
NAT Outbound Information:
----------------------------------------------------------------
Interface              Acl      Address-group/IP/Interface    Type
----------------------------------------------------------------
GigabitEthernet0/0/0   2010                            1      pat
GigabitEthernet0/0/0   2020                            2      pat
----------------------------------------------------------------
Total : 2
[GW-AR1]
```

例 4-6 中所示命令 **display nat outbound** 可以用来查看出向 NAT 的转换关系。从本例的命令输出内容中我们可以看出，G0/0/0 接口上有两个 NAT 出向转换关系，Type（类型）都是 pat。类型 pat 指的是启用端口转换功能，这也是 NAPT 的默认配置。管理员也可以在接口视图的命令 **nat outbound** *acl-number* **address-group** *group-index* 中添加关键字 **no-pat**，来为某个 NAT 转换关系禁用端口转换功能。

接着，我们仍通过 ping 功能来测试内网主机与 ISP 路由器之间的连通性和地址转换效果，在 GW-AR1 的三个接口上分别开启抓包功能，图 4-11 和图 4-12 分别展示了内网接口（G0/0/1 和 G0/0/2）的抓包截图。

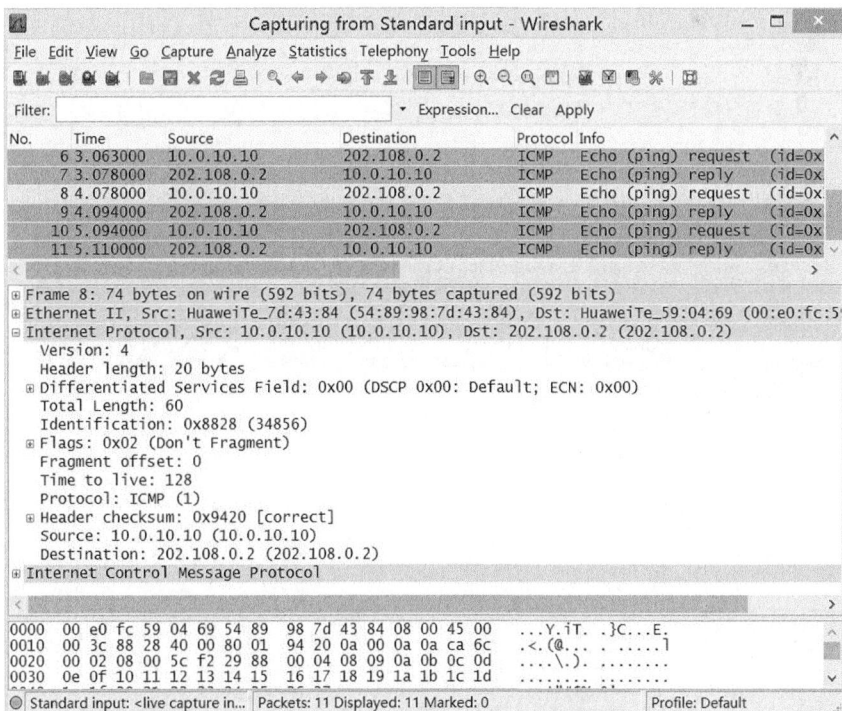

图 4-11 GW-AR1 内网接口 G0/0/1 的抓包

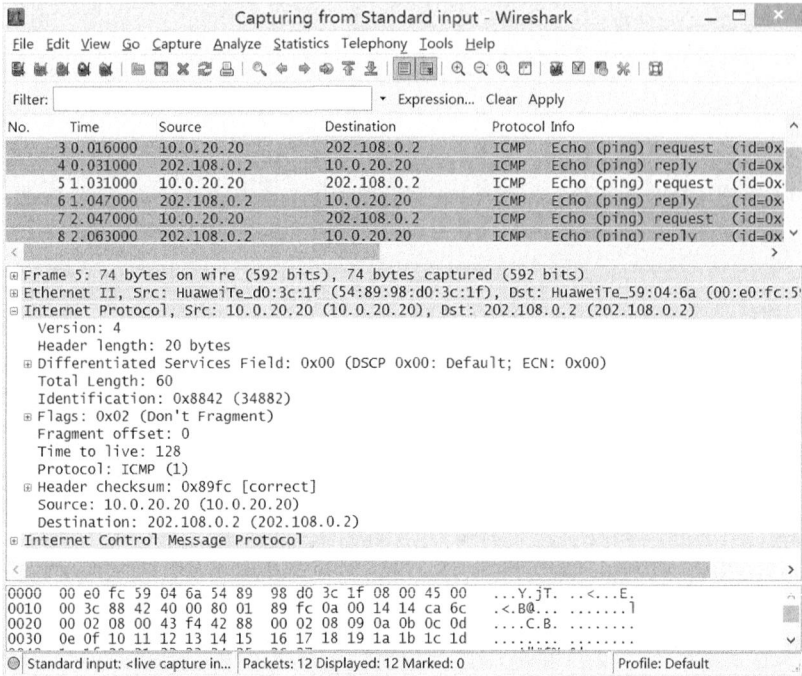

图 4-12　GW-AR1 内网接口 G0/0/2 的抓包

从图 4-11 和图 4-12 我们可以看出，PC10 和 PC20 分别向外网地址 202.108.0.2 发起了 ping 测试，并且测试成功，它们都收到了 ISP 路由器的应答。图 4-13 展示了 GW-AR1 接口 G0/0/0 上的抓包信息。

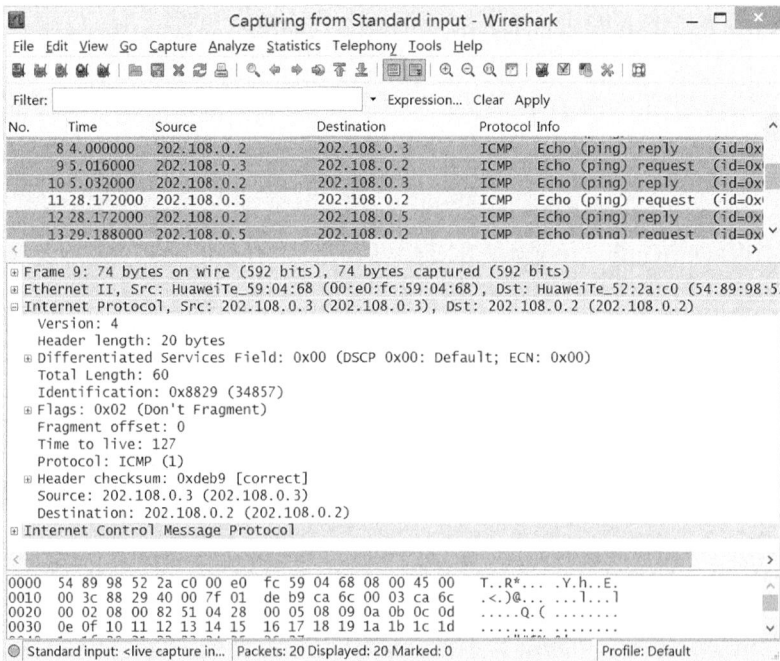

图 4-13　GW-AR1 外网接口 G0/0/0 的抓包

管理员在进行测试时，是先在 PC10 上发起 ping 测试，再在 PC20 上发起 ping 测试，我们从图 4-13 中可以看出，GW-AR1 先后收到了来自 202.108.0.3 和 202.108.0.5 的 ping 请求消息，说明 GW-AR1 把 PC10 发出的数据包源 IP 地址转换为 202.108.0.3，把 PC20 发出的数据包源 IP 地址转换为 202.108.0.5，正好是它们各自 NAT 地址组中的第一个 IP 地址。

当管理员想要把较多的私有 IP 地址转换为较少的公网 IP 地址，让内网主机都可以使用少数几个公网 IP 地址连接互联网时，就可以使用 4.2.2 节介绍的 NAPT 配置方法。先指定私有 IP 地址（ACL）和公网 IP 地址（Address-Group），再在连接公网的接口上把两者关联在一起。

4.2.3　配置 Easy IP

在 4.1.3 节（NAT 的类型）中我们介绍了 Easy IP 的适用环境：通过拨号的方式连接 Internet 的中小型局域网环境。4.2.3 节我们会沿用配置基本 NAT 的网络环境，如图 4-14 所示，让企业网关路由器 GW-AR1 通过 PPPoE 的方式向 ISP 路由器发起拨号并从 ISP 路由器那里获取公网 IP 地址（202.108.0.1），同时把内部私有 IP 地址 10.0.0.0/24 的上网流量都转换为 ISP 分配的公网 IP 地址。

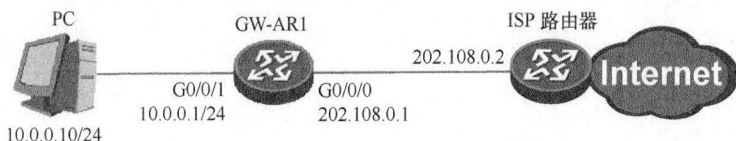

图 4-14　配置 Easy IP 的网络环境

本例是在 PPPoE 配置的基础上设置 NAT 转换，实际与 Easy IP 相关的命令非常简单，但要想成功建立 PPPoE 会话，使 GW-AR1 成功向 ISP 路由器发起 PPPoE 拨号，需要进行多个步骤的配置。第 5 章中会详细介绍 PPPoE 的理论和在华为路由器上配置 PPPoE 的命令，并演示配置案例，因此为了分清主次，我们在这里暂且先不涉及 PPPoE 的配置信息，只介绍与 Easy IP 相关的命令。在同样的环境中，PPPoE 的相关配置详见 5.4.2 节（PPPoE 的配置）。

简单介绍一下当前 GW-AR1 与 ISP 路由器上的配置和环境现状：ISP 路由器作为 PPPoE 服务器，向 PPPoE 客户端分配公网 IP 地址 202.108.0.1，并为其提供上网服务。GW-AR1 作为 PPPoE 客户端，通过物理接口 G0/0/0 连接 ISP 路由器，并通过虚拟拨号接口 Dialer 1 向 ISP 路由器发起拨号并获得公网 IP 地址 202.108.0.1。GW-AR1 作为内网主机的网关，配置了静态默认路由，下一跳指向接口 Dialer 1。ISP 路由器不了解企业内网使用的私有 IP 地址范围，它只为自己分配的公网 IP 地址提供上网服务。

例 4-7 展示了接口 Dialer 1 获得的 IP 地址。

例 4-7 查看 Dialer 1 上 ISP 分配的 IP 地址

```
[GW-AR1]display interface dialer 1
Dialer1 current state : UP
Line protocol current state : UP (spoofing)
Description:HUAWEI, AR Series, Dialer1 Interface
Route Port,The Maximum Transmit Unit is 1500, Hold timer is 10(sec)
Internet Address is negotiated, 202.108.0.1/32
Link layer protocol is PPP
LCP initial
Physical is Dialer
Current system time: 2017-04-06 02:43:33-08:00
    Last 300 seconds input rate 0 bits/sec, 0 packets/sec
    Last 300 seconds output rate 0 bits/sec, 0 packets/sec
    Realtime 33 seconds input rate 0 bits/sec, 0 packets/sec
    Realtime 33 seconds output rate 0 bits/sec, 0 packets/sec
    Input: 0 bytes
    Output:0 bytes
    Input bandwidth utilization  :    0%
    Output bandwidth utilization :    0%
Bound to Dialer1:0:
Dialer1:0 current state : UP ,
Line protocol current state : UP


Link layer protocol is PPP
LCP opened, IPCP opened
Packets statistics:
  Input packets:0,  0 bytes
  Output packets:5, 420 bytes
  FCS error packets:0
  Address error packets:0
  Control field control error packets:0


[GW-AR1]
```

从例 4-7 中的阴影行我们可以确认接口 Dialer 1 的 IP 地址（202.108.0.1/32）是从 ISP 学到的（negotiated）。接着我们验证一下还没有实施 Easy IP 的配置时，从 PC 向 ISP 路由器发起 ping 测试的结果，见例 4-8。

例 4-8 在 PC 上测试 Internet 连通性

```
PC>ping 202.108.0.2
```

```
Ping 202.108.0.2: 32 data bytes, Press Ctrl_C to break

Request timeout!

Request timeout!

Request timeout!

Request timeout!

Request timeout!


--- 202.108.0.2 ping statistics ---

  5 packet(s) transmitted

  0 packet(s) received

  100.00% packet loss


PC>
```

由于 ISP 路由器并不了解企业内网使用的私有 IP 地址信息，也就无法回复源 IP 地址为 10.0.0.10 的 ICMP 请求。我们在 GW-AR1 的 G0/0/0 接口进行了抓包，图 4-15 中展示了与 ping 测试相关的抓包信息。

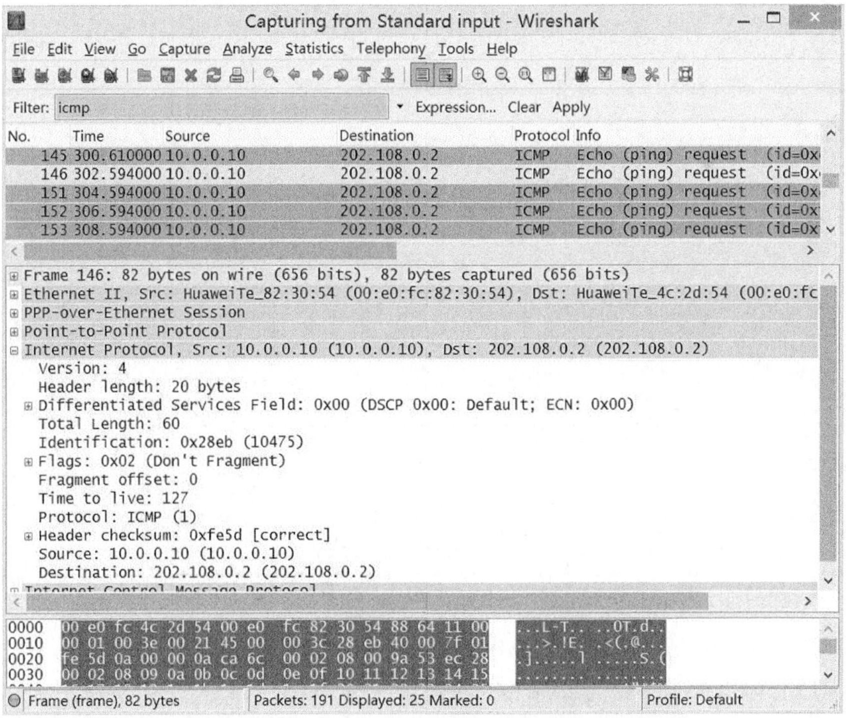

图 4-15　GW-AR1 外网接口 G0/0/0 的抓包（源 IP 地址 10.0.0.10）

从图 4-15 的抓包截图我们也可以确认，ISP 路由器连续收到了 5 个以 10.0.0.10 为源 IP 地址的 ICMP 请求消息，但一个都没有回复。我们在 GW-AR1 上实施 Easy IP 的配置，之后再次验证 PC 与 ISP 路由器之间的连通性。

从 4.2.3 节选用的网络拓扑就可以知道这个配置与基本 NAT 的配置有相似之处：基本 NAT 实现的是一对一的转换，Easy IP 实现的是多对一的转换。基本 NAT 要配置在接口上（连接外网的接口），Easy IP 也要配置在接口上（发起拨号的接口）。例 4-9 展示了网关路由器 GW-AR1 上与 Easy IP 相关的配置。

例 4-9　在 GW-AR1 上配置 Easy IP

```
[GW-AR1]acl 2000
[GW-AR1-acl-basic-2000]rule permit source 10.0.0.0 0.0.0.255
[GW-AR1-acl-basic-2000]quit
[GW-AR1]interface dialer 1
[GW-AR1-Dialer1]nat outbound 2000
```

由于我们在这里要实现的是多对一的转换，因此需要使用基本 ACL 来限定能够进行转换的私有 IP 地址范围，本例中限定的私有 IP 地址范围是 10.0.0.0/24。接着管理员使用命令 **interface dialer 1** 进入了发起 PPPoE 拨号的拨号接口，并在这个接口视图下配置了 NAT 命令 **nat outbound 2000**。这条 NAT 命令的含义是当内网流量去往 Internet 时，把基本 ACL 2000 中指定的源 IP 地址转换为 ISP 分配的公网 IP 地址。

要想确认 NAT 的配置信息，管理员可以使用例 4-6 中演示的命令 **display nat outbound**。例 4-10 中展示了这条命令的输出信息。

例 4-10　查看 GW-AR1 上的出向 NAPT 配置

```
[GW-AR1]display nat outbound
NAT Outbound Information:
----------------------------------------------------------------------
Interface               Acl      Address-group/IP/Interface      Type
----------------------------------------------------------------------
Dialer1                 2000                   202.108.0.1      easyip
----------------------------------------------------------------------
 Total : 1
[GW-AR1]
```

从命令 **display nat outbound** 的输出内容中我们可以清晰地看出，接口 Dialer 1 上启用了 Easy IP，并且路由器会把 ACL 2000 中指定的源 IP 地址转换为 202.108.0.1。接着，我们再次测试 PC 与 Internet 的连通性，见例 4-11。

例 4-11　再次测试 PC 与 Internet 的连通性

```
PC>ping 202.108.0.2

Ping 202.108.0.2: 32 data bytes, Press Ctrl_C to break
From 202.108.0.2: bytes=32 seq=1 ttl=254 time=62 ms
From 202.108.0.2: bytes=32 seq=2 ttl=254 time=32 ms
```

```
    From 202.108.0.2: bytes=32 seq=3 ttl=254 time=31 ms

    From 202.108.0.2: bytes=32 seq=4 ttl=254 time=31 ms

    From 202.108.0.2: bytes=32 seq=5 ttl=254 time=31 ms


    --- 202.108.0.2 ping statistics ---

      5 packet(s) transmitted

      5 packet(s) received

      0.00% packet loss

      round-trip min/avg/max = 31/37/62 ms


    PC>
```

从例 4-11 的 ping 测试我们可以看出，PC 现在能够正常访问 Internet。那么在 ISP 路由器看来，它收到的 ICMP 消息源 IP 地址是什么呢？我们在 GW-AR1 的 G0/0/0 接口进行了抓包，图 4-16 中展示了与 ping 测试相关的抓包信息。

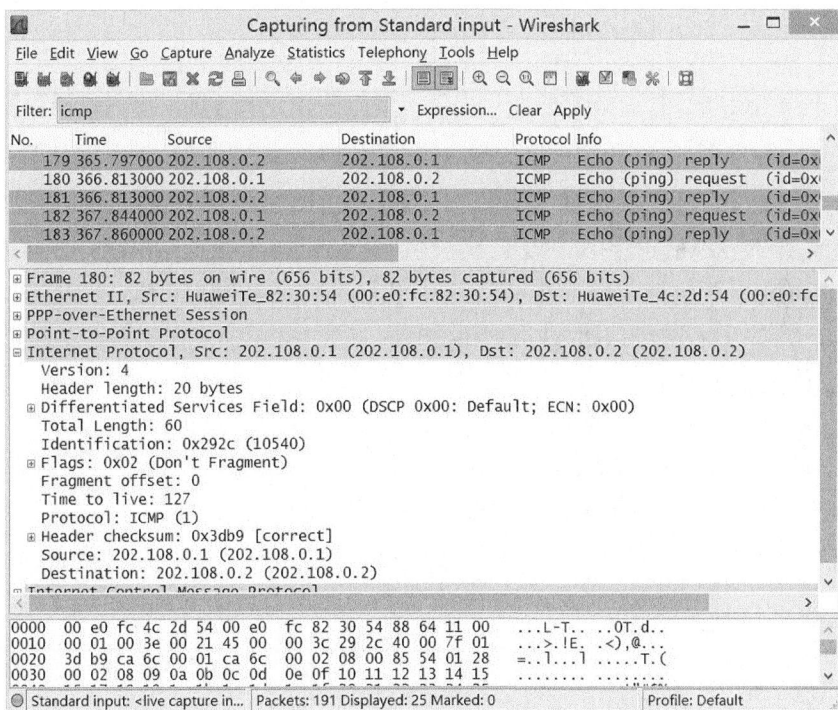

图 4-16　GW-AR1 外网接口 G0/0/0 的抓包（源 IP 地址 202.108.0.1）

从图 4-16 所示的抓包信息中，我们看到了源 IP 地址 202.108.0.1 发来的 ICMP 请求，以及 ISP 路由器回复的 ICMP 应答，并没有 PC 上配置的私有 IP 地址 10.0.0.10。这表示 GW-AR1 已经通过 Dialer 1 接口配置的出向 NAT 命令，成功地为私有 IP 地址执行了 NAT 转换，将其转换为 ISP 分配的公网 IP 地址。

4.2.4 配置 NAT 服务器

前面三节中，我们介绍的配置方法都是使内网主机能够访问外网的方法，4.2.4 节我们要介绍如何让外网主机能够主动访问内网的设备，这种实现方法称为 NAT 服务器。图 4-17 中展示了 4.2.4 节使用的网络环境。

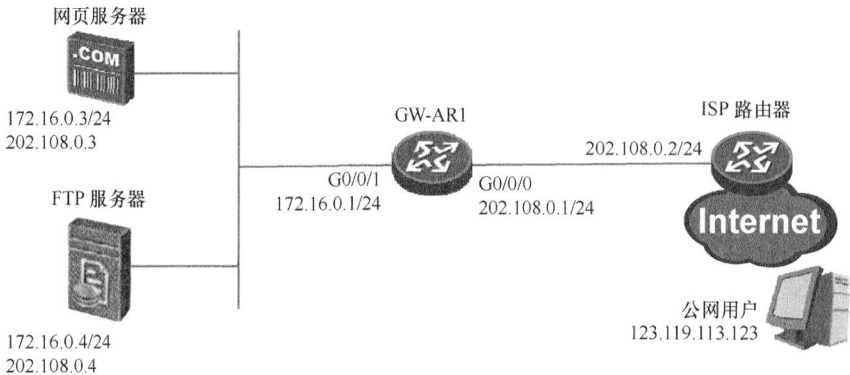

图 4-17　NAT 服务器配置的网络环境

在这个企业环境中，企业需要向外提供网页服务和 FTP 服务，提供这两种服务的服务器都位于企业内部，分别使用私有 IP 地址 172.16.0.3/24 和 172.16.0.4/24。GW-AR1 作为网关路由器连接 ISP 路由器，使用 ISP 分配的公网 IP 地址 202.108.0.1/24。管理员要在路由器 GW-AR1 上配置 NAT 服务器特性，让 Internet 上的用户能够主动访问内网中的网页服务器和 FTP 服务器。例 4-12 展示了 GW-AR1 上的配置信息。

例 4-12　在 GW-AR1 上配置 NAT 服务器

```
<Huawei>system-view
[Huawei]sysname GW-AR1
[GW-AR1]interface gigabitethernet 0/0/1
[GW-AR1-GigabitEthernet0/0/1]ip address 172.16.0.1 255.255.255.0
[GW-AR1-GigabitEthernet0/0/1]quit
[GW-AR1]interface gigabitethernet 0/0/0
[GW-AR1-GigabitEthernet0/0/0]ip address 202.108.0.1 255.255.255.0
[GW-AR1-GigabitEthernet0/0/0]nat server protocol tcp global 202.108.0.3 www inside
172.16.0.3 www
[GW-AR1-GigabitEthernet0/0/0]nat server protocol tcp global 202.108.0.4 ftp inside
172.16.0.4 ftp
[GW-AR1-GigabitEthernet0/0/0]quit
[GW-AR1]ip route-static 0.0.0.0 0.0.0.0 202.108.0.2
```

在例 4-12 所示配置中，展示了管理员到目前为止在 GW-AR1 上配置的所有命令，我们先逐条理解一下这些命令的作用，再通过测试查看这些命令的效果。除了常规的主机

名和接口 IP 地址的配置外，命令展示中的最后一条命令还指定了一条默认路由，以
202.108.0.2 为下一跳 IP 地址，这也是网关路由器上的常见配置。这个配置案例中的重
点命令是 G0/0/0 接口视图下的两条 **nat** 命令，从这两条命令中我们可以看出，管理员在
公网 IP 地址 202.108.0.3:80 和私有 IP 地址 172.16.0.3:80 之间进行了转换，同时在公
网 IP 地址 202.108.0.4:21 和私有 IP 地址 172.16.0.4:21 之间进行了转换（服务器默认
通过 TCP 80 端口提供网页服务，通过 TCP 21 端口提供 FTP 服务）。

配置 NAT 服务器特性的命令也是在接口视图下输入的，命令为：**nat server protocol**
{**tcp** | **udp**} **global** *global-address global-port* **inside** *host-address* [*host-port*]。
在配置端口时，管理员可以输入端口编号，也可以输入端口名称；在使用端口编号进行
配置后，路由器在把命令存入运行配置时，会把端口号转换成相应的端口名称（如果有
对应名称的话）。管理员可以使用问号（?）来查看具体能够配置的协议名称。

例 4-13 使用 **display nat server** 命令查看了 GW-AR1 上的 NAT 服务器配置。

例 4-13 查看 GW-AR1 上的 NAT 服务器配置

```
[GW-AR1]display nat server

  Nat Server Information:
  Interface : GigabitEthernet0/0/0
    Global IP/Port    : 202.108.0.3/80(www)
    Inside IP/Port    : 172.16.0.3/80(www)
    Protocol : 6(tcp)
    VPN instance-name : ----
    Acl number        : ----
    Description : ----


    Global IP/Port    : 202.108.0.4/21(ftp)
    Inside IP/Port    : 172.16.0.4/21(ftp)
    Protocol : 6(tcp)
    VPN instance-name : ----
    Acl number        : ----
    Description : ----

  Total :    2
[GW-AR1]
```

例 4-13 所示命令的输出内容与例 4-12 中查看基本 NAT 的输出内容类似，从这条命
令的输出信息中我们可以看出，G0/0/0 接口下有两对转换关系：公网 IP 地址/端口
202.108.0.3/80(www) 和内部 IP 地址/端口 172.16.0.3/80(www) 之间的转换，以及公网
IP 地址/端口 202.108.0.4/21(ftp) 和内部 IP 地址/端口 172.16.0.4/21(ftp) 之间的转

换。除此之外，我们还可以了解到，和基本 NAT 的配置一样，NAT 服务器的配置也可以应用 ACL、添加描述信息等。4.2.4 节展示的 NAT 服务器命令句法中省略了配置这些内容的关键字和参数信息，对命令的完整句法感兴趣的读者可以参考华为设备的产品文档或命令参考。

图 4-18 验证了公网用户访问网页服务器的结果，本例使用 eNSP 模拟器搭建了整个实验环境。

图 4-18 公网用户访问网页服务器

从图 4-18 所示页面中的弹出窗口我们可以看出，公网用户成功地通过公网 IP 地址 202.108.0.3 访问到了我们搭建在内网中的网页服务器，网页服务器向它返回了请求的文件。暂时保留这个对话框，我们在网关路由器 GW-AR1 上使用命令查看 NAT 会话，见例 4-14。

例 4-14　查看 GW-AR1 上的 NAT 会话（www）

```
[GW-AR1]display nat session all
 NAT Session Table Information:

    Protocol          : TCP(6)
    SrcAddr  Port Vpn : 123.119.113.123 2824
    DestAddr Port Vpn : 202.108.0.3      80
    NAT-Info
     New SrcAddr       : ----
     New SrcPort       : ----
```

```
      New DestAddr    : 172.16.0.3
      New DestPort    : 80


   Total : 1
[GW-AR1]
```

　　管理员可以使用例 4-14 中展示的命令 **display nat session all** 来查看当前路由器中建立的 NAT 会话。从这个案例可以看出，目的 IP 地址/端口号是公网地址 202.108.0.3/80，转换后的私有 IP 地址/端口号是 172.16.0.3/80。

　　接下来我们再测试公网用户对 FTP 服务器的访问，图 4-19 展示了公网用户访问 FTP 服务器的登录失败消息。

图 4-19　公网用户访问 FTP 服务器失败

　　外网用户无法正常访问 FTP 服务器，是因为网关路由器 GW-AR1 上缺少 ALG 配置。

　　通常情况下，NAT 只会针对数据包头部的 IP 地址和端口号执行转换，而不会关注数据包载荷部分的内容。而有一些应用协议也会在数据包的载荷中携带地址和端口信息，如果执行 NAT 转换的网关路由器不对载荷中的地址和端口信息进行任何处理，通信就会失败。FTP 就是这样的一种协议，与此类似的协议还包括 DNS、SIP、PPTP 和 RTSP 等。

　　为了使网关路由器能够针对具体的应用协议，为数据包载荷中携带的 IP 地址和端口号执行相应的转换，管理员就需要使用应用层网关（Application Level Gateway，ALG）功能。在本例所示环境中，管理员只要针对 FTP 协议启用 ALG 功能就可以了，见例 4-15 所示。

例 4-15　在 GW-AR1 上为 FTP 启用 ALG 功能

```
[GW-AR1]nat alg ftp enable
[GW-AR1]display nat alg

NAT Application Level Gateway Information:
----------------------------------------
  Application        Status
----------------------------------------
  dns                Disabled
  ftp                Enabled
  rtsp               Disabled
  sip                Disabled
----------------------------------------
[GW-AR1]
```

例 4-15 在 GW-AR1 为 FTP 启用了 ALG 功能，使它能够针对 FTP 包载荷部分的 IP 地址和端口号执行正确的转换。现在我们再次测试公网用户对 FTP 服务器的访问，图 4-20 展示了公网用户成功登录 FTP 服务器的页面。

图 4-20　公网用户成功访问 FTP 服务器

同样的，我们还是暂时保留这个对话框，并在网关路由器 GW-AR1 上使用命令查看 NAT 会话，见例 4-16。

例 4-16　查看 GW-AR1 上的 NAT 会话（ftp）

```
[GW-AR1]display nat session all
  NAT Session Table Information:
```

```
Protocol          : TCP(6)
SrcAddr  Port Vpn : 123.119.113.123 6664
DestAddr Port Vpn : 202.108.0.4      5376
NAT-Info
  New SrcAddr     : ----
  New SrcPort     : ----
  New DestAddr    : 172.16.0.4
  New DestPort    : 5376

Protocol          : TCP(6)
SrcAddr  Port Vpn : 123.119.113.123 7176
DestAddr Port Vpn : 202.108.0.4      5376
NAT-Info
  New SrcAddr     : ----
  New SrcPort     : ----
  New DestAddr    : 172.16.0.4
  New DestPort    : 5376

Protocol          : TCP(6)
SrcAddr  Port Vpn : 123.119.113.123 7432
DestAddr Port Vpn : 202.108.0.4      5376
NAT-Info
  New SrcAddr     : ----
  New SrcPort     : ----
  New DestAddr    : 172.16.0.4
  New DestPort    : 5376

Protocol          : TCP(6)
SrcAddr  Port Vpn : 123.119.113.123 6920
DestAddr Port Vpn : 202.108.0.4      5376
NAT-Info
  New SrcAddr     : ----
  New SrcPort     : ----
  New DestAddr    : 172.16.0.4
  New DestPort    : 5376

Protocol          : TCP(6)
SrcAddr  Port Vpn : 123.119.113.123 7688
DestAddr Port Vpn : 202.108.0.4      968
NAT-Info
```

```
      New SrcAddr    : ————
      New SrcPort    : ————
      New DestAddr   : 172.16.0.4
      New DestPort   : 1800


  Total : 5
[GW-AR1]
```

从例 4-16 的命令输出内容中我们可以看出，外网用户与 FTP 服务器之间建立了 5 个 NAT 会话，并一一记录了每一对 IP 地址/端口号的转换关系。我们在 GW-AR1 的接口 G0/0/0 上进行了抓包，图 4-21 展示了 IP 数据包的 FTP 载荷中包含有（转换后的）IP 地址和端口号的数据包样例。

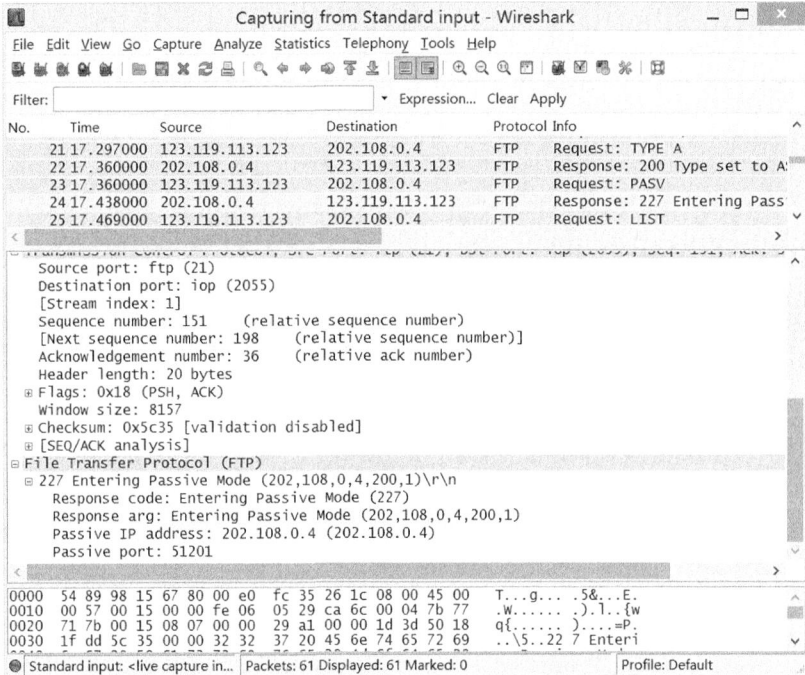

图 4-21　IP 数据包的 FTP 载荷中携带 IP 地址和端口信息

在使用 NAT 服务器功能时，管理员要对内网服务器向外网提供的服务有所了解，并在需要时启用 ALG 功能。

4.3　本章总结

从本章开始我们的眼界逐渐放宽，在本地网络的基础上，开始考虑本地网络与其他网络（尤其是 Internet）之间相连时所要使用的技术。本章介绍的是在大多数情况下，本地网络与其他外部网络相连接时都会部署的技术——网络地址转换（NAT）。

　　首先，本章介绍了 NAT 的作用和工作原理，在使用 NAT 技术时，管理员不仅能够使用一个或少数几个公有 IP 地址，让所有内网主机都能访问 Internet，而且还能够对外隐藏本地网络中的地址结构，为本地网络带来一定的安全保障。在一般情况下，NAT 提供的是从内部 IP 地址向公网 IP 地址的转换，但在有需要的时候（比如需要内网主机对公网用户提供服务），管理员也可以通过使用 NAT 服务器特性，为内部服务器绑定一个公网 IP 地址和端口号，让服务器能够为公网用户提供服务。

　　其次，本章介绍了在华为路由器上实现 NAT 的几种形式，其中包含了 NAT 所能够提供的所有功能：一个私有 IP 地址转换为一个公网 IP 地址、多个私有 IP 地址转换为一个公网 IP 地址、多个私有 IP 地址转换为多个公网 IP 地址，以及通过 NAT 服务器特性使内部服务器为外部用户提供服务。

　　最后，我们通过多个案例介绍了 NAT 在华为设备环境中的配置命令和使用环境。通过本章的学习，读者应该能够掌握基本的 NAT 使用环境和方法，并且能够使用华为路由器实现 NAT 功能。

4.4　练习题

一、选择题

1. 以下属于 RFC 1918 文档指定的私有 IP 地址空间的选项是？（多选）（　　　）

A. 10.0.0.0/8　　　　　　　　　　　　B. 172.16.0.0/16

C. 198.162.0.0/24　　　　　　　　　　D. 192.168.0.0/24

2. 以下有关 NAT 作用的说法中，错误的是？（　　　）

A. NAT 可以把私有 IP 地址转换为公网 IP 地址

B. NAT 可以把公网 IP 地址转换为私有 IP 地址

C. NAT 可以对外隐藏内网 IP 地址架构

D. NAT 不能为私有网络提供安全保护

3. 什么是"两次 NAT"？（　　　）

A. 本地网关对源和目的 IP 地址同时进行转换

B. 本地网关对 IP 地址和端口号同时进行转换

C. 本地网关执行一次 NAT 转换，远端网关再执行一次 NAT 转换

D. 本地网关执行一次 NAT 转换，ISP 路由器再执行一次 NAT 转换

4. 下列有关基本 NAT 和 NAPT 实现的说法中，正确的是？（多选）（　　　）

A. 路由器收到内网用户发往外网的数据包时，会根据 NAT 的配置转换源 IP 地址

B. 路由器收到内网用户发往外网的数据包时，会根据 NAT 的配置转换目的 IP 地址

C. 路由器收到内网用户发往外网的数据包时，会根据 NAPT 的配置转换源 IP 地址和端口号

D. 路由器收到内网用户发往外网的数据包时，会根据 NAPT 的配置转换目的 IP 地址和端口号

5. 以下哪一项是正确的基本 NAT 配置命令？（　　　）

A. [GW-AR1]nat static global 202.108.0.3 inside 10.0.0.10

B. [GW-AR1-GigabitEthernet0/0/0]nat static global 202.108.0.3 inside 10.0.0.10

C. [GW-AR1]nat global 202.108.0.3 inside 10.0.0.10

D. [GW-AR1-GigabitEthernet0/0/0]nat global 202.108.0.3 inside 10.0.0.10

6. 下列针对 NAPT 配置的说法中，正确的是？（多选）（　　　）

A. 使用地址组来指定需要被转换的私有 IP 地址

B. 使用基本 ACL 来指定需要被转换的私有 IP 地址

C. 使用地址组来指定需要转换为的公有 IP 地址

D. 使用基本 ACL 来指定需要换为的公有 IP 地址

7. 下列针对 NAT 服务器配置的说法中，正确的是？（多选）（　　　）

A. 命令句法为 **nat server** {**tcp** | **udp**} **global** *global-address global-port* **inside** *host-address* [*host-port*]

B. 在对使用 TCP 端口 21 的应用进行转换时，需要启用 ALG 功能

C. 在对使用 TCP 端口 80 的应用进行转换时，需要启用 ALG 功能

D. 在配置命令中可以使用端口号也可以使用端口名称（如果有的话）

二、判断题

1. 在转发数据包的过程中（包括路由器接收数据包和发送数据包的行为），路由器会先执行 NAT 操作，再执行路由操作。

2. 在华为设备中，基本 NAT 可以执行一对一转换，NAPT 可以执行多对多转换，Easy IP 可以执行多对一转换。

3. 在华为设备中配置基本 NAT、Easy IP 和 NAT 服务器时，都需要在连接外网的物理出站接口上配置相应的 NAT 命令。

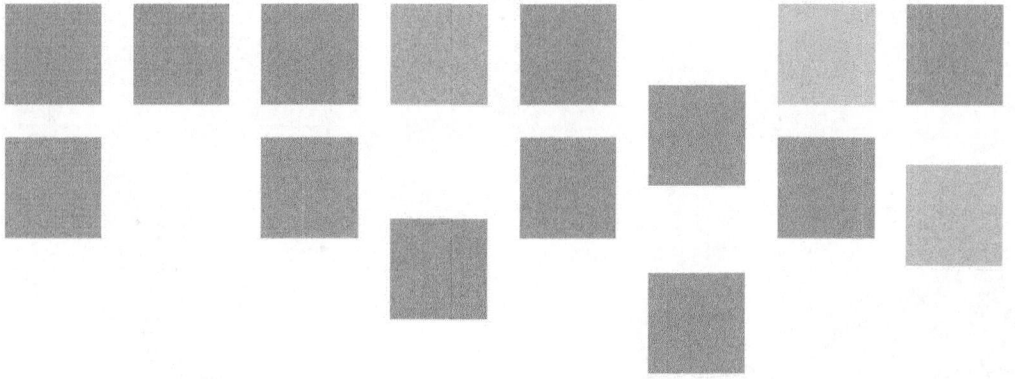

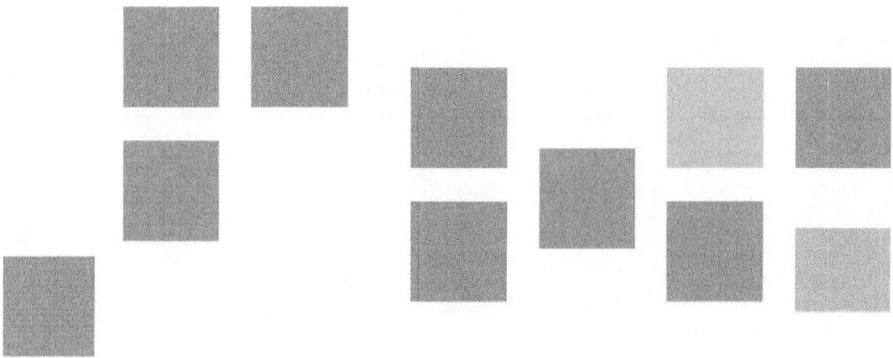

第5章
广域网

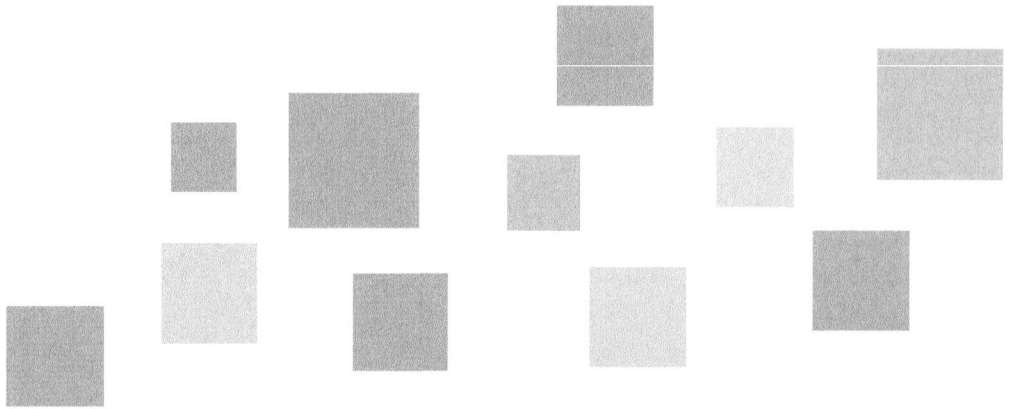

对于大部分动手能力比较强的读者来说，第一次接触 WAN 这个概念一定不是在教材上，而是在自己的家用路由器上。尽管拿到刚买的家用路由器时，很多对于网络技术一知半解甚至一窍不通的人员，也能够磕磕绊绊按照家用路由器配备的说明书，正确地连接家用路由器配备的 1 个 WAN 接口和几个 LAN 接口，在家用环境中实现网络访问的共享。

然而，对于喜欢刨根问底的人来说，如果真的在线搜索 WAN 这个词的表意，也许反而会看得一头雾水。为何我们的 WAN 接口上连接的只是一根不到半米的五类线，连接的对象也是摆在自己书桌上的家庭网关（调制解调器），人们却说 WAN 网络是那种跨越数十甚至上百公里的网络？如果把 WAN 理解成是调制解调器电话线那一端所连接的网络，那么 WAN 和 Internet 又有什么区别？

其实，对于 WAN 的概念与技术感到陌生的不只是缺乏网络技术背景的门外汉。对于很多了解一些网络技术的技术人员和一些已经从业一段时间的工程师来说，广域网技术很有可能也是他们的技术盲区。这不仅是因为在企业网络实施过程中，配置广域网接入部分只占到实施工作的一个极小的比重，而难度比较大的广域网实施工作不会由企业网的工程师来负责实施，同时各个厂商也是从工作的实用性角度出发，在设计各级认证考试中，都没有给广域网技术赋予比较大的比重。这些因素共同导致了很多网络从业者更容易忽视广域网技术。

在第 5 章中，为了帮助读者顺利完成广域网技术的扫盲，对于我们介绍的广域网技术留下相对比较深刻的印象，我们精心选择了三种广域网技术，这三种技术在一定程度上存在逻辑上的递进关系。我们相信，按照本章的顺序学习这些广域网技术有助于读者理解和掌握这些技术的工作原理，也可以为读者在实际工作中遇到其他需要学习的广域网技术时，打造一个能够尽快掌握其他同类技术的知识平台。

在开始正文之前，我们必须声明一点，大多数可以在局域网中使用的技术与可以在广域网中使用的技术之间并无泾渭。这也就是说，之前很多我们介绍过的技术，包括以太网在内实际上都可以应用于广域网环境中。而我们在第 5 章所说的广域网技术，其实指的是多用于广域网接入的网络技术。

<table>
<tr><td rowspan="10">学习目标</td><td>● 了解广域网一词在实际工作中的表意；</td></tr>
<tr><td>● 了解 HDLC 的数据帧封装方式及各个字段的作用；</td></tr>
<tr><td>● 理解 HDLC 的配置与调试方法；</td></tr>
<tr><td>● 理解 PPP 协议的数据帧封装方式及各个字段的作用；</td></tr>
<tr><td>● 理解 PPP 协议的协商流程；</td></tr>
<tr><td>● 掌握 PAP 协议与 CHAP 协议的异同；</td></tr>
<tr><td>● 掌握 PPP 协议及认证的配置与调试方法；</td></tr>
<tr><td>● 掌握在以太网环境中封装各类 PPP 消息的方式；</td></tr>
<tr><td>● 理解 PPPoE 的工作流程；</td></tr>
<tr><td>● 掌握 PPPoE 认证的配置与调试方法。</td></tr>
</table>

5.1　广域网概述

广域网是跨越很大地域范围的通信网络——大多数针对广域网的定义如是说。这种定义虽然毫无纰漏，让人无法反驳，但也确实没有给希望了解广域网的人提供太多有价值的信息。为了避免读者在后面的学习和工作中产生更多疑问，我们有必要先对广域网这个概念进行一下解释。

广域网从概念上看确实指代网络覆盖的地理区域。当一个网络跨域几百、数千甚至上万公里建立站点间的连接时，这个网络就是一个广域网。从这个角度上看，本系列教材《网络基础》中 1.1.3 节（互联网的雏形）中介绍的互联网始祖——ARPAnet 就是一个广域网，因为它连接的网络跨越了 500 公里以上的距离。不过，这个网络在当时被称为远程网（Long Haul Network）而不是广域网（Wide Area Network）。广域网这个词几乎是作为局域网（Local Area Network）的对应概念才在后来得到广泛使用的。所以，要想理解广域网的概念，读者必须了解广域网与局域网之间的区别。

每当提到局域网这个概念，我们想到的往往是一个由很多交换机、接入点（AP）、终端、和个别充当网关的路由器所组成的网络。在绝大多数情况下，搭建这个网络中所使用到的所有设备、线缆都属于这个网络的企业，连接这个网络的线缆也都位于企业所在的楼宇之内，而这个网络的维护服务通常也是由这个企业的内部人员，或者驻场这家企业的外包人员来为这个企业提供的。也就是说，因为局域网跨越范围小、线缆铺设短、搭建成本低、维护任务轻，所以局域网往往是由它的使用者所有并全权管理的网络。

广域网则不同。鉴于广域网所连接的区域至少跨越数十公里，这种跨度的网络自然不是每一家企业或每一位用户都有能力搭建并维护的，所以如果企业或者用户希望实现这种跨度的通信，通常只能求助于已经铺设了庞大线路网的电信服务提供商，让它们以租赁的形式向自己提供电信服务。这也就是说，广域网并不像局域网那样是由客户企业所拥有的网络，它的所有方基本都是电信服务提供商。于是，**在工程技术人员的实际交流习惯中，人们往往将那些运营商接入企业/家庭中的、不由用户管理、搭建和所有的网络称为广域网**，哪怕它连接的距离达不到广域网严格定义上的地理距离。换句话说，人们在谈到广域网时，往往侧重于表达这个词在网络管理和所有权方面（不属于用户）的转义，而并不强调它在地理跨度层面的本意。这一点读者应该理解。如图 5-1 所示，在极端情况下，尽管某企业两座办公楼之间的距离只有 5 公里，但是如果这家企业向电信运营商租赁专线将这两座办公楼连接了起来，那么技术人员还是会称运营商接入办公楼的网络及运营商内部连接这两个办公楼的那部分网络为广域网。

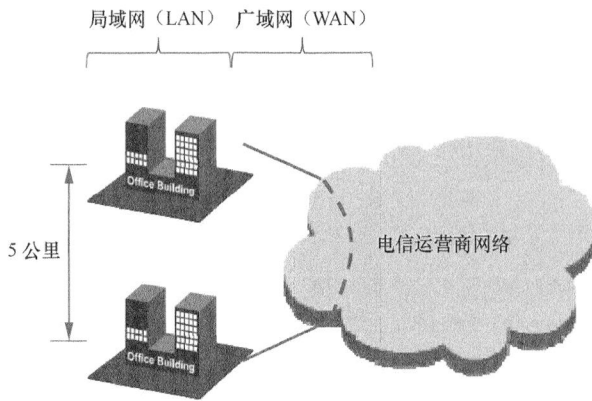

图 5-1　实际交流中的广域网（WAN）

广域网与局域网的另一大区别在于技术层面。我们在本系列教材的《网络基础》中就曾经提到了一个概念，即网络规模与底层技术之间、数据传输技术与网络连接方式之间存在着一定的联系。比如，局域网中使用的一些底层技术只适合用来连接相距较近的节点，而广域网旨在连接更加广泛的地理范围，因此广域网就很有可能需要采用一些不同于局域网的技术。如果说目前局域网最常使用的物理连接方式是铜线和光纤，应用最广泛的二层技术是以太网技术的话，那么广域网最常使用的物理连接方式除铜线之外，还包括光纤、蜂窝移动电话网、卫星通信网等，而应用于广域网的二层（和三层）技术包括但不限于 HDLC、PPP、DDC，以及正在被逐渐淘汰的 ATM、帧中继等。当然，造成这种区分更多是由于一些技术在实际使用层面更适合用于连接大范围网络，另一些技术则更适合用于连接局域网，很少有某项技术在定义层面就限制了它的使用场合。实际上，目前广域网使用以太网作为二层技术的应用实例也可谓不胜枚举。这就像人们在选择出行时也常常会根据出行距离选择出行方式一样：人们之所以作出这种选择是因为每种出行距离自有比较适合这种距离的出行方式。毕竟，1 公里以内选择步行、1 公里到 5 公里选择骑自行车出行、5 公里到 50 公里选择汽车出行，更长距离则选择乘飞机出行看上去就是最为合理的选择。然而，这种对应关系并不是金科玉律。

在第 5 章中，我们会选择三种广域网协议进行介绍。这三个广域网协议分别为 HDLC、PPP 和 PPPoE。在这三种协议中，PPP 借鉴了 HDLC 的数据帧封装方式，而 PPPoE 则是运营商为了在以太网环境中利用 PPP 成员协议提供的服务而设计的协议。因此，我们相信按照这种顺序介绍这三种协议读者比较容易理解，也更容易举一反三，并且能够把了解到的内容用于学习其他的广域网技术。

5.2　HDLC 概述

HDLC 的全称是高级数据链路控制（High-Level Data Link Control）。这个协议是国际标准化组织（ISO）以 IBM 公司系统网络架构（Systems Network Architecture）的 SDLC 协议作为基础开发出来的协议。实际上，标准的 HDLC 不仅可以用于点到点连接，也可以用于点到多点连接的环境。但是在后来的实际使用中，人们很少会将 HDLC 用于点到多点的环境当中。现在，华为官方产品文档直接指出：HDLC 协议只支持点到点链路，不支持点到多点[③]。所以，读者在实际工作环境中，也可以忽略将 HDLC 应用于点到多点环境中的做法。在 5.2 节中，我们会对 HDLC 的基本原理进行简单的介绍，并且介绍在一个简单环境中使用 HDLC 协议建立串行链路点到点通信的方法。

5.2.1　HDLC 的封装与消息类型

在华为路由器上，工作在同步模式下的串行（Serial）接口，以及逻辑特性与同步模式的串行接口相同的其他接口，都支持封装 HDLC 协议。除此之外，PoS 接口也支持 HDLC 封装。

注释：

逻辑特性与同步模式的串行接口相同的接口包括（但不限于）E1-F 接口、T1-F 接口、基于（工作在 CE1 模式下的）CE1/PRI 接口或基于（工作在 CT1 模式下的）CT1/PRI

[③] Huawei AR120&AR150&AR160&AR200&AR1200&AR2200&AR3200&AR3600 V200R007 产品文档：2602/20626 页

接口创建出来的串行（Serial）接口等等。读者如果希望了解更多与路由器物理接口有关的内容，或者在实际项目中遇到与路由器物理接口设置有关的问题，可以参考该路由器产品的产品文档。如果读者购买的路由器设备是华为公司的产品，也可以使用王达主编的《华为 VPN 学习指南》进行参考。

ISO 标准的 HDLC 协议封装的格式如图 5-2 所示。

01111110	地址	控制	数据部分	FCS 校验码	01111110

图 5-2　ISO 标准 HDLC 的封装

如图 5-2 所示，在 HDLC 的封装中，一首一尾各有一个 8 位的固定字段 01111110。这个字段称为标记（Flag），其目的是提醒接收方数据帧的开始和结束。在传输过程中，只要发送方发送的数据中包含了 5 个连续的 1，发送方就会在这连续的 5 个 1 后插入一个 0，然后再继续发送数据。接收方在连续接收到 5 个连续的 1 之后，会认定后面的那个 0 是发送方插入的 0，因此接收方在解封装的过程中会自动忽略 5 个 1 后面的 0。然而，一旦接收方发现 5 个连续的 1 后面仍然是 1，那么这表示要么数据在传输过程中出现了问题，要么这部分数据就是数据帧前面或后面的标记字段。标记字段是可以前后"拼接的"，前一个数据未尾的标记字段可以是后一个数据前导的标记字段，如图 5-3 所示。

01111110	（除标记部分之外的）数据帧 N	01111110	（除标记部分之外的）数据帧 N+1	01111110

图 5-3　几个连续的 HDLC 数据帧

在 HDLC 数据帧中，地址字段的作用是标识这个数据帧是一个命令帧，还是一个响应帧。两台设备通过 HDLC 进行通信时，HDLC 协议会给双方各自分配一个地址。当一台设备接收到这个数据帧时，它会查看数据帧的地址字段，判断这是自己的地址还是对端的地址。如果是自己的地址，则这个 HDLC 数据帧为一个命令帧；如果这个数据帧的地址字段为对方的地址，则这个 HDLC 数据帧为一个响应帧。

根据 ISO 的定义，HDLC 数据帧分为以下三类。

- **信息帧（Information frame）**：简称为 I 帧。信息帧顾名思义，就是将网络层的信息传输给对端时，发送方会封装的数据帧；
- **管理帧（Supervisory frame）**：简称 S 帧。管理帧的目的是控制数据流量和执行差错控制。管理帧的目的是管理流量，因此管理帧本身并没有负载信息。换句话说，管理帧中不包含图 5-2 所示的数据部分；
- **无编号帧（Unnumbered frame）**：简称为 U 帧。无编号帧用途比较多元，链路的建立与断开就需要通过发送无编号帧来实现。

当发送方发送数据帧时，它就会通过设置 HDLC 封装中控制字段的前两位来标识这个数据帧属于上述哪一种类型。如果控制字段第 1 位为 0，表示这个数据帧为 I 帧；如果这个数据帧的控制字段前两位为 10，表示这个数据帧为 S 帧；如果这个数据帧的前两位为 11，表示这个数据帧为无编号帧。除此之外，控制字段也会用来标识这个数据帧的发送序号和响应序号。另外，控制字段中有一位 P/F 位，称为轮询/终止位，接收方会用这一位来判断是否需要对之前发送的数据帧进行重传。

曾几何时，通信链路在传输数据时出现错误的几率很高。为了避免数据在传输前后出现变化，HDLC 在数据帧中定义了 FCS 字段。发送方在发送数据帧时，会使用数据帧的地址字段、控制字段和数据部分计算出一个 16 位或 32 位的校验码，将计算的结果作为 FCS 校验码附带在数据部分后面。当接收方接收到数据帧时，它会对这三部分数据执行相同的计算，然后将计算的结果与发送方提供的校验码进行对比，判断数据帧是否因为链路问题而在传输过程中出现了变化。在前面我们介绍标记位的时候曾经提到，一旦接收方发现 5 个连续的 1 后面仍然是 1，那么这表示要么数据在传输过程中出现了问题，要么这部分数据就是数据帧前面或后面的标记字段。当接收方接收到 6 个连续的 1 时，它同样也可以使用 FCS 校验码来判断这次出现的 6 个 1，是否是因为数据在链路上出现了传输错误所致。

在 5.2.1 节即将结束的时候，有一点我们必须进行说明。HDLC 最初定义了三种链路配置模式，分别为普通响应模式（简称为 NRM）、异步响应模式（简称为 ARM）和异步平衡模式（简称为 ABM）。然而在 HDLC 的实际使用中，前两种模式极少使用。因此 5.2.1 节的所有内容，都是参照 ABM 模式下 HDLC 的工作方式进行介绍的。考虑到这种模式实际上是 HDLC 唯一常用的模式，因此读者没有必要关注其他模式下的 HDLC 工作方式。关于 HDLC 的链路配置模式，我们在这里不作展开介绍。

在 5.2.1 节中，我们对 HDLC 的原理进行了比较深入的说明。HDLC 的实施非常简单，在 5.2.2 节中，我们会对 HDLC 的实施进行介绍。

5.2.2　HDLC 的配置演示

在学习了与 HDLC 相关的理论知识后，我们会在 5.2.2 节中演示如何在华为设备上配置 HDLC 接口，以及如何修改与 HDLC 相关的参数。

在 5.2.2 节中，我们会以图 5-4 所示拓扑为例演示 HDLC 的配置。

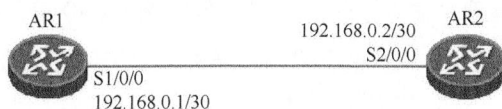

图 5-4　配置 HDLC 的网络环境

如图 5-4 所示，AR1 和 AR2 分别通过各自的串行链路接口 S1/0/0 和 S2/0/0 相连。接下来，我们要把这两个接口使用的封装类型改为 HDLC，并为其配置相应的 IP 地址。

例 5-1 中展示了管理员将路由器 AR1 接口 S1/0/0 的封装配置为 HDLC 的过程。

例 5-1 在 AR1 上配置 DHCL 封装

```
[AR1]interface serial 1/0/0
[AR1-Serial1/0/0]link-protocol hdlc
Warning: The encapsulation protocol of the link will be changed. Continue? [Y/N]:y
Apr 10 2017 01:53:11-08:00 AR1 %%01IFNET/4/CHANGE_ENCAP(1)[5]:The user performed
the configuration that will change the encapsulation protocol of the link and then
selected Y.
[AR1-Serial1/0/0]
Apr 10 2017 01:53:11-08:00 AR1 %%01PPP/4/PHYSICALDOWN(1)[6]:On the interface Ser
ial1/0/0, PPP link was closed because the status of the physical layer was Down.


[AR1-Serial1/0/0]
Apr 10 2017 01:53:11-08:00 AR1 %%01IFNET/4/LINK_STATE(1)[7]:The line protocol PPP on
the interface Serial1/0/0 has entered the DOWN state.
[AR1-Serial1/0/0]
Apr 10 2017 01:53:11-08:00 AR1 %%01IFPDT/4/IF_STATE(1)[8]:Interface Serial1/0/0
has turned into DOWN state.
[AR1-Serial1/0/0]
Apr 10 2017 01:53:12-08:00 AR1 %%01IFPDT/4/IF_STATE(1)[9]:Interface Serial1/0/0
has turned into UP state.
[AR1-Serial1/0/0]
Apr 10 2017 01:53:12-08:00 AR1 %%01IFNET/4/LINK_STATE(1)[10]:The line protocol IP on
the interface Serial1/0/0 has entered the UP state.
[AR2]
Apr 10 2017 01:53:12-08:00 AR2 %%01IFNET/4/LINK_STATE(1)[5]:The line protocol PPP on
the interface Serial2/0/0 has entered the DOWN state.
```

下面，让我们逐条查看例 5-1 中展示的命令和系统提示信息。首先，管理员在 AR1 上进入了接口 S1/0/0 的视图中，并且使用命令 **link-protocol hdlc** 修改了接口的封装模式。在管理员输入这条命令后，系统会弹出告警信息，并询问是否继续，这时管理员输入了 **y**。接着系统连续弹出了一系列提示消息。在下文中，我们分别用阴影部分标出的编号来逐条对这些提示信息进行解释。

[5]这条消息指出管理员输入了修改链路封装协议的命令，并选择了 Y；

[6]这条消息指出 S1/0/0 接口的 PPP 链路关闭了，原因是物理层 Down。这是因为华为设备串行链路接口的默认封装模式为 PPP；

[7]这条消息指出 S1/0/0 接口的 PPP 协议进入了 DOWN 状态；

[8]这条消息指出 S1/0/0 接口进入了 DOWN 状态；

[9]这条消息指出 S1/0/0 接口重新进入 UP 状态；

[10]这条消息指出 S1/0/0 接口的线路协议进入了 UP 状态。

与此同时，AR2 上弹出了系统消息，指出 S2/0/0 接口的 PPP 协议进入了 DOWN 状态。接下来，我们继续在 AR2 上修改 S2/0/0 接口的封装，详见例 5-2。

例 5-2　在 AR2 上配置 DHCL 封装

```
[AR2]interface serial 2/0/0
[AR2-Serial2/0/0]link-protocol hdlc
Warning: The encapsulation protocol of the link will be changed. Continue? [Y/N]:y
Apr 10 2017 02:08:58-08:00 AR2 %%01IFNET/4/CHANGE_ENCAP(1)[6]:The user performed
the configuration that will change the encapsulation protocol of the link and then
selected Y.
[AR2-Serial2/0/0]
Apr 10 2017 02:08:58-08:00 AR2 %%01IFPDT/4/IF_STATE(1)[7]:Interface Serial2/0/0
has turned into DOWN state.
[AR2-Serial2/0/0]
Apr 10 2017 02:08:58-08:00 AR2 %%01IFPDT/4/IF_STATE(1)[8]:Interface Serial2/0/0
has turned into UP state.
[AR2-Serial2/0/0]
Apr 10 2017 02:08:58-08:00 AR2 %%01IFNET/4/LINK_STATE(1)[9]:The line protocol IP on the
interface Serial2/0/0 has entered the UP state.
```

在我们把 AR2 接口 S2/0/0 的封装模式也修改为 HDLC 后，S2/0/0 也经历了类似的状态变迁，并最后进入协议 UP 状态。

例 5-3 以 AR1 为例，展示了接口 S1/0/0 的状态。

例 5-3　查看 AR1 接口 S1/0/0 的状态

```
[AR1]display interface s1/0/0
Serial1/0/0 current state : UP
Line protocol current state : UP
Last line protocol up time : 2017-04-10 02:08:31 UTC-08:00
Description:HUAWEI, AR Series, Serial1/0/0 Interface
Route Port,The Maximum Transmit Unit is 1500, Hold timer is 10(sec)
Internet protocol processing : disabled
Link layer protocol is nonstandard HDLC
Last physical up time   : 2017-04-10 02:08:31 UTC-08:00
Last physical down time : 2017-04-10 02:08:30 UTC-08:00
Current system time: 2017-04-10 02:23:11-08:00
Physical layer is synchronous, Virtualbaudrate is 64000 bps
Interface is DTE, Cable type is V11, Clock mode is TC
Last 300 seconds input rate 1 bytes/sec 8 bits/sec 0 packets/sec
Last 300 seconds output rate 0 bytes/sec 0 bits/sec 0 packets/sec
```

```
Input: 172 packets, 6816 bytes
  Broadcast:              0,  Multicast:          0
  Errors:                 0,  Runts:              0
  Giants:                 0,  CRC:                0

  Alignments:             0,  Overruns:           0
  Dribbles:               0,  Aborts:             0
  No Buffers:             0,  Frame Error:        0

Output: 114 packets, 2402 bytes
  Total Error:            0,  Overruns:           0
  Collisions:             0,  Deferred:           0
    Input bandwidth utilization  :    0%
    Output bandwidth utilization :    0%
```

从例 5-3 中的阴影行我们可以看出，AR1 接口 S1/0/0 的封装模式已经成功修改为了 HDLC。

接下来，为了实现两台路由器之间的三层通信，我们在两个接口上配置 IP 地址，如例 5-4 所示。

例 5-4　在两台路由器上配置 IP 地址并测试

```
[AR1]interface serial 1/0/0
[AR1-Serial1/0/0]ip address 192.168.0.1 255.255.255.252

[AR2]interface serial 2/0/0
[AR2-Serial2/0/0]ip address 192.168.0.2 255.255.255.252
[AR2-Serial2/0/0]quit
[AR2]ping 192.168.0.1
  PING 192.168.0.1: 56   data bytes, press CTRL_C to break
    Reply from 192.168.0.1: bytes=56 Sequence=1 ttl=255 time=170 ms
    Reply from 192.168.0.1: bytes=56 Sequence=2 ttl=255 time=40 ms
    Reply from 192.168.0.1: bytes=56 Sequence=3 ttl=255 time=30 ms
    Reply from 192.168.0.1: bytes=56 Sequence=4 ttl=255 time=40 ms
    Reply from 192.168.0.1: bytes=56 Sequence=5 ttl=255 time=40 ms

  --- 192.168.0.1 ping statistics ---
    5 packet(s) transmitted
    5 packet(s) received
    0.00% packet loss
    round-trip min/avg/max = 30/64/170 ms
```

在示例 5-4 中，我们分别在 AR1 的接口 S1/0/0 和 AR2 的接口 S2/0/0 上配置了 IP 地址，并在 AR2 上向 AR1 发起了 ping 测试，测试结果表明现在这两台路由器之间可以进行正常通信。

HDLC 轮询时间

HDLC 协议会通过存活（Keepalive）消息来检测链路当前的状态，设备会按照 HDLC
状态轮询定时器设定的轮询时间间隔，有规律地发送存活消息。管理员可以根据自己网
络中的情况来按需修改这个参数。如果网络链路上的延迟比较大，或者链路上的拥塞程
度比较高，管理员就可以适当延长轮询的时间间隔，防止网络中产生链路震荡。轮询时
间过长或过短都有一定的负面影响，如果轮询时间间隔过长，那么链路中出现故障时，
设备检测到故障的时间就会比较晚；反之，如果轮询时间间隔过短，则会增加设备的负
担，同时也会占用更多的链路带宽。因此选择一个恰当的 HDLC 轮询时间，是需要根据不
同的网络情况进行分析的，轮询时间默认为 10s。管理员可以使用接口视图命令 **timer
hold** *seconds* 来设定 HDLC 轮询时间，轮询时间的取值范围是 0～32768，单位是 s。在
例 5-5 中，我们更改了两台路由器接口上的 HDLC 轮询时间。

例 5-5　在两台路由器上调整 HDLC 轮询时间并验证

```
[AR1]interface serial 1/0/0
[AR1-Serial1/0/0]timer hold 50
[AR2]interface serial 2/0/0
[AR2-Serial2/0/0]timer hold 50
[AR2]display interface serial 2/0/0
Serial2/0/0 current state : UP
Line protocol current state : UP
Last line protocol up time : 2017-04-10 02:08:58 UTC-08:00
Description:HUAWEI, AR Series, Serial2/0/0 Interface
Route Port,The Maximum Transmit Unit is 1500, Hold timer is 50(sec)
Internet Address is 192.168.0.2/30
Link layer protocol is nonstandard HDLC
Last physical up time   : 2017-04-10 02:08:58 UTC-08:00
Last physical down time : 2017-04-10 02:08:58 UTC-08:00
Current system time: 2017-04-10 03:21:27-08:00
Physical layer is synchronous, Virtualbaudrate is 64000 bps
Interface is DTE, Cable type is V11, Clock mode is TC
Last 300 seconds input rate 0 bytes/sec 0 bits/sec 0 packets/sec
Last 300 seconds output rate 0 bytes/sec 0 bits/sec 0 packets/sec

Input: 425 packets, 20054 bytes
  Broadcast:          0, Multicast:          0
  Errors:             0, Runts:              0
  Giants:             0, CRC:                0
```

```
    Alignments:             0,  Overruns:         0
    Dribbles:               0,  Aborts:           0
    No Buffers:             0,  Frame Error:      0


Output: 516 packets, 13204 bytes
    Total Error:            0,  Overruns:         0
    Collisions:             0,  Deferred:         0
        Input bandwidth utilization  :    0%
        Output bandwidth utilization :    0%
```

在例 5-5 中，我们修改了 AR1 和 AR2 上相应接口下的 HDLC 轮询时间，并在 AR2 上通过命令 `display interface serial` 2/0/0 查看了这个参数的变更结果，修改的结果如阴影行部分所示。

在 5.2 节中，我们对 HDLC 进行了简单的介绍，同时演示了如何将串行接口的封装协议修改为 HDLC。在例 5-1 下面的说明文字中，我们也曾经提到，如果不修改串行接口的封装协议，那么华为设备串行链路接口会默认使用 PPP 协议来执行数据包的封装。在 5.3 节中，我们就来介绍一下华为设备串行接口默认执行的封装协议——PPP。

5.3　PPP

我们在 5.2.2 节中介绍的 HDLC 协议，是面向比特的数据链路控制协议的典型代表，而我们在 5.3 节中要介绍的 PPP 是面向字符的协议。PPP 协议是在 RFC 1055 定义的[④]SLIP 协议的基础上开发出来的。RFC 1055 SLIP 的全称是串行线路互联网协议（Serial Line Internet Protocol）。顾名思义，这个协议的开发初衷就是对 IP 数据包进行封装，让 IP 数据包能够通过串行线路和调制解调器线路进行传输。PPP 协议对 RFC 1055 SLIP 协议的一些限制进行了改进，这些限制包括 RFC 1055 SLIP 只支持异步传输，同时只支持以 IPv4 作为网络层的通信协议。

PPP 协议则不然，它不仅支持异步传输，也支持同步传输。不仅如此，PPP 协议可以运行在大量不同类型的接口和链路上，而且可以支持各类网络层协议。此外，PPP 协议也在 SLIP 协议的基础上增加了校验机制、（可选的）认证机制和连接协商机制。这些机制可以提升传输的可靠性与安全性。鉴于 PPP 协议比 SLIP 更加普适、更加可靠也更加安全，因此 SLIP 现在基本已经被 PPP 协议所取代。

PPP 协议的原理比较复杂，用两节的内容来描述略显不足。在接下来的内容中，我们会用尽可能简单的方式来描述 PPP 的工作原理。

[④] RFC 中包含了不止一个名为串行线路互联网协议（Serial Line Internet Protocol）的协议，因此我们需要这里通过 RFC 编号指出 PPP 参照的具体是哪个 SLIP 协议。

5.3.1 PPP 原理

PPP 协议的封装方式在很大程度上参照了 HDLC 协议的规范，但 PPP 协议明确了数据帧中很多字段的取值。PPP 协议的数据帧封装格式如图 5-5 所示。

标记 0x7e	地址 0xff	控制 0x03	协议	数据	FCS 校验码	标记 0x7e

图 5-5　PPP 的封装格式

如图 5-5 所示，PPP 协议原原本本地使用了 HDLC 协议封装中的标记字段和 FCS 校验码字段，忘记了这两个字段作用的读者可以复习 5.2.1 节（HDLC 的封装与消息类型）。此外，鉴于 PPP 协议纯粹是一种应用于点到点环境中的协议，任何一方发送的消息都只会由固定的另一方接收并且处理，地址字段存在的意义已经不大，因此 PPP 协议地址字段的取值以全 1 的方式被明确下来，表示这条链路上的所有接口。最后，PPP 控制字段的取值也被明确为了 0x03。

然而，PPP 协议的封装也与 HDLC 协议出现了一点区别，那就是 PPP 协议在封装字段中添加了协议字段。这个协议字段在功能上与 IPv4 协议头部的协议字段基本一致，其目的都是为了标识这个数据帧的消息负载是使用什么协议进行封装的。

为了能够适应更加广泛的物理介质和网络层传输协议，PPP 协议采用了分层的体系结构。这个体系架构的上层是网络控制协议（Network Control Protocol，NCP），NCP 的作用是为网络层协议 IPv4、IPv6、IPX、AppleTalk 等协商和配置参数。NCP 协议并不是一个特定的协议，而是指 PPP 架构上层中一系列控制不同网络层传输协议的协议总称，各类不同的网络层协议都有一个对应的 NCP 协议，譬如 IPv4 协议对应的是 IPCP 协议、IPv6 协议对应的是 IPv6CP、IPX 协议对应的是 IPXCP、AppleTalk 协议对应的是 ATCP 等。NCP 协议下面是链路控制协议（Link Control Protocol，LCP），链路控制协议的作用是发起、监控和终止连接，通过协商的方式对接口进行自动配置，执行身份认证等。

需要指出的是，NCP 和 LCP 的上下层关系体现在 PPP 连接的协商与建立阶段的层面。这也就是说，在两台设备要通过 PPP 协议在一条串行链路上传输数据之前，它们需要首先通过 LCP 协议来协商建立数据链路，然后再通过 NCP 协议来协商网络层的配置。请读者不要因为这种上下层关系就误以为一个 IPv4 数据包会逐层封装上 IPCP 头部和 LCP 头部。实际上，在上面所说的这两个阶段中，NCP 消息和 LCP 协议都会封装在图 5-5 所示的 PPP 数据帧中，然后再根据下层不同的物理介质对 PPP 数据帧执行成帧。下面，我们首先来简单介绍一下两台设备通过 LCP 协商建立数据链路的过程。

注释：

如果 PPP 数据帧中封装的是 IPCP 消息，则 PPP 数据帧的协议字段取值为 0x8021；如果 PPP 数据帧中封装的是 LCP 消息，则 PPP 数据帧的协议字段取值为 0xc021。

简而言之，在协商建立数据链路的这个阶段，设备会提出自己所有期待的配置参数，然后等待对方回复是否接受。如果接受就一切顺利，但如果不接受，则修改某些参数后再次协商，如图 5-6 所示。

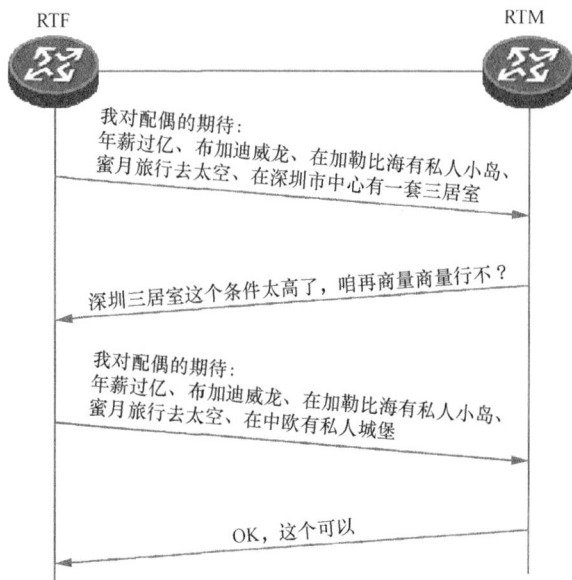

图 5-6　LCP 协商过程示意（搞笑版）

具体来说，路由器向串行链路对端设备提出自己所有期待配置参数的消息，称为 LCP 配置请求（Configure-Request）消息。既然是 LCP 配置请求消息，当然是封装在 LCP 头部之内。LCP 头部定义了代码（1 字节）、标识符（1 字节）和长度（2 字节）三个字段。当代码字段的取值为 1 时，即标识这个 LCP 消息为配置请求消息；标识符字段的作用是标识这个消息是对哪个 LCP 消息的响应；而长度字段的作用则是标识这个 LCP 消息数据部分的长度。在 LCP 配置请求消息的数据部分，设备需要提出自己所有期待的配置参数。这些配置参数都会封装在一个 LCP 配置请求消息中发送给对端。当然，这些期待必然不是图 5-6 中所示的那些经济追求。根据 LCP 协议的定义，目前设备可以在 LCP 配置请求中协商 7 种不同的配置参数，其中包括（但不限于）最大接收单元、认证协议、协议字段压缩等。如果一个配置请求消息没有包含所有 LCP 定义为可以协商的参数，那么对端会认为消息发送方希望对没有在消息中提出协商的参数保留默认操作。

图 5-7 所示为一个 LCP 配置请求消息的示例。

注释:

为了简洁起见，所有固定取值的字段我们都使用了十六进制进行表示。

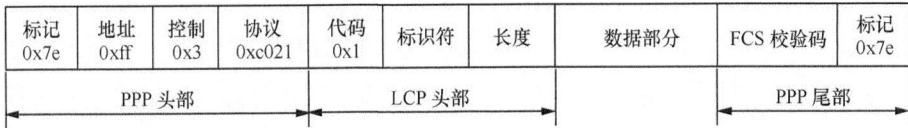

标记 0x7e	地址 0xff	控制 0x3	协议 0xc021	代码 0x1	标识符	长度	数据部分	FCS 校验码	标记 0x7e
PPP 头部				LCP 头部				PPP 尾部	

图 5-7　LCP 配置请求消息的封装

在接收到 LCP 配置请求消息之后，如果对端接受所有参数，则会回复配置确认 (Configure-Ack) 消息（配置确认消息的代码值为 2）；如果对端认为其中某些参数不可接受，则会回复配置否认 (Configure-Nak) 消息（配置否认消息的代码值为 3）；如果对端认为其中某些参数无法识别，则会回复配置拒绝 (Configure-Reject) 消息（配置拒绝消息的代码值为 4）。除此之外，LCP 还定义了另外 7 种消息类型，包括中断请求 (Terminate-Request) 消息（代码值为 5）、中断确认 (Terminate-Ack) 消息（代码值为 6）、代码拒绝 (Code-Reject) 消息（代码值为 7）、协议拒绝 (Protocol-Reject) 消息（代码值为 8）、Echo-Request 消息（代码值为 9）、Echo-Reply 消息（代码值为 10）和丢弃请求 (Discard-Request) 消息（代码值为 11），这些消息与 LCP 协议提供的链路断开服务与链路维护服务相关，这里不再一一介绍。

注释:

本书对 Echo-Request 消息和 Echo-Reply 消息一概保留原文，不作译出。

但我们在这里必须说明的是，LCP 协商的过程是双向的。换言之，点到点链路每一端的设备都需要向对方发送配置请求消息。链路建立阶段顺利完成的前提是，双方都接收到了对方发送的配置确认消息。即使某一方已经对对方发送的配置请求消息回复了配置确认消息，它还是需要向对方发送配置请求消息来征求对方的确认。所以，最顺利的数据链路建立阶段的协商，是双方各自发送了一条配置请求消息和一条配置确认消息，如图 5-8 所示。

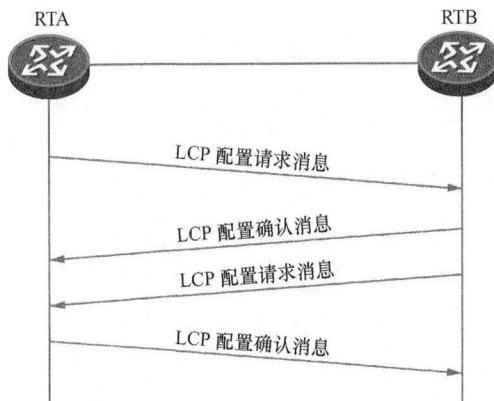

图 5-8　最简 LCP 协商过程

在前文中我们曾经提到，LCP 协商的配置参数包括认证协议。如果双方中的某一方要求执行认证，那么在链路建立阶段之后，双方就需要开始进行认证。关于这部分内容，我们留待 5.3.2 节中再进行介绍，这里暂且略过不提，只考虑双方没有采用认证的情形。如果不执行认证，那么在链路建立阶段结束之后，PPP 就会开始通过上层协议对应的 NCP 来协商上层协议的配置参数。这个过程与 LCP 协商大同小异，下面我们以上层协议为 IPv4 协议为例，简单说明一下双方通过 IPCP 协议协商 IP 协议配置参数的过程。

与 LCP 相同，IPCP 协商的过程也是双向的。此外，双方设备同样也是借助配置请求消息提出自己期待的 IPv4 协议配置参数。如果对端接受配置请求消息中提出的参数，则会回复配置确认（Configure-Ack）消息；如果对端认为其中某些参数不可接受，则会回复配置否认（Configure-Nak）消息，如图 5-9 所示。

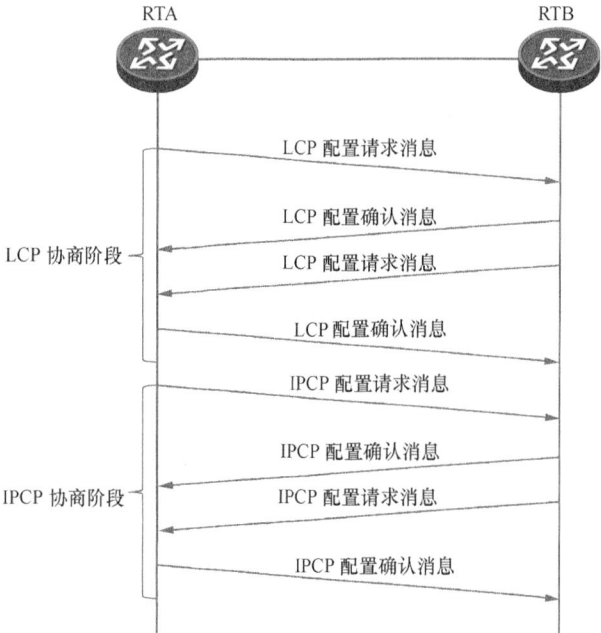

图 5-9　最简 IPCP 协商过程

不仅协商过程类似，IPCP 定义的数据封装格式与消息类型也与 LCP 协议基本相同。所以，封装 IPCP 配置请求消息的 IPCP 头部，同样包含了代码（1 字节）、标识符（1 字节）和长度（2 字节）三个字段。当代码字段的取值为 1 时，即标识这个 IPCP 消息为配置请求消息；代码字段取值为 2、3、4、5、6、7 则同样依次对应了 IPCP 协议的配置确认（Configure-Ack）消息、配置否认（Configure-Nak）消息、配置拒绝（Configure-Reject）消息、中断请求（Terminate-Request）消息、中断确认（Terminate-Ack）消息和代码拒绝（Code-Reject）消息。图 5-10 所示为一个 IPCP 配置请求消息的示例。

标记 0x7e	地址 0xff	控制 0x3	协议 0x8021	代码 0x1	标识符	长度	数据部分	FCS 校验码	标记 0x7e

PPP 头部	IPCP 头部	PPP 尾部

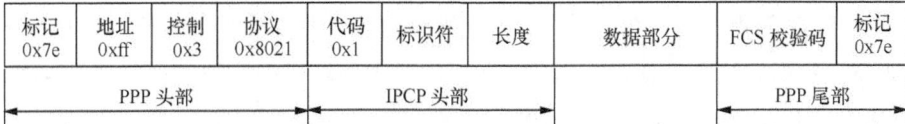

图 5-10　IPCP 配置请求消息的封装

无论 IPCP 与 LCP 协议有多么类似，IPCP 毕竟负责协商的是 IP 协议的配置参数，因此它协商的配置参数势必不同于 LCP。实际上，IPCP 需要协商的配置参数包括消息的 PPP 和 IP 头部是否压缩、使用什么算法进行压缩，以及 PPP 接口的 IPv4 地址。通过 IPCP 协商 IPv4 的方式包括了两种情形：一种情形是发送配置请求的设备在配置请求消息中携带自己接口的 IPv4 地址，让对端验证是否可以使用这个 IPv4 地址来与其通信——这种参数协商与其他参数协商在逻辑上没有任何差别，因此这里不作赘述；另一种情形是发送配置请求的设备在配置请求消息中携带一个全 0 的 IPv4 地址，让对端设备为自己提供一个 IPv4 地址。此时，对端设备会通过 IPCP 配置否认（Configure-Nak）消息为其提供一个 IPv4 地址。在接收到这个 IPv4 地址之后，发送配置请求的设备会再次发送一个配置请求消息，并且在消息中携带对端刚刚通过配置否认消息提供的这个 IPv4 地址，供对端验证是否可以使用这个 IPv4 地址来与其通信。因此，在 IPCP 协商阶段，PPP 接口可以实现 IPv4 地址的动态配置。在 NCP 协商完成之后，双方设备就可以通过这条 PPP 链路实现网络层的通信了。

当然，LCP 和 NCP 协议既然负责连接的建立，一定也会负责连接的断开。实际上，我们在前面的内容中就已经提到过，LCP 和 IPCP 协议各自定义了连接中断的请求消息（Terminate-Request）与确认（Terminate-Ack）消息。不过，考虑到链路中断的流程与链路建立的最简流程相当雷同，我们在这里不再进行赘述。

在 5.3.1 节中，我们用最简单的逻辑介绍了 PPP 协议为点到点链路双方建立通信的过程。在 5.3.2 节中，我们会介绍 PPP 协议支持的两种认证方式，以及 PPP 认证的一方或双方提出需要执行认证时，设备会执行的操作方式。

5.3.2　PPP 认证

PPP 支持两种认证协议，这两种认证协议分别为 PAP 和 CHAP。5.3.1 节也介绍过，在 LCP 链路建立的协商阶段，双方设备会就是否执行认证、采用什么协议执行认证进行协商。如果其中一方或者双方在 LCP 数据链路建立阶段提出需要执行认证，那么 PPP 协议就会在开始执行 NCP 协商之前完成身份认证。如果身份认证成功，双方设备再开始执行 NCP 协商。如果身份认证失败，则链路进入中断（Termination）状态。

在两种认证协议中，PAP 的逻辑比较简单。PAP 的全称是密码认证协议（Password Authentication Protocol），它就是一种单纯的明文密码认证协议。如果希望被认证设备在发起认证后，能够通过认证方的认证，管理员需要事先在被认证设备上预配置与认证方相同的用户名和密码。在进行认证时，被认证方会使用管理员事先配置的用户名和密码，认证方根据被认证方提供的用户名和密码是否与自己配置的用户名和密码相一致，来判断是接受还是拒绝。在这个过程中，认证信息都是以明文的形式进行发送的。

具体来说，PAP 协议（协议值为 0xc023）定义的封装字段也与上面的 LCP 和 IPCP 相同。而且，PAP 协议也是通过将不同类型的消息封装在 PPP 数据帧中并且发送给对端的方式，来交互认证信息的。PAP 协议定义了 3 种类型的消息，即认证请求（Authentication Request）消息（代码值为 1）、认证确认（Authentication-Ack）消息（代码值为 2）和认证否认（Authentication-Nak）消息（代码值为 3）。其中，认证请求消息的封装，如图 5-11 所示。

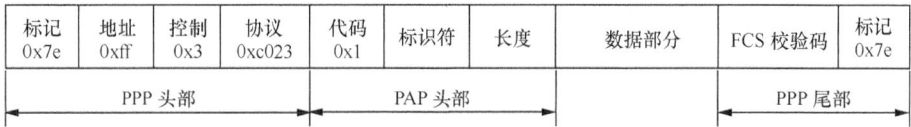

标记 0x7e	地址 0xff	控制 0x3	协议 0xc023	代码 0x1	标识符	长度	数据部分	FCS 校验码	标记 0x7e
PPP 头部				PAP 头部				PPP 尾部	

图 5-11　PAP 认证请求消息的封装

在 LCP 数据链路建立阶段，如果一方需要对另一方进行认证，那么在链路建立成功之后，被认证方就会将一个如图 5-11 所示的 PAP 认证请求消息发送给认证方。认证方在接收到被认证方发来的认证请求消息之后，会用认证请求消息数据部分中携带的密码与管理员在自己本地配置的密码进行比对。如果一致，那么认证方就会向被认证方发送认证确认消息，表示 PPP（在这个方向上）认证成功。否则，认证方则会向被认证方发送认证否认消息，于是链路就会进入中断（Termination）状态，上述过程如图 5-12 所示。

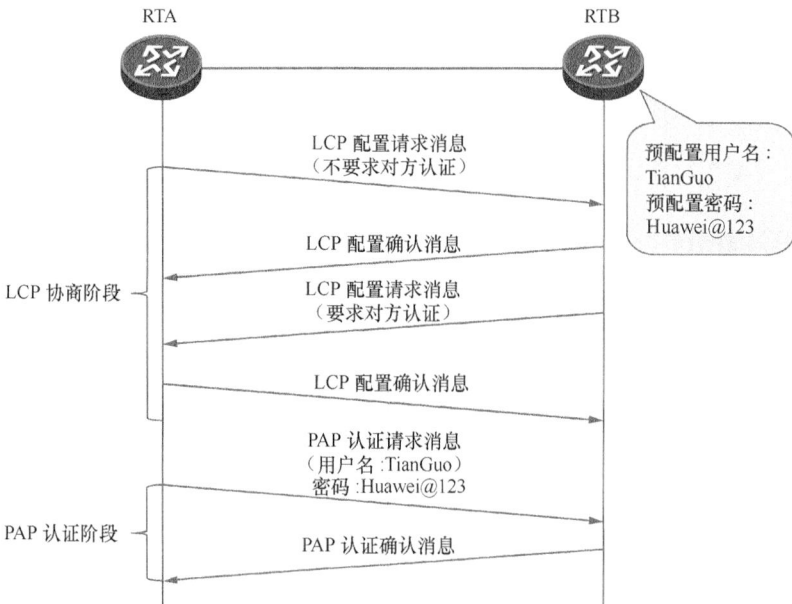

图 5-12　最简 PAP 协商过程

　　PAP 协议的缺陷很明显，那就是 PAP 采用的这种通过明文发送用户名和密码的方式容易被网络中的"嗅探者们"利用。任何人只要抓取到 PAP 认证请求消息，都可以清晰地看到消息中携带的用户名和密码，于是也可以使用相同的用户名和密码来通过认证。有鉴于此，我们推荐读者如果启用 PPP 认证，那么就应该考虑在设备可以支持 CHAP 认证的前提下，选择 CHAP 作为 PPP 认证协议。

　　CHAP 协议（协议值为 0xc223）定义的封装字段也与上面的 PAP 协议相同。CHAP 协议定义了 4 种类型的消息，分别为挑战（Challenge）消息（代码值为 1）、响应（Response）消息（代码值为 2）、成功（Success）消息（代码值为 3）和失败（Failure）消息（代码值为 4）。下面，我们结合这几种消息类型，简单说明一下 CHAP 协议是如何更加安全地实现认证的。

　　CHAP 全称为挑战握手认证协议（Challenge-Handshake Authentication Protocol）。在消息发送的流程上，如果说 PAP 是被认证方送上门去的认证，那么 CHAP 就是认证方找上门来的认证。在 LCP 数据链路建立阶段，如果一方需要对另一方进行认证，那么在链路建立成功之后，认证方就会向被认证方发出一个挑战（Challenge）消息，消息的数据部分携带一个称为挑战值（Challenge Value）的随机数。被认证方在接收到挑战消息之后，使用认证方通过挑战消息发送过来的挑战值（Challenge Value）和 PAP 头部的标识符字段的值（见图 5-11），再加上自己本地预配置的密码，执行 MD5 散列运算，然后将运算结果通过响应（Response）消息发送给认证方。认证方在接收到响应消息之后，用响应消息中的散列值，与自己使用相同的参数执行散列运算得到的结果进行比对，如果这两个散列值一致，表示管理员在两边预配置的密码一致，那么认证方就会向被认证方发送一条成功（Success）消息，否则认证方则会发送一条失败（Failure）消息，上面这个流程称为 CHAP 三次握手。总之，单向 CHAP 认证成功的过程如图 5-13 所示。

说明：

　　Challenge 一词除了"挑战"这层含义之外，也有"质询"的表意。在网络技术领域，当人们提到一种消息类型为 Challenge 消息时，这类消息的功用往往是设备提出质询并等待对端作出响应。然而，"挑战消息"这种译法已经深入人心，翻译为"质询消息"有可能反而让读者不知所云，因此我们保留了传统的译法。同时，随着人们在越来越多领域中将 Challenge 的质询这层含义错译为挑战，大众已经开始将错就错，能够以"质询"这种表意来理解汉语中的挑战一词了。

　　图 5-13 的流程虽然复杂，但读者也可以明显看出双方比对散列值是否一致，其实还是在比较双方预配置的密码是否一致。因为决定散列值 A 和散列值 B 是否相同的决定性因素，就是双方预配置的密码是否相同。此外，虽然在图 5-13 中，我们为求简洁而用省略号替代了各个 CHAP 消息中的大量信息，只展示出了与认证有关的字段，但读者也应

该能够理解 CHAP 能够提供安全认证的原因：无论有人窥探到了这个过程中的哪个消息，他/她也只能获取到消息的标识符、认证方为这次认证而生成的随机数（挑战值），以及被认证方使用这两个参数和预配置密码计算出来的散列值，却无法获取到用户在两边预配置的密码，因为用户预配置的密码并不会在链路中进行传输。

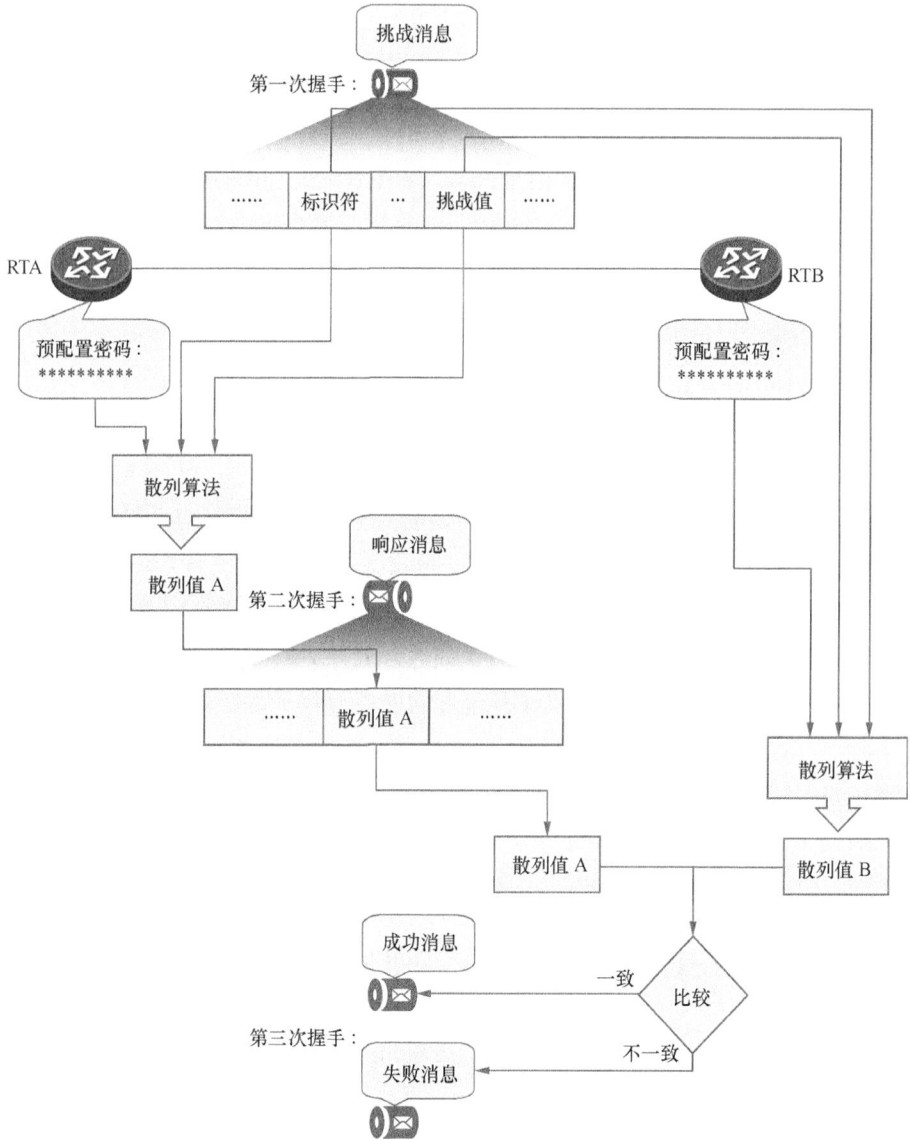

图 5-13　CHAP 协商过程示意

注释：

通过散列值、标识符和挑战值是无法逆向计算出用户预配置的密码的，因为散列函数的运算结果是一个抽样值，而抽样值是无法还原为原始数据的。

CHAP 与 PAP 还有另一点重要的区别，那就是 PAP 认证是一次性的，而 CHAP 认证会在此后协商通信的过程中与传输通信数据的过程中周期性地执行。每次执行 CHAP 认证时，认证方生成的挑战值也各不相同。

注释：

我们在这里介绍 CHAP 的原理，初衷是为了解释为什么 CHAP 提供的认证方式更加安全。为了简化起见，我们在简述上述流程时没有考虑用户名的因素，而且只探讨了单向认证的操作方式。

在 5.3.2 节中，我们对 PAP 和 CHAP 这两个协议的工作方式进行了简要的说明。截止到这里，读者应该已经对 PPP 协议的工作流程有了一个大概的认知。再次强调，PPP 是一个内容十分丰富的协议，如果想要结合 PPP 的完整工作流程一一细数 PPP 的所有成员协议，这几乎需要付出一本书的篇幅。

在 5.3 节的 5.3.3 节中，我们会结合 5.3.1、5.3.2 节介绍的内容，用一些简单的实验操作，对这个协议进行演示。

5.3.3 PPP 的配置

在用整整两节的内容介绍了与 PPP 相关的理论知识后，在 5.3.3 节中，我们将会演示如何在华为设备上配置 PPP 接口，以及如何在 PPP 链路上配置认证参数。

在 5.3.3 节中，我们会以图 5-14 所示拓扑为例演示与 PPP 相关的配置操作。

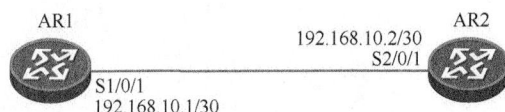

图 5-14　配置 PPP 的网络环境

如图 5-14 所示，AR1 和 AR2 各自使用串行链路接口 S1/0/1 和 S2/0/1 相连，它们默认的封装模式就是 PPP，因此我们无需修改封装协议，只需要为其配置相应的 IP 地址，这两台设备就会使用 PPP 来封装 IP 数据包。例 5-6 中展示了管理员在两台路由器上配置 IP 地址并进行验证的命令。

例 5-6　在两台路由器上配置 IP 地址并验证

```
[AR1]interface serial 1/0/1
[AR1-Serial1/0/1]ip add 192.168.10.1 30
```

```
[AR2]interface serial 2/0/1
[AR2-Serial2/0/1]ip add 192.168.10.2 30
[AR2-Serial2/0/1]
Apr 10 2017 03:30:03-08:00 AR2 %%01IFNET/4/LINK_STATE(1)[4]:The line protocol PPP IPCP
on the interface Serial2/0/1 has entered the UP state.
```

```
[AR2-Serial2/0/1]quit
[AR2]display interface serial 2/0/1
Serial2/0/1 current state : UP
Line protocol current state : UP
Last line protocol up time : 2017-04-10 03:30:03 UTC-08:00
Description:HUAWEI, AR Series, Serial2/0/1 Interface
Route Port,The Maximum Transmit Unit is 1500, Hold timer is 10(sec)
Internet Address is 192.168.10.2/30
Link layer protocol is PPP
LCP opened, IPCP opened
Last physical up time   : 2017-04-10 03:25:08 UTC-08:00
Last physical down time : 2017-04-10 01:27:32 UTC-08:00
Current system time: 2017-04-10 03:33:29-08:00
Physical layer is synchronous, Virtualbaudrate is 64000 bps
Interface is DTE, Cable type is V11, Clock mode is TC
Last 300 seconds input rate 7 bytes/sec 56 bits/sec 0 packets/sec
Last 300 seconds output rate 2 bytes/sec 16 bits/sec 0 packets/sec

Input: 112 packets, 3614 bytes
  Broadcast:              0,  Multicast:            0
  Errors:                0,  Runts:                0
  Giants:                0,  CRC:                  0

  Alignments:            0,  Overruns:             0
  Dribbles:              0,  Aborts:               0
  No Buffers:            0,  Frame Error:          0

Output: 113 packets, 1358 bytes
  Total Error:           0,  Overruns:             0
  Collisions:            0,  Deferred:             0
    Input bandwidth utilization  :     0%
    Output bandwidth utilization :     0%

[AR2]
[AR2]display ip interface serial 2/0/1
Serial2/0/1 current state : UP
Line protocol current state : UP
The Maximum Transmit Unit : 1500 bytes
input packets : 0, bytes : 0, multicasts : 0
output packets : 0, bytes : 0, multicasts : 0
```

```
Directed-broadcast packets:
  received packets:              0, sent packets:          0
  forwarded packets:            0, dropped packets:                    0
Internet Address is 192.168.10.2/30
Broadcast address : 192.168.10.3
TTL being 1 packet number:      0
TTL invalid packet number:      0
ICMP packet input number:       0
  Echo reply:                   0
  Unreachable:                  0
  Source quench:                0
  Routing redirect:             0
  Echo request:                 0
  Router advert:                0
  Router solicit:               0
  Time exceed:                  0
  IP header bad:                0
  Timestamp request:            0
  Timestamp reply:              0
  Information request:          0
  Information reply:            0
  Netmask request:              0
  Netmask reply:                0
  Unknown type:                 0
```

如例 5-6 所示，我们首先在 AR1 接口 S1/0/1 上配置了 IP 地址 192.168.10.1/30，接着又在 AR2 接口 S2/0/1 上配置了 IP 地址 192.168.10.2/30。这时，AR1 和 AR2 上同时弹出了表明接口 PPP IPCP 协议 UP 的消息。在本例中，我们只展示了 AR2 上的提示消息，读者在搭建环境做实验时可以观察 AR1 上的提示消息。

接着，我们在 AR2 上使用命令 **display interface serial 2/0/1** 和命令 **display ip interface serial 2/0/1** 查看了接口 S2/0/1 的状态。第一条命令的输出信息展示了接口使用的是 PPP 协议（如第一个阴影行所示），第二条命令的输出信息则显示了管理员在接口上配置的 IP 地址（如第二个阴影行所示）。

例 5-7 对这两个接口之间直连链路的连通性进行了测试。

例 5-7　测试两台路由器之间的连通性

```
[AR2]ping 192.168.10.1
  PING 192.168.10.1: 56  data bytes, press CTRL_C to break
    Reply from 192.168.10.1: bytes=56 Sequence=1 ttl=255 time=170 ms
    Reply from 192.168.10.1: bytes=56 Sequence=2 ttl=255 time=40 ms
```

```
    Reply from 192.168.10.1: bytes=56 Sequence=3 ttl=255 time=30 ms
    Reply from 192.168.10.1: bytes=56 Sequence=4 ttl=255 time=30 ms
    Reply from 192.168.10.1: bytes=56 Sequence=5 ttl=255 time=30 ms


  --- 192.168.10.1 ping statistics ---
    5 packet(s) transmitted
    5 packet(s) received
    0.00% packet loss
    round-trip min/avg/max = 30/60/170 ms

[AR2]
```

在例 5-7 中，我们在 AR2 上对 AR1 执行了 ping 测试。从测试结果可以看出，这两台路由器之间已经能够正常通信了。接下来我们在这条链路上启用 PPP 认证功能。

PPP 认证

我们已经说过，PPP 支持 PAP 认证和 CHAP 认证，为了在本例中清晰展示管理员使用的用户名/密码信息，我们选择使用安全性较低的 PAP 认证。读者在自己的网络中设置 PPP 认证时，建议总是尽可能使用安全性更高的 CHAP 认证。

在配置 PAP 认证时，管理员可以在要求对端向自己认证的路由器，即认证方（AR1）上执行以下操作。

- 在系统视图下执行 AAA 配置：
    - 本例使用本地认证，因此我们需要在 AAA 配置中创建本地用户名/密码；
    - 在 AAA 配置中把之前创建的用户名应用在 PPP 中。
- 在接口视图下启用 PAP 认证：
    - 在需要启用 PAP 认证的串行链路接口下配置 PAP 命令。

在 5.3.3 节中，我们只演示如何配置单向 PAP 认证，即 AR1 要求认证 AR2，AR2 无需对 AR1 进行认证。例 5-8 中展示了 AR1 上有关 PAP 认证的配置命令。

例 5-8 在 AR1 上配置与 PPP PAP 认证相关的命令

```
[AR1]aaa
[AR1-aaa]local-user router_ar2 password cipher huawei123
[AR1-aaa]local-user router_ar2 service-type ppp
[AR1-aaa]quit
[AR1]interface serial 1/0/1
[AR1-Serial1/0/1]ppp authentication-mode pap
```

如例 5-8 所示，我们在 AR1 上使用命令 **aaa** 进入 AAA 视图，使用命令 **local-user router_ar2 password cipher huawei123** 创建了一个名为 router_ar2 的本地用户，并为其配置了密码 huawei123；之后，我们又使用命令 **local-user router_ar2 service-type ppp** 把本地用户 router_ar2 所关联的服务类型设置为了 PPP。

在需要对端提供认证信息的 S1/0/1 接口上，我们使用命令 **ppp authentication-mode pap** 启用了 PAP 认证。

在配置 PAP 认证时，管理员可以在被认证方（即本例中的 AR2）上执行以下操作。

- 在接口视图下配置用于 PAP 认证的用户名和密码：
  - 在需要提供 PAP 认证的串行链路接口下配置 PAP 命令。

在本例中，是 AR1 要求认证 AR2，AR2 是被认证方。例 5-9 展示了 AR2 上有关 PAP 认证的配置命令。

例 5-9　在 AR2 上配置与 PPP PAP 认证相关的命令

```
[AR2]interface serial 2/0/1
[AR2-Serial2/0/1] ppp pap local-user router_ar2 password cipher huawei123
```

在需要提供认证的一端（AR2），管理员只需要在需要提供认证的串行链路接口上配置用于 PAP 认证的用户名和密码。

要想使现在配置的认证功能生效，管理员需要在接口视图上执行关闭（shutdown）和再次打开（undo shutdown）操作。在进行这个操作时，我们在这条链路上进行了抓包，图 5-15 所示为 AR1 和 AR2 的串行链路接口重新启用后，AR2 向 AR1 提供认证用户名/密码的数据包解析。

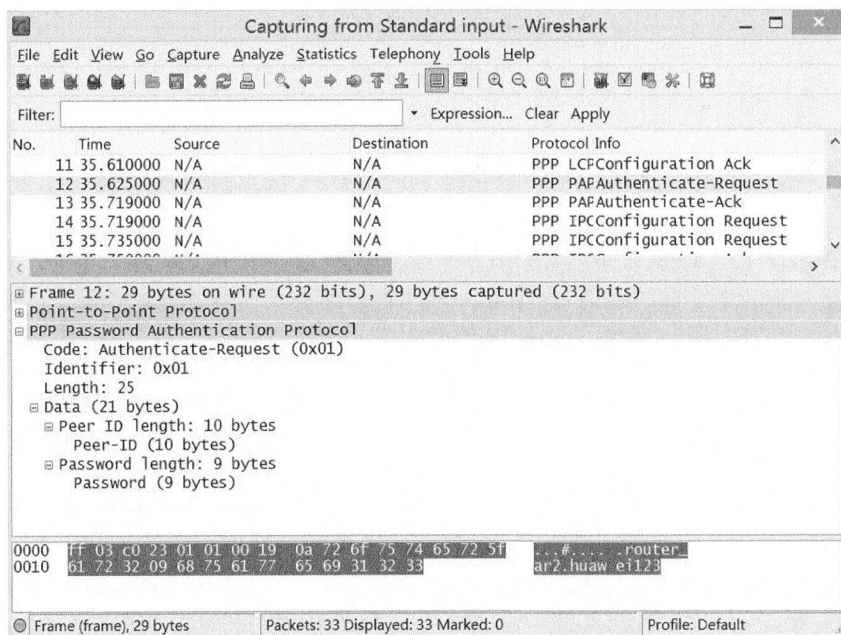

图 5-15　从抓包中查看用户名和密码

本例使用 PAP 认证就是为了在这里能够清晰地展示出认证数据包中携带的用户名和密码信息，使用 CHAP 认证的话，认证数据包中会以加密的形式呈现出管理员配置的密码。

例 5-10 中展示了从 AR1 上向 AR2 发起 ping 测试的结果。

例 5-10　从 AR1 上向 AR2 发起 ping 测试

```
[AR1]ping 192.168.10.2
  PING 192.168.10.2: 56  data bytes, press CTRL_C to break
    Reply from 192.168.10.2: bytes=56 Sequence=1 ttl=255 time=160 ms
    Reply from 192.168.10.2: bytes=56 Sequence=2 ttl=255 time=40 ms
    Reply from 192.168.10.2: bytes=56 Sequence=3 ttl=255 time=30 ms
    Reply from 192.168.10.2: bytes=56 Sequence=4 ttl=255 time=20 ms
    Reply from 192.168.10.2: bytes=56 Sequence=5 ttl=255 time=20 ms

  --- 192.168.10.2 ping statistics ---
    5 packet(s) transmitted
    5 packet(s) received
    0.00% packet loss
    round-trip min/avg/max = 20/54/160 ms

[AR1]
```

从例 5-10 的 ping 测试结果可以看出，AR1 和 AR2 之间能够正常通信。在本例中，我们只展示了 AR1 需要 AR2 提供单向 PAP 认证的情景。请读者在实验练习中，尝试配置单向/双向 CHAP 认证。本教材配套的实验手册会对更加复杂的配置提出实现要求和方法演示。

5.4　PPPoE 概述

在理论上，ISO 在定义 HDLC 时，是按照这种协议可以应用于点到多点环境中进行设计，尽管在后来的设计使用当中，几乎没有人真的在点到多点环境中使用 HDLC 进行封装。久而久之，各个厂商在实现时，也就不再考虑 HDLC 可以应用于点到多点环境中的这种选择了，于是 HDLC 才变成了一种只支持点到点环境的协议。关于这一点，我们刚刚在前面介绍 HDLC 的 5.2 节中进行了介绍。

PPP 协议则与 HDLC 不同。通过这个协议的名称，我们就可以看出这个协议在定义时就是按照只支持点到点环境进行设计的。但与此同时，PPP 协议提供的很多服务又让人们希望将这种协议部署在以太网这种点到多点环境中。如何在以太网环境中部署 PPP 协议，让通过以太网相连的设备也可以利用 PPP 协议提供的服务，这些是 5.4 节的主题。

5.4.1　PPPoE 原理概述

目前，使用最为广泛的有线介质毫无疑问就是以太网。以太网的优势毋庸赘言，但以太网也存在自己的限制条件。比如，以太网定义的数据帧封装字段中，没有任何字段可以提供用户身份认证功能，也无法对传输的数据进行压缩；另外，以太网本身也不具备自动分配 IPv4 地址的功能。

经过了 5.3 节的学习，读者应该发现上述这些以太网提供不了的服务，PPP 都有成员协议可以提供。同时，这些以太网提供不了的服务，恰恰对于服务提供商来说十分重要。比如，服务提供商需要通过用户认证来对用户进行服务计费（Billing），也希望用户可以在接入网络中时，用户设备能够通过与运营商设备的自动协商来给设备自动配置 IP 地址等。

然而，当年大多数希望借助 PPP 协议（所提供的认证、压缩和地址分配服务）的服务提供商，它们在底层与网络用户之间采用的连接在数据链路层的角度上可以看作是一个以太网环境[⑤]。可是，PPP 协议显然是不支持以太网环境的，所以以太网网络适配器接口不可能直接把封装好的 PPP 数据帧执行成帧操作，然后发送到以太网环境当中。于是，人们想到了一种方法：在封装好的 PPP 数据帧外面再封装一层以太网数据帧，然后再把这个嵌套了 PPP 数据帧的以太网数据帧放到以太网中传输。这样一来，当运营商的接收方设备接收到这个以太网数据帧时，会通过解封装发现其中封装的 PPP 数据帧，然后再根据这个 PPP 数据帧内部封装的协议，来对数据帧进行相应的处理。这种方式一旦落实，一台设备就可以按照图 5-16 所示的方式，在以太网环境中通过 PPP 数据帧来向对端提供认证数据了。

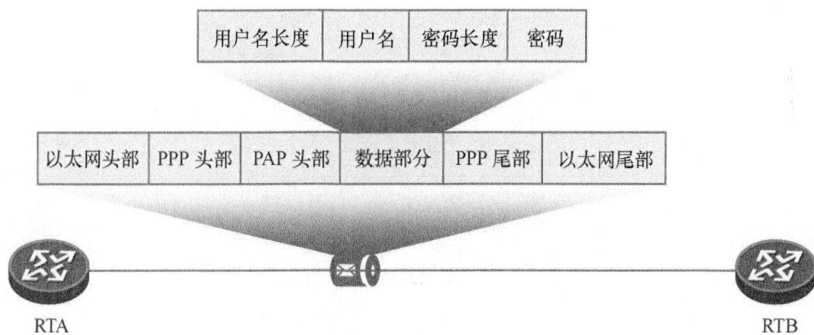

图 5-16　通过以太网环境向对端发送 PPP 数据帧的理论模型

最终，人们按照图 5-16 的模型定义了 PPPoE（PPP over Ethernet）。不过，人们并没有严格参照图 5-16 的做法定义 PPPoE，而是定义了一个专门的 PPPoE 头部。这个头部包含了一个 4 比特的版本（Version）字段，这个字段的取值固定为 0x1；一个 4 比特的类型（Type）字段，这个字段的取值同样固定为 0x1；一个 8 比特用来标识 PPPoE 消息类型的代码（Code）字段；一个 16 比特的会话 ID（Session-ID）字段和一个 16 比特的长度（Length）字段。

[⑤] 在物理层的角度，运营商会使用铺设的模拟线路进行传输，所以在利用模拟线路进行传输的前后，需要使用调制解调器执行数模转换。这一部分并不是我们需要讨论的内容，因此我们忽略了与调制解调相关的话题。

此外，PPP 消息是作为载荷封装在 PPPoE 消息中的，而这个 PPP 消息的头部只包含了协议（Protocol）字段，其他头部字段和尾部字段全部都被取消了。当然，这也不难理解。PPP 数据帧被封装在以太网数据帧当中，因此当然没有必要保留标识数据帧起始和结尾的标记字段；地址字段、校验字段提供的功能也可以通过以太网来实现；固定取值的控制字段也没有保留的价值。

综上所述，当一台路由器真的借助以太网介质向对端提供 PAP 认证消息时，它的封装方式其实是如图 5-17 所示的。

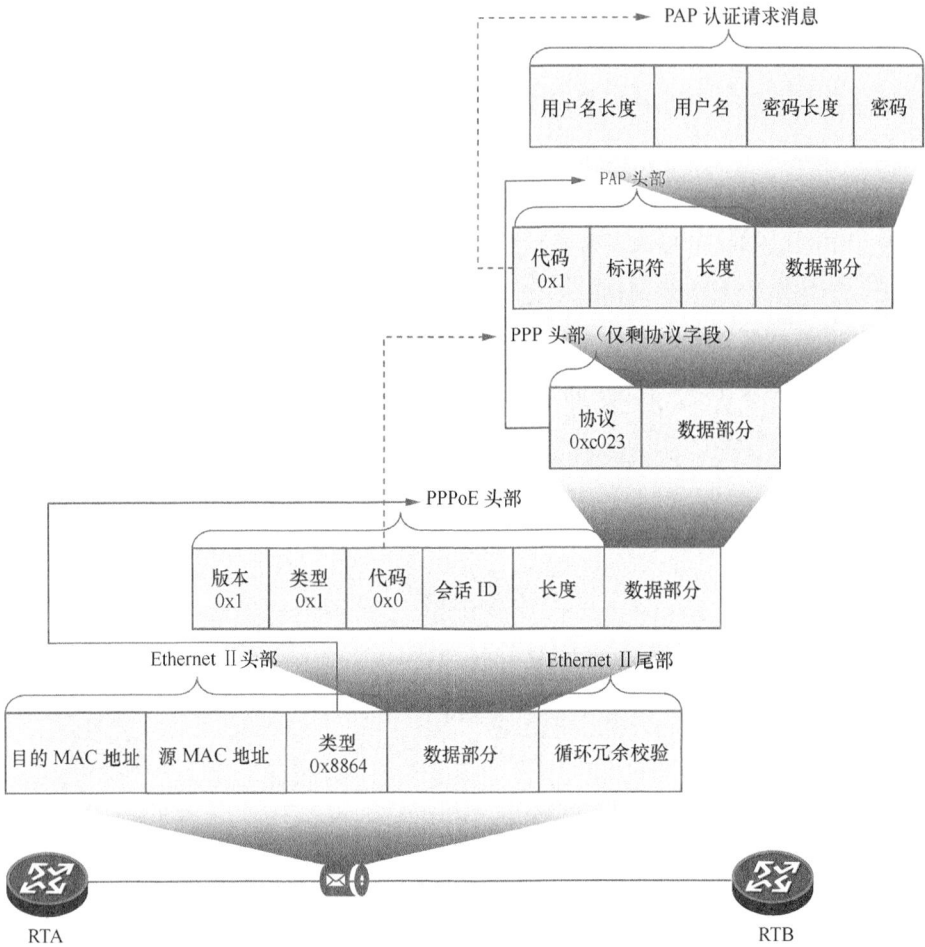

图 5-17　PPPoE 消息实际封装（PAP 认证请求消息）的情况

如图 5-17 所示，PPPoE 是作为以太网数据帧的载荷部分封装在以太网数据帧内部的，而 PPPoE 头部中封装的数据部分由协议字段和 PAP 消息构成。

在图 5-17 中，只有两项信息我们此前完全没有提到，一是以太网头部类型字段的取值；二是 PPPoE 头部代码字段的取值。这两项取值与 PPPoE 的工作原理有关，下面我们尽量用最简单的方式对 PPPoE 的工作原理进行一个简单的说明。

　　PPPoE 的工作过程分为两个阶段。这两个阶段从前到后分别为发现（Discovery）阶段和 PPP 会话阶段。 在 PPP 会话阶段，通信建立的过程与我们在 5.3 节（PPP）介绍的常规 PPP 通信建立流程没有区别：双方首先通过 LCP 协议建立数据链路，如果链路建立阶段有一方或者双方选择了认证则接下来进行身份认证，在完成认证之后再通过上层协议所对应的 NCP 协商配置参数，最后通过上层协议进行通信。对于这个流程感到陌生的读者可以复习本书的第 5.3 节。在这个阶段中，以太网头部类型字段的取值就是图 5-17 中所示的 0x8864。同时，在这个阶段中，PPPoE 代码字段的取值为 0x0，这是因为这个阶段的协商是通过封装在 PPPoE 头部的协议完成的，所以消息类型的定义也应该由内部协议通过自己的代码字段来进行标识。比如在图 5-17 中，消息类型（PAP 认证请求消息）就是通过 PAP 头部的代码字段标识的。

　　在 PPPoE 的发现阶段中，以太网头部类型字段的取值是 0x8863。在这个阶段，通信双方需要解决一个问题才能进入 PPP 会话阶段。这个问题就是双方如何通过一个实际上是多路访问的以太网环境，建立逻辑层面的一对一会话。为了做到这一点，PPPoE 在封装格式中定义了一个用来标识不同会话的会话 ID 字段。这也就是说，在这个阶段，通信双方需要拥有一个标识彼此之间一对一会话的会话 ID。为了做到这一点，在发现阶段，通信双方需要至少交换 4 个 PPPoE 消息。在说明这个过程之前，我们需要首先明确一点，那就是 PPPoE 是一个客户端—服务器模型的协议，也就是通信的双方要区分客户端和服务器角色，这一点在这个阶段就会有所体现。

　　第一步，PPPoE 客户端会向 PPPoE 服务器发送一条 PPPoE 动态发现发起（PPPoE Active Discovery Initiation，简称 PADI）消息。在封装 PADI 消息的 PPPoE 头部时，代码字段的取值为 0x09，这个消息的目的是在网络中以广播的方式寻找 PPPoE 服务器，并且提出自己希望 PPPoE 服务器提供的服务。

　　第二步，当 PPPoE 服务器接收到 PPPoE 客户端发送的 PADI 广播寻人消息之后，如果它发现自己能够满足 PPPoE 客户端对于服务的要求，那么它会用这个 PPPoE 客户端的 MAC 地址封装一个单播的 PPPoE 动态发现提供（PPPoE Active Discovery Offer，简称 PADO）消息。这类消息代码字段的取值为 0x07，其目的是告知 PPPoE 客户端，网络上有一台能够为它提供服务的 PPPoE 服务器。

　　第三步，当 PPPoE 客户端接收到第一个来自 PPPoE 服务器的单播 PADO 响应消息之后，它会用这个 PPPoE 服务器的 MAC 地址封装一个单播的 PPPoE 动态发现请求（PPPoE Active Discovery Request，简称 PADR）消息，请求这台 PPPoE 服务器为自己提供通信服务。PADR 消息代码字段的取值为 0x19。

　　第四步，当 PPPoE 服务器接收到客户端的单播 PADR 消息，发现客户端明确向自己请求提供服务之后，它就会用这个 PPPoE 客户端的 MAC 地址封装一个单播的 PPPoE 动态发现会话确认（PPPoE Active Discovery Session-confirmation，简称 PADS）消息为这个 PPPoE 客户端提供会话 ID，这类消息代码字段的取值为 0x65。

经过了上述 4 次握手之后，双方就可以进入后面的 PPP 会话阶段的，这个过程如图 5-18 所示。

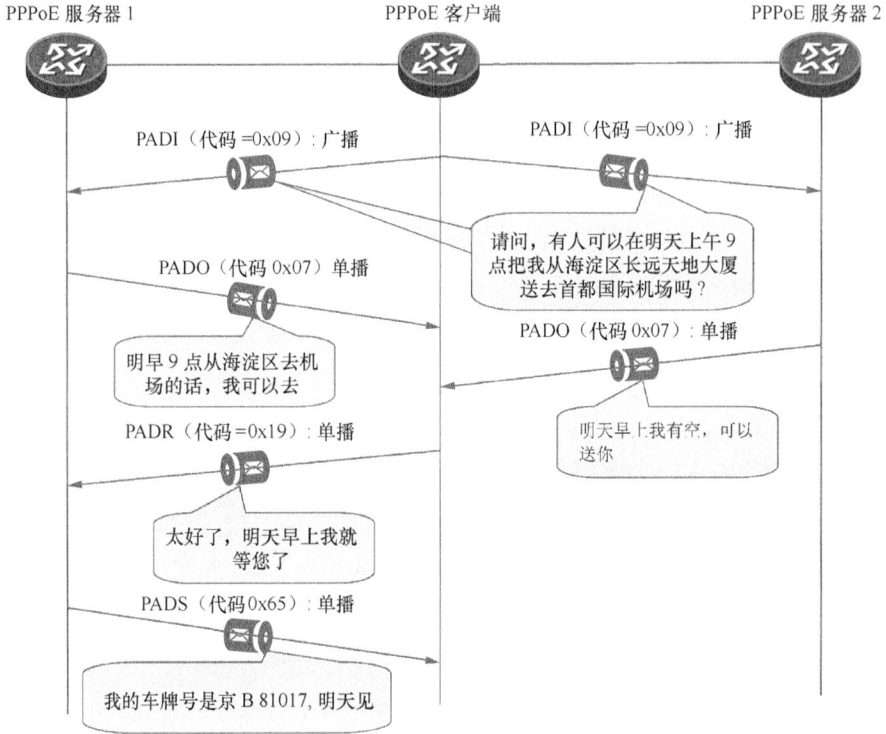

图 5-18　PPPoE 发现阶段通信流程示意

免责声明：

上图仅为用类似的方式解释 PPPoE 发现阶段的通信原理，图中的车牌号纯属随机杜撰，请勿对号入座。

在 5.4.1 节中，我们对于 PPPoE 的由来、封装方式和工作原理进行了简单的说明。在 5.4.2 节中，我们会演示这个协议的配置方法。不过，我们在这里先向读者进行一下预告：从逻辑上看，PPPoE 发现阶段与我们第 6 章要介绍的协议在工作流程上有些类似，读者在学习第 6 章时也不妨将两者进行简单的比较。

5.4.2　PPPoE 的配置

在学习了 PPPoE 的理论知识后，我们下面来进行 PPPoE 实验的演示，介绍如何把华为设备配置成 PPPoE 服务器和 PPPoE 客户端。

读者或许还记得，我们在第 4 章 4.2.3 节（配置 Easy IP）的演示实验中，曾经刻意忽略了 PPPoE 的配置部分，只介绍了如何配置 Easy IP。5.4.2 节会把第 4 章中遗留的

PPPoE 部分补全，并补充一些与 PPPoE 相关的其他可选配置。

为了帮助读者回忆第 4 章中的内容，我们沿用了 Easy IP 配置环境中的拓扑，如图 5-19 所示。

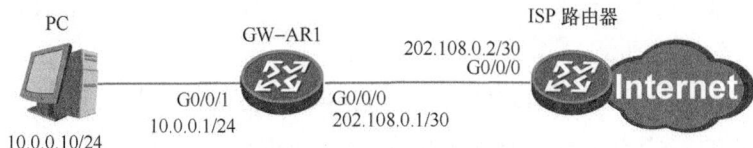

图 5-19 配置 PPPoE 的网络环境

在图 5-19 所示环境中，企业管理员需要负责网关路由器 GW-AR1 上的配置，把它配置成 PPPoE 客户端，并通过 GW-AR1 为内部用户（10.0.0.0/24）提供上网服务。ISP 工程师需要负责 ISP 路由器的配置，要把它配置成 PPPoE 服务器。在 5.4.2 节中，我们把配置也分为两个部分进行展示。首先，在第一部分中，我们会展示 ISP 工程师需要对 ISP 路由器执行的配置；接下来，我们会通过第二部分展示企业管理员要对企业网关 GW-AR1 执行的配置。

1. ISP 路由器（PPPoE 服务器）的配置

在图 5-19 所示的这个环境中，企业用户使用的公网 IP 地址是由 ISP 路由器（PPPoE 服务器）进行分配的，PPPoE 服务器是通过本地地址池来为 PPPoE 客户端分配 IP 地址的，因此我们在 PPPoE 服务器的配置中也要包含地址池的配置信息。

注释:

在实际工作中，企业管理员也可以在与 ISP 工程师进行协商并签订合同后，手动在虚拟拨号接口上配置 ISP 分配的公网 IP 地址，这时 PPPoE 服务器上就无需配置地址池了。因此以下步骤中，步骤 1 是可选的，步骤 2 和 3 则是必需步骤。

步骤 1 （可选）创建并配置地址池。

- **ip pool** *ip-pool-name*：使用系统视图命令创建全局 IP 地址池，并进入地址池视图；
- **network** *ip-address* [**mask** {*mask* | *mask-length*}]：使用地址池视图命令指定地址池中的 IP 地址范围。一个地址池中只能配置一个 IP 地址段，本例中配置的 IP 地址段是 202.108.0.0/30；
- **gateway-list** *ip-address*：使用地址池视图命令指定地址池的网关地址。在本例中就是 ISP 路由器使用的 IP 地址 202.108.0.2。

步骤 2 创建并配置虚拟接口模板。

- **interface virtual-template** *vt-number*：使用系统视图命令创建虚拟接口模板，并进入虚拟接口模板视图。虚拟接口模板编号的取值范围是 0~1023，本例中取 10；

- **ip address** *ip-address* {*mask* | *mask-length*}：使用虚拟接口模板视图命令为虚拟接口模板配置 IP 地址。在本例中就是 202.108.0.2；
- **remote address pool** *pool-name*：（可选）使用虚拟接口模板视图命令为 PPPoE 客户端分配 IP 地址。

步骤 3 启用 PPPoE 服务器功能，并把虚拟接口模板绑定到物理以太网接口上。

- **interface** interface-type interface-number：使用系统视图命令进入接口视图；
- **pppoe-server bind virtual-template** *vt-number*：使用接口视图命令把虚拟接口模板绑定在接口上，同时启用 PPPoE 服务器功能。

例 5-11 中展示了 ISP 路由器上的相关配置命令。

例 5-11 ISP 路由器的配置

```
[ISP]ip pool Pool_GW-AR1
Info: It's successful to create an IP address pool.
[ISP-ip-pool-Pool_GW-AR1]network 202.108.0.0 mask 255.255.255.252
[ISP-ip-pool-Pool_GW-AR1]gateway-list 202.108.0.2
[ISP-ip-pool-Pool_GW-AR1]quit
[ISP]interface virtual-template 10
[ISP-Virtual-Template10]
Apr  8 2017 20:48:08-08:00 ISP %%01IFPDT/4/IF_STATE(l)[0]:Interface Virtual-Temp
late10 has turned into UP state.
[ISP-Virtual-Template10]ip address 202.108.0.2 255.255.255.252
[ISP-Virtual-Template10]remote address pool Pool_GW-AR1
[ISP-Virtual-Template10]quit
[ISP]interface gigabitethernet 0/0/0
[ISP-GigabitEthernet0/0/0]pppoe-server bind virtual-template 10
[ISP-GigabitEthernet0/0/0]quit
[ISP]
```

从例 5-11 所示配置中我们可以看出，ISP 工程师创建了一个名为 Pool_GW-AR1 的地址池，读者要注意地址池的名称是区分大小写的。在地址池视图中，ISP 工程师配置了要分配给企业使用的 IP 地址和网关。接着工程师创建了虚拟接口模板 10。在虚拟接口模板视图中管理员指定了 ISP 使用的 IP 地址并调用了前面创建的地址池 Pool_GW-AR1。最后在连接 GW-AR1 的物理以太网接口上，管理员启用 PPPoE 服务器功能，并绑定了虚拟模板 10。

2. 企业网关路由器 GW-AR1（PPPoE 客户端）的配置

在我们这个环境中，企业用户使用的公网 IP 地址是由 ISP 路由器进行分配的，因此我们不用在虚拟拨号接口下配置 IP 地址。本例中配置 PPPoE 客户端的步骤如下所示。

步骤 1 创建并配置虚拟拨号接口。

- **interface dialer** *number*：使用系统视图命令创建虚拟拨号接口，并进入虚拟拨号接口视图；
- **dialer user** *user-name*：使用虚拟拨号接口视图命令指定拨号用户的用户名。本例中使用 ISP_User；
- **dialer bundle** *number*：使用虚拟拨号接口视图命令指定拨号绑定关系编号，之后需要在物理接口下进行调用；
- **ip address ppp-negotiate**：使用虚拟拨号接口视图命令指定从 ISP 那里学习 IP 地址。

步骤 2 启用 PPPoE 客户端功能，并把虚拟拨号接口绑定到物理以太网接口上。

- **interface** *interface-type interface-number*：使用系统视图命令进入接口视图；
- **pppoe-client dial-bundle-number** *number*：使用接口视图命令启用 PPPoE 客户端功能，并调用拨号绑定关系。

例 5-12 中展示了企业网关路由器 GW-AR1 上的相关配置命令。

例 5-12 路由器 GW-AR1 的配置

```
[GW-AR1]interface dialer 10
Apr  8 2017 22:28:02-08:00 GW-AR1 %%01IFPDT/4/IF_STATE(1)[1]:Interface Dialer10
has turned into UP state.
[GW-AR1-Dialer10]dialer user ISP_User
[GW-AR1-Dialer10]dialer bundle 10
[GW-AR1-Dialer10]ip address ppp-negotiate
[GW-AR1-Dialer10]quit
[GW-AR1]interface gigabitethernet 0/0/0
[GW-AR1-GigabitEthernet0/0/0]pppoe-client dial-bundle-number 10
[GW-AR1-GigabitEthernet0/0/0]quit
[GW-AR1]
Apr  8 2017 22:37:59-08:00 GW-AR1 %%01IFNET/4/LINK_STATE(1)[0]:The line protocol
PPP on the interface Dialer10:0 has entered the UP state.
[GW-AR1]
Apr  8 2017 22:37:59-08:00 GW-AR1 %%01IFNET/4/LINK_STATE(1)[1]:The line protocol
PPP IPCP on the interface Dialer10:0 has entered the UP state.
[GW-AR1]
```

从例 5-12 所示配置中我们可以看出，企业管理员在 GW-AR1 上先创建了一个拨号接口 10，并在这个接口下配置了三条命令，分别指定了拨号用户、拨号绑定关系和 IP 地址获得手段。接着进入连接 ISP 路由器的物理以太网接口，启用 PPPoE 客户端功能，并指定拨号绑定关系。我们从例 5-12 的两个阴影行可以看出，在完成 PPPoE 客户端的配置后，路由器自动完成了 PPPoE 拨号工作。

例 5-13 验证了 PPPoE 客户端从服务器那里获得的 IP 地址。

例 5-13　在 GW-AR1 上查看从 ISP 获得的 IP 地址

```
[GW-AR1]display ip interface brief dialer 10
*down: administratively down
^down: standby
(1): loopback
(s): spoofing
Interface                    IP Address/Mask      Physical    Protocol
Dialer10                     202.108.0.1/32       up          up(s)
[GW-AR1]
```

例 5-13 在命令 `display ip interface brief` 后添加了接口类型和接口编号，这样可以让路由器只显示指定接口的 IP 地址和状态信息。从中我们可以确认拨号接口 10 的物理和协议状态都是 UP，并且获得了 IP 地址 202.108.0.1。

例 5-14 展示了在 PPPoE 客户端和 PPPoE 服务器上分别查看 PPPoE 会话的状态信息。

例 5-14　在两端设备上分别查看 PPPoE 会话

```
[GW-AR1]display pppoe-client session summary
PPPoE Client Session:
ID   Bundle  Dialer  Intf        Client-MAC     Server-MAC    State
1    10      10      GE0/0/0     00e0fcb44877   00e0fc60583c  UP
[GW-AR1]
```

```
[ISP]display pppoe-server session all
SID Intf                 State OIntf          RemMAC          LocMAC
1    Virtual-Template10:0   UP    GE0/0/0        00e0.fcb4.4877  00e0.fc60.583c

[ISP]
```

管理员在 GW-AR1 上使用命令 `display pppoe-client session summary` 查看 PPPoE 客户端会话，从这条命令中我们可以看出 PPPoE 会话已建立，状态为 UP。在一个 PPPoE 会话中，可以出现以下状态标识。

- **IDLE**：表示当前 PPPoE 会话状态为空闲，也就是在按需拨号的环境中，路由器还未发起拨号；
- **PADI**：表示当前 PPPoE 会话处于我们 5.4.1 节中介绍的发现阶段，并且已经发送了 PADI 消息；
- **PADR**：表示当前 PPPoE 会话处于我们 5.4.1 节中介绍的发现阶段，并且已经发送了 PADR 消息；
- **UP**：表示当前 PPPoE 会话已建立完成。

ISP 工程师可以使用命令 `display pppoe-server session all` 来查看路由器上建立的所有 PPPoE 服务器会话。在本例中，我们只建立了一个会话。从命令的输出内容中，我们可以看出与 PPPoE 客户端相对应的内容，比如 MAC 地址信息和状态（UP）信息。

5.5 本章总结

第 5 章的篇幅虽然不算太短，但是脉络十分清晰。在第 5 章的 5.1 节中，我们首先对于 WAN 技术进行了简单的概述，这些内容与本系列教材《网络基础》第 1 章中对于广域网的介绍十分类似，只是为了帮助读者大致了解一下广域网技术与本系列教材之前阐述的那些局域网技术存在哪些区别。

在第 5 章的 5.2 节、5.3 节和 5.4 节，我们分别对三种不同的广域网协议，即 HDLC、PPP 和 PPPoE 进行了介绍。在介绍每一种协议时，我们都采用了相同的叙事顺序，即用服务引入，从封装说起，进而介绍协议的工作原理，最后演示协议的配置方法。

5.6 练习题

一、选择题

1. 下列哪些关于 HDLC 数据帧封装中的标记字段的说法是正确的？（　　）

A. 这个字段的功能尚未定义

B. 这个字段的取值与数据帧的长度有关

C. 这个字段的作用是标识数据帧的开始与结束

D. 这个字段分为多个标记位，每一位均与分片有关

2. 在 PPP 数据帧字段中，下列哪个字段的取值不是固定的？（　　）

A. 标记　　　　　　B. 地址　　　　　　C. 控制　　　　　　D. 协议

3. 下列关于高层协议对应的 NCP 的说法中，哪个说法是正确的？（　　）

A. 如果上层协议是 IPv4，PPP 对应的 NCP 成员协议为 IPCP

B. 如果上层协议是 IPv6，PPP 对应的 NCP 成员协议为 IPCP

C. 如果上层协议是 IPv6，PPP 对应的 NCP 成员协议为 NCP

D. 如果上层协议是 IPX，PPP 对应的 NCP 成员协议为 IPCP

4. 下列关于 LCP 和 NCP 的说法中，错误的是？（　　）

A. 在 PPP 通信建立过程中，LCP 的协商先于 NCP 完成

B. 在 PPP 架构中，NCP 的分层高于 LCP

C. 一般来说，在封装 NCP 消息时，发送方会先对数据封装 NCP，然后再封装 LCP

D. NCP 是一类协议的总称

5. 下列关于 PAP 协议的说法中，正确的是？（多选）（　　　）

A. 明文认证 　　　　　　　　　　　　B. 三次握手

C. 周期认证 　　　　　　　　　　　　D. PPP 协议字段取值为 0xC023

6. 下列关于 CHAP 协议的说法中，正确的是？（多选）（　　　）

A. 明文认证 　　　　　　　　　　　　B. 三次握手

C. 周期认证 　　　　　　　　　　　　D. PPP 协议字段取值为 0xC023

7. 在 PPPoE 客户端与 PPPoE 服务器通信的过程中，它们的协商顺序是下列哪一种
（　　　）

A. PPPoE 发现、LCP 协商、认证、NCP 协商

B. LCP 协商、认证、NCP 协商、PPPoE 发现

C. PPPoE 发现、LCP 协商、NCP 协商、认证

D. LCP 协商、NCP 协商、认证、PPPoE 发现

二、判断题

1. 在建立 PPP 通信的过程中，即使一方在还没有向对方发送 LCP 配置请求消息的时候，就已经通过 LCP 配置确认消息确认了另一方的配置请求消息，它还是需要向对方发送 LCP 配置请求消息。

2. 在通过 CHAP 协议执行认证的过程中，通信双方始终不会将认证密码发送到点到点链路上。

3. 在通过 PPPoE 封装 IPCP 消息时，以太网头部类型字段的取值是 0x8863。

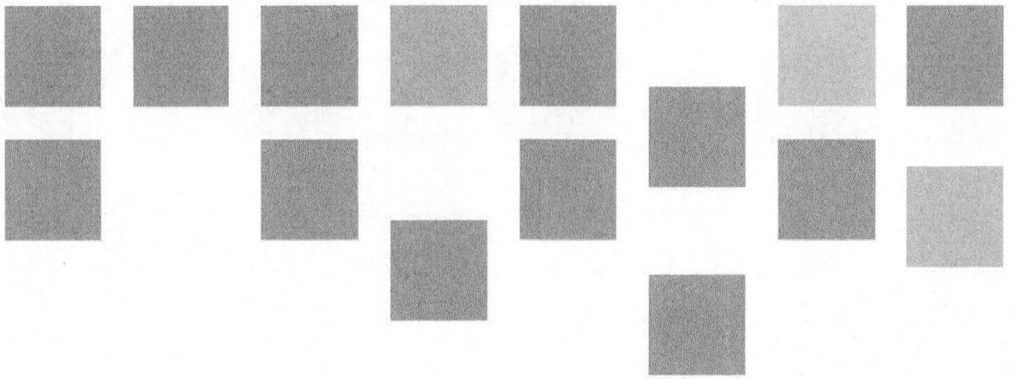

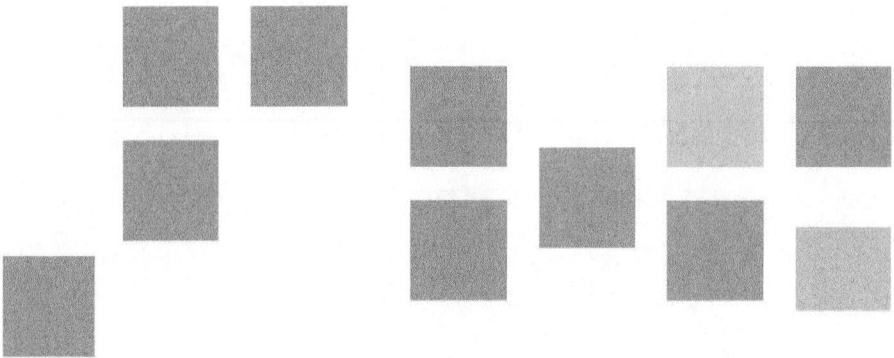

第6章
DHCP协议

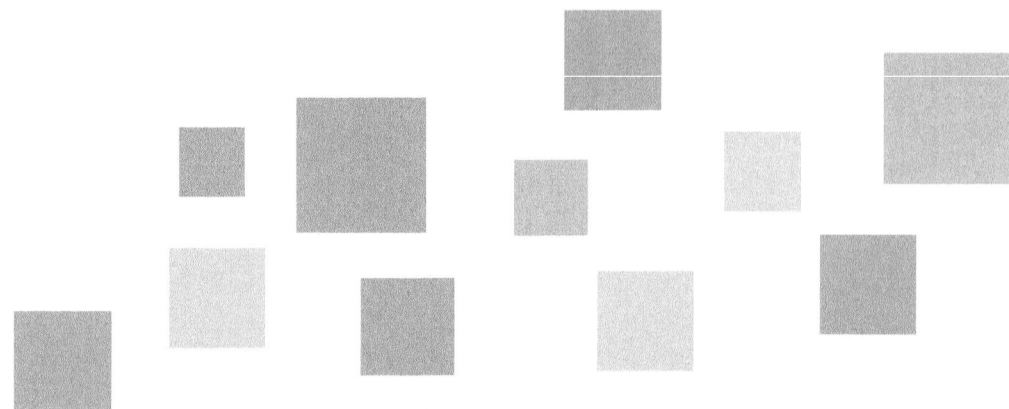

对于每一位阅读和学习过华为 ICT 学院《网络基础》教材的读者来说，DHCP 也许并不是一项陌生的协议——在本系列教材《网络基础》的第 8.3 节中，我们就曾经用半节的篇幅对这个十分常用的协议进行了简要的介绍。

然而，DHCP 协议的原理远不是短短半节的篇幅可以说清的。要想解释清楚这项技术的工作方式，至少需要耗费一节的篇幅。当然，仅仅复杂并不能构成我们再次长篇累牍介绍这项协议的理由。实际上，这项协议的使用相当广泛，任何一个稍具规模的网络都很难不借助 DHCP 实现高效的部署。从复杂性和广泛性两个角度考虑，我们都有必要对这个协议的原理与配置进行更加深入的介绍。

因此，我们在《网络基础》教材中就埋下了伏笔。当时我们就曾经提到，本书会用一章的篇幅来回答几个关于 DHCP 协议的重要问题，而这些问题我们都在《网络基础》中刻意进行了规避，比如多台 DHCP 服务器如何通过 DHCP 客户端发送的广播 DHCP 请求消息，判断 DHCP 客户端在向哪台 DHCP 服务器请求 IP 地址；如何让网络设备协助 DHCP 客户端，来解决 DHCP 客户端所在的本地网络中没有 DHCP 服务器的问题等。同时，我们也会在第 6 章中介绍如何通过配置，让华为设备在网络中充当 DHCP 服务器和 DHCP 客户端。当然，在开始介绍新的内容之前，我们会首先用一节的内容帮助读者回顾 DHCP 协议的基本原理。

学习目标

- 理解 DHCP 的工作方式；
- 理解 DHCP 的封装格式；
- 了解 DHCP 欺骗攻击的原理；
- 掌握将华为路由设备配置为 DHCP 服务器的方式；
- 掌握将华为路由设备配置为 DHCP 中继的方式。

6.1　DHCP 原理

2 台台式机、3 台笔记本电脑、2 个平板电脑、3 台网络盒子/IP 电视、2 个在线摄像头、2 部智能手机、1 个用来保存和访问影像文件的 NAS，共计 15 台联网设备，这是本书作者家中的实际联网设备统计情况，相信这个数量也与很多 2 口之家的家庭网络终端设备数量相符。任何人实际尝试一下就会发现，哪怕面对这样一个并不复杂的家庭网络，每次在一台终端需要连接网络时就给它手动配置 IP 地址，同时确保它的 IP 地址不与当前其他终端的 IP 地址冲突，都会是一项耗时费力的工作。在 BYOD（Bring Your Own Device）办公方式方兴未艾的今天，对于一个管理员甚至连网络中具体会有多少终端设备都无法确定的大型网络来说，手动为终端分配 IP 地址简直就成了一项不可能完成、也不应该尝试去完成的工作。显然，对于给终端分配 IP 地址这种操作层面高度机械化，却需要耗费大量精力去记录和管理的工作，交给设备自行完成比通过人力完成要经济得多。第 6 章要介绍的 DHCP 协议就定义了由服务器给终端动态分配配置信息的机制。在 6.1 节中，我们会首先对 DHCP 的原理进行说明。

6.1.1　DHCP 概述

对网络管理员来说，在一个具备一定规模的网络中给各个终端一一配置 IP 地址是一项琐碎、繁杂而又容易出现错误的程式化工作，让不具备技术背景的用户自行配置 IP 地址更是天方夜谭，何况用户更加搞不清网络中当前有哪些 IP 地址正在使用。对于这种高度机械化，同时费力又不讨好的工作，最理想的方式就是交给设备之间自行解决。当然，要想让设备之间有能力通过消息互动来解决这个问题，人们必须为这类通信定义一套标准。

DHCP 全称为动态主机配置协议（Dynamic Host Configuration Protocol），这个协议定义了一个服务器——客户端模型，让 DHCP 客户端（如 PC 等终端设备）可以从网络中的 DHCP 服务器那里获得能够自行完成配置的信息，包括 IP 地址、默认网关地址、域名服务器地址和一些特定平台的信息，如图 6-1 所示。

图 6-1 所示即为 DHCP 的典型应用场景：一台刚刚连接到网络中的终端没有 IP 地址，它需要获得一个 IP 地址来真正从逻辑上接入到网络当中，于是它尝试向网络发起请求消息。此时，这台终端设备当然不知道 DHCP 服务器的地址，所以这个请求消息只能以广播的形式发送给局域网中的所有设备。虽然目的地址是局域网中的所有设备，但大多数设备并不是 DHCP 服务器，它们在解封装到看出这是一个 DHCP 请求消息之后，就会忽略这个消息，只有 DHCP 服务器会使用一个可以分配的 IP 地址（如有）对这个请求消息作出响应。

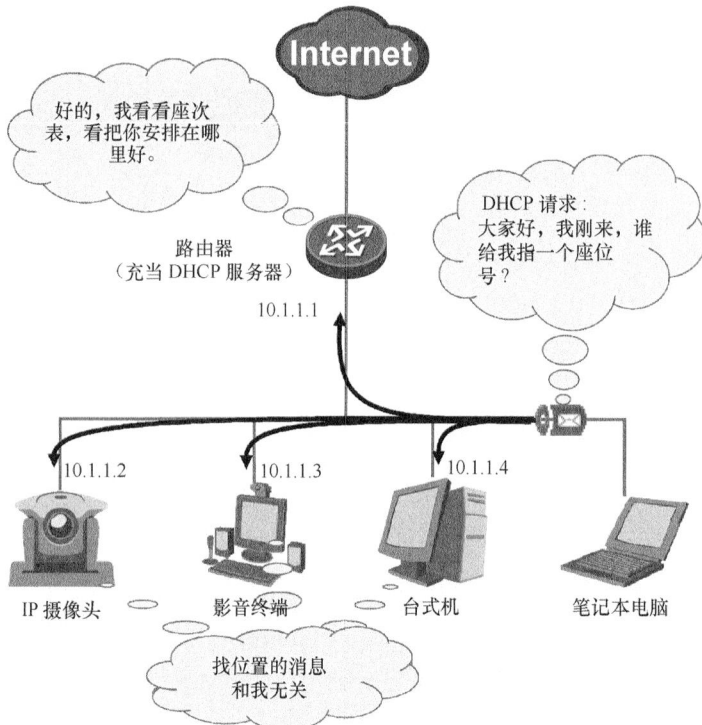

图 6-1　笔记本电脑作为 DHCP 客户端，向网络中发送 DHCP 请求

　　虽然上述请求响应流程适用于大多数服务器——客户端模型的应用层协议，但 DHCP 定义的机制显然没有如此简单：鉴于 DHCP 客户端所请求的信息是 IP 地址，因此 DHCP 协议必须定义客户端在（获得地址之前的）无 IP 地址情况下发送和接收 DHCP 数据包的标准，理解这些通信流程是搞懂 DHCP 通信方式的关键。此外，通过广播发送 DHCP 请求意味着每个子网中都必须部署有 DHCP 服务器，因为广播请求难免会被三层设备的接口隔离，如果希望部署在一个子网中的 DHCP 服务器也能够为其他子网提供服务，就必须定义配套的机制来解决广播不出子网的问题。

　　在 6.1.2 节中，我们会深入分析 DHCP 的工作方式，并且着重介绍 DHCP 客户端在获得 IP 地址之前，与 DHCP 服务器相互发送消息时，这些 DHCP 消息的源和目的地址分别是如何设置的。

6.1.2　DHCP 的工作方式

　　一般情况下，DHCP 客户端从 DHCP 服务器那里获得 IP 地址的交互过程，可以分为下面这 4 个步骤。

　　步骤 1　DHCP 客户端在网络中寻找 DHCP 服务器；

　　步骤 2　DHCP 服务器向 DHCP 客户端提供一个 IP 地址；

　　步骤 3　DHCP 客户端向 DHCP 服务器申请该 IP 地址的使用权；

步骤 4　DHCP 服务器向 DHCP 客户端确认它可以使用该 IP 地址。

下面，我们来展开介绍一下这 4 个步骤中，通信的双方是如何进行数据封装的。

当一台 DHCP 客户端刚刚连接到网络当中时，它需要首先在这个网络中寻找 DHCP 服务器。为了达到这个目的，客户端需要封装一个 DHCP 发现（DHCP DISCOVER）消息。

图 6-2 展示的是图 6-1 中笔记本电脑（适配器 MAC 地址为 00-9A-CD-11-11-11）所封装的 DHCP 发现消息。根据 RFC 2131 文档，DHCP 协议会使用 UDP 作为其传输层协议，由 DHCP 客户端发送给 DHCP 服务器的消息，其目的端口号字段需封装为 67，而由 DHCP 服务器发送给 DHCP 客户端的消息，则其目的端口号字段需封装为 68。因此，图 6-2 中的 DHCP 发现消息在传输层封装的协议是 UDP，而 UDP 头部封装的源端口为 68，目的端口为 67。

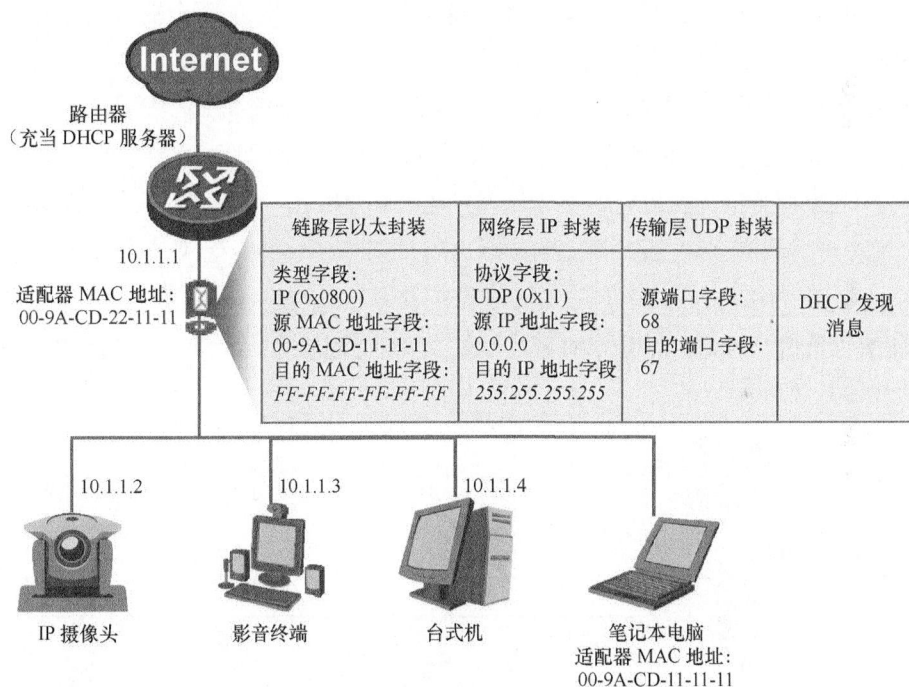

图 6-2　DHCP 发现消息的封装

DHCP 协议的作用是给 TCP/IP 网络中的主机提供配置参数，因此 DHCP 消息在网络层使用的是 IP 协议。鉴于 UDP 协议的 IP 层协议号为 17，因此这个消息 IP 头部的协议字段封装的数值为 0x11（17 换算为十六进制即为 0x11），指明 IP 头部之内封装的协议为 UDP 协议。因为这台笔记本电脑当前还没有获得可用的 IP 地址，所以它的源 IP 地址封装的是全 0；同时，这台笔记本电脑并不知道 DHCP 服务器的 IP 地址，甚至不知道自己所在的子网中是否存在 DHCP 服务器，于是它也就只能通过广播的形式尝试在子网中发现 DHCP 服务器，所以 DHCP 发现消息在 IP 头部目的 IP 地址字段封装的是广播地址 255. 255. 255. 255。

在再外面一层的数据链路层头部，数据链路层头部的类型字段封装的数值为 0x0800，指明载荷的类型为 IPv4 数据包。因为这是一个以太网广播数据包，所以以太网头部封装的源 MAC 地址即为笔记本电脑适配器的 MAC 地址，而目的 MAC 地址为全 1 的广播地址。

注释：

关于 DHCP 消息的文字叙述和配图中并没有包含各层封装中的全部字段，仅包含了与 DHCP 消息交互的相关字段。同样，链路层封装的数据帧尾部因与 6.1.2 节要表达的主旨无关，因此并没有在图中展示出来。

图 6-2 所示为逻辑拓扑，并没有展示连接这个局域网的交换机。当这个局域网的交换机接收到 DHCP 发现消息时，它会查看消息的链路层头部，并由此发现这个数据帧的目的地址为全 1。于是，交换机会将这个数据帧从除了接收到它的那个端口之外的所有同 VLAN 端口发送出去。

虽然子网中的其他设备都会接收到这台笔记本电脑发送的 DHCP 发现消息，但是其他设备在将这个消息解封装到传输层时，会看到这个消息的目的端口字段为 67，由于它们并不是 DHCP 服务器，所以它们不会处理发送给 67 端口的消息，于是这些设备都会丢弃这个数据帧，只有 DHCP 服务器会监听自己的 67 端口，并进一步处理传输层目的端口字段封装为 67 的消息。当 DHCP 服务器进程接收到 DHCP 发现消息之后，它会封装一个 DHCP 提供（DHCP OFFER）消息来对客户端的发现消息作出响应，向客户端提供一个 IP 地址，如图 6-3 所示。

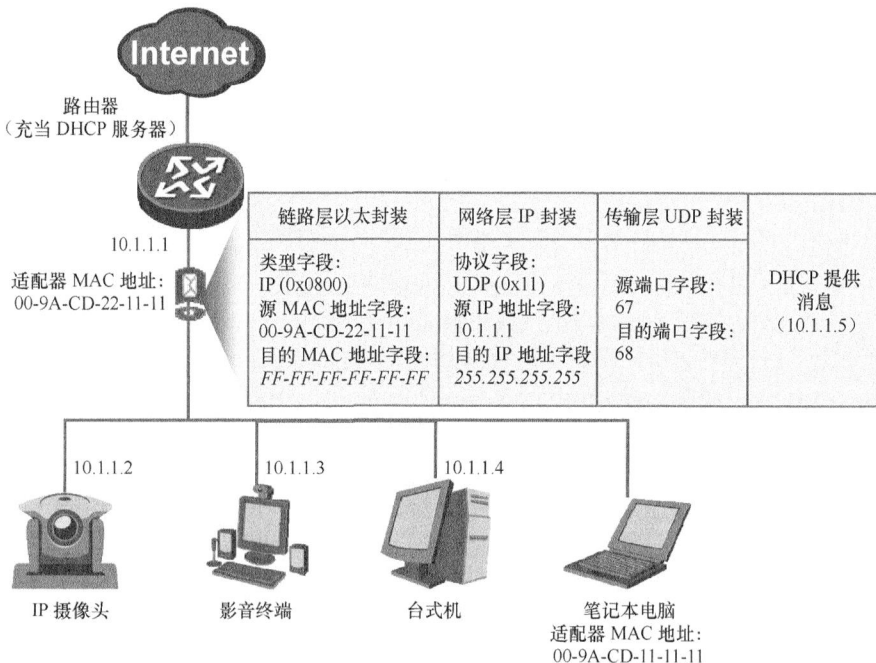

图 6-3　DHCP 提供消息的封装

图 6-3 显示了局域网中充当 DHCP 服务器的路由器（以太网接口 IP 地址为 10.1.1.1，适配器 MAC 地址为 00-9A-CD-22-11-11）为响应 DHCP 客户端而发送的 DHCP 提供消息，路由器通过这个消息告诉笔记本电脑它可以向自己申请租用 10.1.1.5 这个 IP 地址。根据 RFC 2131 文档，图 6-3 中的 DHCP 提供消息在传输层封装的协议是 UDP，而 UDP 头部封装的源端口为 67，目的端口为 68。

在网络层，DHCP 提供消息当然也会使用 IP 协议，并且将协议字段的数值设置为 0x11（17 换算为十六进制即为 0x11）指明 IP 头部之内封装的协议为 UDP 协议。此外，充当 DHCP 服务器的路由器会用自己连接这个局域网的接口 IP 地址（在本例中为 10.1.1.1）作为 DHCP 提供消息的源 IP 地址，这个地址其实也就是这个子网中的 DHCP 服务器地址；同时，因为请求 IP 地址的 DHCP 客户端，也就是图 6-3 中的笔记本电脑当前并没有 IP 地址，所以 DHCP 服务器只能通过广播的形式封装 DHCP 提供消息，将 DHCP 提供消息发送给子网中的所有设备。因此，DHCP 提供消息在 IP 头部目的 IP 地址字段封装的也是广播地址 255.255.255.255。

在数据链路层头部，由于网络层载荷类型同样为 IPv4 数据包，所以数据链路层头部的类型字段封装的数值也是 0x0800。同时，由于这是一个以太网广播数据包，所以路由器会用连接该子网的接口的 MAC 地址来封装以太网头部的源 MAC 地址字段，而目的 MAC 地址为全 1 的广播地址。

提示：

读者在用 eNSP 模拟器完成 DHCP 实验时，如果使用 Wireshark 抓包观察，会发现 DHCP OFFER 消息是以单播以太帧的形式发送给发送 DHCP DISCOVER 消息的那台 DHCP 客户端的，而并不会像上文介绍的那样使用广播发送 DHCP OFFER 消息。在真实环境中抓包测试时，发现 DHCP OFFER 消息为单播的几率也比广播更大。在看到这种情况时，读者可以不关心为何实验测试的结果与上文中理论部分的解释不符，但应记得 **DHCP OFFER 消息既有可能封装为单播消息，也有可能封装为广播消息，单播消息在实际环境中更为常见**。正因如此，我们在图 6-3 中，将目的 MAC 地址和目的 IP 地址中的参数用斜体来表示。对于想要了解具体原因的读者，我接下来会对此进行解释。但必须说明，这个提示的后续内容超出了华为 ICT 学院 DHCP 协议的知识范畴，读者可以在阅读的过程中跳过。这些知识仅供那些已经阅读了大量不同技术文档，发现不同文档对于 DHCP OFFER 消息的发送方式阐述大相径庭，测试结果又缺乏说服力的读者参考。

用比较简单的方式来说，RFC 2131 文档对 DHCP OFFER 消息是单播还是广播分为了下面 4 种情形。

（1）客户端发送的 DHCP 消息中，网关 IP 地址（giaddr）字段包含了地址信息：这表示这个环境中部署了 DHCP 中继代理，所以服务器会用单播将 DHCP OFFER 消息发送给中继代理。关于 DHCP 中继代理的内容，我们会在后续进行介绍，这里暂不赘述，

这种情形也显然不是这个提示内容的重点;

（2）客户端发送的 DHCP 消息中，网关 IP 地址（giaddr）字段全 0，而客户端 IP 地址（ciaddr）字段非 0：此时 DHCP 服务器会以客户端 IP 地址（ciaddr）字段中提供的地址封装 DHCP OFFER 消息的目的 IP 地址，并以单播的形式发送这个消息。这种情况与图 6-2 的情况不符，在图 6-2 这个环境中，DHCP 客户端刚刚发送了 DHCP DISCOVER 消息，自己并没有可以用来填充客户端 IP 地址（ciaddr）字段的 IP 地址，因此这种情形也不是这个提示内容的重点;

（3）客户端发送的 DHCP 消息中，网关 IP 地址（giaddr）字段全 0，客户端 IP 地址（ciaddr）字段全 0，广播位置位（取值为 1）：此时 DHCP 服务器会用广播发送 DHCP OFFER 消息;

（4）客户端发送的 DHCP 消息中，网关 IP 地址（giaddr）字段全 0，客户端 IP 地址（ciaddr）字段全 0，广播位未置位（取值为 0）：此时 DHCP 服务器会以客户端硬件地址作为目的 MAC 地址，以要提供给客户端的 IP 地址（即 yiaddr 字段中的地址）作为目的 IP 地址封装单播 DHCP OFFER 消息。

那么，DHCP OFFER 是单播消息还是广播消息的问题，就变成了彼时广播位会不会置位的问题。这个问题的答案是不一定。其实，RFC 文档中定义的广播位就位于我们 6.1.3 节要介绍的 DHCP 消息封装中的标志字段，也称标记字段。由于一些 DHCP 客户端在实现上，不支持 DHCP 服务器直接把分配给它的 IP 地址作为目的 IP 地址，通过单播进行发送的做法。因此，为了防止一些客户端无法支持以单播接收 DHCP OFFER 消息的方式，DHCP 在消息的标志/标记字段中定义了一个广播位，如果客户端可以支持接收单播 OFFER 消息，那么客户端就会在发送给 DHCP 服务器的消息中将广播位置 0，否则置 1。

当 DHCP 服务器看到某台 DHCP 客户端发送的消息中广播位为 0 时，它就会认为这个客户端可以支持在通过 DHCP OFFER 消息为客户端分配 IP 地址的同时，直接用分配的 IP 地址作为这个 DHCP OFFER 消息的目的 IP 地址，以单播形式发送给客户端的这种做法，于是 DHCP 服务器就会向这个客户端发送单播消息;如果广播位置为 1，表示这个客户端的实现方式要求客户端必须首先安装这个 IP 地址，之后才能接收以它做为目的 IP 地址的消息。此时为了确保这类客户端能够接收到这个 DHCP OFFER 消息，DHCP 服务器就会用广播的形式发送 DHCP OFFER 消息和 DHCP ACK 消息[①]。换言之，

[①] RFC 2131 Section 4.1: Normally, DHCP servers and BOOTP relay agents attempt to deliver DHCPOFFER, DHCPACK and DHCPNAK messages directly to the client using uicast delivery ···.Unfortunately, some client implementations are unable to receive such unicast IP datagrams until the implementation has been configured with a valid IP address···.A client that cannot receive unicast IP datagrams until its protocol software has been configured with an IP address SHOULD set the BROADCAST bit in the 'flags' field to 1 in any DHCPDISCOVER or DHCPREQUEST messages that client sends···.A server or relay agent sending or relaying a DHCP message···SHOULD examine the BROADCAST bit in the 'flags' field. If this bit is set to 1, the DHCP message SHOULD be sent as an IP broadcast using an IP broadcast address as the IP destination address and the link−layer broadcast address as the link−layer destination address.

DHCP OFFER 消息是以单播还是以广播的形式发送，取决于请求 **IP** 地址的 **DHCP** 客户端在实现上是否接受通过单播 **DHCP OFFER** 消息为其提供地址的做法。

考虑到按照 DHCP 客户端的实现方式分两种情况解释 DHCP 的工作原理远远超出了华为 ICT 学院对于学生掌握 DHCP 技术提出的要求，而将 DHCP OFFER 消息解释为广播地址对于初学者更容易理解，对于清晰地阐述 DHCP 的工作机制也更加有利，因此**本书在 6.1.2 节的后续内容中，包括在介绍其他 DHCP 消息时，都会完全延续将 DHCP OFFER 消息解释为广播地址，DHCP 客户端的实现不支持在安装动态 IP 地址之前使用该 IP 地址接收单播数据包的情形展开介绍。对于 DHCP 客户端通过将广播位置位，来表示自己支持 DHCP 服务器以单播形式发送 DHCP OFFER 消息的这种情形，后文中将不再提及。**但这只是写作与教学上的取舍选择，读者不应将这种判断与其他同类图书作品、各厂商官方 PPT、官方课程的内容，和/或各类网络模拟器、各厂商软硬件产品的测试结果进行对比后，得出任何一方存在技术错误的结论。教师在使用本系列教材教学时，如果习惯另一种情形，完全有自由抛弃本教材 6.1.2 节中后续的内容，按照自己习惯的技术理论叙事方式展开教学。关于本提示中涉及的各个 DHCP 消息封装字段，我们会在 6.1.3 节中进行详细介绍。

当这个消息以广播的形式发送时，在这个局域网的交换机接收到 DHCP 发现消息的时候，它会将这个数据帧从除了接收到它的那个端口之外的所有同 VLAN 端口发送出去，因此子网中的其他设备都会接收到 DHCP 服务器发送的广播 DHCP 提供消息。那么，此时子网中的其他设备在经过解封装，将消息转成给端口号为 68 的 DHCP 客户端进程之后，它们的 DHCP 客户端如何判断出这个 DHCP 提供消息不是在给自己提供可供租用的 DHCP 地址呢？关于这一点，我们留待 6.1.3 节（DHCP 的封装格式）再行介绍，这里先卖一个关子。总之，在正常情况下，只有发送 DHCP 发现消息的那个客户端，也就是本例中的笔记本电脑会发现这个消息是 DHCP 服务器对自己所发送的 DHCP 发现消息作出的响应。

在接收到了 DHCP 提供消息之后，DHCP 客户端会向 DHCP 服务器发送一个 DHCP 请求（DHCP REQUEST）消息，请求租用之前 DHCP 服务器通过 DHCP 提供消息告诉自己可以租用的那个 IP 地址，如图 6-4 所示。

读者对比图 6-4 和图 6-2 可以发现，DHCP 请求消息和 DHCP 发现消息在这几个字段中封装的信息都是相同的。第一，这两类消息在传输层封装相同源端口和目的端口，因为它们都是由 DHCP 客户端发送给 DHCP 服务器的消息；第二，这两类消息的源 IP 地址字段都会封装 0.0.0.0，这是因为 DHCP 服务器至此尚未确认 DHCP 客户端可以使用它提供的 IP 地址，所以在发送这两类消息时，DHCP 客户端都还没有获得可用的 IP 地址；第三，这两类消息都使用 DHCP 客户端适配器的 MAC 地址来设置以太网头部的源 MAC 地址字段。

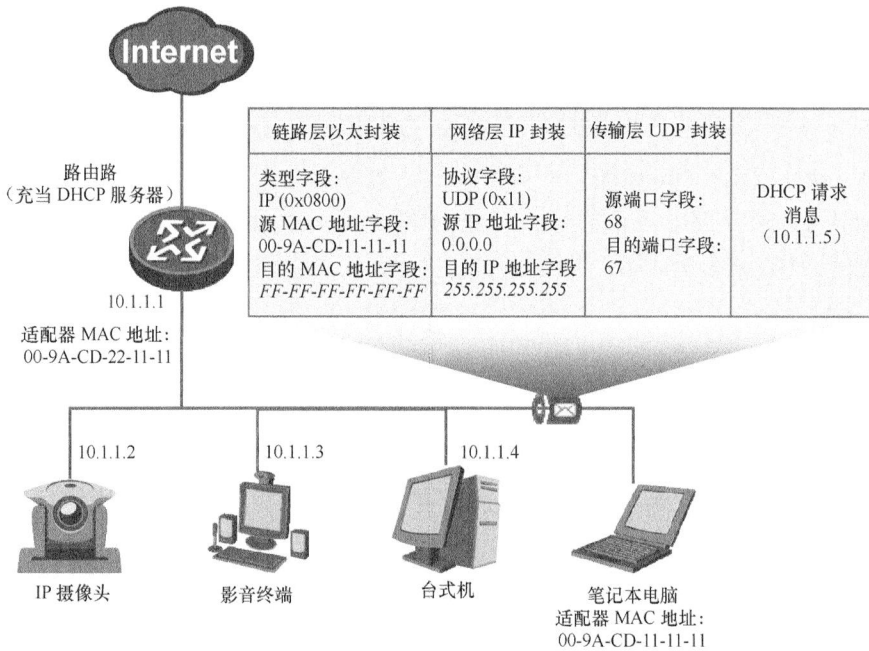

图 6-4　DHCP 请求消息的封装

　　最后，在图 6-4 中，我们将 DHCP 请求消息描述为了广播消息，也就是目的 MAC 地址和目的 IP 地址均为全 1 位的地址。然而，通过图 6-3 我们可以看到，DHCP 服务器在向 DHCP 客户端发送 DHCP 提供消息时，已经封装了自己的 MAC 地址和 IP 地址，这表示 DHCP 客户端应该是有条件向 DHCP 服务器发送单播 DHCP 请求消息的。实际上，DHCP 客户端在第一次向 DHCP 服务器发送 DHCP 请求时，确实有可能会以 DHCP 服务器的 MAC 地址和 IP 地址来封装链路层目的地址和网络层目的地址字段，向 DHCP 服务器发送单播的 DHCP 请求消息。如果在发送之后没有接收到来自于 DHCP 服务器的回应，DHCP 客户端才会以图 6-4 所示的广播地址封装 DHCP 请求消息[⑦]。因此在图 6-4 中，我们将目的 MAC 地址字段和目的 IP 地址字段也标识为了斜体字。

　　当 DHCP 客户端以广播的形式请求了某一台服务器提供的 IP 地址时，其他 DHCP 服务器也会通过这条消息判断出 DHCP 客户端选中了其他 DHCP 服务器提供的 IP 地址，如图 6-5 所示。

注释：

　　几乎所有操作系统的 DHCP 客户端实现（Implementation），都会针对自己最先接收到 DHCP 提供消息中包含的那个可用 IP 地址发送 DHCP 请求消息。

[⑦] RFC 2131 Section 4.4.4-Use of broadcast and unicast：The DHCP client broadcasts DHCPDISCOVER, **DHCPREQUEST** and DHCPINFORM messages, unless the client knows the address of a DHCP server.……When the DHCP client knows the address of a DHCP server, in either INIT or REBOOTING state, the client may use that address in the DHCPDISCOVER or **DHCPREQUEST** rather than the IP broadcast address.……If the client receives no response to DHCP messages sent to the IP address of a known DHCP server, the DHCP client reverts to using the IP broadcast address.

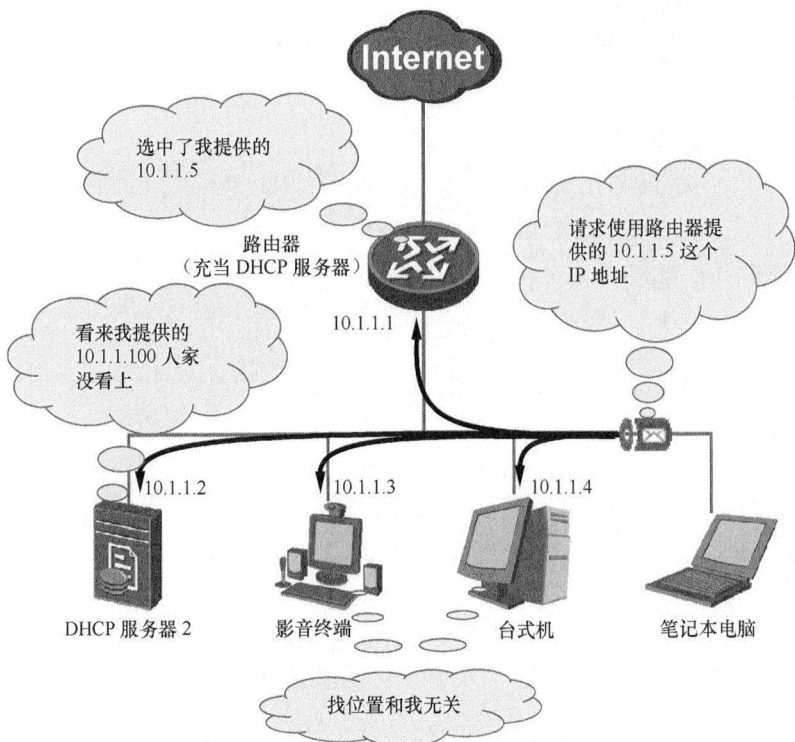

图 6-5　DHCP 服务器通过 DHCP 请求消息判断是否在向自己请求 IP 地址

　　在图 6-5 所示的环境中，曾经有两台 DHCP 服务器（路由器和 DHCP 服务器 2）使用 DHCP 提供消息响应了笔记本发送的 DHCP 发现消息，而笔记本电脑选中了路由器提供的 IP 地址 10.1.1.5，于是它发送了一条广播的 DHCP 请求消息，请求使用 10.1.1.5 这个 IP 地址。路由器在接收到这个消息之后立刻发现这是在向自己请求 IP 地址，而 DHCP 服务器 2 在接收到这个消息后也会立刻判断出 DHCP 客户端已经看上了其他 DHCP 服务器提供的 IP 地址。最后，DHCP 服务器 2 会把刚才提供给笔记本电脑的 IP 地址（10.1.1.100）回收到自己的地址池中。

　　在 DHCP 服务器接收到向自己请求 IP 地址的 DHCP 请求消息时，它会使用 DHCP 确认（DHCP ACK）消息进行回复，如图 6-6 所示。

　　在图 6-6 所展示的封装字段中，DHCP 确认消息的目的 MAC 地址字段被封装为了 DHCP 客户端适配器的 MAC 地址，但其网络层 IP 头部的目的 IP 地址字段是全 1 的广播地址。因此，DHCP 确认消息是封装在单播数据帧中的广播数据包。对于这种消息，只有发送相应 DHCP 请求消息的 DHCP 客户端，也就是本例中的笔记本电脑才会将这个消息解封装到网络层和更高层，其他设备则会在解封装到以太网头部就发现这个消息的目的地址不是自己而将这个数据包丢弃。

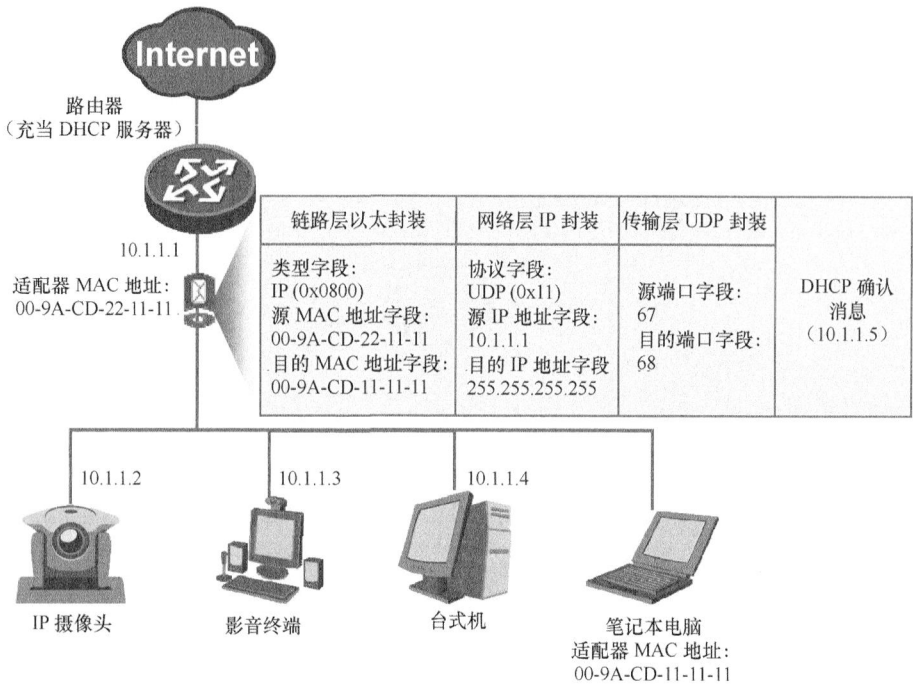

图 6-6　DHCP 确认消息的封装

关于 DHCP 的工作流程，还有一个不得不谈的话题，那就是 DHCP 服务器确认 DHCP 客户端可以使用的 IP 地址是有租期的。在 DHCP 环境中，如果租期的时间为 T，那么 DHCP 客户端会在租期经过了一半时，向 DHCP 服务器重新发送续租该 IP 地址的 DHCP 请求消息。由此，租期的一半在 DHCP 语境中称为 T_1 时刻，当 DHCP 客户端接收到 DHCP 确认消息时，它就会重置一个 T_1 计时器；当 T_1 计时器到时时，DHCP 客户端就会向 DHCP 服务器发送单播 DHCP 请求消息来请求续租这个 IP 地址。除 T_1 计时器之外，当 DHCP 客户端接收到 DHCP 确认消息时，它还会重置一个 T_2 计时器。T_2 计时器的时间为 T 的 87.5%，如果直到 T_2 计时器到时，DHCP 客户端还没有接收到 DHCP 服务器对于 IP 续租消息发送的 DHCP 确认消息，那么 DHCP 客户端就会在局域网中发送广播的 DHCP 请求消息来请求续租这个 IP 地址。在续租阶段，除了 DHCP 服务器向 DHCP 客户端发送 DHCP 确认消息的这种可能性之外，还有可能出现下面两种情况。

- DHCP 服务器不同意 DHCP 客户端续租该 IP 地址：此时 DHCP 服务器会向 DHCP 客户端发送一条 DHCP 否认（DHCP NAK）消息。接收到 DHCP 否认消息的 DHCP 客户端会立刻回到步骤一，从广播 DHCP 发现消息开始重新寻找能够为其提供可用 IP 地址的 DHCP 服务器；
- DHCP 服务器始终没有响应续租 IP 地址的 DHCP 请求消息：如果出现这种情况，那么 DHCP 客户端会在该 IP 地址真正到期时回到步骤一，从广播 DHCP 发现消息开始重新寻找能够为其提供可用 IP 地址的 DHCP 服务器，并向其请求租用 IP 地址。

最后，我们需要呼应一下在 6.1.1 节最后遗留的一个话题：通过广播发送 DHCP 请求意味着每个子网中都必须部署有 DHCP 服务器，因为广播请求难免会被三层设备的接口隔离，如果希望部署在一个子网中的 DHCP 服务器也能够为另一个子网提供服务，就必须定义配套的机制来解决广播不出子网的问题。为此，DHCP 定义了 DHCP 中继代理的角色。管理员可以在没有 DHCP 服务器的网络中将一台网络设备配置为 DHCP 中继代理。这样一来，当这台设备接收到 DHCP 客户端广播发送的（DHCP 发现和 DHCP 请求）消息之后，它会将这些广播消息以单播的形式转发给 DHCP 服务器，而 DHCP 服务器在向 DHCP 中继代理回复 DHCP 提供消息时，会以单播的形式发送给 DHCP 中继代理，DHCP 中继代理则会将 DHCP 提供消息广播到 DHCP 客户端所在的子网当中，就像 DHCP 中继代理就是这个子网中的 DHCP 服务器那样。如图 6-7 所示。

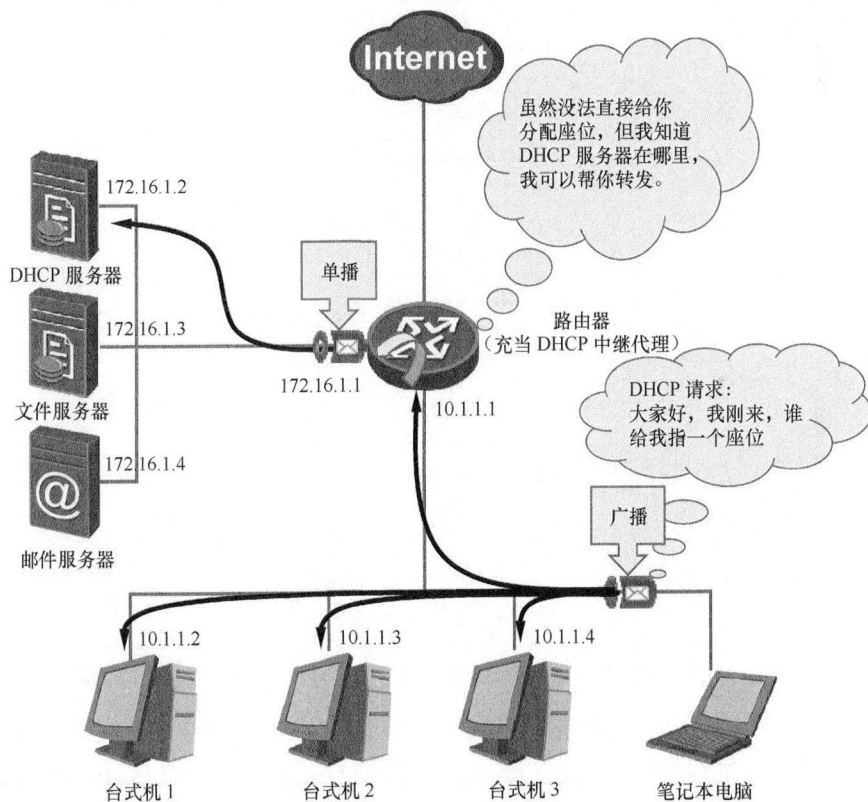

图 6-7　DHCP 中继代理的作用

在图 6-7 中，路由器只是一台 DHCP 中继代理，因此当路由器接收到在子网中发现 DHCP 服务器和请求 IP 地址的数据包时，它会将真实 DHCP 服务器的 IP 地址作为该数据包的目的 IP 地址，将这些数据包以单播的形式转发给位于另一个子网中的 DHCP 服务器，这就突破了 DHCP 广播消息无法翻越子网的障碍，让使用一个 DHCP 服务器来为多个子网中的终端提供动态配置参数的部署方案成为了可能。

在 6.1.2 节中，我们采用图文结合的方式，对 DHCP 四类消息的封装方式进行了较为详细的介绍。在 6.1.3 节中，我们会结合 DHCP 消息的封装方式与字段，分析 DHCP 协议是如何为网络提供所需服务的。

6.1.3 DHCP 的封装格式

协议的功能需要通过定义协议的封装方式来实现，而 DHCP 的封装格式我们早在本系列教材的《网络基础》中就已经通过第 8 章中图 8-6 进行了展示。为了方便在 6.1.3 节中展开讨论，我们重新将该图粘贴为本册教材的图 6-8。

图 6-8　DHCP 封装格式

尽管图 6-8 已经在本系列教材的《网络基础》中出现过了，但是当时我们几乎没有对其中的各个字段提供任何的解释。在 6.1.3 节中，我们结合 6.1.2 节中的内容对其中用粗体标记的字段进行解释。其余字段的重要性相对比较小，与 6.1.2 节的内容也没有太大相关性，本书略过不提。对非粗体字字段感兴趣且学有余力的读者，可以参考 RFC 951 和 RFC 2131 来了解这些字段的作用。

- **操作类型（简称 OP）**：这个字段标识的是这是一个由客户端发送给服务器的消息，还是一个由服务器发送给客户端的消息。若为前者，则操作类型字段的取值为 0x01，因此我们在 6.1.2 节中介绍的 DHCP 发现消息和 DHCP 请求消息的操作类型值为 0x01；若为后者，则操作类型字段的取值为 0x02，因此 DHCP 提供消息、DHCP 确认消息和 DHCP 否认消息操作类型字段的取值为 0x02；

- **硬件类型**（简称 **HTYPE**）：硬件类型标识的是硬件地址的类型。在 6.1.2 节中，DHCP 服务器和 DHCP 客户端是在以太网环境中进行通信的。对于以太网环境中使用的 MAC 地址，DHCP 会将消息的硬件类型字段设置为 0x01；

- **硬件地址长度**（简称 **HLEN**）：硬件地址长度字段标识的是该媒介的地址由几个八位组组成。以太网使用的地址为 MAC 地址，而 MAC 地址的长度为 6 个八位组，因此在 6.1.2 节所示的环境中，所有 DHCP 消息的硬件地址长度字段值皆为 0x06；

- **交互 ID**（也称为交易 ID，简称 **XID**）：在 6.1.2 节中，我们曾经遗留了一个问题，即当 DHCP 提供消息用广播的形式发送，而一个子网中又不只有一台 DHCP 客户端时，DHCP 客户端如何判断出一个 DHCP 提供消息是不是在向自己提供可供租用的 DHCP 地址呢？答案是，当 DHCP 客户端发送 DHCP 发现消息时，它会设置一个交互 ID，在 DHCP 客户端接收到 DHCP 提供消息时，它会查看这个消息的交互 ID 字段：如果客户端发现这个字段的值与自己发送的 DHCP 发现消息（的交互 ID 字段值）一致，即代表这是 DHCP 服务器发送给自己的 DHCP 提供消息；如不一致,则代表这是针对其他 DHCP 客户端的 DHCP 发现消息响应的 DHCP 提供消息；

- **标志**（**FLAGS**，也可译为标记）：这个字段的作用我们在 6.1.2 节冗长的提示信息中其实已经进行了说明。它的作用是让 DHCP 客户端告知 DHCP 服务器，它希望以单播的形式，还是以广播的形式对自己作出响应。对于希望 DHCP 服务器向自己发送单播的 DHCP 客户端，它们会将这个字段的数值设置为 0x0000，否则客户端会将这个字段的数值设置为 0x8000；

- **客户端前 IP 地址**（也译为客户端 IP 地址，简称 **CIADDR**）：当一个 DHCP 客户端请求 IP 地址时，它未必当前没有正在使用的 IP 地址。例如，当一台 DHCP 客户端向 DHCP 服务器请求续租 IP 地址时，这台设备当前就一定正在使用着一个 IP 地址。在这种情况下，DHCP 客户端应该将这个字段设置为自己当前正在使用的 IP 地址值；

- **你的 IP 地址**（简称 **YIADDR**）：当 DHCP 服务器向 DHCP 客户端提供和确认一个 IP 地址时，它就会将这个字段的值设置为提供和确认给客户端的那个 IP 地址；

- **服务器 IP 地址**（简称 **SIADDR**）：这个字段的作用顾名思义，就是标识 DHCP 服务器的 IP 地址。当 DHCP 服务器使用 DHCP 提供消息来响应 DHCP 客户端发送的 DHCP 发现消息时，或者用 DHCP 确认消息来响应 DHCP 客户端发送的 DHCP 请求消息时，它会将这个字段设置为自己的 IP 地址；

- **代理设备 IP 地址**（也称网关 IP 地址，简称 **GIADDR**）：这个字段的作用是标识 DHCP 代理中继的 IP 地址。当 DHCP 代理中继代理 DHCP 服务器来向 DHCP 客户端转发 DHCP 发现消息时，它会将这个字段设置为自己的 IP 地址；

- **客户端硬件地址**（简称 **CHADDR**）：这个字段的作用是标识 DHCP 客户端的硬件地址。当 DHCP 客户端在局域网中以广播的形式发送 DHCP 发现消息时，它就会将这个字段的值设置为自己的硬件地址值；

- **可选项**：这个字段是可选的。当 DHCP 客户端希望 DHCP 服务器提供其他配置参数，或者 DHCP 服务器向 DHCP 客户端提供其他参数时，都会通过设置可选项字段来进行询问、提供、请求和确认。在 DHCP 服务器和 DHCP 客户端交互配置参数时，它们除 IP 地址之外还应该/可以交互的参考包括但不限于：该地址的租期、子网掩码、默认网关地址和 DNS 服务器地址。

在上面几段内容中，我们对 DHCP 消息中重要的字段都进行了介绍。由于在介绍 6.1.2 节的内容时，我们还没有讲到 DHCP 消息包含的信息，因此在图 6-2、图 6-3、图 6-4 和图 6-6 中我们只能刻意规避 DHCP 消息中包含的内容。在学习完 6.1.3 节之后，我们鼓励读者结合 6.1.2 节与 6.1.3 节学习到的内容，填写出这 4 张图中 DHCP 消息各个加粗字段应该和有可能设置的值。

在 6.1.2 节与 6.1.3 节中，我们详细地介绍了 DHCP 协议的工作原理。通过这两节的内容，读者应该可以感受到 DHCP 协议本身实际上缺乏足够的安全认证机制，这给 DHCP 协议的使用制造了一定的隐患。在 6.1.4 节中，我们会对这种隐患有可能给网络引入的安全风险进行说明。

*6.1.4 DHCP 欺骗攻击概述

很多欺骗攻击都是在利用协议自身缺乏认证机制的缺陷。因为通信机制本身无法让通信参与方相互确认身份，所以攻击者有机会将自己伪装成某个通信方，在网络中涉法窃取通信信息或者让通信无法正常进行。

对于 DHCP 机制来说，发起欺骗攻击的攻击者一般是采用下列两种形式达到攻击的目的：一种是冒充成 DHCP 服务器；另一种是冒充成 DHCP 客户端。下面我们对这两种攻击方式的手段和目的分别进行一下介绍。

冒充成 DHCP 服务器的做法相对来说更加常见。攻击者让自己的设备充当 DHCP 服务器，主动对局域网中其他设备发出的 DHCP 发现消息进行响应。通过这种方式，攻击者可以达到各种各样的目的。比如说，攻击者可以在响应的 DHCP 提供消息中，通过可选项字段（见图 6-8）将 DNS 服务器的地址和默认网关的地址指向自己。这样达到的攻击效果是让受害设备将所有去往外部网络的数据都发送给自己，从而将自己插入到受害设备与外部网络通信的路径当中，通过这种方法获取受害设备发送的数据，如图 6-9 所示。

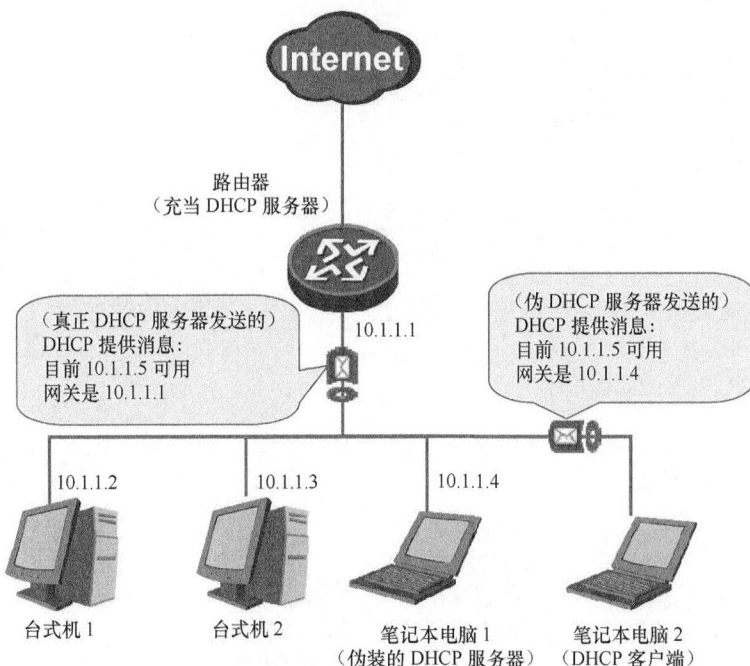

图 6-9　攻击者伪装成 DHCP 服务器将自己插入到受害设备与外部网络通信的路径中

在图 6-9 中，当作为 DHCP 客户端的笔记本电脑 2 接收到伪装的 DHCP 服务器发送的 DHCP 提供消息之后，它就会开始针对这个 DHCP 提供消息发送 DHCP 请求消息，在获得伪 DHCP 服务器的确认之后，客户端（笔记本电脑 2）就会将自己的默认网关设置为 10.1.1.4。自此，它在向本地网络之外发送流量时，都会以笔记本电脑 1 的 MAC 地址作为目的 MAC 地址来封装数据帧，而交换机也会将这些数据帧转发给笔记本电脑 1，由此笔记本电脑 1 就会接收到所有笔记本电脑 2 准备发送给外部网络的流量。

尽管在图 6-9 所示的网络中路由器作为 DHCP 服务器一直在正常工作，这也无法避免 DHCP 客户端遭到欺骗。这其中的道理我们也曾经在第 6.1.2 节（DHCP 的工作方式）的注释中提到过，那就是几乎所有操作系统在运行 DHCP 客户端时，都会请求自己最先接收到 DHCP 提供消息中包含的配置参数。所以，只要伪装的 DHCP 服务器提供的响应先于真正的 DHCP 服务器所提供的响应到达 DHCP 客户端，那么 DHCP 客户端就没有理由不向伪装的 DHCP 服务器请求使用它提供的配置信息。

攻击者将自己冒充成 DHCP 客户端的做法类似于 MAC 地址泛洪攻击，其目的无非是为了耗尽 DHCP 服务器上所拥有的 IP 地址资源。众所周知，一台 DHCP 服务器可供租用给一个子网的 IP 地址资源终究是有限的，如果攻击者冒充成大量 DHCP 客户端来向 DHCP 服务器请求大量的 IP 地址资源，那么当真正需要租用 IP 地址的 DHCP 客户端再向 DHCP 服务器请求 IP 地址时，DHCP 服务器就已经没有 IP 地址可供分配了。因此，这又是一种通过泛洪实现的拒绝服务攻击，如图 6-10 所示。

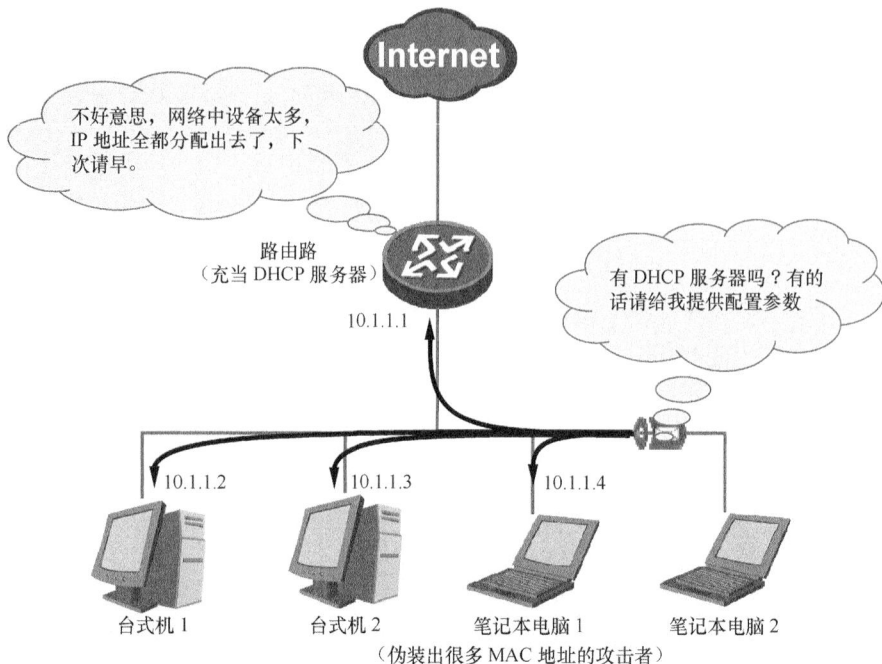

图 6-10　攻击者伪装出大量 DHCP 客户端耗竭 DHCP 服务器上的 IP 地址资源

利用 DHCP 服务器 IP 地址资源有限这一点发起泛洪攻击的做法还有一点类似于 MAC 地址泛洪攻击，那就是 DHCP 服务器并不会同时向具有相同 MAC 地址的设备重复提供 IP 地址，因此想要发起这种攻击，攻击者同样需要在一台设备上伪造大量不同的 MAC 地址。这种旨在耗竭 DHCP 服务器上 IP 地址资源的攻击工具实际上在互联网也已经唾手可得。

好消息是，上述利用 DHCP 缺乏认证机制发起的攻击是比较陈旧的攻击方式，目前应对这类攻击的链路层安全技术已经比较成熟。本书在这里旨在向读者介绍这些针对 DHCP 发起的攻击，防御这些攻击的安全技术在此不做过多介绍，感兴趣的读者可以查阅华为技术文档或者向任课教师请教。

6.2　DHCP 配置

在前文中详细介绍了与 DHCP 相关的理论知识后，我们来看看如何把华为设备配置为一台 DHCP 服务器，以及 DHCP 中继代理。除了可以充当 DHCP 服务器和 DHCP 中继代理外，华为设备还可以充当 DHCP 客户端，从 DHCP 服务器那里动态获取 IP 地址。把华为设备配置为 DHCP 客户端的方法非常简单，我们会在 DHCP 服务器的配置中一并展示。

6.2.1　DHCP 服务器的配置

除了在网络中单独架设一台服务器作为 DHCP 服务器外，使用华为网络设备的管理员还有另一种选择,那就是直接让华为设备在充当网关的同时,还提供 DHCP 服务器功能。
6.2.1 节将为读者展示如何把一台华为路由器配置为 DHCP 服务器。不同型号的华为路由器能够支持的 DHCP 客户端数量也不尽相同,管理员需要查询具体的设备文档,来确定自己的路由器能够支持多少个 DHCP 客户端。

要想让华为路由器提供 DHCP 服务器功能,管理员可以使用两种方式进行配置。

- 基于接口地址池的配置方式:这是使用路由器提供 DHCP 服务的最简单方法,路由器能够为接口连接的同一 IP 子网中的 DHCP 客户端动态分配 IP 地址和网关地址;
- 基于全局地址池的配置方式:路由器不仅能够为与本地接口同属于一个 IP 子网的 DHCP 客户端分配 IP 地址,还能够通过配置全局地址池,为非直连的 DHCP 客户端分配(其他 IP 子网中的)IP 地址。

下面我们分别介绍这两种配置方式的具体配置步骤和命令。

1. 基于接口地址池的配置方式

基于接口的配置方式实施起来最简单,适用于使用路由器为其接口所连接的 IP 子网动态分配 IP 地址的情况。要想基于接口地址池,把华为路由器配置为 DHCP 服务器,管理员需要执行以下操作。

步骤 1　在路由器上启用 DHCP 功能。

dhcp enable:使用系统视图命令为路由器启用 DHCP 功能。

步骤 2　在充当网关的路由器接口上启用 DHCP 服务器功能并可选地配置租期、不参与分配的 IP 地址、固定分配的 IP 地址等信息。

dhcp select interface:使用接口视图命令为指定路由器接口启用 DHCP 功能,并指定这个接口使用基于接口的地址池;

dhcp server lease {**day** *day* [**hour** *hour* [**minute** *minute*]] | **unlimited**}:(可选)使用接口视图命令来修改 IP 地址的租期,默认租期为 1 天;

dhcp server excluded-ip-address *start-ip-address* [*end-ip-address*]:(可选)使用接口视图命令在动态分配的 IP 地址范围中排除一些 IP 地址。管理员可以多次执行这条命令,有选择地排除一些 IP 地址;

dhcp server static-bind ip-address *ip-address* **mac-address** *mac-address*:(可选)使用接口视图命令为指定客户端固定分配一个 IP 地址。分配的 IP 地址必须在接口地址池范围中,并且未被动态地分配出去。

我们以图 6-11 所示拓扑为例,展示基于接口地址池的 DHCP 服务器配置。

在图 6-11 所示的网络环境中,路由器 AR1_DHCP_SERVER 作为企业网络中的网关路由器,一边通过接口 G0/0/0 连接 Internet,一边通过两个物理接口(G0/0/1 和 G0/0/2)连接企业中的两个子网。现在要求管理员对 AR1_DHCP_SERVER 进行配置,使其能够充当

DHCP 服务器，为两个企业子网中的 DHCP 客户端分配 IP 地址。同时，AR1_DHCP_SERVER 还需要充当 DHCP 客户端，从 ISP 路由器那里动态获取 IP 地址信息。例 6-1 中展示了管理员在 AR1_DHCP_SERVER 上执行的 DHCP 服务器配置。

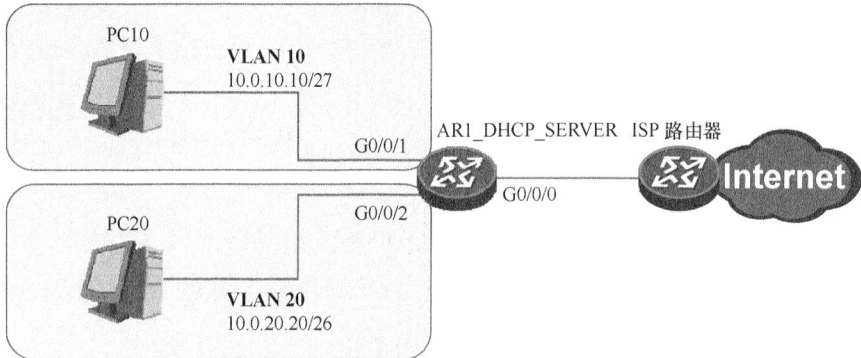

图 6-11　基于接口地址池配置 DHCP 服务器

例 6-1　在 AR1_DHCP_SERVER 上基于接口地址池配置 DHCP 服务器

```
[AR1_DHCP_SERVER]dhcp enable
Info: The operation may take a few seconds. Please wait for a moment.done.
[AR1_DHCP_SERVER]interface gigabitethernet 0/0/1
[AR1_DHCP_SERVER-GigabitEthernet0/0/1]ip address 10.0.10.1 255.255.255.224
[AR1_DHCP_SERVER-GigabitEthernet0/0/1]dhcp select interface
[AR1_DHCP_SERVER-GigabitEthernet0/0/1]quit
[AR1_DHCP_SERVER]interface gigabitethernet 0/0/2
[AR1_DHCP_SERVER-GigabitEthernet0/0/2]ip address 10.0.20.1 255.255.255.192
[AR1_DHCP_SERVER-GigabitEthernet0/0/2]dhcp select interface
```

从例 6-1 中的配置我们可以看出，要想在路由器的接口上启用 DHCP 服务器功能，管理员首先需要在系统视图中，全局启用 DHCP 功能，然后在需要提供 DHCP 服务的接口上，逐一启用 DHCP 服务器功能。例 6-2 中展示了 PC10 和 PC20 分别通过 DHCP 自动获得 IP 地址信息。

例 6-2　PC10 和 PC20 获得的 IP 地址信息

```
PC10>ipconfig

Link local IPv6 address...........: fe80::5689:98ff:fedd:436d
IPv6 address......................: :: / 128
IPv6 gateway......................: ::
IPv4 address......................: 10.0.10.30
Subnet mask.......................: 255.255.255.224
Gateway...........................: 10.0.10.1
Physical address..................: 54-89-98-DD-43-6D
```

```
DNS server......................:
PC20>ipconfig

Link local IPv6 address..........: fe80::5689:98ff:feaf:725d
IPv6 address.....................: :: / 128
IPv6 gateway.....................: ::
IPv4 address.....................: 10.0.20.62
Subnet mask......................: 255.255.255.192
Gateway..........................: 10.0.20.1
Physical address.................: 54-89-98-AF-72-5D
DNS server.......................:
```

在例 6-2 中，管理员分别在两台终端 PC 上执行了 **ipconfig** 命令，这条命令可以在
Windows 系统中查看设备的 IP 地址信息。从阴影部分可以看出，两台 PC 都获得了 IP 地
址/掩码和网关信息，其中它们各自的网关分别就是路由器 AR1_DHCP_SERVER 上启用了
DHCP 服务器功能的两个接口 IP 地址。

本例中只展示了必需命令的配置，读者可以在实验练习中，根据步骤 2 中给出的命
令语法，尝试设置可选参数。

例 6-3 中展示了管理员在 AR1_DHCP_SERVER 上执行的 DHCP 客户端配置。

例 6-3　在 AR1_DHCP_SERVER 上配置 DHCP 客户端

```
[AR1_DHCP_SERVER]interface gigabitethernet 0/0/0
[AR1_DHCP_SERVER -GigabitEthernet0/0/0]ip address dhcp-alloc
```

从例 6-3 所示命令可以看出，管理员在连接 ISP 路由器的接口上配置了命令 **ip
address dhcp-alloc**，这条命令就在接口上启用了 DHCP 客户端功能。例 6-4 所示命令的
输出内容中确认了 G0/0/0 接口获得的 IP 地址。

例 6-4　确认 G0/0/0 接口获得的 IP 地址

```
[AR1_DHCP_SERVER]display ip interface g0/0/0
GigabitEthernet0/0/0 current state : UP
Line protocol current state : UP
The Maximum Transmit Unit : 1500 bytes
input packets : 0, bytes : 0, multicasts : 0
output packets : 6, bytes : 1968, multicasts : 0
Directed-broadcast packets:
 received packets:            0, sent packets:            6
 forwarded packets:          0, dropped packets:         0
ARP packet input number:         9
 Request packet:                 9
 Reply packet:                   0
 Unknown packet:                 0
```

```
Internet Address is allocated by DHCP, 202.108.0.1/30
Broadcast address : 202.108.0.3
TTL being 1 packet number:          0
TTL invalid packet number:          0
ICMP packet input number:           0
  Echo reply:                       0
  Unreachable:                      0
  Source quench:                    0
  Routing redirect:                 0
  Echo request:                     0
  Router advert:                    0
  Router solicit:                   0
  Time exceed:                      0
  IP header bad:                    0
  Timestamp request:                0
  Timestamp reply:                  0
  Information request:              0
  Information reply:                0
  Netmask request:                  0
  Netmask reply:                    0
  Unknown type:                     0
```

从例 6-4 的阴影行我们可以看出，AR1_DHCP_SERVER 的接口 G0/0/0 通过 DHCP 获得了 IP 地址 202.108.0.1/30。

2. 基于全局地址池的配置方式

要想在华为路由器上配置基于全局地址池的 DHCP 服务器，管理员需要执行以下操作。

步骤 1   在路由器上启用 DHCP 功能。

dhcp enable：使用系统视图命令为路由器启用 DHCP 功能。

步骤 2   创建地址池并可选地配置网关地址、租期、不参与分配的 IP 地址、固定分配的 IP 地址等信息。

ip pool *ip-pool-name*：使用系统视图命令创建地址池并进入地址池视图；

network *ip-address* [**mask** {*mask* | *mask-length*}]：使用地址池视图命令配置地址池中能够动态分配的 IP 地址范围。一个地址池中只能配置一个 IP 地址范围；

gateway-list *ip-address*：（可选）使用地址池视图命令指定网关 IP 地址；

lease {**day** *day* [**hour** *hour* [**minute** *minute*]] | **unlimited**}：（可选）使用地址池视图命令来修改 IP 地址的租期，默认租期为 1 天；

excluded-ip-address *start-ip-address* [*end-ip-address*]：（可选）使用地址池视图命令在动态分配的 IP 地址范围中排除一些 IP 地址。管理员可以多次执行这条命令，有选择地排除一些 IP 地址；

static-bind ip-address *ip-address* **mac-address** *mac-address*：（可选）使用
地址池视图命令为指定客户端固定分配一个 IP 地址。分配的 IP 地址必须在接口地址池
范围中，并且未被动态地分配出去。

步骤 3　在充当网关的路由器接口上启用 DHCP 服务器功能。

dhcp select global：使用接口视图命令为指定路由器接口启用 DHCP 功能，并指
定这个接口使用全局地址池。

我们以图 6-12 所示拓扑为例，展示基于全局地址池的 DHCP 服务器配置。

图 6-12　基于全局地址池配置 DHCP 服务器

在图 6-12 所示的网络环境中，路由器 AR1_DHCP_SERVER 作为企业网络中的网关路
由器，一边通过接口 G0/0/0 连接 Internet，一边通过接口 G0/0/1 连接企业内网。现在
要求管理员对 AR1_DHCP_SERVER 进行配置，使其能够充当 DHCP 服务器，为企业子网中的
DHCP 客户端动态分配 IP 地址。

- 网关地址为 10.0.10.1；
- 为 FTP 服务器（MAC 地址为 54-89-98-9F-49-FF）分配 IP 地址 10.0.10.30；
- 保留 5 个 IP 地址暂不分配（10.0.10.25～10.0.10.29），为即将安装的网络打
  印机等设备预留；
- 动态分配的 IP 地址租期为 30 天。

例 6-5 中展示了管理员在 AR1_DHCP_SERVER 上执行的 DHCP 服务器配置。

例 6-5　在 AR1_DHCP_SERVER 上基于全局地址池配置 DHCP 服务器

```
[AR1_DHCP_SERVER]ip pool Pool_AR1
[AR1_DHCP_SERVER-ip-pool-Pool_AR1]network 10.0.10.0 mask 255.255.255.224
[AR1_DHCP_SERVER-ip-pool-Pool_AR1]gateway-list 10.0.10.1
[AR1_DHCP_SERVER-ip-pool-Pool_AR1]excluded-ip-address 10.0.10.25 10.0.10.29
[AR1_DHCP_SERVER-ip-pool-Pool_AR1]static-bind  ip-address  10.0.10.30  mac-address
5489-989f-49ff
[AR1_DHCP_SERVER-ip-pool-Pool_AR1]lease day 30
[AR1_DHCP_SERVER-ip-pool-Pool_AR1]quit
```

```
[AR1_DHCP_SERVER]dhcp enable
[AR1_DHCP_SERVER]interface gigabitethernet 0/0/1
[AR1_DHCP_SERVER-GigabitEthernet0/0/1]dhcp select global
```

从例 6-5 中的配置我们可以看出，管理员创建了 IP 地址池 Pool_AR1，并按照需求进行了配置。例 6-6 中查看了这个 IP 地址池的配置和状态信息。

例 6-6　查看 IP 地址池信息

```
[AR1_DHCP_SERVER]display ip pool name Pool_AR1
    Pool-name       : Pool_AR1
    Pool-No         : 0
    Lease           : 30 Days 0 Hours 0 Minutes
    Domain-name     : -
    DNS-server0     : -
    NBNS-server0    : -
    Netbios-type    : -
    Position        : Local          Status          : Unlocked
    Gateway-0       : 10.0.10.1
    Mask            : 255.255.255.224
    VPN instance    : —
    _____

        Start          End       Total  Used  Idle(Expired)  Conflict  Disable
    _____

        10.0.10.1   10.0.10.30    29     2        22(0)          0         5
    _____
```

管理员在例 6-6 中使用了命令 **display ip pool name Pool_AR1** 来查看指定地址池的状态。第一个阴影行显示出 IP 地址的租期为 30 天，默认为 1 天。第二个阴影行显示出网关地址为 10.0.10.1。第三个阴影行显示出 IP 地址的分配统计信息，其中最后一列（Disable）的 5 表示管理员排除了 5 个 IP 地址暂不分配。

例 6-7 验证了 FTP 服务器获得的 IP 地址，以及 PC10 获得的 IP 地址。

例 6-7　查看 FTP 服务器的 IP 地址信息

```
FTP>ipconfig

Link local IPv6 address..........: fe80::5689:98ff:fe9f:49ff
IPv6 address.....................: :: / 128
IPv6 gateway.....................: ::
IPv4 address.....................: 10.0.10.30
Subnet mask......................: 255.255.255.224
Gateway..........................: 10.0.10.1
Physical address.................: 54-89-98-9F-49-FF
DNS server.......................:
```

```
PC10>ipconfig

Link local IPv6 address.........: fe80::5689:98ff:fedd:436d
IPv6 address....................: :: / 128
IPv6 gateway....................: ::
IPv4 address....................: 10.0.10.24
Subnet mask.....................: 255.255.255.224
Gateway.........................: 10.0.10.1
Physical address................: 54-89-98-DD-43-6D
DNS server......................:
```

从例 6-7 所示命令的输出内容中我们可以看出，MAC 地址为 54-89-98-9F-49-FF 的
FTP 服务器获得了 IP 地址 10.0.10.30，这也是管理员在 IP 地址池中静态绑定的 MAC 地
址与 IP 地址。从下半部分 PC10 的命令输出内容中我们可以看出，PC10 获得的 IP 地址
为 10.0.10.24。管理员在配置中预留了 IP 地址 10.0.10.25～10.0.10.29，因此 PC10
获得了可用 IP 地址范围中的最大 IP 地址 10.0.10.24。

6.2.1 节展示了 DHCP 服务器与 DHCP 客户端同属于一个 IP 子网的情况，它们之间没
有间隔任何三层路由设备。当 DHCP 服务器与 DHCP 客户端不属于同一个 IP 子网时，就需
要依靠 DHCP 中继代理来转发 DHCP 消息。在 6.2.2 节中，我们将会展示这种环境中的 DHCP
配置。

6.2.2　DHCP 中继的配置

在 6.2.1 节中，我们介绍了如何把作为网关的路由器配置为 DHCP 服务器，让它为
同一个 IP 子网中的 DHCP 客户端动态提供 IP 地址信息。6.2.2 节我们还将延续使用
6.2.1 节中的拓扑，并在其基础上添加一台路由器和两个 IP 子网。把 AR1 仍作为整个网
络中的 DHCP 服务器，新添加的 AR2 作为 DHCP 中继代理，共同为新添加的两个子网提供
动态 IP 地址信息。图 6-13 所示为 6.2.2 节使用的拓扑。

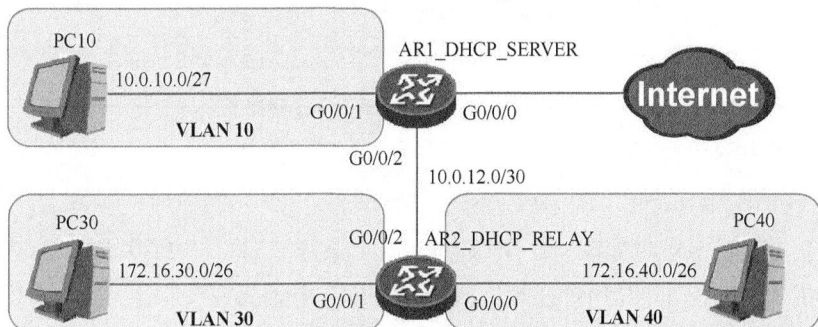

图 6-13　DHCP 中继配置使用的拓扑

本例的实验建立在例 6-5 配置的基础上，也就是 AR1 上已经启用了全局 DHCP 配置，

并已经正常为 VLAN10 分配 IP 地址。在接下来的配置中，我们首先在 AR1 上添加两个全局地址池，分别指定 VLAN 30 和 VLAN 40 使用的 IP 子网和网关地址。例 6-8 展示了 AR1 上新添加的两个全局地址池，以及 G0/0/2 接口的配置。

例 6-8　AR1_DHCP_SERVER 上新添加的配置

```
[AR1_DHCP_SERVER]ip pool Pool_AR2_VLAN30
Info: It's successful to create an IP address pool.
[AR1_DHCP_SERVER-ip-pool-Pool_AR2_VLAN30]network 172.16.30.0 mask 26
[AR1_DHCP_SERVER-ip-pool-Pool_AR2_VLAN30]gateway-list 172.16.30.1
[AR1_DHCP_SERVER-ip-pool-Pool_AR2_VLAN30]lease day 30
[AR1_DHCP_SERVER-ip-pool-Pool_AR2_VLAN30]quit
[AR1_DHCP_SERVER]ip pool Pool_AR2_VLAN40
Info: It's successful to create an IP address pool.
[AR1_DHCP_SERVER-ip-pool-Pool_AR2_VLAN40]network 172.16.40.0 mask 26
[AR1_DHCP_SERVER-ip-pool-Pool_AR2_VLAN40]gateway-list 172.16.40.1
[AR1_DHCP_SERVER-ip-pool-Pool_AR2_VLAN40]lease day 30
[AR1_DHCP_SERVER-ip-pool-Pool_AR2_VLAN40]quit
[AR1_DHCP_SERVER]interface gigabitethernet 0/0/2
[AR1_DHCP_SERVER-GigabitEthernet0/0/2]ip address 10.0.12.1 30
[AR1_DHCP_SERVER-GigabitEthernet0/0/2]dhcp select global
```

在例 6-8 所示配置中，管理员在 AR1 上新建了两个地址池：Pool_AR2_VLAN30 和 Pool_AR2_VLAN40，其中分别指定了两个 IP 子网 172.16.30.0/26 和 172.16.40.0/26、各自的网关，以及把租期修改为 30 天。在 AR1 连接 AR2 的接口 G0/0/2 上，管理员使用接口视图命令 **dhcp select global** 启用了 DHCP 服务器功能，并且指定这个接口使用全局地址池。

接着我们来看看 AR2 上都需要进行什么配置，管理员要把 AR2 配置为 DHCP 中继代理，需要执行以下步骤。

步骤 1　在路由器上启用 DHCP 功能。这一步与配置 DHCP 服务器相同，要想让路由器提供 DHCP 服务，都需要首先在全局启用 DHCP 功能。

dhcp enable：使用系统视图命令为路由器启用 DHCP 功能。

步骤 2　在路由器接口上启用 DHCP 中继代理功能并指定 DHCP 服务器的 IP 地址。

dhcp select relay：使用接口视图命令为指定路由器接口启用 DHCP 功能，并指定这个接口启用中继代理功能；

dhcp relay server-ip *ip-address*：使用接口视图命令指定 DHCP 服务器的 IP 地址。

例 6-9 中展示了管理员在 AR2_DHCP_RELAY 上执行的 DHCP 中继代理配置。

例 6-9　在 AR2_DHCP_RELAY 上配置 DHCP 中继代理

```
[AR2_DHCP_RELAY]dhcp enable
[AR2_DHCP_RELAY]interface gigabitethernet 0/0/1
[AR2_DHCP_RELAY-GigabitEthernet0/0/1]ip address 172.16.30.1 26
```

```
[AR2_DHCP_RELAY-GigabitEthernet0/0/1]dhcp select relay
[AR2_DHCP_RELAY-GigabitEthernet0/0/1]dhcp relay server-ip 10.0.12.1
[AR2_DHCP_RELAY-GigabitEthernet0/0/1]quit
[AR2_DHCP_RELAY]interface gigabitethernet 0/0/0
[AR2_DHCP_RELAY-GigabitEthernet0/0/0]ip address 172.16.40.1 26
[AR2_DHCP_RELAY-GigabitEthernet0/0/0]dhcp select relay
[AR2_DHCP_RELAY-GigabitEthernet0/0/0]dhcp relay server-ip 10.0.12.1
[AR2_DHCP_RELAY-GigabitEthernet0/0/0]quit
[AR2_DHCP_RELAY]interface gigabitethernet 0/0/2
[AR2_DHCP_RELAY-GigabitEthernet0/0/2]ip address 10.0.12.2 30
```

按照步骤，管理员在 AR2 上如例 6-9 所示配置了这些命令。以连接 VLAN 30 的接口 G0/0/1 为例，在这个接口上管理员使用命令 **dhcp select relay** 启用了 DHCP 功能和中继代理功能，之后使用命令 **dhcp relay server-ip 10.0.12.1** 指定了 DHCP 服务器的 IP 地址。在我们这个案例拓扑中，DHCP 服务器是 AR1，并且用来向 AR2 所连 VLAN 提供 DHCP 服务的接口是 AR1 的 G0/0/2（IP 地址为 10.0.12.1），因此对于 AR2 来说，DHCP 服务器 的 IP 地址就是 AR1 接口 G0/0/2 的 IP 地址 10.0.12.1。如果网络中使用单独一台服务器 来提供 DHCP 功能，那么管理员就需要在这里指定那台 DHCP 服务器的 IP 地址，并且要在 AR2 的路由中，确保 AR2 能够访问这台 DHCP 路由器。对于本例来说，AR2 直接与 DHCP 服务器相连，因此无需配置任何路由。这里暂不考虑 VLAN 30 和 VLAN 40 中的终端设备 需要访问 VLAN 10 和 Internet 的情况，只考虑与 DHCP 服务相关的路由问题。

图 6-14 展示了在 AR2 接口 G0/0/2 上的抓包截图，并解析了一个 AR2 为 PC30 转发 的 DHCP 发现消息。

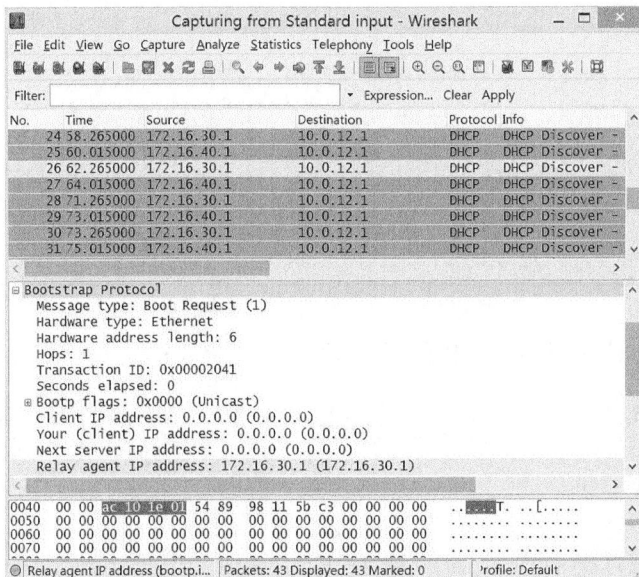

图 6-14　AR2 接口 G0/0/2 的抓包截图（DHCP 发现消息）

之所以我们会知道图 6-14 中解析的数据包是 AR2 为 PC30 转发的 DHCP 发现请求，是因为 DHCP 中继代理在执行代理功能时，不仅会把自己接收到的广播 DHCP 包转换为单播 DHCP 包，还会把执行代理功能的接口 IP 地址作为这个单播 IP 包的源地址，同时我们从图中解析的 Relay agent IP address（中继代理 IP 地址）172.16.30.1 也可以确定这是来自 VLAN 30 的代理请求。

在使用 DHCP 中继代理的环境中，Relay agent IP address 这个字段对于 DHCP 服务器也同样重要，DHCP 服务器会根据这个 IP 地址所属的 IP 子网，确认使用本地配置的哪个 IP 地址池。在本例中，管理员在 AR1 上先后配置了三个 IP 地址池：Pool_AR1、Pool_AR2_VLAN30 和 Pool_AR2_VLAN40。但在接口上启用 DHCP 服务的命令都是相同的（**dhcp select global**），并没有在接口上指明需要使用哪个具体的地址池，而且 AR1 接口 G0/0/2 实际上需要从两个 IP 地址池中分配 IP 地址。此时，AR1 会根据 Relay agent IP address 字段来确定自己需要使用的 IP 地址池，并分配可用的 IP 地址。

从图 6-14 所示截图中我们还可以看出，这里只有 AR2 作为 DHCP 中继代理发送的 DHCP 发现（DISCOVER）消息，却没有 AR1 作为 DHCP 服务器返回的提供（OFFER）消息。前文中我们提到过，DHCP 中继代理上需要有去往 DHCP 服务器的路由，再进一步说，DHCP 服务器上也应该有去往 DHCP 中继代理的路由。在我们这个案例环境中，提供 DHCP 代理功能的是 AR2 的接口 G0/0/1 和 G0/0/0，这两个接口对于 DHCP 服务器（AR1）来说是非直连的，因此目前 AR1 不知道该如何回复 172.16.30.1 和 172.16.40.1 发来的 DHCP 请求消息。管理员在例 6-10 中为 AR1 添加了两条静态路由，使 AR1 上拥有去往 DHCP 中继代理的路由。

例 6-10　在 AR1_DHCP_SERVER 上添加去往 DHCP 中继代理的路由

```
[AR1_DHCP_SERVER]ip route-static 172.16.30.0 255.255.255.192 10.0.12.2
[AR1_DHCP_SERVER]ip route-static 172.16.40.0 255.255.255.192 10.0.12.2
```

管理员再次在 AR2 接口 G0/0/2 上进行抓包，如图 6-15 所示，这次看到了 DHCP 服务器（AR1）返回的消息，以及后续的 DHCP 信息交互。

图 6-15 中解析的数据包是从 DHCP 服务器（10.0.12.1）发往 172.16.30.1（VLAN 30 的 DHCP 中继代理）的，我们可以从 Your（client）IP address（你的 IP 地址）部分看到 DHCP 服务器提供的 IP 地址为 172.16.30.62，这是它为 PC30 提供的 IP 地址。例 6-11 中验证了 DHCP 服务器分别为 PC30 和 PC40 分配的 IP 地址。

例 6-11　PC30 和 PC40 获得的 IP 地址

```
PC30>ipconfig

Link local IPv6 address...........: fe80::5689:98ff:fe11:5bc3
IPv6 address.....................: :: / 128
IPv6 gateway....................: ::
IPv4 address.....................: 172.16.30.62
```

```
Subnet mask.......................: 255.255.255.192
Gateway...........................: 172.16.30.1
Physical address..................: 54-89-98-11-5B-C3
DNS server........................:
```
```
PC40>ipconfig

Link local IPv6 address...........: fe80::5689:98ff:fef2:14a
IPv6 address......................: :: / 128
IPv6 gateway......................: ::
IPv4 address......................: 172.16.40.62
Subnet mask.......................: 255.255.255.192
Gateway...........................: 172.16.40.1
Physical address..................: 54-89-98-F2-01-4A
DNS server........................:
```

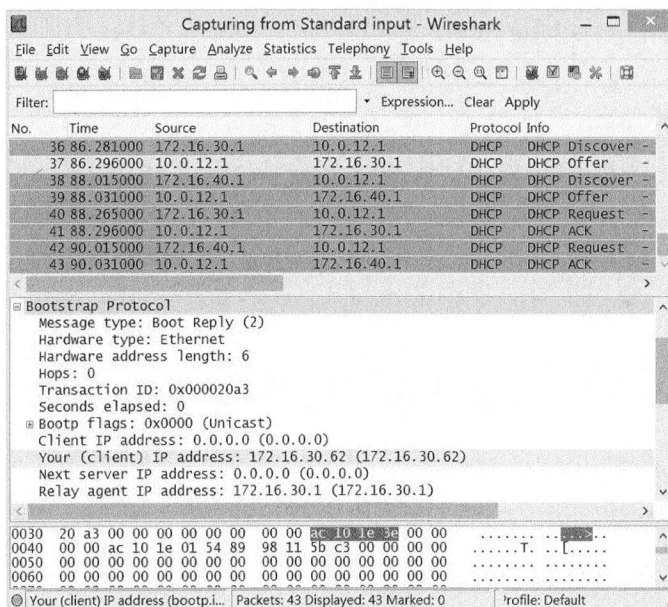

图 6-15　AR2 接口 G0/0/2 的抓包截图（DHCP 消息交互过程）

例 6-11 中验证了 PC30 和 PC40 分别获得了 IP 子网中的 IP 地址。至此 DHCP 服务器和 DHCP 中继代理的配置就展示完毕了，读者可以根据自己网络中的需求来选择所使用的 DHCP 配置方式。

6.3　本章总结

本章重点介绍了动态主机配置协议（DHCP）的原理和配置。DHCP 协议使用服务器——

客户端模型,DHCP 客户端负责向 DHCP 服务器请求 IP 地址信息,DHCP 服务器负责为 DHCP 客户端动态地分配 IP 地址及其相关信息。

当一台使用 DHCP 协议来获取 IP 地址的主机刚连入网络时,它既不知道自己的 IP 地址,也不知道应该向谁请求 IP 地址。它会发送目的 IP 地址为 255.255.255.255 的广播 DHCP 发现(DISCOVER)消息,在本地子网中寻找 DHCP 服务器。当本地有 DHCP 服务器时,服务器收到这个发现消息后会在有空闲 IP 地址能够分配给主机时,在 DHCP 提供(OFFER)消息中把这个 IP 地址发送给主机。主机收到 DHCP 提供消息并决定使用服务器提供的 IP 地址后,会向服务器发送 DHCP 请求(REQUEST)消息,来申请使用这个 IP 地址。服务器在确认这个 IP 地址仍然可用后,会返回 DHCP 确认(ACK)消息。从这之后,主机就可以使用这个 IP 地址了。

第 6 章详细地介绍了上述通信过程,之后介绍了 DHCP 的封装格式和其中重要字段的含义。在理论部分的最后,我们介绍了 DHCP 欺骗攻击的形式,以及它能够对网络造成的伤害。

在学习了与 DHCP 相关的理论知识后,我们介绍了在华为设备上如何配置 DHCP 服务器和 DHCP 中继代理。DHCP 服务器的配置方式有两种:基于接口地址池和基于全局地址池的配置。在使用基于接口地址池时,DHCP 服务器与 DHCP 客户端必须属于相同的 IP 子网。当 DHCP 服务器与 DHCP 客户端属于不同的 IP 子网时,管理员必须使用基于全局地址池的方式来配置 DHCP 服务器,并且在 DHCP 客户端所属 IP 子网中部署 DHCP 中继代理。

6.4 练习题

一、选择题

1. 下列有关 DHCP 的说法中,错误的是?(　　　)

A. DHCP 的全称是动态主机配置协议

B. DHCP 服务器功能可以由专用服务器提供,也可以由路由器提供

C. 每个 IP 子网中都需要部署一台 DHCP 服务器

D. DHCP 中继代理可以解决 DHCP 客户端与 DHCP 服务器不在同一个 IP 子网的问题

2. 在 DHCP 消息的封装中,确保 DHCP 客户端能够知道某个 DHCP 消息是发送给自己的,是以下哪个字段?(　　　)

A. 硬件地址长度　　　B. 硬件地址　　　C. 交互 ID　　　　D. 标志

3. 当 DHCP 服务器与 DHCP 客户端不在同一个 IP 子网时,在 DHCP 消息的封装中,确保 DHCP 服务器能够知道应该为这个 DHCP 客户端分配哪个 IP 子网地址的,是以下哪个字段?(　　　)

A. 客户端前 IP 地址　　　　　　　　B. 你的 IP 地址

C. 服务器 IP 地址　　　　　　　　　D. 代理设备 IP 地址

4. DHCP 服务器都能够向 DHCP 客户端提供哪些信息？（多选）（　　）

A. IP 地址/子网掩码　　　　　　　　B. 网关地址

C. IP 地址租期　　　　　　　　　　D. DNS 地址

5. 下列有关 dhcp enable 命令的说法中，错误的是？（　　）

A. 这是系统视图的命令，用来在全局启用 DHCP 功能

B. 这是接口视图的命令，用来启用接口的 DHCP 功能

C. 作为 DHCP 服务器使用的路由器上需要使用这条命令

D. 作为 DHCP 中继代理使用的路由器上需要使用这条命令

6. 下列有关 IP 地址池的说法中，正确的是？（多选）（　　）

A. 一个地址池中只能配置一个 IP 子网

B. 地址池中可以配置网关地址

C. 地址池中可以配置排除的 IP 地址，也可以静态绑定 IP 地址和 MAC 地址

D. 一个地址池中可以配置最多 8 个 IP 子网

7. 在作为 DHCP 服务器使用的路由器上，在接口启用 DHCP 功能并使用全局地址池的命令是什么？（　　）

A. dhcp enable　　　　　　　　　　B. dhcp select interface

C. dhcp select global　　　　　　　D. dhcp select relay

二、判断题

1. 在 DHCP 客户端向 DHCP 服务器发送的 DHCP 发现（DISCOVERY）消息中，客户端会使用服务器提供的 IP 地址作为自己的源 IP 地址。

2. 在配置 DHCP 服务器时，如果管理员通过命令 **dhcp select interface** 配置了接口地址池，无需使用任何命令来指定网关地址。

3. 在不使用 DHCP 中继代理的环境中，在 DHCP 服务器（路由器）的接口上使用全局地址池时，DHCP 服务器会根据接收 DHCP 请求消息的本地接口 IP 地址，选择与这个 IP 地址相同 IP 子网的地址池。

第7章
IPv6基础

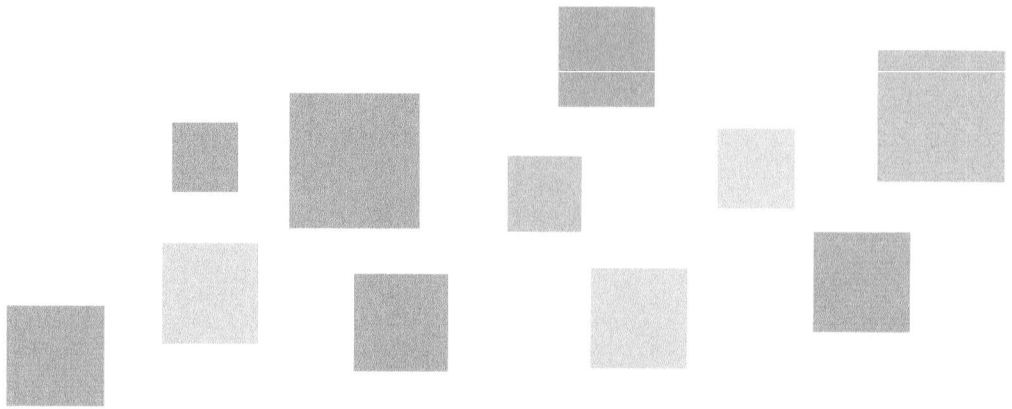

假如每一个 IPv4 地址都可以当作一个单播地址分配给设备使用，那么长度为 32 位的 IPv4 可以提供不到 43 亿（2^{32}）个地址分配给联网设备。43 亿这个数字很难让人产生足够深刻的印象，那么将它与下面这个数字对比应该更能说明问题：专家估计，物联网时代的联网物数量会在 2020 年超过 500 亿个。

　　超过 500 亿与不到 43 亿，这种数量级上的差距显然不是技术人员在局域网中复用 RFC 1918 地址就能弥合的。CIDR 只能防止 IPv4 地址遭到过度浪费，它无法逆转 IPv4 地址供不应求的趋势，更无法改变 IPv4 地址已经耗竭的事实。要想将足够多的设备连接到网络当中，定义一个新的互联网协议（Internet Protocol，IP）势在必行。

　　当然，43 亿对比 500 亿是一种取巧的说法，实际上，早在物联网成为网络发展趋势之前的 20 世纪 90 年代，IPv4 地址空间提供的地址资源不足就已经引起了 IETF 的重视，标准化一种能够提供远比 IPv4 更为广阔的地址空间的协议也早在 20 世纪 90 年代就被提上了议事日程。在本章和第 8 章中我们要进行着重介绍的 IPv6 协议，就是为了达到这个目的而由 IETF 定义出来的新型 IP 协议。

　　本章 7.1 节首先介绍 IPv6 协议的由来，然后对比 IPv4 的封装格式介绍 IPv6 头部封装格式中各个字段的作用；接下来对 IPv6 地址的表示方法进行说明。

　　IPv6 地址的分类与 IPv4 地址的分类方式不尽相同。本章会在 7.2 节中对 IPv6 的单播、任意播和组播地址的形式、作用分别进行详细的介绍。

　　设备之间通过 IPv6 地址实现通信的过程与它们使用 IPv4 地址建立通信的过程存在明显的区别，本章的 7.3 节会介绍用来在 IPv6 网络环境中帮助设备建立通信的机制。

学习目标

- 了解 IPv6 的由来；
- 掌握 IPv6 的数据包封装格式；
- 掌握 IPv6 的编址方式；
- 理解 IPv6 的地址分类方式；
- 理解 NDP 协议的原理；
- 掌握无状态地址自动配置的方法。

7.1　IPv6 协议

从 IETF 开始就下一代 IP 协议的设计方案征询意见，到 IPv6 出现在 RFC 文档中，这个过程历时整整 4 年，就连下一代 IP 协议的地址长度都是一改再改。这一切都是因为 IP 协议是互联网的骨干协议，只有把尽可能多的因素考虑在内，下一代 IP 协议才能更好地满足人们的通信需求，这个协议的生命力才会更加旺盛和持久。所以，IETF 在定义下一代 IP 协议时采取谨慎的态度也就顺理成章了。

尽管一些读者可能在阅读本章之前就对 IPv6 协议有所了解，但我们还是希望读者现在可以把自己想象成被 IETF 征集意见的对象，设想一下自己会如何对 IPv4 协议提出修改意见，自己会希望下一代 IP 地址的长度达到多少位等。这种换位思考的过程会有助于读者理解 IETF 对 IPv6 所作的诸多改进。当然，这些问题的答案在 7.1 节中会被一一揭开。

7.1.1　IPv4 的缺陷与 IPv6 的提出

IETF 最早意识到需要定义一个新版本的 IP 地址来取代 IPv4 地址是在 20 世纪 90 年代初期。在网络刚刚开始腾飞的年代，IETF 看到了网络应用的增长潜力，同时意识到 IPv4 是地址长度只有 32 位的协议，地址空间的耗尽只是时间早晚问题。因此，标准化一个新版 IP 协议势在必行，而下一代 IP（IP next generation，IPng）必须拥有几乎不可能耗竭的地址空间。既然要定义新型 IP 协议，那么除了扩大协议的地址空间之外，IETF 还希望这个协议能够将 IPv4 的其他弊病也一并革除。毕竟，IPv4 的很多弊端在过去的应用当中已经体现了出来。7.1.1 节会提出 IPv4 在当时最为人所诟病的问题，由此引出 IPv6 的改进。本书会在后文中一一对这些改进的落实方法进行说明。

首先，定义新型 IP 协议的初衷是为了扩展地址空间，因此新型 IP 协议的地址长度应该远远长于 IPv4 地址的 32 位。1992 年初，IETF 收到了多项针对下一代 IP 协议编址方式的提议。后来，IETF 经过不断研讨，最终选出了两项最佳提案。IETF 对这两个提案进行了合并，并且把合并后提议建议的 64 位地址长度再增加一倍，让它的地址长度达到 128 位，同时将这个提议的版本号定义为 IP 协议第 6 版，我们在这两章中要介绍的 IPv6 协议由此诞生。128 位长度的地址可以提供 2^{128} 个地址，这个数量大到足以给地球表面的每平方米提供 7×10^{23} 个地址。按这个数量级判断，即使其中一部分地址遭到浪费，即使联网物的种类再进行扩展，这个地址空间在可以预见的未来都很难耗尽，这也就达到了新型 IP 协议的设计目的。

其次，IPv4 缺乏自动配置机制，要想让 IPv4 主机能够接入到网络当中，少不了需要具备一定网络技术的专业人士对实现通信所需的参数进行手动配置。在当时看来，IPv4 主机在网络中无法做到即插即用，这意味着 IPv4 很难在大范围得到使用。通过第七章的学习，读者应该已经知道，如果 IPv4 主机所在的子网中拥有能够提供动态 IPv4 地址配置服务的服务器或者中继代理，那么 IPv4 主机也可以实现即插即用。下一代的 IP 协议需要更进一步，即主机所在子网中不需要任何提供地址配置服务的 BOOTP 服务器[注]就可以自行完成地址配置，做到真正意义上的即插即用。这种不需要服务器主机即可自动配置地址的机制叫作无状态地址自动配置机制。

再次，IPv4 头部定义的大量字段给网络的中间设备带来了较大的处理负担。要想减少网络中设备的处理延迟，新型 IP 协议的头部字段必须简化和优化。这里所说的简化是指把那些需要调用大量 CPU 资源执行处理的字段进行删减，而优化则是指应该对 IP 头部的结构进行调整，让中间设备在处理 IP 数据包时能够用最快速度查找到自己需要的信息。关于 IPv6 头部的封装格式，以及 IPv6 相对于 IPv4 对头部封装字段所作的优化，我们会在 7.1.2 节中进行具体介绍。

另外，IPv4 协议缺乏安全机制，IETF 认为应该通过定义新的 IP 协议，在网络层加入身份认证和加密等安全机制，这种为 IPv6 定义的安全标准就是 IPSec。有意思的是，IPSec 反而是因为后来被引入到了 IPv4 中才得到了大范围的部署。关于 IPSec 技术，我们会在本书的第 9 章中进行介绍。

还有，在研讨 IPv4 协议缺陷的年代，流媒体流量刚刚开始在数据通信网络的流量中占据一席之地。IETF 确信在可预见的未来，对网络延迟十分敏感的实时流量将会在网络承载的数据中占据越来越大的比重。为了让中间设备有能力针对这些实时流量提供不同于普通流量的优先服务，IPv6 应该更好地为服务质量（QoS）技术提供支持。

上面这些 IPv4 展现出来的问题，IETF 在定义 IPv6 标准时都进行了完善。当然，IPv6 提供的完善方式势必需要通过定义 IPv6 数据包头部的封装字段来得到落实。在 7.1.2 节中，我们会对比 IPv4 的头部封装字段，对 IPv6 针对 IPv4 头部封装所作的改善进行说明。

[注] 这里所说的 BOOTP 服务器也包括能提供地址信息的 DHCP 服务器。

7.1.2　IPv6 的数据包封装

关于 IPv4 的头部封装格式，本系列教材在《网络基础》的第 5 章进行过详细介绍。已经不记得 IPv4 头部封装中的字段以及某些字段作用的读者应该复习《网络基础》教材第 5 章中的内容。在 7.1.2 节中，我们会对比 IPv4 头部封装的字段，来介绍 IPv6 头部中的字段。图 7-1 为 IPv4 和 IPv6 头部封装格式的对比。

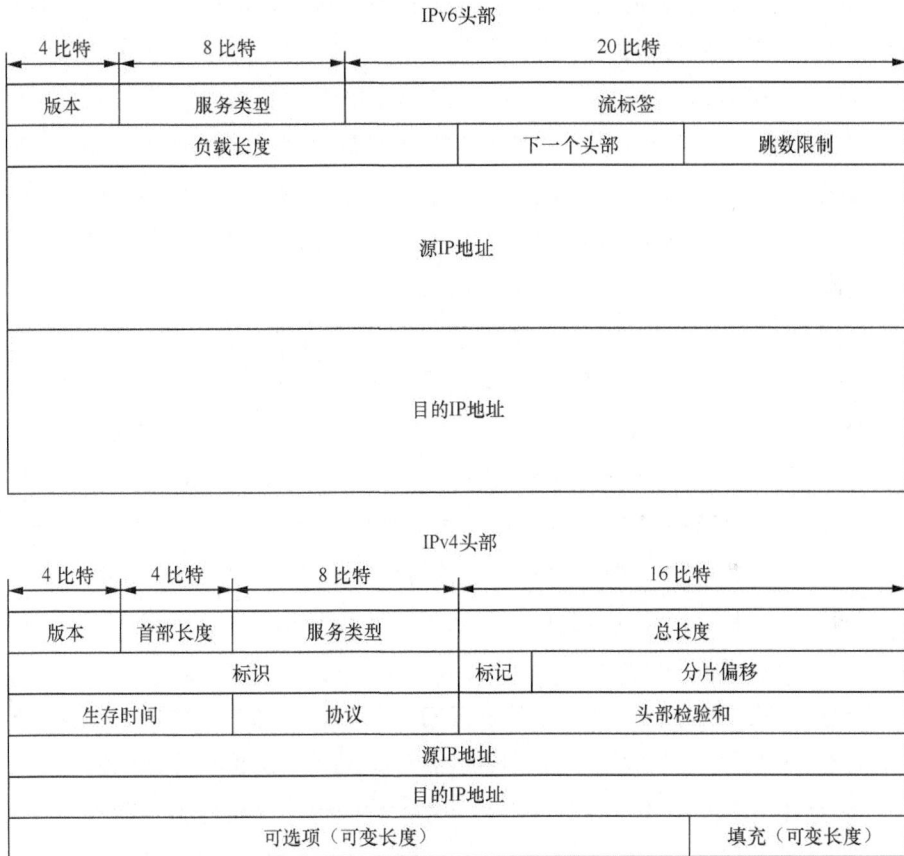

图 7-1　IPv4 和 IPv6 头部封装字段对比（不含数据部分）

通过对比 IPv4 和 IPv6 头部封装的字段，读者应该已经可以感受到 IPv6 简化和优化头部封装字段的效果。如果不考虑可变长度字段，虽然 IPv6 头部（40Byte）实际比 IPv4 头部（20Byte）大了 1 倍，但 IPv6 头部封装中的字段数量远远小于 IPv4 头部字段的数量，减少的字段数量为 IPv6 庞大的地址让出了空间。对比这两版 IP 协议对头部封装的定义方式，即使不是数字设备也可以直观地感受到它们的差距。

为了说清楚这种区别，下面我们首先说明一下在 IPv4 头部中进行了定义，但是没有在 IPv6 头部中定义的字段，以及它们提供的功能如何实现。

- **标识、标记、分片偏移**：相比于 IPv4，IPv6 的数据包头部格式中再也看不到任何与数据包分片（Fragmentation）有关的字段了。实际上，分片与重组是相当消耗转发设备资源的处理行为。为了节省转发设备的处理资源，IPv6 环境中的路由器不再对数据包执行分片。当 IPv6 路由器接收到大于最大传输单元的数据包时，它会直接丢弃这个数据包，然后把因过大而丢弃数据包的情况通告给数据包的始发设备。为了避免因为数据包过大而被路由器丢包，IPv6 环境中的终端设备必须承担起控制数据包大小的工作，它们会通过路径 MTU 发现机制来判断可以发送的最大数据包长度，然后由上层协议来限制数据的规模。如果上层协议无法限制数据大小，IPv6 还定义了一个扩展头部，扩展头部的其中一项功能就是处理数据包分片事宜。关于扩展头部的更多内容，我们稍后会进行介绍。

- **头部校验和**：同样为了提升 IPv6 网络的性能，IPv6 数据包头部删除了校验和字段。因为数据在转发过程中是否发生了变化，接收方可以通过封装在 IPv6 头部内部的传输层载荷和封装在 IPv6 头部外侧的链路层头部和尾部来执行校验。在网络层中增加一层校验的性价比并不高。

除了上述 4 个字段之外，IPv4 头部中的其他固定字段都可以直接沿用，或以改良的形式在 IPv6 头部中得到体现。下面，我们来介绍既在 IPv6 头部也在 IPv4 中的字段：

- **版本**：这个字段的长度与作用均与 IPv4 头部中对应的字段相同。当然，对于 IPv6 数据包而言，这个字段的取值为 6，即二进制数 0110。
- **服务类型**：服务类型字段的长度与作用同样与 IPv4 头部中定义的字段相同。在 8 个比特的字段中，前 6 个比特的作用是标识用于分类数据包的差分服务。而这个字段最后 2 个比特位的作用则用于显示拥塞指示（Explicit Congestion Notification，ECN）。
- **负载长度**：在作用上，负载长度字段相当于 IPv4 头部字段中的首部长度与总长度字段。IPv6 头部取消了可变长度的可选项字段，它的长度固定为 40Byte，因此 IPv6 协议也就没有必要专门用一个字段去标识头部的长度，这个负载长度字段的作用是标识封装在这个 IPv6 头部中的载荷长度。
- **下一个头部**：这个字段的功能和长度均与 IPv4 头部中的协议字段相同，它的目的是用一个数值来标识头部中封装数据使用的协议。IPv6 头部中的下一个头部字段与 IPv4 头部中的协议字段在标识相同的协议时，使用的数值也是一致的。换言之，IPv6 下一个头部字段也是使用协议的 IP 协议号来标识 IPv6 头部中封装的协议。例如，当 IPv6 数据包中封装的传输层协议为 TCP 时，这个字段的值即为 6。

注释：

关于下一个头部字段特别值得一提的是，IPv6 协议定义了一些扩展头。这些扩展头的目的是在 IPv6 提供的基本服务基础上，给需要诸如认证、加密等安全功能（提供一些安全服务是 IPv6 设计目标之一，参见 7.1.1 节），需要逐跳路由等 IPv4 协议可选项功能，或者数据包分片等功能的设备来按需提供扩展服务。一般来说，当 IPv6 设备封装需要使用多个扩展头的 IPv6 数据包时，它们都会按照固定的顺序依次封装扩展头。如果某个 IPv6 数据包使用了一个或一些扩展头，那么这个 IPv6 数据包的下一个头部字段标识的就是这个 IPv6 数据包所使用的、与 IPv6 头部相邻的下一个扩展头。每一个扩展头的封装格式中都包含一个下一个头部字段，用来标识与这个扩展头相邻的再下一个扩展头。如果 IPv6 数据包只使用了一个扩展头，或者这个扩展头是数据包封装的最后一个，即最贴近上层协议的扩展头，那么扩展头的下一个头部字段就会标识这个 IPv6 数据包负载的上层协议。关于扩展头的内容超出了本系列教材的知识范畴，我们在这里不作赘述。然而，我们在这里提出扩展头的目的是为了说明下一个头部字段是 IPv6 优化数据包头部结构的一大突破。这种层次化封装、用下一个头部字段层层标识的做法相当于给 IPv6 设备提供了一个在 IPv6 数据包中检索适用信息的指针。如果原本长度可变、可选项使用没有固定顺序的 IPv4 头部是一本随机排列单词顺序的英汉词典，读者要想找到某个单词的中文解释必须从头到尾一字不落地阅读，那么把扩展功能分层封装在 IPv6 头部内部、规定了扩展头封装顺序，并层层用下一个头部字段标识的 IPv6 头部就像是对这本字段中的英文单词按照从 A 到 Z 的字母顺序进行了排列，并且还给这部字典加上了目录。

- **跳数限制**：这个字段的作用和长度均与 IPv4 头部中的生存时间相同。在《网络基础》第 5 章中，我们就提到 IPv4 头部生存时间字段本来的目的是对数据包在网络中传输的时间进行倒计时，一旦生存时间字段标识的时间耗尽，这个数据包就会被网络设备丢弃。生存时间字段也由此得名。但由于数据包在网络中传输的时间远比预计的要快很多，这个字段实际的用法其实是对数据包在网络中传输的跳数进行限制。这样看来，到了 IPv6 头部中，人们将具有相同作用的字段命名为跳数限制，才是实至名归。
- **源/目的 IP 地址**：这两个字段的作用是标记 IPv6 数据包的 IPv6 源地址和 IPv6 目的地址。由于 IPv6 地址的长度为 128 位，因此 IPv6 数据包头部字段中的源/目的 IP 地址字段的长度也就是 IPv4 长度（32 位）的 4 倍。关于 IPv6 的编址方式，我们会在 7.1.3 节中进行详细介绍。

除了上述 7 个可以在 IPv4 头部中找到原型的字段之外，IPv6 协议还在头部增加了一个在 IPv4 头部中找不到类比对象的全新字段。下面我们对这个字段进行说明。

- **流标签**：流标签字段顾名思义，其作用是用标签的形式来标识不同的数据流。在 7.1.1 节中，我们曾经提到定义 IPv6 协议之初，人们希望能够给实时流量提供更有保障的转发服务，流标签字段就是为此目的而定义在 IPv6 头部的。这也就是说，IPv6 实时流量的发送方可以给拥有相同源和目的 IPv6 地址，以及相同源和目的端口号的流量打上相同的标签，来将自己发送的流量标识为不同的数据流，让转发设备能够凭借流标签来给实时流量提供更优的服务。目前，在实际使用方面，用流标签标识数据流的目的更多是为了让一组数据流能够在 IPv6 网络中通过相同的路径进行转发。

在 7.1.2 节中，我们对比 IPv4 头部，对 IPv6 头部的各个字段进行了比较详细的介绍。7.1.2 节在一定程度上呼应了 7.1.1 节的内容，解释了 IPv6 的定义是如何尽可能满足 IETF 对于下一代 IP 协议所提出的需求的。

7.1.3 节会对 IPv6 的编址方式进行具体的介绍。IPv6 编址对于学习和掌握第 7 章和第 8 章的内容，以及配套的实验操作都十分重要，读者须认真对待。

7.1.3　IPv6 地址的表示方式

前面我们反复介绍过，IPv6 协议将地址长度扩展到了 128 位。这个地址长度是 IPv4 地址的 4 倍，如果继续沿用 IPv4 地址的点分十进制表示法，那么每个 IPv6 地址都需要通过 16 个八位组来表示。所以，使用点分十进制表示法表示 IPv6 会导致地址过于冗长，给人们交流和配置 IPv6 地址带来不便。为了能够更加高效地表示一个长达 128 位的 IPv6 地址，人们设计了使用十六进制的表示方法，将 128 位的 IPv6 地址分为 8 组，每组 16 位，也就是每组 4 个十六进制数。

我们在本系列教材《网络基础》第 4 章（网络接入层）介绍 MAC 地址时，曾经提到二进制转换十六进制的方法。不过，考虑到 MAC 地址是烧录在适配器上的硬件标识，读者在前文的内容中几乎不需要执行二进制到十六进制的转换，因此为了方便读者复习二进制到十六进制的转换方法，我们有必要在这里对其进行简单的复述。

我们在《网络基础》教材中曾经提到，因为 $2^4=16$，所以每一位十六进制都正好可以用 4 位二进制来表达。这也就是说，将二进制数转化成十六进制数十分简单，只需要记住每个 4 位二进制数所对应的十六进制数，我们就可以将任意长度的二进制数从右至左拆分成 4 位一组，再将每组的 4 位二进制数分别转换成对应的十六进制数即可。表 7-1 为所有 4 位二进制数对应的十六进制数，这个表与《网络基础》教材中的表 4-6 相同。

表 7-1　　　　　　　　每 4 位二进制数对应的十进制和十六进制

二进制	十进制	十六进制
0000	0	0
0001	1	1
0010	2	2
0011	3	3
0100	4	4
0101	5	5

（续表）

二进制	十进制	十六进制
0110	6	6
0111	7	7
1000	8	8
1001	9	9
1010	10	A
1011	11	B
1100	12	C
1101	13	D
1110	14	E
1111	15	F

下面，我们来尝试将二进制数 10001001000111111010 转化为十六进制数。

- 首先，我们将这个二进制数从右至左每 4 位拆分成一组，得到：1000 1001 0001 1111 1010；

- 下面，我们查找表 7-1，得到这 4 组二进制数对应的十六进制数为 8 9 1 F A。因此，这个二进制数对应的十六进制数为 0x891FA。

将十六进制转换为二进制数的方法更加简单。我们只需要通过查表将所有十六进制数依次转换为二进制数即可。例如，我们可以尝试将十六进制数 0x8AB17 转换为二进制数。

通过查表可知，8 A B 1 7 对应的二进制数分别为 1000 1010 1011 0001 0111，因此 0x8AB17 对应的二进制数为 10001010101100010111。

在上文中，我们复习了二进制与十六进制数的转换方法，下面我们回到 IPv6 地址的表示方法上。前面我们刚刚提到，IPv6 采用了将 128 位的地址分为 8 组，每组 4 个十六进制数的表示方法。在这种表示方法中，每组的 4 个十六进制数之间用英文的冒号（:）相互隔开。因此，如果将每个十六进制数都用一个 x 来表示，那么每个 IPv6 地址都可以表示为 xxxx:xxxx:xxxx:xxxx:xxxx:xxxx:xxxx:xxxx 这样的形式。例如，FC00:0000:0000:08AB:17DE:0000:0000:1012 就是一个 IPv6 地址。

当然，即使采用了这样的表示方法，IPv6 地址还是显得十分冗长。为了使用方便，IPv6 定义了两种地址压缩规则。

- **每组十六进制数中的前导 0 可以省略。**

根据这种规则，我们可以将上面的 IPv6 地址 FC00:0000:0000:08AB:17DE:0000:0000:1012 压缩为 FC00:0:0:8AB:17DE:0:0:1012。

这种规则很容易理解，因为我们在使用十进制时，省略前导 0 基本已经是一种习惯了，因此也从来没有人会把点分十进制表示的 IPv4 地址 172.16.1.1 写作 172.016.001.001。

- **如果地址中包含连续两个或多个全 0 组，那么这些全 0 组可以压缩为双冒号**

（::）。但是，**一个 IPv6 地址中只能使用一次双冒号**。

根据这种规则，我们可以将上面简化后的 IPv6 地址 FC00:0:0:8AB:17DE:0:0:1012 进一步简化为 FC00::8AB:17DE:0:0:1012。

这个规则很容易执行，但读者也应该理解 IPv6 为什么要定义一个 IPv6 地址中只能出现一次双冒号的限制条件。IPv6 地址的压缩有一个前提，那就是压缩后的 IPv6 地址不能存在歧义。如果在一个 IPv6 地址中多次使用双冒号压缩了连续的全 0 组，那么压缩后的 IPv6 地址就会产生歧义。例如，如果我们将一个 IPv6 地址压缩为了 FC00::8AB::17DE，那么这个地址在压缩之前是 FC00:0:0:0:8AB:0:0:17DE 还是 FC00:0:0:8AB:0:0:0:17DE 就无从判断了。

7.1.3 节对 IPv6 地址的表示方式和压缩规则进行了介绍，同时带着读者复习了二进制与十六进制相互转换的方法。7.2 节会对 IPv6 地址的分类展开详细的介绍。

7.2 IPv6 地址分类

IPv4 地址分为单播地址、组播地址和广播地址，IPv6 地址也存在这种地址功能层面的分类。但 IPv6 的地址分类与 IPv4 地址也存在不同。IPv6 没有定义广播地址，也不推荐发送广播消息。如果实在需要广播功能，那么广播功能也可以通过组播地址来实现。此外，IPv6 定义了一种新的消息发送机制，称为任意播。与任意播对应的地址则称为任意播地址。因此，IPv6 定义了三大类地址，即单播地址、任意播地址和组播地址。

另外，几乎所有 IPv6 地址都有一个有效"范围"。根据这个范围的不同，单播、任意播和组播 IPv6 地址还可以进行进一步的分类。7.2 节会分别用 3 节的篇幅对单播、任意播和组播这三类 IP 地址的用途、编址和其中包含的子类进行详细介绍。首先，让我们从最为常用的单播地址说起。

7.2.1 IPv6 单播地址

IPv6 单播地址根据使用范围和功能分为很多类别，其中特别值得介绍的单播 IPv6 地址类型包括全局单播地址、唯一本地地址和链路本地地址等。接下来，我们会对这些分类的编址方式，使用范围与功能进行说明。

1. 全局单播地址

顾名思义，**全局单播 IPv6 地址的有效范围是全局有效的**。这也就是说，**全局单播地址是可以部署在公共网络环境中的、全网可路由的 IPv6 地址**。既然是全局 IP 地址，当然需要由地址分配机构来统筹资源分配，因此全局单播 IPv6 地址是由 IANA 分配给 RIR，再由 RIR 分配给各地互联网注册机构和互联网服务提供商的。无论从哪个角度来看，全局单播 IPv6 地址都可以与 IPv4 的公网地址进行类比。

在分配 IPv4 地址时，地址分配机构不会分配全部 32 位的地址。它们分配给地址申请者的只会是 IPv4 地址的网络/子网位，之后的主机位则需要由组织机构分配给各个适配器接口。在分配 128 位的 IPv6 地址时，地址分配机构的做法当然也是这样。

全局单播 IPv6 地址的编址方式如图 7-2 所示。

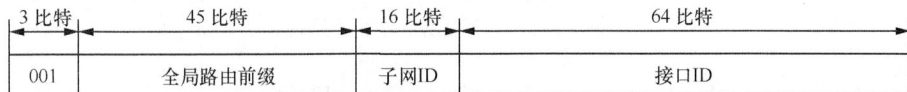

3 比特	45 比特	16 比特	64 比特
001	全局路由前缀	子网ID	接口ID

图 7-2 全局单播 IPv6 地址的结构

如图 7-2 所示，在编址上，**全局单播 IPv6 地址的前 3 位固定为 001**；从第 4 位到第 **48 位的这 45 位是由地址分配机构分配给申请方的**；在 48 位之后的 **16 位地址供网络管理员给网络划分子网位使用**，相当于 IPv4 可变长子网掩码中定义的子网位，因此这 16 位称为子网 ID；剩余的 **64 位 IPv6 地址称为接口 ID**，接口 ID 的作用与 IPv4 中的主机位相同，即标识子网中的不同网络适配器接口。

注释：

实际上，学习了之前内容的读者应该发现，IP 地址标识本来就是不同的网络适配器接口而不是主机，因此接口 ID 也的确比主机位的称谓更为贴切，只是具体的叫法直至 IPv6 时代才被正名。

注释：

图 7-2 所示的全局单播 IPv6 地址结构在全局单播 IPv6 地址格式对应的 RFC 文档（RFC 3587）中只是定义全局单播 IPv6 地址的一个示例，而并非一种标准。但 IANA 确实是在使用图 7-2 所示的全局单播地址结构执行全局单播地址分配，而且这种地址格式也与向站点分配 IPv6 地址的推荐方案（RFC 3177）相吻合。如果严格参照 RFC 3587 中的标准描述全局单播地址的格式，那么全局单播 IPv6 地址的格式为全局路由前缀占 n 位，子网 ID 位占 64-n 位，接口 ID 占 64 位。当读者在不同技术读物中看到上述两种不同的全局单播地址格式时，不必觉得相互矛盾。

综上所述，将全局单播 IPv6 地址的前 3 位固定值转换为 IPv6 表示法可知，**全局单播地址的前缀为 2000::/3**。

2. 唯一本地地址

尽管 IPv6 拥有相当充足的地址空间，但 IANA 还是分配了一段可以由不同机构在自己私有网络中复用的私有 IP 地址空间。**这种可以由各个组织机构根据需要自行使用而不需要向地址分配机构申请的单播 IPv6 地址称为唯一本地地址。**显然，唯一本地地址的范围就是部署该地址的私有网络，这类地址不是全局可路由的地址，它的作用和范围都相当于 IPv4 中的私有 IP 地址。

唯一本地地址的编址方式如图 7-3 所示。

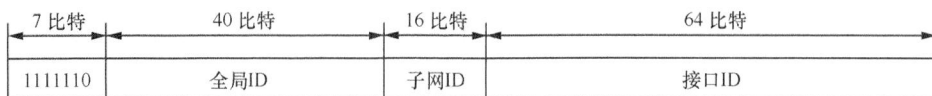

7 比特	40 比特	16 比特	64 比特
1111110	全局ID	子网ID	接口ID

图 7-3　唯一本地 IPv6 地址的结构

如图 7-3 所示，在编址上，唯一本地地址的前 7 位固定为 1111110；从第 9 位到第 48 位的这 40 位是一个相当于 IPv4 地址中网络位的全局 ID；而唯一本地地址后面的子网 ID 部分与接口 ID 部分的长度与全局单播地址相同，分别为 16bit 和 64bit。因此，将唯一本地 IPv6 地址的前 7 位固定值转换为 IPv6 表示法可知，**唯一本地地址的前缀为 FC00::/7**。

读者应该还能记得，我们在第 4 章中介绍网络地址转换（NAT）技术时曾经提到 NAT 的一种应用场景：企业并购时，因此前双方的企业网络采用了相同的私有 IP 地址前缀，为避免合并后的网络出现 IP 地址冲突，在网络割接前暂以网络地址转换作为通信的临时手段。考虑到 IPv4 地址空间本身就很狭小，RFC 1918 仅定义了三段私有 IPv4 地址供企业选用，因此企业合并时双方企业中使用的私网 IP 地址空间重合的几率极高。IPv6 则不然，私有网络的管理员可以有 40bit 的空间来自由定义企业中使用的网络地址前缀，这个可供网络管理员自由使用的地址长度甚至比 IPv4 地址全长还长了 8bit，因此不同企业使用了相同私有 IPv6 前缀的可能性也就变得相当低了。

下面，我们来简单说明一下唯一本地地址的第 8 位。关于唯一本地地址第 8 位为 0 的地址（即前缀为 FC00::/8 的 IP 地址）如何使用有很多不同的提议，但至今还没有任何一项提议得到了标准化。这也就是说，FC00::/8 这个 IPv6 地址前缀目前仍然是保留的地址空间。因此，**目前真正提供给私有网络自行使用的 IPv6 地址都是以 11111101 开头，即前缀为 FD00::/8 的 IPv6 地址**，如图 7-4 所示。

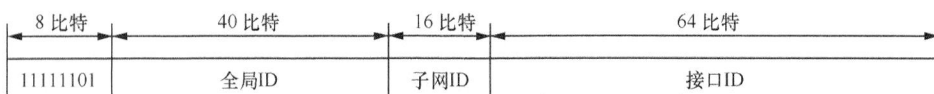

8 比特	40 比特	16 比特	64 比特
11111101	全局ID	子网ID	接口ID

图 7-4　当前真正用于私有地址的 IPv6 地址空间

说明：

在唯一本地地址之前，RFC 定义过一种前缀为 FEC0::/10 的 IPv6 站点本地地址（RFC 3513），并一度将这种地址作为类似于 IPv4 私有地址的私有网络可复用地址使用。根据定义，站点本地地址的使用范围应该是一个站点内部。然而，这种地址的定义只包含 3

部分：前 10 位为 1111111011、接下来的 54 位为子网 ID，最后 64 位为接口 ID。这也就是说，与后来定义的唯一本地地址相比，这种地址没有定义全局 ID 部分，导致了人们无法根据站点本地地址本身判断出这个地址标识的网络适配器接口究竟属于哪个站点。此外，很多在口头交流中看似表意十分明确的字眼在用来进行严谨的技术定义时，往往会显得十分模糊，而"站点"就属于这种表意十分模糊的词。考虑到这种缺陷，站点本地地址在 2003 年被废止（RFC 3879）。如果读者查阅技术资料，发现一些技术资料将 IPv4 的私有网络地址类比成前缀为 FEC0::/10 的站点本地地址，而没有提到唯一本地地址，请留意该文献的时效性。

3. 链路本地地址

链路本地地址在 IPv4 地址中找不到可以类比的对象，这是 IPv6 定义的一种全新的地址类型。顾名思义，**链路本地地址是只在链路本地有效的地址。在启用 IPv6 时，网络适配器接口就会自动给自己配置上这样一个 IPv6 地址。** 所以，在 IPv6 环境中，每一台设备都无需经过管理员的配置，就可以通过这个自动配置的链路本地地址和连接在同一条链路上的其他设备进行通信。当然，当连接在同一条链路上的设备通过链路本地地址相互通信时，这些数据包 IPv6 头部封装的源 IPv6 地址和目的 IPv6 地址都会是彼此的链路本地地址，因为链路本地地址只在链路本地有效，所以这些数据包不会被发送到其他链路上。

链路本地地址的编址方式如图 7-5 所示。

10比特	54比特	64比特
1111111010	0	接口ID

图 7-5　链路本地地址的结构

如图 7-5 所示，**链路本地地址的前 10 位固定为 1111111010，之后的 54 位固定为 0，最后的 64 位为接口 ID。因此，根据定义，链路本地地址的前缀为 FE80::/10。**

既然所有链路本地地址的前 64 位都是相同的，那么一个适配器的接口在启用 IPv6 时，要如何编址 64 位的接口 ID 字段，才能确保自己的链路本地地址在所在链路中不会出现 IP 地址冲突呢？答案是适配器的接口需要使用自己的物理 MAC 地址来填充接口 ID 字段。因为适配器接口的物理 MAC 地址理论上应该是唯一的，所以通过 MAC 地址生成的接口 ID 以及对应的链路本地地址也是唯一的。

将适配器接口的 MAC 地址转换为接口 ID 的方法是将 MAC 地址相关的 EUI-64 标识符的第 7 位反转，这一位也称为 U/L 位，是全局（Universal）/本地（Local）位的简称。 既然这里需要提到 EUI-64 标识符，我们不妨解释一下 MAC 地址的编址规则。

IEEE 定义了三种 MAC 地址的格式，即 MAC-48、EUI-48 和 EUI-64，每种格式最后的数字即用这种格式标识 MAC 地址所使用的位数，而之前我们在《网络基础》第 4 章中介绍的 MAC 地址表示方法为 MAC-48 格式。MAC-48 和 EUI-48 这两种表示方法在数值上完全相同，它们的区别只停留在称谓层面。关于 EUI-48 标识符，我们在这里不作进一步说明，因为我们现在的重点是如何将 MAC-48 标识符转换为 EUI-64 标识符，进而将 EUI-64 标识符转换为链路本地地址中的接口 ID。

我们在《网络基础》第 4 章中曾经介绍过：在 MAC 地址的 6Byte 长度中，前 3 个字节是 IEEE 分配给该 MAC 地址适配器厂商的代码，这个代码也就是……组织唯一标识符（Organizationally-Unique Identifier，OUI）。……而 MAC 地址的后 3 个字节则要由设备制造商给各个适配器分配。**要把 MAC 地址的 MAC-48 标识符转换为 EUI-64 标识符，我们只需要在 MAC 地址前 3 个字节，即 OUI 的后面，插入固定的十六进制数 FF-FE，然后再用设备制造商分配给这个适配器 MAC 地址的后 3 个字节将其补充完整即可。**

例如，如果我们希望将 MAC 地址 00-9A-CD-00-00-0A 转换为 EUI-64 标识符，我们只需要在 00-9A-CD 的后面加上 FF-FE 即可。因此这个 MAC 地址的 EUI-64 标识符为 00-9A-CD-FF-FE-00-00-0A。在获得了这个 MAC 地址的 EUI-64 标识符之后，我们只需要将这个标识符的第 7 位二进制数反转，就可以得到这个适配器接口在自动配置链路本地 IPv6 时使用的接口 ID 了：02-9A-CD-FF-FE-00-00-0A。这个过程如图 7-6 所示。

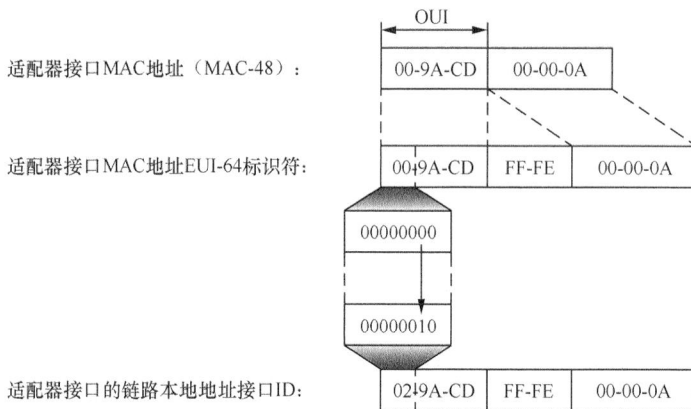

图 7-6 使用适配器 MAC 地址获得链路本地地址接口 ID 的计算过程

在上文中，我们解释了链路本地地址的构成和通过 MAC 地址 EUI-64 标识符转换得到链路本地地址接口 ID 的方法。现在我们可以将这些信息汇总成一个结论：链路本地地址是由固定的 64 位前缀和通过网络适配器接口 MAC 地址转换得到的 64 位接口 ID 组成的。这种结构决定了每个适配器在启用 IPv6 时都可以不借助任何设备提供的额外信息就立刻给自己配置链路本地 IPv6 地址。

链路本地地址的构成让它拥有很多物理地址的属性，链路本地地址的这种属性当然与这类地址的使用相关。比如，链路本地地址不是层次化的，所有链路本地地址使用的都是相同的前缀，所以这类地址在结构上是无法汇总的，或者说是扁平的。不过，因为链路本地地址也像 MAC 地址一样只会用于链路本地的寻址，路由器既不会通过路由协议将这类地址通告给其他网络，也不会将以这类地址作为目的地址的数据包路由给其他网络，所以这类地址虽然无法进行汇总，但它本身就是不可路由的地址，它能否汇总对路由表中 IPv6 路由条目的数量多少不会产生任何影响。链路本地地址的用途之一就是相邻设备间通信。所以，使用这种十分稳定的链路本地地址作为路由条目的下一跳地址可以让路由器在向下一跳设备转发数据包时不会受到网络重新编址的影响。

4. 未指定地址

未指定地址就是 128 位地址全部取 0 的前缀地址。根据简化规则，未指定地址写作::/128，这种地址相当于 IPv4 中的 0.0.0.0/32。**管理员不能给网络适配器接口分配这个未指定地址。**只有当一台 IPv6 设备还没有学习到地址时，才会将未指定地址作为 IPv6 数据包的源 IPv6 地址。比如，一台刚刚接入网络的 IPv6 主机在通过邻居发现协议（NDP）发送路由器请求消息时，就可以在封装数据包时将未指定地址作为这个消息的源地址。IPv6 路由器不会转发以未指定地址作为源地址或作为目的地址的数据包。

注释：

关于邻居发现协议的工作方式，我们会在本章的 7.3.1 节中进行介绍，这里暂不作详细解释。

5. 环回地址

环回地址是前 127 位全部取 0，最后 1 位取 1 的 128 位前缀地址。根据简化规则，环回地址写作::1/128。环回地址相当于 IPv4 中的环回地址 127.0.0.1/8，**这种地址标识的是发送方节点自己，管理员不能给网络适配器接口分配这个环回地址。**当节点（主要是节点上的应用）封装了一个以::/128 作为目的地址的 IPv6 数据包时，设备的协议栈会将这个数据包发送给虚拟接口（会接收以这个地址作为目的地址的数据包）。所以，只要设备的协议栈工作正常，设备就可以接收到发送给这个环回地址的数据包。

7.2.1 节对五类常见的 IPv6 单播地址进行了介绍，其中包括全局单播地址、唯一本地地址、链路本地地址、未指定地址和环回地址。然而，涉及 IPv6 的技术往往拥有十分宏大的知识体系，要求作者在写作时综合后文中要介绍的整体知识结构进行取舍。限于篇幅，除了上述五类 IPv6 单播地址之外，另外一些与 IPv4 相关的 IPv6 单播地址及其他特殊功能的 IPv6 单播地址我们就没有在这里进行介绍。感兴趣的读者可以通过其他渠道了解全面的信息。

7.2.2 IPv6 任意播地址

任意播是 IPv6 定义的一种全新的数据发送模式。不过，**IPv6 并没有定义任意播专用的地址空间，而是让任意播与单播共享相同的地址空间。**这也就是说，我们无法根据地址本身，判断出这是单播地址还是任意播地址。

如果说单播所执行的是一对一的通信方式，组播所执行的是一对多的通信方式，广播所执行的是一对全体的通信方式，那么任意播所执行的就是一对最近（One-to-Nearest）的通信方式，如图 7-7 所示。

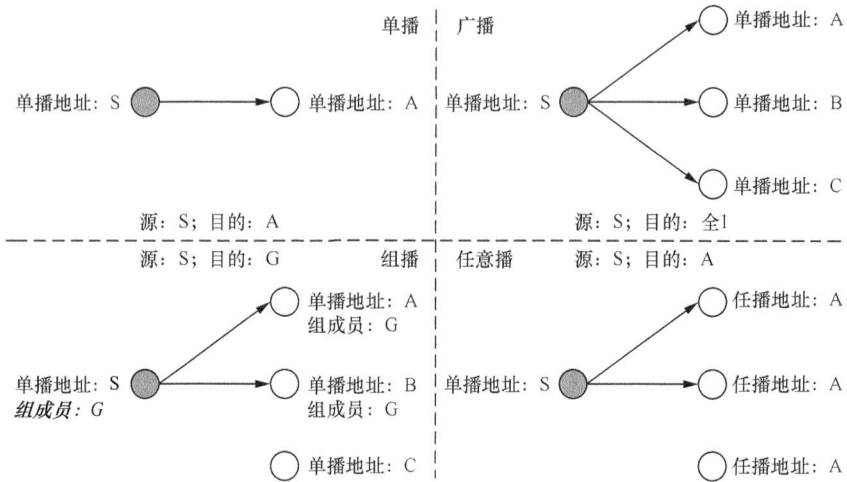

图 7-7 几种数据发送方式示意

当网络中多个属于不同主机的网络适配器接口上配置了相同的任意播地址时，那么发送方以这个地址作为目的地址的数据包会被路由设备路由给（在该路由协议看来）距离发送方最近的那个配置了该任意播地址的网络适配器接口。从这个角度上看，任意播的做法可以与麦乐送网站点餐进行类比。当我们在麦乐送网站下单时，订单会被提交给距离下单者所在位置最近的麦当劳餐厅进行处理，并由这家餐厅来提供食品加工和送餐服务。

我们在系列教材《网络基础》第 8 章中介绍的 DNS 根服务器就是通过任意播来实现的。目前互联网一共有 13 个 DNS 根服务器，在这 13 个 DNS 根服务器中，有 11 个 DNS 根服务器都是由很多台使用任意播地址的物理服务器组成的服务器集群，组成同一个逻辑 DNS 根服务器的众多物理 DNS 服务器都分布在世界各地[①]。当路由器接收到以其中某个 DNS 根服务器的任意播地址作为目的地址的 DNS 查询，路由器都会按照路由协议的就近原则，将查询消息交给离路由器最近的那台物理 DNS 服务器去进行处

[①] DNS 根服务器 B 和 DNS 根服务器 H 目前未采用通过任意播地址分布在世界各地的做法。

理，如图 7-8 所示。

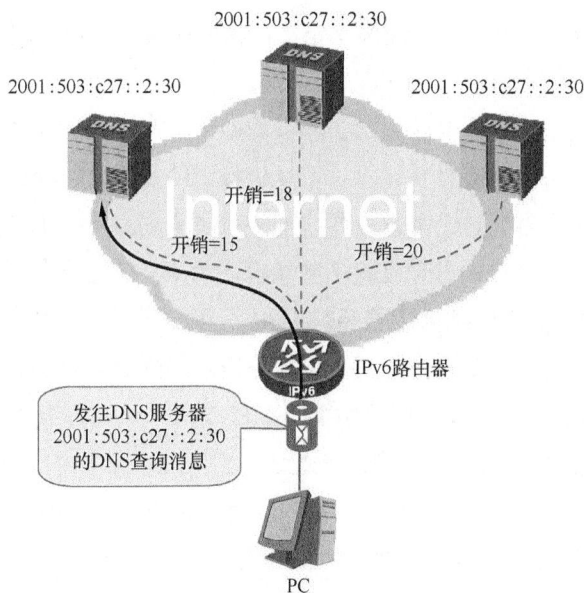

图 7-8　任意播工作方式示意

7.2.3　IPv6 组播地址

组播定义了一种数据发送机制，即多台加入了某个组播组，并成为了该组播组成员的设备都会对以这个组播组地址作为目的地址的数据包执行解封装，并查看其 IP 头部中封装的数据。而在这样的组播机制中，数据发送方则既可以是组播组成员，也可以不是。因此在图 7-7 左下角组播的图示中，只有 G 组的组成员设备接收了发送方以 S 作为源地址，以 G 作为目的地址的数据。为了标识发送方既可以是 G 的组成员，也可以不是 G 的组成员，我们在发送方的位置使用了斜体字来标识"组成员：G"的字样。

组播的应用相当广泛，比如我们在系列教材《路由与交换技术》中介绍的 RIPv2 和 OSPF 这两种路由协议就是使用组播来发送信息的。这也就是说，启用了这种路由协议的路由设备会自动加入某个组播组，并监听那些以该组播组地址为目的地址的消息，因为这些消息是与这个路由协议有关的信息。

关于组播组地址，IPv6 和 IPv4 一样为组播预留了地址空间。IPv6 组播组地址的结构如图 7-9 所示。

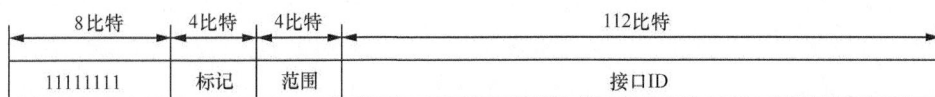

图 7-9　组播地址的结构

如图 7-9 所示，在编址上，**组播 IPv6 地址的前 8 位固定为 1**。

在前 8 位为 1（0xFF）之后，从第 9 位到第 12 位的这 4 位是标记位。在这 4 位标记位中，第 1 位（即最左侧位）目前还没有定义，属于保留标记位，因此这一位固定为 0。标记位第 2 位的用途与汇集点（Rendezvous Point）有关，因此这一位称为 R 位，汇集点是组播中的一个概念，这个概念超出了本书的知识范围，因此不作介绍，读者只需掌握 R 位在绝大多数情况下取值为 0 即可。第 3 位标识的是这个组播组地址是否携带了前缀（Prefix），因此称为 P 位。如这个组播组地址无前缀，则 P 位取值为 0。鉴于组播地址多不带前缀，因此 P 位的取值在大多数情况下为 0。标记位的最后一位为 T 位，这一位比较重要。T 位为 0 表示组播组已经被 IANA 分配给了某种操作或某项协议，就像它们把 224.0.0.9 分配给 RIPv2 那样，而 T 位为 1 表示组播组可以由管理员临时充当一些设备的组播组。因此，各个协议使用的组播组都是以 FF0 开头的 IPv6 地址，而管理员可以使用的组播组都是以 FF1 开头的 IPv6 地址。

IPv6 组播地址也像单播地址一样拥有一个有效范围，而**组播地址从第 13 位到第 16 位的这 4 位范围位定义了这个组播地址的有效范围**。不同范围位的取值表示的范围见表 7-2。

表 7-2   IPv6 组播地址范围位取值的表意

范围位取值	对应的 IPv6 地址前缀	表示的范围
1	ffx1::/16	接口本地
2	ffx2::/16	链路本地
3	ffx3::/16	子网本地
4	ffx4::/16	管理范围本地
5	ffx5::/16	站点本地
8	ffx8::/16	组织机构本地
E	ffxe::/16	全局

如果读者认为表 7-2 中的"本地"这种表述方式不容易理解，不妨将其理解为"以使用前缀的 IPv6 组播地址作为目的地址的 IPv6 数据包，不会被发送到该范围之外"。比如，以 ff01::/16 为前缀的组播地址作为目的地址的 IPv6 数据包不会被发送到接口之外。这也就是说，这类数据包不会被发送到链路上，它们的功能相当于我们在单播 IPv6 地址中介绍的环回地址。同理，以 ff02::/16 为前缀的组播地址作为目的地址的 IPv6 数据包不会被发送到链路本地之外，以此类推。

因为路由设备之间在链路本地交换管理数据的做法相当常见，而这种在链路本地交换管理数据的操作方式又多与网络管理类应用协议有关，所以读者在往后的工作学习中，有可能会遇到大量标记位取 0（IANA 分配给某种操作或协议的），范围位取 2（链路本地）的 IPv6 组播地址，即前缀为 ff02 的组播地址，其中包括但不限于表 7-3 中罗列的公共 IPv6 组播地址。

表 7-3　　　　　　　　　　　常用的 IPv6 组播地址

ff02::1	链路本地的所有节点
ff02::2	链路本地的所有路由器
ff02::5	所有启用了 OSPFv3 的路由器
ff02::6	所有 OSPFv3 指定路由器（DR）
ff02::9	所有启用了 RIP 的协议
ff02::1:2	链路本地的所有 DHCP 服务器和 DHCP 中继代理

注释：

当然，设备之间在通过有些协议交互组播数据时，也有可能需要将这些数据发送给链路本地之外的网络。比如，DHCP 服务器不在链路本地就属于这种情况，因此也有一些范围位并不是 2 的组播 IPv6 地址，属于公共 IPv6 组播地址（只要这个组播地址标记位的最后 1 位，即 T 位是 0）。比如，ff05:1:3 就是一个公共 IPv6 组播地址，这个地址标识的是站点本地的所有 DHCP 服务器。我们以 ff02 前缀为线索引出公共 IPv6 组播地址，只是因为前缀为 ff02 的公共 IPv6 组播地址更为常见，也更为常用。

在 IPv6 中，还有一个特殊类型的组播地址叫作请求节点组播地址。请求节点组播地址的内容超出了华为 ICT 学院路由交换技术系列教材学生需要掌握的知识范畴，因此我们在本系列教材中不会对这个概念作过多的理论演绎。在后文中提到一些必须通过请求节点组播地址才能解释清楚的技术概念时，我们会围绕相应进行介绍的核心概念，有节制地对请求节点组播地址进行说明。

7.2.3 节对 IPv6 地址的分类进行了介绍，其中对于 IPv6 单播地址分类的介绍尤为详细。7.3 节会对 IPv6 环境中网络层通信的建立过程进行说明。

7.3　IPv6 通信建立

在定义下一代 IP 协议之前，IETF 曾经为了改善 IP 网络的通信质量，而就下一代 IP 协议应该在 IPv4 基础上所作的改进广泛征询了意见。通过收集到的意见，IETF 发现，IPv4 通信的实现需要由网络技术领域的专业人士参与这一点遭到了人们的诟病。因此，IETF 需要下一代 IP 协议能够在专业技术人员缺席的情况下自动建立通信，通过下一代 IP 协议实现网络的即插即用。在 7.3 节中，我们会介绍 IPv6 赖以实现网络即插即用的机制。既然是实现即插即用的机制，这些机制在一般情况下当然不需要专业技术人员通过配置进行干预，但理解这些机制对于专业技术人员理解 IPv6 网络的工作原理至关重要，是网络技术人员的基本功。

7.3.1 NDP 协议概述

在 IPv6 的即插即用机制中，邻居发现协议（NDP）扮演着核心的角色。NDP 最初定义在 RFC 1970 中，后来 RFC 用 RFC 2461 替代了 RFC 1970。2007 年 9 月，RFC 2461 也被废弃，目前 NDP 定义在 RFC 4861 中。按照 RFC 的说法，IPv6 中的邻居发现协议就相当于 IPv4 中的地址解析协议（ARP）、ICMP 的路由器发现和 ICMP 的重定向，但 NDP 在 IPv4 协议的基础上提供了更多的功能，也作出了大量的改进[①]。实际上，除了 ICMP、ARP 提供的服务之外，NDP 也可以帮助 IPv6 设备发现本地网络中使用的 IPv6 地址前缀等参数，并帮助 IPv6 设备实现地址自动配置等。在某种程度上，NDP 工作原理的复杂程度比我们用一章的篇幅介绍的 DHCP 犹有过之。因此在本书中，我们只从帮助读者理解 IPv6 设备即插即用是如何实现的这个角度出发，对 NDP 的基本工作原理进行简单的介绍。

提示：

如果希望进一步了解 NDP 的工作方式，我们强烈建议读者在理解 7.3 节内容的基础上，通过实验抓包配合 RFC 文档查询的方式进行自学。在现有知识的基础上，通过搭建实验环境、查询标准文档自学陌生技术，这是每一位优秀技术人员都不可或缺的能力。

NDP 协议提供邻居发现服务是通过 ICMPv6 协议封装消息来实现的。**当 IPv6 头部中封装的是 ICMPv6 头部时，IPv6 头部的下一个头部字段取值为 58**。ICMPv6 就是 Ipv6 版的 ICMP，因此 ICMPv6 消息也和 ICMP 消息一样封装在 IP 头部之中，但和 IPv6 同属于网络层。不仅如此，ICMPv6 对于头部固定字段的定义也与 ICMP 相同，如图 7-10 所示。

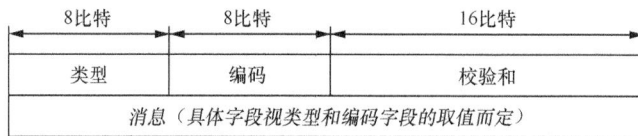

图 7-10　ICMPv6 头部封装格式

NDP 定义了 5 种消息类型，所有这 5 种消息在 IPv6 头部的跳数限制封装的数值都是 255。如果接收方发现自己接收到的一个 IPv6 数据包中封装的是 NDP 消息，而它的跳数限制字段的值又不是 255，那么接收方 IPv6 设备就会将这个 NDP 消息丢弃。在 ICMPv6 封装这 5 种 NDP 消息时，它们的编码字段值皆会被设置为 0，不同消息类型是通过类型值来标识的，这 5 种消息分别为。

[①] RFC 4861 Section 3.1.

- 路由器请求（Router Solicitation）消息：简称 RS 消息，ICMPv6 头部中的类型字段取 133。
- 路由器通告（Router Advertisement）消息：简称 RA 消息，ICMPv6 头部中的类型字段取 134。
- 邻居请求（Neighbor Solicitation）消息：简称 NS 消息，ICMPv6 头部中的类型字段取 135。
- 邻居通告（Router Advertisement）消息：简称 NA 消息，ICMPv6 头部中的类型字段取 136。
- 重定向（Redirect）消息：ICMPv6 头部中的类型字段取 137。

显然，不同 NDP 消息类型在消息字段部分封装的信息也各不相同。例如，RS 消息的消息部分，就只封装了 32 位的保留字段和非固定长度的可选项部分。一个 NDP 路由器请求消息在网络层的封装如图 7-11 所示。

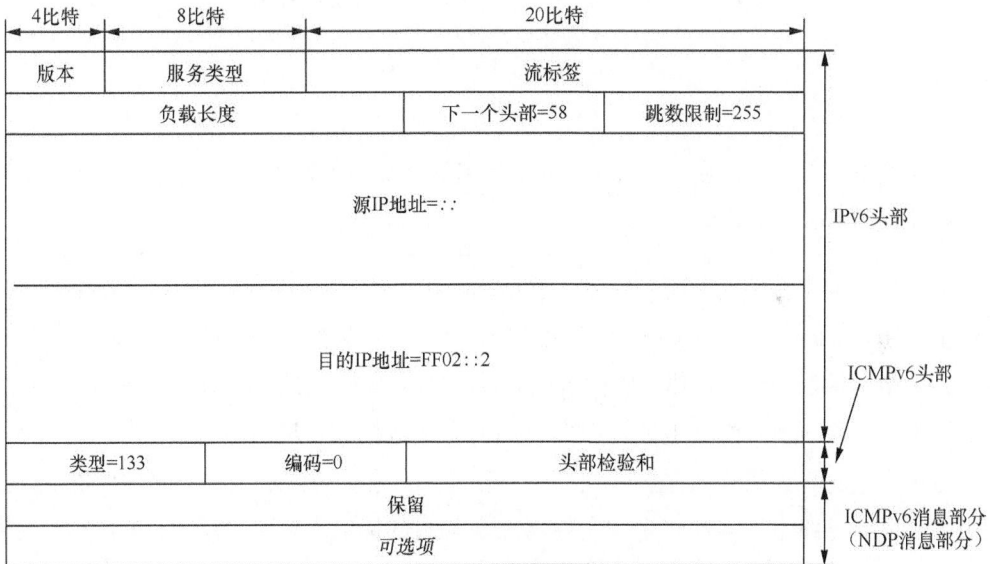

图 7-11　NDP 路由器请求消息网络层的封装

图 7-11 所示的路由器请求消息是由链路本地主机封装的消息，其目的在于请求链路本地中的路由器发送一条路由器通告（RA）消息。当一台 IPv6 设备的适配器接口刚刚接入本地网络时，它就会以 7.2.1 节（IPv6 单播地址）中介绍的未指定地址（::）或者自己的链路本地地址作为源地址，以 7.2.3（IPv6 组播地址）节表 7-3 中介绍的链路本地所有路由器组播地址（FF02::2）作为目的地址发送一条 NDP 路由器请求（RS）消息，请求链路本地路由器为自己提供一些信息，如图 7-12 所示。

注释：

由于 RS 消息 IPv6 头部的源 IP 地址既有可能是未指定地址，也有可能是始发网络适配器接口的链路本地 IPv6 地址,因此我们在图 7-11 中使用了斜体字标识未指定地址。

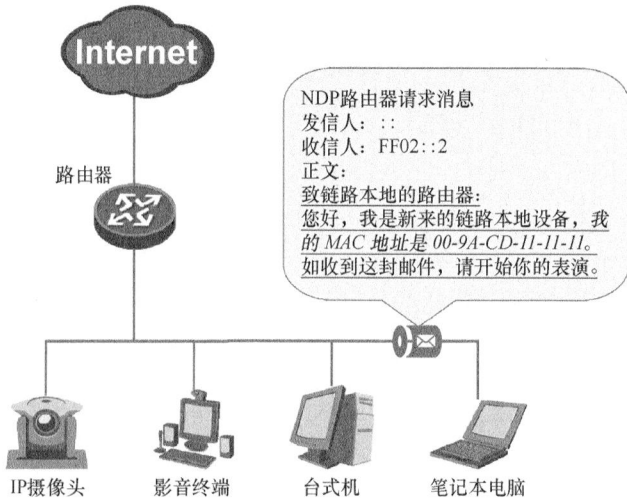

图 7-12　一台 IPv6 设备发送 NDP 路由器请求消息的示意

注释:

因为在 RS 消息中封装设备链路层地址是可选操作,所以图 7-12 中使用斜体字标识了设备提供的 MAC 地址。

因为只有路由器才会监听链路本地路由器组播地址,所以网络中也只有路由器会使用路由器通告(RA)消息对 RS 消息作出响应。此时,如果路由器接收到的 RS 消息源 IP地址为未指定地址(::),那么路由器就会以 7.2.3 小节(IPv6 组播地址)表 7-3 中介绍的链路本地所有节点组播地址(FF02::1)作为 RA 数据包的目的地址来封装组播的 NDP路由器通告消息。如果路由器接收到的 RS 消息源 IP 地址为请求方的链路本地地址,则路由器会以该链路本地地址作为作为 RA 数据包的目的地址来封装单播的NDP 路由器通告消息。无论 RA 消息的目的地址为何,它的源地址永远是消息始发接口的链路本地地址。通过 RA 消息,路由器会向网络中的设备提供一些信息,如图 7-13 所示。

在接收到这条 RA 消息之后,请求方就会将路由器的链路本地地址作为默认路由地址添加到自己的路由表中。

除了在接收到 RS 消息之后,以 RA 消息作出响应之外,IPv6 路由器也会按照一定的周期,主动向链路以组播的形式(目的地址为 FF02::1)发送 RA 消息,向链路中的其他设备通告相关信息。因此,路由器通告消息采用的是周期发送与触发发送相结合的方式。

7.3.1 节对 NDP 的封装与基本工作原理进行了简单的介绍,也对 IPv6 环境中路由器发现的方式进行了描述。7.3.2 节会介绍 NDP 协议是如何替代 ARP 协议,实现链路层地址解析的。

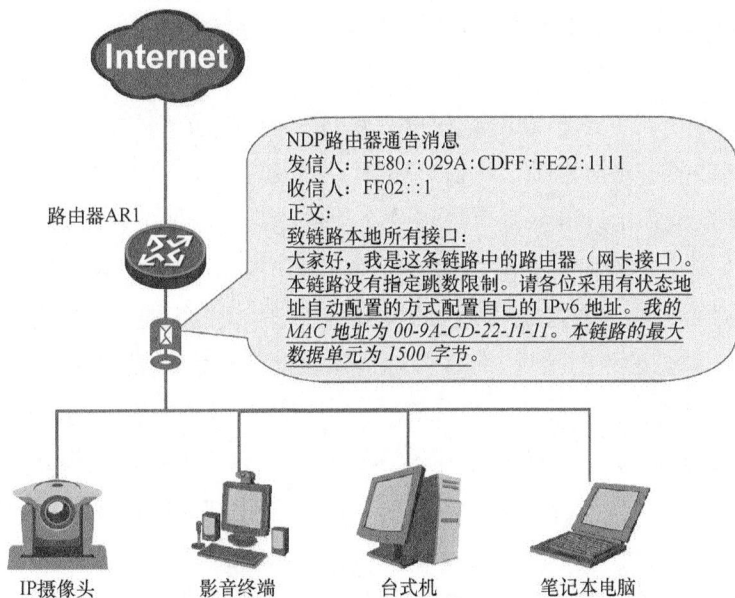

图 7-13　一台路由器响应 NDP 路由器通告消息的示意

7.3.2　地址解析

通过《网络基础》的学习，我们知道在以太网环境中，执行 IPv4 协议的设备是通过 ARP 协议来查询目的设备链路层地址的。然而，ARP 协议是无法照搬到 IPv6 环境中的。IPv6 就没有定义广播地址，因此通过广播消息来查询目的设备链路层地址的做法就行不通。为了解决查询目的设备链路层地址的问题，IPv6 设备需要通过 NDP 协议来发挥 ARP 在 IPv4 网络中的作用。我们在 7.3.1 节的开始就引用 RFC 4861，对此进行了说明。

具体来说，IPv6 设备需要依靠我们在 7.3.1 节中介绍的 NDP 邻居请求（NS）和 NDP 邻居通告（NA）消息来实现链路层地址的查询和响应/通告。不过，正如我们在上文介绍的那样，IPv6 没有定义广播地址，所以 NDP 也就无法像 ARP 那样在本地网络中采用广播寻人的方式向网络中的所有设备发送查询消息，期待被请求设备通过目的 IP 地址发现自己是请求对象并作出响应。于是，如何在 IPv6 头部封装邻居请求消息的目的 IPv6 地址成了一个问题。对此，NDP 的解决方法是使用目的设备的请求节点组播地址作为 NS 的 IPv6 目的地址。

关于请求节点组播地址，我们在 7.2 节（IPv6 地址分类）提过。在这里，需要对它进行一个简单的说明。**请求节点组播地址（也译为被请求节点组播地址）的前 104 位固定为 FF02::1:FF，后 24 位则直接套用被请求节点单播 IPv6 地址接口 ID 的后 24 位。每当一个网络适配器接口获得了一个单播或任意播 IPv6 地址时，它就会同时监听发送给这个单播 IPv6 地址对应的请求节点组播地址**，而这个单播 IPv6 地址对应的请求节点组播地址是把这个单播 IPv6 地址接口 ID 部分的后 24 位填充到 FF02::1:FF/104 这个前缀后面来获得的。

　　IPv6 设备发送 NDP 邻居请求消息的初衷，是希望请求到该 IPv6 单播地址所对应网络适配器接口的链路层地址。所以，NS 消息的发送方当然也会拥有 IPv6 单播地址对应的请求节点组播地址，并且可以以这个地址作为目的地址，来封装 NS 消息的目的 IPv6 地址。NDP 之所以没有考虑使用链路本地所有节点组播地址（FF02::1）作为 NS 的目的地址，是因为这样会占用其他设备更多的计算资源。如果使用请求节点组播地址作为 NS 消息的目的地址，那么除非链路本地有其他设备拥有相同的后 24 位接口 ID，否则不相关设备在看到这个目的 IPv6 地址时，就不会进一步处理这个 NS 消息。而后 24 位接口 ID 其实就是后 24 位 MAC 地址，也就是组织机构分配给这个网络适配器的 24 位标识符。读者可以想见，本地链路中出现相同后 24 位接口 ID 的几率是极低的。

　　在图 7-14 中，笔记本电脑希望与台式机通信，因此需要请求台式机的链路层地址。于是，这台笔记本电脑以自己的链路本地地址作为源地址，以台式机单播 IPv6 地址所对应的请求节点组播地址作为目的地址，发送了一条 NDP 邻居请求（NS）消息，请求台式机向自己提供它（网络适配器接口）的链路层地址。

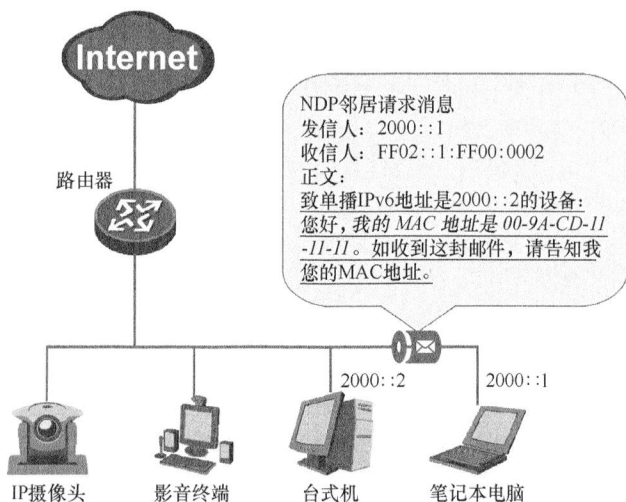

图 7-14　一台 IPv6 设备发送 NDP 邻居请求消息的示意

　　在接收到 NS 消息之后，被请求设备就会以自己的单播 IPv6 地址作为源地址，以请求设备的单播 IPv6 地址作为目的地址，封装一个单播的邻居通告消息（NA），将自己的 MAC 地址提供给对方，如图 7-15 所示。

　　在完成上面的流程之后，笔记本电脑就会将台式机的 MAC 地址与它的 IPv6 单播地址之间的对应关系作为一个条目填充到 IPv6 邻居缓存中。这个 IPv6 邻居缓存在这里充当了与 IPv4 中 ARP 表类似的角色。

总之，在通信模型的层面，NDP 邻居请求（NS）和 NDP 邻居通告（NA）消息与我们在 7.3.1 节中介绍的 NDP 路由器请求（RS）和 NDP 路由器通告（RA）消息别无二致：一台设备希望获取本地链路中另一台设备的通告消息于是发出请求，被请求设备在接收到消息之后通过通告消息作出响应。只不过相对于 RS/RA 而言，NS/NA 所请求和通告的主体变成了本地链路上的任意一台设备，而不只是路由器，所请求和通告的对象也由本地链路的配置信息变成了对方的链路层地址。

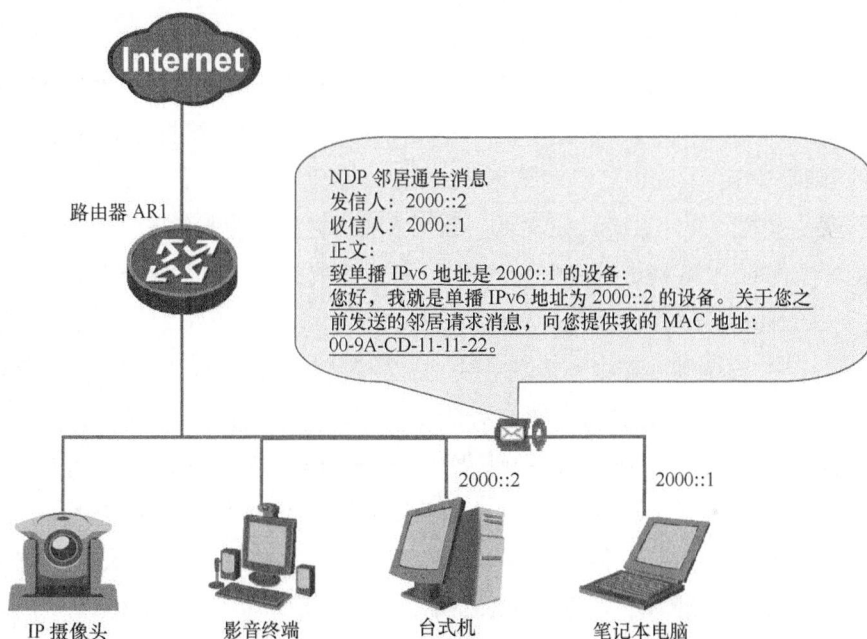

图 7-15　一台 IPv6 设备发送 NDP 邻居通告消息的示意

读者读到这里也许想问，为什么 NDP 不直接使用被请求节点的单播 IPv6 地址作为目的地址来封装邻居请求消息呢？实际上，使用单播 IPv6 地址封装的邻居请求地址另有用途，当 IPv6 主机使用被请求节点单播 IPv6 地址作为邻居请求消息目的 IPv6 地址来封装邻居请求消息时，其目的是验证被请求节点是否仍然可达。

NDP 的邻居通告消息还有另一种用法。当 IPv6 节点的链路层地址发生变化时，IPv6 也可以未经请求直接向链路本地发送一条邻居通告消息，向本地链路中的其他设备通告新的 IPv6 单播地址与链路本地地址之间的对应关系。对于这类未经请求主动发送的 NA 消息，因为其目的是通告给本地链路中的所有 IPv6 设备而不是某一台特定设备（发送邻居请求消息），所以它的目的地址就是链路本地所有节点组播地址（FF02::1）。

7.3.2 节介绍了 IPv6 网络中，设备如何通过 NDP 协议来解析链路本地其他设备的链路层地址，同时介绍了 NDP 邻居请求和邻居通告消息的一些其他用法与相应的封装方式。7.3.3 节会介绍本章的最后一个主题，即 IPv6 网络中无状态地址自动配置的实现方式。

7.3.3　无状态地址自动配置

IPv6 为终端设备的网络适配器接口提供了两种地址自动配置的方式。其中一种方法比较容易理解，那就是依赖 DHCPv6 服务器来为 IPv6 地址的请求方分配地址，这种方式称为有状态地址自动配置，也译为状态化地址自动配置（Stateful Address AutoConfiguration）。显然，这种方式与我们在第 7 章中介绍的利用 DHCP 服务器为 IPv4 主机分配地址在工作方式上基本一致，区别仅在于 DHCP 协议与 DHCPv6 协议所定义的细节，但 DHCPv6 协议的内容超出了本书的范围，因此这种方式我们不会进行进一步的介绍。

除了这种方式之外，IPv6 还定义了一种不依赖任何独立的服务器、也不需要专业技术人员参与操作的 IPv6 地址自动配置方式，这种方式就是 7.3.3 节要介绍的无状态地址自动配置（Stateless Address Autoconfiguration, SLAAC）。

当一台 IPv6 设备刚刚连接到网络中时，它会按照我们在本章 7.3.1 节（NDP 协议概述）介绍的方式发送路由器请求（RS）消息来查询网络中是否存在路由器，并且要求网络中的路由器（如有）向自己发送路由器通告（RA）消息。在图 7-13 所示的 RA 消息中，我们提到路由器通过 RA 消息告知请求方，请各位采用有状态地址自动配置的方式配置自己的 IPv6 地址。这暗示了在 RA 消息中，会有专门的字段来通告请求方该采用哪种方式来配置自己的 IPv6 地址。RA 消息中的这个字段实际上是一位，称为 M 位。如果 RA 消息中的 M 位置位，表示路由器指示本地链路中的设备通过 DHCPv6 协议动态配置 IPv6 地址；如果 M 位不置位，则表示路由器指示本地链路中的设备通过 SLAAC 来配置 IPv6 地址。在 M 位不置位的情况下，RA 消息会同时向链路本地的网络适配器接口提供这个本地链路的 64 位前缀。

在图 7-16 中，刚刚连接到网络中的笔记本电脑以未指定地址作为 RS 消息的源 IP 地址，在网络中发送了组播的 RS 消息。而路由器在接收到这个消息之后，通过图中所示的 RA 消息作出了响应。在这个消息中，RA 消息指示链路本地主机采用 SLAAC 的方式配置 IPv6 地址，并且在配置时以 2000::/64 作为前缀。

在通过 RA 消息了解到链路本地的 64 位前缀之后，IPv6 设备可以通过下面两种方式补全 IPv6 地址的后 64 位，并自动配置自己的 IPv6 地址。

- 采用链路本地地址的最后 64 位进行配置，即反转适配器接口的 MAC 地址 EUI-64 标识符的第 7 位。
- 操作系统随机生成最后 64 位。

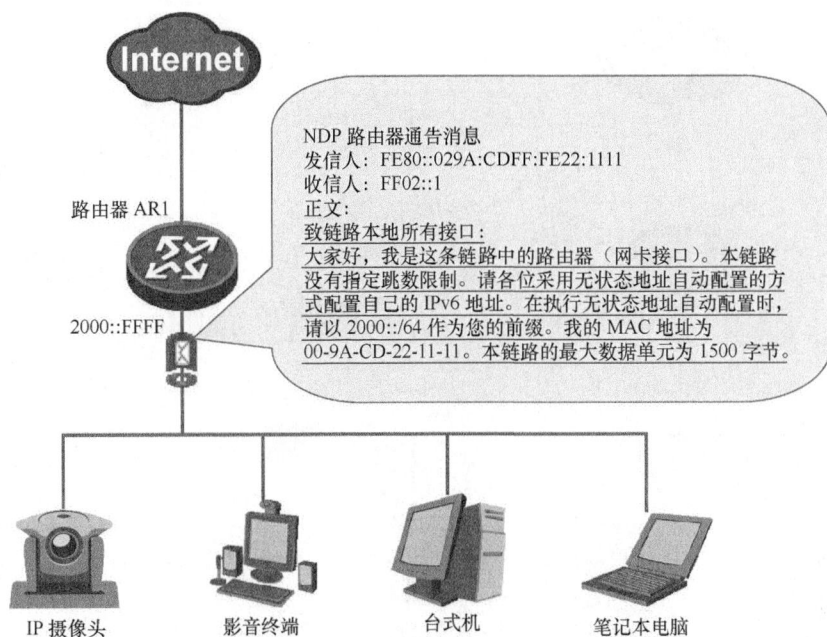

图 7-16 一台路由器通过 RA 消息向请求方提供前缀的示意

目前，在 SLAAC 的实际运用中，系统随机生成最后 64 位的做法更为常见。然而，系统自动生成最后 64 位存在一个问题。那就是设备如何保证网络中没有其他设备在执行 SLAAC 时，系统碰巧也随机生成了相同的数值？这也就是说，设备需要一种 IPv6 重复地址检测机制来确保 SLAAC 的 IPv6 地址不会与当前其他网络适配器接口配置的 IPv6 地址出现冲突。为了达到这个目的，主机在使用路由器提供的前缀生成了 IPv6 地址之后，会在网络中发送一个 NS 消息来请求该 IPv6 地址对应的链路层地址。当设备通过发送 NS 消息来执行重复地址检测时，它会以未指定地址（而不是那个刚刚生成，尚无法确定是否重复的 IPv6 地址）作为这个 NS 消息的源地址。而这个 NS 消息的目的 IPv6 地址，是这个自动生成的 IPv6 单播地址所对应的请求节点组播地址，如图 7-17 所示。

在图 7-17 中，笔记本电脑按照路由器提供的前缀，生成了 IPv6 地址 2000::1。接下来，它封装了一个以这个单播 IPv6 地址对应的请求节点组播地址（FF02::1:FF00:0001）作为目的地址，以未指定地址作为源地址的 NS 消息，并且将这个消息发送到了本地链路上。如果这个消息得到了响应，说明网络中已经有其他设备在使用 2000::1 这个地址了，此时笔记本电脑就会重新生成一个 IPv6 地址并且再次封装 NS 消息执行重复地址检测。如果这个消息没有得到响应，说明网络中目前没有设备在使用这个 IPv6 地址，于是笔记本电脑就会开始真正使用这个 IPv6 地址。

在上文中，我们介绍了设备执行 SLAAC 的过程。读者应该可以发现，这个过程不需要专业技术人员的干预，也没有 DHCP 服务器的参与，设备就可以自行完成配置。换句话说，这种机制为 IPv6 网络提供了即插即用功能。

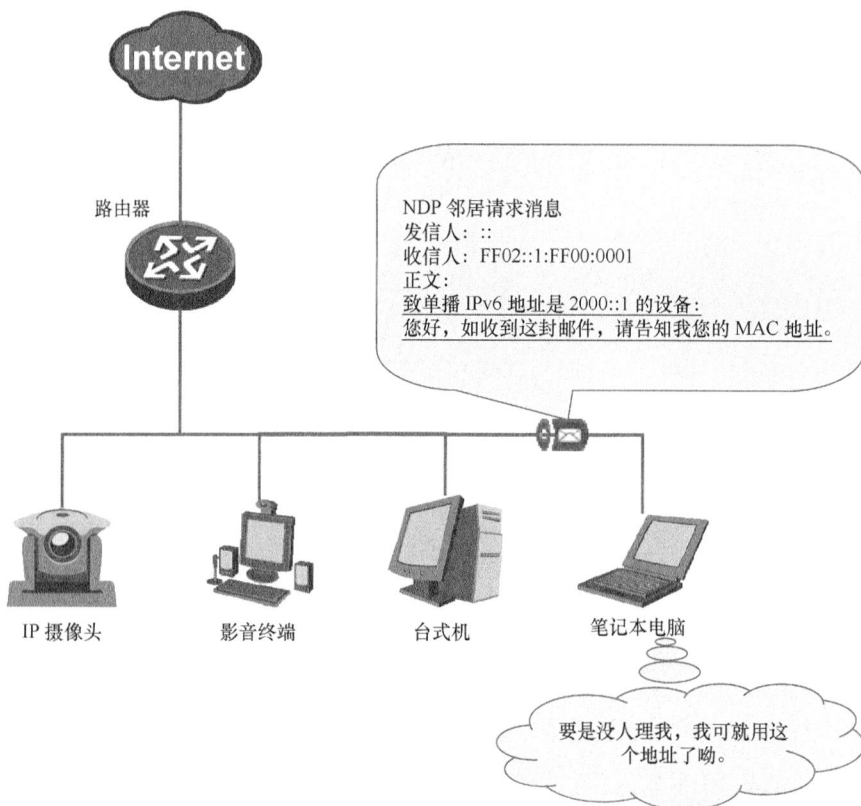

图 7-17　一台 IPv6 设备发送 NS 消息执行重复地址检测的示意

7.4　本章总结

　　本章介绍了大量与 IPv6 相关的基本理论。7.1 节首先通过 IETF 试图对 IPv4 所作的改进，引出了 IPv6 相对于 IPv4 的几点主要优势；接下来，介绍了 IPv6 的头部封装结构，并将 IPv6 的头部封装结构与 IPv4 的头部封装进行了对比；最后介绍了长达 128 位的 IPv6 地址是如何编址的。

　　7.2 节的内容与 IPv6 地址的分类有关。在 7.2 节中，我们分单播地址、任意播地址和组播地址对各类 IPv6 地址的范围、结构和用途分别进行了介绍。7.2 节的重点在于 IPv6 单播地址，因此单播地址占用篇幅较长，单播地址这一节对包括链路本地地址、唯一本地地址、站点本地地址、全局单播地址、未指定地址和环回地址的概念一一进行了解释说明。后面的两节分别对任意播的作用与概念、一些常用 IPv6 组播地址进行了介绍。

　　本章的 7.3 节涉及大量 NDP 协议。7.3 节介绍了 NDP 在 IPv6 网络中的作用与封装方式，解释了 5 种不同的 NDP 消息，以及 IPv6 网络借助不同类型 NDP 消息实现地址解析、邻居可达性验证、地址自动配置、地址冲突检测等功能的方式。

7.5　练习题

一、选择题

1. 如果不考虑扩展头部，那么 IPv6 头部中不再提供 IPv4 头部中下列哪些字段的功能？（多选）（　　　）

A. 分片相关字段　　　　B. 校验和字段　　　C. 长度相关字段　　　　D. 生存时间字段

2. 二进制数 1000100100011111110101 对应的十六进制数为下面哪一个？（　　　）

A. 0x1123F5　　　　B. 0x5F3211　　　　C. 0x891FA1　　　　D. 0x1AF198

3. 如果管理员希望在网络中配置一个私有网络范围内有效，但不是全局可路由的 IPv6 地址，应该配置下列哪种 IPv6 地址？（　　　）

A. 站点本地地址　　　B. 唯一本地地址　C. 全局单播地址　　　D. 链路本地地址

4. 当设备的网络适配器接口启用 IPv6 时，它会立刻给自己自动配置下列哪种单播 IPv6 地址？（　　　）

A. 站点本地地址　　　B. 唯一本地地址　C. 全局单播地址　　　　D. 链路本地地址

5. 关于第一个十六进制数为 F 的 IPv6 地址，下列说法错误的是？（　　　）

A. 这个 IPv6 地址有可能是链路本地地址

B. 这个 IPv6 地址有可能是唯一本地地址

C. 这个 IPv6 地址有可能是全局单播地址

D. 这个 IPv6 地址有可能是组播地址

6. NDP 可以提供下列哪些服务？（多选）（　　　）

A. 邻居设备地址解析　　　　　　　　B. 重复地址检测

C. 邻居可达性验证　　　　　　　　　D. 无状态地址自动配置

7. IPv6 接口在执行重复地址检测时，一定会涉及下面哪种类型的 NDP 消息？（　　　）

A. RS 消息　　　　　B. RA 消息　　　　C. NS 消息　　　　D. NA 消息

二、判断题

1. 链路本地地址也有对应的请求节点组播地址。

2. NDP 消息都是使用 ICMPv6 协议进行封装的。

第8章
IPv6路由

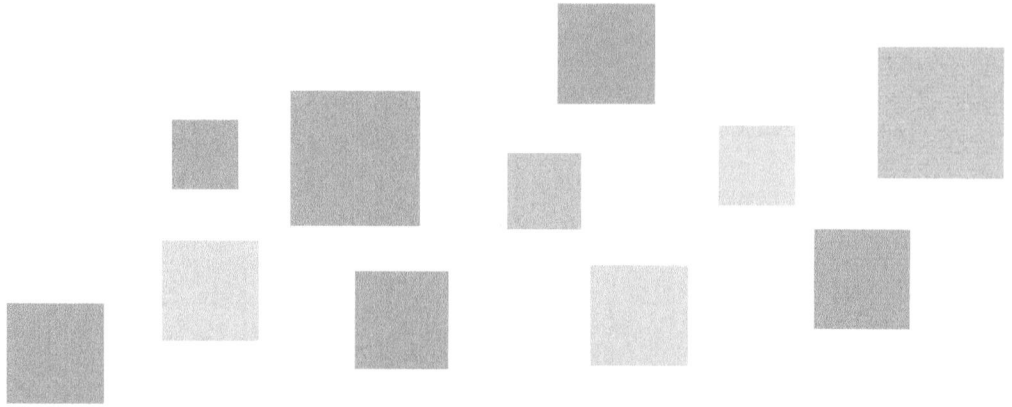

在第 7 章中，我们学习了与 IPv6 编址相关的知识，了解了 IPv6 的地址结构和 IPv6 数据包头部的封装结构。在本章中，我们会结合第 7 章的内容，介绍 IPv6 环境中的路由。

鉴于 IPv6 直连路由在逻辑上与 IPv4 的直连路由别无二致，当管理员在路由器接口上配置了 IPv6 地址后，这个接口的直连路由就会被放入到 IPv6 路由表中。因此，本章不会单独介绍直连路由，而是把它归到静态路由中进行说明。此外，在本章的 8.1 节中，我们要对 IPv6 静态路由进行介绍，而静态路由并不是路由协议，只是管理员手动添加到路由表中的路由条目，因此 IPv6 静态路由与 IPv4 静态路由在原理上并没有任何区别。所以，8.1 节并没有原理部分的说明，我们会直接开始演示 IPv6 静态路由的配置。

IPv6 环境中当然也可以使用动态路由协议。在本章中，我们会介绍两种适用于 IPv6 环境的动态路由协议：RIPng 和 OSPFv3。这两个协议分别源自于 RIPv2 和 OSPFv2，它们与 RIPv2 和 OSPFv2 既有相同的地方，又有为了适应 IPv6 而做的更改。本章 8.2 节和 8.3 节的组织结构都是先对两种协议进行对比，再通过案例展示如何在华为路由器上进行配置和验证。

对于 OSPF 这个相对复杂的协议，我们在华为 ICT 学院路由交换技术系列教材《路由与交换技术》中用三章的篇幅进行过介绍和实验演示，但 OSPFv3 在本书中只占用了一节的篇幅。这并不代表 OSPFv3 比 OSPFv2 简单，而是我们考虑到读者已经拥有了 OSPFv2 的基础，于是在这里侧重于通过对比两种协议的异同来展示 OSPFv3 的特点。对于 RIPv2 和 OSPFv2 感到陌生的读者，如果希望获得比较良好的阅读体验，不妨在学习本章之前复习《路由与交换技术》中这两种动态路由协议所对应的内容。

- 掌握如何在接口配置 IPv6 地址；
- 掌握如何配置 IPv6 静态路由；
- 掌握如何部署 RIPng 以及如何验证 RIPng 路由；
- 掌握如何部署 OSPFv3 以及如何验证 OSPFv3 邻居状态和路由。

8.1　IPv6 静态路由的配置

在华为 ICT 学院路由交换技术系列教材《路由与交换技术》第 4 章中，我们曾经介绍过路由器获得路由信息的三种来源：直连路由、静态路由和动态路由。这一点对于 IPv4 网络来说如此，对于 IPv6 网络来说亦是如此。8.1 节会介绍如何在华为路由器上全局启用 IPv6 协议，如何在接口启用 IPv6 路由，以及如何静态配置 IPv6 路由。

在配置 IPv6 静态路由时，管理员的配置思路与配置 IPv4 静态路由相同，只是使用的配置命令有些许不同。当然，需要管理员输入路由信息部分也会由 IPv4 网络地址变为 IPv6 网络地址。

8.1.1　IPv6 静态路由的配置

在 8.1.1 节中，我们会使用图 8-1 所示环境来展示 IPv6 的静态路由配置。如图 8-1 所示，AR1、AR2 和 AR3 上分别启用了 IPv6 路由功能，AR1 与 AR2 通过各自的 G0/0/0 接口相连，使用的 IPv6 子网是唯一本地单播地址 FD12::/64；AR1 与 AR3 通过各自的 G0/0/1 接口相连，使用的 IPv6 子网地址是 FD13::/64。

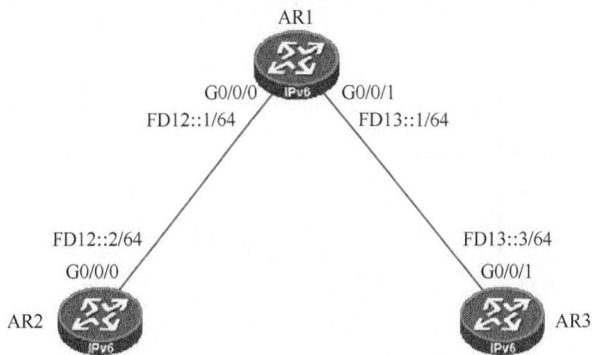

图 8-1　IPv6 静态路由的配置拓扑

要想让华为路由器提供 IPv6 路由，首先要在路由器全局使用系统视图命令 **ipv6**

来启用 IPv6 功能。例 8-1 所示为管理员使用命令 **ipv6** 在 AR1、AR2 和 AR3 上启用 IPv6
功能。

例 8-1　在三台路由器上启用 IPv6 功能

```
[AR1]ipv6
```

```
[AR2]ipv6
```

```
[AR3]ipv6
```

在还没有开始配置每台路由器接口的 IPv6 地址前，我们先来看看在全局启用了 IPv6
协议后，路由器中默认的 IPv6 路由信息。例 8-2 展示了 AR1 启用了 IPv6 后的路由信息。

例 8-2　AR1 启用了 IPv6 后的 IPv6 路由信息

```
[AR1]display ipv6 routing-table
Routing Table : Public
     Destinations : 1   Routes : 1

 Destination  : ::1                    PrefixLength : 128
 NextHop      : ::1                    Preference   : 0
 Cost         : 0                      Protocol     : Direct
 RelayNextHop : ::                     TunnelID     : 0x0
 Interface    : InLoopBack0            Flags        : D
```

在例 8-2 中，我们使用了命令 **display ipv6 routing-table** 来查看路由器上的 IPv6
路由表。读者不难发现，这条命令与查看 IPv4 路由表的命令十分类似，只是要把关键字
"**ip**"替换为关键字"**ipv6**"。在很多 IPv6 的配置命令中，命令的句法都是把关键字"**ip**"
替换为关键字"**ipv6**"。

接下来，我们按照图 8-1 中标注的 IPv6 地址，在三台路由器的接口上进行配置，
配置命令见例 8-3。

例 8-3　在三台路由器上配置接口 IPv6 地址

```
[AR1]interface gigabitethernet 0/0/0
[AR1-GigabitEthernet0/0/0]ipv6 enable
[AR1-GigabitEthernet0/0/0]ipv6 address fd12::1 64
[AR1-GigabitEthernet0/0/0]quit
[AR1]interface gigabitethernet 0/0/1
[AR1-GigabitEthernet0/0/1]ipv6 enable
[AR1-GigabitEthernet0/0/1]ipv6 address fd13::1 64
```

```
[AR2]interface gigabitethernet 0/0/0
[AR2-GigabitEthernet0/0/0]ipv6 enable
[AR2-GigabitEthernet0/0/0]ipv6 address fd12::2 64
```

```
[AR3]interface gigabitethernet 0/0/1
[AR3-GigabitEthernet0/0/1]ipv6 enable
[AR3-GigabitEthernet0/0/1]ipv6 address fd13::3 64
```

在接口上配置 IPv6 地址前，管理员首先需要使用接口视图命令 **ipv6 enable** 启用 IPv6 功能，否则路由器就无法识别配置 IPv6 地址的命令。此外，在接口视图下配置 IPv6 地址的命令也与配置 IPv4 地址类似，只需把关键字"**ip**"替换为关键字"**ipv6**"。例 8-4 为我们配置完成接口 IPv6 地址之后，再次查看 AR1 IPv6 路由表时的输出信息。

例 8-4　查看 AR1 的 IPv6 路由表（IPv6 直连路由）

```
[AR1]display ipv6 routing-table
Routing Table : Public
      Destinations : 6    Routes : 6


 Destination  : ::1                           PrefixLength : 128
 NextHop      : ::1                           Preference   : 0
 Cost         : 0                             Protocol     : Direct
 RelayNextHop : ::                            TunnelID     : 0x0
 Interface    : InLoopBack0                   Flags        : D


 Destination  : FD12::                        PrefixLength : 64
 NextHop      : FD12::1                       Preference   : 0
 Cost         : 0                             Protocol     : Direct
 RelayNextHop : ::                            TunnelID     : 0x0
 Interface    : GigabitEthernet0/0/0          Flags        : D


 Destination  : FD12::1                       PrefixLength : 128
 NextHop      : ::1                           Preference   : 0
 Cost         : 0                             Protocol     : Direct
 RelayNextHop : ::                            TunnelID     : 0x0
 Interface    : GigabitEthernet0/0/0          Flags        : D


 Destination  : FD13::                        PrefixLength : 64
 NextHop      : FD13::1                       Preference   : 0
 Cost         : 0                             Protocol     : Direct
 RelayNextHop : ::                            TunnelID     : 0x0
 Interface    : GigabitEthernet0/0/1          Flags        : D


 Destination  : FD13::1                       PrefixLength : 128
 NextHop      : ::1                           Preference   : 0
 Cost         : 0                             Protocol     : Direct
 RelayNextHop : ::                            TunnelID     : 0x0
 Interface    : GigabitEthernet0/0/1          Flags        : D
```

Destination	: FE80::	PrefixLength	: 10
NextHop	: ::	Preference	: 0
Cost	: 0	Protocol	: Direct
RelayNextHop	: ::	TunnelID	: 0x0
Interface	: NULL0	Flags	: D

例 8-4 展示了 AR1 上的 6 条 IPv6 路由信息,第 1 条是 IPv6 环回地址,第 2~5 条是 AR1 的直连路由,我们重点看最后一条路由(阴影):这条路由的目的地是 FE80::,前缀长度是 10。通过第 7 章的学习,读者应该能够判断出,这是 IPv6 链路本地地址的前缀。当管理员在路由器接口上启用了 IPv6 路由并配置了 IPv6 地址后,路由器会自动为这个接口生成链路本地地址,例 8-5 展示了 AR1 接口 G0/0/0 的链路本地地址。

例 8-5 AR1 接口 G0/0/0 的链路本地地址

```
[AR1]display ipv6 interface g0/0/0
GigabitEthernet0/0/0 current state : UP
IPv6 protocol current state : UP
IPv6 is enabled, link-local address is FE80::2E0:FCFF:FEF0:7E40
  Global unicast address(es):
    FD12::1, subnet is FD12::/64
  Joined group address(es):
    FF02::1:FF00:1
    FF02::2
    FF02::1
    FF02::1:FFF0:7E40
  MTU is 1500 bytes
  ND DAD is enabled, number of DAD attempts: 1
  ND reachable time is 30000 milliseconds
  ND retransmit interval is 1000 milliseconds
  Hosts use stateless autoconfig for addresses

[AR1]display interface g0/0/0
GigabitEthernet0/0/0 current state : UP
Line protocol current state : DOWN
Description:HUAWEI, AR Series, GigabitEthernet0/0/0 Interface
Route Port,The Maximum Transmit Unit is 1500
Internet protocol processing : disabled
IP Sending Frames' Format is PKTFMT_ETHNT_2, Hardware address is 00e0-fcf0-7e40
Last physical up time   : 2017-04-26 17:41:26 UTC-08:00
Last physical down time : 2017-04-26 17:40:43 UTC-08:00
Current system time: 2017-04-27 01:52:59-08:00
Port Mode: FORCE COPPER
```

```
Speed : 1000,   Loopback: NONE
Duplex: FULL,   Negotiation: ENABLE
Mdi   : AUTO
Last 300 seconds input rate 0 bits/sec, 0 packets/sec
Last 300 seconds output rate 0 bits/sec, 0 packets/sec
Input peak rate 7424 bits/sec,Record time: 2017-04-27 00:05:38
Output peak rate 7544 bits/sec,Record time: 2017-04-27 00:05:38


Input:  61 packets, 5846 bytes
  Unicast:                54,  Multicast:               7
  Broadcast:               0,  Jumbo:                   0
  Discard:                 0,  Total Error:             0

  CRC:                     0,  Giants:                  0
  Jabbers:                 0,  Throttles:               0
  Runts:                   0,  Symbols:                 0
  Ignoreds:                0,  Frames:                  0

Output:  63 packets, 5922 bytes
  Unicast:                53,  Multicast:              10
  Broadcast:               0,  Jumbo:                   0
  Discard:                 0,  Total Error:             0

  Collisions:              0,  ExcessiveCollisions:     0
  Late Collisions:         0,  Deferreds:               0

  Input bandwidth utilization threshold : 100.00%
  Output bandwidth utilization threshold: 100.00%
  Input bandwidth utilization  :    0%
  Output bandwidth utilization :    0%
```

在例 8-5 中，我们可以通过命令 display ipv6 interface g0/0/0 看到 AR1 接口 G0/0/0 的 IPv6 链路本地地址是 FE80::2E0:FCFF:FEF0:7E40，这个地址是 AR1 自动生成的。接着我们可以通过命令 display interface g0/0/0 的输出信息看到 AR1 接口 G0/0/0 的 MAC 地址为 00e0-fcf0-7e40。此时，读者如果将链路本地地址的生成方法套用到本例中，那么 AR1 接口 G0/0/0 链路本地地址接口 ID 的生成过程如图 8-2 所示。

在接口上配置了 IPv6 地址后，路由器就会自动生成这个接口直连的 IPv6 路由并将其放入 IPv6 路由表中。接下来，我们可以通过命令 ping ipv6 来测试直连链路的连通性，测试结果见例 8-6。

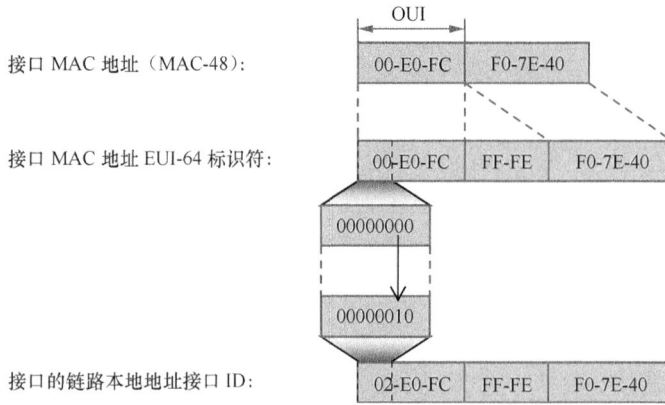

图 8-2　使用 G0/0/0 接口 MAC 地址获得链路本地地址接口 ID 的计算过程

例 8-6　在 AR1 上测试与 AR2 的连通性

```
[AR1]ping ipv6 fd12::2
  PING fd12::2 : 56  data bytes, press CTRL_C to break
    Reply from FD12::2
    bytes=56 Sequence=1 hop limit=64  time = 50 ms
    Reply from FD12::2
    bytes=56 Sequence=2 hop limit=64  time = 20 ms
    Reply from FD12::2
    bytes=56 Sequence=3 hop limit=64  time = 20 ms
    Reply from FD12::2
    bytes=56 Sequence=4 hop limit=64  time = 40 ms
    Reply from FD12::2
    bytes=56 Sequence=5 hop limit=64  time = 30 ms

  --- fd12::2 ping statistics ---
    5 packet(s) transmitted
    5 packet(s) received
    0.00% packet loss
    round-trip min/avg/max = 20/32/50 ms
```

从例 8-6 的命令测试输出中我们可以看出，AR1 现在已经能够与 AR2 进行通信了。在两台路由器建立通信后，它们会通过 NDP 来检测邻居的状态。管理员可以使用命令 **display ipv6 neighbors** 来查看 IPv6 邻居，例 8-7 展示了这条命令的输出信息。

例 8-7　查看 AR1 的 IPv6 邻居

```
[AR1]display ipv6 neighbors
-----------------------------------------------------------------------
IPv6 Address : FD12::2
Link-layer   : 00e0-fc45-7661                        State : REACH
```

```
Interface     : GE0/0/0                    Age   : 0
VLAN          : -                          CEVLAN: -
VPN name      :                            Is Router: TRUE
Secure FLAG   : UN-SECURE


IPv6 Address  : FE80::2E0:FCFF:FE45:7661
Link-layer    : 00e0-fc45-7661             State : REACH
Interface     : GE0/0/0                    Age   : 0
VLAN          : -                          CEVLAN: -
VPN name      :                            Is Router: TRUE
Secure FLAG   : UN-SECURE


-------------------------------------------------------------------------

Total: 2        Dynamic: 2      Static: 0
```

从例 8-7 所示命令的输出信息中我们可以看到,当前 AR1 上已经有了关于 AR2 的 IPv6 邻居记录,但还没有 AR3 的邻居记录。接下来,我们在 AR1 上尝试对 AR3 接口 G0/0/1 的 IPv6 地址发起 ping 测试,测试的结果见例 8-8。

例 8-8　从 AR1 对 AR3 发起 ping 测试

```
[AR1]ping ipv6 fd13::3
  PING fd13::3 : 56  data bytes, press CTRL_C to break
    Reply from FD13::3
    bytes=56 Sequence=1 hop limit=64  time = 400 ms
    Reply from FD13::3
    bytes=56 Sequence=2 hop limit=64  time = 50 ms
    Reply from FD13::3
    bytes=56 Sequence=3 hop limit=64  time = 50 ms
    Reply from FD13::3
    bytes=56 Sequence=4 hop limit=64  time = 50 ms
    Reply from FD13::3
    bytes=56 Sequence=5 hop limit=64  time = 60 ms

  --- fd13::3 ping statistics ---
    5 packet(s) transmitted
    5 packet(s) received
    0.00% packet loss
    round-trip min/avg/max = 50/122/400 ms
```

如上例的输出信息所示,目前 AR1 与 AR3 之间的直连连接已经能够正常通信。接着,我们再来查看一下 AR1 上的 IPv6 邻居状态,例 8-9 展示了此次查看邻居信息时 AR1 输出的结果。

例 8-9　再次查看 AR1 的 IPv6 邻居

```
[AR1]display ipv6 neighbors
------------------------------------------------------------------------
IPv6 Address : FD12::2
Link-layer   : 00e0-fc45-7661              State : STALE
Interface    : GE0/0/0                     Age   : 1
VLAN         : -                           CEVLAN: -
VPN name     :                             Is Router: TRUE
Secure FLAG  : UN-SECURE

IPv6 Address : FE80::2E0:FCFF:FE45:7661
Link-layer   : 00e0-fc45-7661              State : STALE
Interface    : GE0/0/0                     Age   : 1
VLAN         : -                           CEVLAN: -
VPN name     :                             Is Router: TRUE
Secure FLAG  : UN-SECURE

IPv6 Address : FD13::3
Link-layer   : 00e0-fcfa-02c6              State : REACH
Interface    : GE0/0/1                     Age   : 0
VLAN         : -                           CEVLAN: -
VPN name     :                             Is Router: TRUE
Secure FLAG  : UN-SECURE

IPv6 Address : FE80::2E0:FCFF:FEFA:2C6
Link-layer   : 00e0-fcfa-02c6              State : REACH
Interface    : GE0/0/1                     Age   : 0
VLAN         : -                           CEVLAN: -
VPN name     :                             Is Router: TRUE
Secure FLAG  : UN-SECURE

------------------------------------------------------------------------
Total: 4        Dynamic: 4       Static: 0
```

从例 8-9 的输出信息中可以看出，AR1 上现在已经有了 AR3 这个 IPv6 邻居。

要想让 AR2 能够与 AR3 进行通信，我们需要在 AR2 和 AR3 上配置静态 IPv6 路由。在配置路由之前，我们不妨先来查看一下 AR2 上的 IPv6 路由表，见例 8-10。

例 8-10　查看 AR2 的 IPv6 路由表（直连路由）

```
[AR2]display ipv6 routing-table
Routing Table : Public
```

```
        Destinations : 4   Routes : 4

    Destination  : ::1                     PrefixLength : 128
    NextHop      : ::1                     Preference   : 0
    Cost         : 0                       Protocol     : Direct
    RelayNextHop : ::                      TunnelID     : 0x0
    Interface    : InLoopBack0             Flags        : D

    Destination  : FD12::                  PrefixLength : 64
    NextHop      : FD12::2                 Preference   : 0
    Cost         : 0                       Protocol     : Direct
    RelayNextHop : ::                      TunnelID     : 0x0
    Interface    : GigabitEthernet0/0/0    Flags        : D

    Destination  : FD12::2                 PrefixLength : 128
    NextHop      : ::1                     Preference   : 0
    Cost         : 0                       Protocol     : Direct
    RelayNextHop : ::                      TunnelID     : 0x0
    Interface    : GigabitEthernet0/0/0    Flags        : D

    Destination  : FE80::                  PrefixLength : 10
    NextHop      : ::                      Preference   : 0
    Cost         : 0                       Protocol     : Direct
    RelayNextHop : ::                      TunnelID     : 0x0
    Interface    : NULL0                   Flags        : D
```

从路由表中 Protocol 一项我们可以看出，当前 AR2 上的 4 条 IPv6 路由都是直连（Direct）路由，并且没有去往 AR3 接口 G0/0/1 IPv6 网段 FD13::/64 的路由。下面，我们分别在 AR2 和 AR3 上配置了两条 IPv6 路由，例 8-11 所示为相关的配置命令。

例 8-11　在 AR2 和 AR3 上配置静态 IPv6 路由

```
[AR2]ipv6 route-static fd13:: 64 fd12::1
[AR3]ipv6 route-static fd12:: 64 fd13::1
```

如例 8-11 所示，管理员需要使用系统视图命令 **ipv6 route-static** *dest-ipv6-address prefix-length* {*interface-type interface-number* [*nexthop-ipv6-address*] | *nexthop-ipv6-address*} 来配置静态 IPv6 路由。读者应该还能够记得，我们曾经在本系列教材《路由与交换技术》第 4 章（静态路由）中介绍过：在以太网链路上配置静态路由时，下一跳参数中必须包含 IP 地址。而在点到点串行链路上配置静态路由时，可以只使用 IP 地址，也可以只使用出接口作为下一跳参数。对于 IPv6 静态路由的配置，这些内容同样适用。在本例中，我们只配置了下一跳 IPv6 地址信息。静态路由条目配置完毕

之后，我们再次查看 AR2 的 IPv6 路由表，此时的输出信息见例 8-12。

例 8-12　再次查看 AR2 的 IPv6 路由表

```
[AR2]display ipv6 routing-table
Routing Table : Public
     Destinations : 5   Routes : 5


Destination  : ::1                         PrefixLength : 128
NextHop      : ::1                         Preference   : 0
Cost         : 0                           Protocol     : Direct
RelayNextHop : ::                          TunnelID     : 0x0
Interface    : InLoopBack0                 Flags        : D


Destination  : FD12::                      PrefixLength : 64
NextHop      : FD12::2                     Preference   : 0
Cost         : 0                           Protocol     : Direct
RelayNextHop : ::                          TunnelID     : 0x0
Interface    : GigabitEthernet0/0/0        Flags        : D


Destination  : FD12::2                     PrefixLength : 128
NextHop      : ::1                         Preference   : 0
Cost         : 0                           Protocol     : Direct
RelayNextHop : ::                          TunnelID     : 0x0
Interface    : GigabitEthernet0/0/0        Flags        : D


Destination  : FD13::                      PrefixLength : 64
NextHop      : FD12::1                     Preference   : 60
Cost         : 0                           Protocol     : Static
RelayNextHop : ::                          TunnelID     : 0x0
Interface    : GigabitEthernet0/0/0        Flags        : RD


Destination  : FE80::                      PrefixLength : 10
NextHop      : ::                          Preference   : 0
Cost         : 0                           Protocol     : Direct
RelayNextHop : ::                          TunnelID     : 0x0
Interface    : NULL0                       Flags        : D
```

从例 8-12 命令输出信息的阴影部分我们可以看出，AR2 上此时已经添加了一条
Protocol:Static（静态）路由，这条静态 IPv6 路由的目的网络为 FD13::/64，下一跳
为 FD12::1，这也就是与 AR2 直连的 AR1 接口 G0/0/0 的 IPv6 地址。最后，我们来尝试
从 AR2 上向 AR3 发起 ping 测试，例 8-13 展示了这次测试的结果。

例 8-13 再次从 AR2 向 AR3 发起 ping 测试

```
[AR2]ping ipv6 fd13::3
  PING fd13::3 : 56  data bytes, press CTRL_C to break
    Request time out
    Request time out
    Reply from FD13::3
    bytes=56 Sequence=3 hop limit=63  time = 40 ms
    Reply from FD13::3
    bytes=56 Sequence=4 hop limit=63  time = 30 ms
    Reply from FD13::3
    bytes=56 Sequence=5 hop limit=63  time = 50 ms

  --- fd13::3 ping statistics ---
    5 packet(s) transmitted
    3 packet(s) received
    40.00% packet loss
    round-trip min/avg/max = 30/40/50 ms
```

从例 8-13 的测试结果我们可以看出,现在 AR1、AR2 和 AR3 之间已经实现了全互联,AR2 通过静态 IPv6 路由能够访问 AR3,反之 AR3 也可以通过静态 IPv6 路由访问 AR2。

8.1.2 IPv6 默认路由的配置

配置 IPv6 默认路由使用的命令与配置一般的 IPv6 静态路由相同,目的 IPv6 地址为::,掩码也为零,这样的组合表示匹配所有 IPv6 地址。在 8.1.2 节中,我们会使用图 8-3 来展示 IPv6 默认路由的配置。

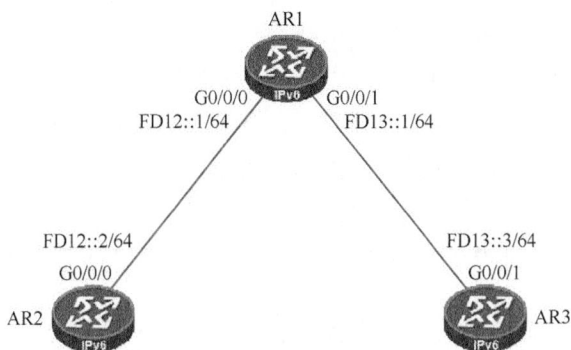

图 8-3 IPv6 默认路由的配置拓扑

其实这个环境与图 8-1 使用的拓扑是相同的。我们在这里只是为了方便读者阅读而再次展示。在 8.1.2 节中,我们需要在 AR2 和 AR3 上通过 IPv6 默认路由来实现 AR2 与 AR3 之间的通信。例 8-14 展示了三台路由器上的相关配置命令。

例 8-14　三台路由器上的 IPv6 配置

```
[AR1]ipv6
[AR1]interface gigabitethernet 0/0/0
[AR1-GigabitEthernet0/0/0]ipv6 enable
[AR1-GigabitEthernet0/0/0]ipv6 address fd12::1 64
[AR1-GigabitEthernet0/0/0]quit
[AR1]interface gigabitethernet 0/0/1
[AR1-GigabitEthernet0/0/1]ipv6 enable
[AR1-GigabitEthernet0/0/1]ipv6 address fd13::1 64
```
```
[AR2]ipv6
[AR2]interface gigabitethernet 0/0/0
[AR2-GigabitEthernet0/0/0]ipv6 enable
[AR2-GigabitEthernet0/0/0]ipv6 address fd12::2 64
[AR2-GigabitEthernet0/0/0]quit
[AR2]ipv6 route-static :: 0 g0/0/0 fd12::1
```
```
[AR3]ipv6
[AR3]interface gigabitethernet 0/0/1
[AR3-GigabitEthernet0/0/1]ipv6 enable
[AR3-GigabitEthernet0/0/1]ipv6 address fd13::3 64
[AR3-GigabitEthernet0/0/1]quit
[AR3]ipv6 route-static :: 0 g0/0/1 fd13::1
```

在例 8-14 展示的配置命令中，我们首先使用系统视图命令 **ipv6** 在全局启用了 IPv6，然后进入接口视图并使用命令 **ipv6 enable** 在接口下启用了 IPv6。管理员只有先在接口启用 IPv6 协议，才能够配置 IPv6 地址。

在本例中，读者需要重点关注的是 AR2 和 AR3 上配置的最后一条命令：

- [AR2]ipv6 route-static :: 0 g0/0/0 fd12::1；
- [AR3]ipv6 route-static :: 0 g0/0/1 fd13::1。

在 8.1.2 节的静态路由配置中，我们以 **:: 0** 来表示默认路由，并且使用了"出接口+下一跳 IPv6 地址"的方式进行配置。要想同时配置出接口和下一跳 IPv6 地址，管理员要先输入出接口，再输入下一跳 IPv6 地址。

例 8-15 展示了 AR2 上的 IPv6 默认路由。

例 8-15　在 AR2 上查看 IPv6 静态默认路由

```
[AR2]display ipv6 routing-table protocol static
Public Routing Table : Static
Summary Count : 1


Static Routing Table's Status : < Active >
Summary Count : 1
```

```
Destination   : ::                          PrefixLength  : 0
NextHop       : FD12::1                      Preference    : 60
Cost          : 0                            Protocol      : Static
RelayNextHop  : ::                           TunnelID      : 0x0
Interface     : GigabitEthernet0/0/0         Flags         : D

Static Routing Table's Status : < Inactive >
Summary Count : 0
```

　　和 IPv4 中一样，管理员也可以在查看 IPv6 路由表的命令中添加关键字 **protocol static** 来限定 VRP 系统只显示 IPv6 静态路由。从例 8-15 的命令输出信息中我们可以看出，这条静态路由的目的地（Destination）是::，下一跳是（NextHop）FD12::1，出接口（Interface）是 G0/0/0。与例 8-12 中的路由 FD13:: 进行对比之后我们可以发现，FD13:: 路由的标记（Flags）是 RD，而 :: 路由的标记是 D。这是因为在 8.1.1 节中，我们在 AR2 上配置 FD13:: 路由时只指定了下一跳 IPv6 地址，而没有指明出接口，AR2 需要根据下一跳 IPv6 地址来确定出接口信息。换言之，这是一条迭代路由，因此路由条目才多了标记 R（Relay）。这一点与 IPv4 路由中的标记完全相同。例 8-16 测试了默认路由的工作效果。

例 8-16　在 AR2 上向 AR3 发起 ping 测试

```
[AR2]ping ipv6 fd13::3
  PING fd13::3 : 56  data bytes, press CTRL_C to break
    Reply from FD13::3
    bytes=56 Sequence=1 hop limit=63  time = 130 ms
    Reply from FD13::3
    bytes=56 Sequence=2 hop limit=63  time = 50 ms
    Reply from FD13::3
    bytes=56 Sequence=3 hop limit=63  time = 30 ms
    Reply from FD13::3
    bytes=56 Sequence=4 hop limit=63  time = 30 ms
    Reply from FD13::3
    bytes=56 Sequence=5 hop limit=63  time = 60 ms

  --- fd13::3 ping statistics ---
    5 packet(s) transmitted
    5 packet(s) received
    0.00% packet loss
    round-trip min/avg/max = 30/60/130 ms
```

　　从例 8-16 的测试结果我们可以看出，AR2 与 AR3 之间通过静态配置的 IPv6 默认路由实现了通信。

8.1.3 IPv6 汇总路由的配置

在 IPv6 中，路由也是可以进行汇总的，这一点与 IPv4 完全相同。只不过 IPv6 地址拥有 128 位，并且使用十六进制数值进行表示，因此在计算汇总时会比 IPv4 地址的汇总稍微复杂一些。8.1.3 节将使用图 8-4 所示拓扑来介绍如何计算并配置 IPv6 汇总路由。

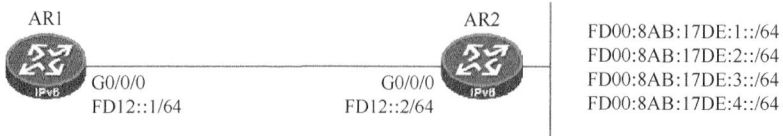

图 8-4　IPv6 汇总路由的配置拓扑

如图 8-4 所示，AR1 需要通过 AR2 来访问以下 4 个 IPv6 网络：FD00:8AB:17DE:1::/64、FD00:8AB:17DE:2::/64、FD00:8AB:17DE:3::/64 和 FD00:8AB:17DE:4/64，AR2 是如何获得这些路由信息的并不在 8.1.3 节的介绍之内，我们所要关注的是如何在 AR1 上配置与这些 IPv6 网络相关的汇总路由。

首先我们来看看如何把这 4 个 IPv6 网络进行汇总：

- FD00:8AB:17DE:1::——FD00:8AB:17DE:0000 0000 0000 0001::
- FD00:8AB:17DE:2::——FD00:8AB:17DE:0000 0000 0000 0010::
- FD00:8AB:17DE:3::——FD00:8AB:17DE:0000 0000 0000 0011::
- FD00:8AB:17DE:4::——FD00:8AB:17DE:0000 0000 0000 0100::

我们在将这 4 个 IPv6 地址有区别的十六进制位转换成二进制之后就会发现，它们只有最后 3 位二进制数值有区别，因此这 4 个子网地址可以汇总为一个子网：FD00:8AB:17DE::/61。掩码长度 61 是由汇总前的 64 位掩码减去有区别的 3 位掩码得来的。

熟悉 IPv4 路由汇总的读者可能会发现，这个案例中的 IPv6 地址规划实际上是有问题的：如果管理员在 AR1 上使用了汇总路由 FD00:8AB:17DE::/61，实际上是多汇总进去了下面这 4 个 IPv6 网络：

- FD00:8AB:17DE::/64——FD00:8AB:17DE:0000 0000 0000 0000::
- FD00:8AB:17DE:5::/64——FD00:8AB:17DE:0000 0000 0000 0101::
- FD00:8AB:17DE:6::/64——FD00:8AB:17DE:0000 0000 0000 0110::
- FD00:8AB:17DE:7::/64——FD00:8AB:17DE:0000 0000 0000 0111::

因此在使用 IPv6 网络时，管理员也要注意网络中的地址规划问题。对于 IPv6 地址的分配设计，8.1.3 节仅做这一点提示，接下来我们还是按照图 8-4 所示网络来配置 AR1 上的汇总路由，不再考虑设计不够完善的问题。例 8-17 中展示了管理员在 AR1 上实施的配置命令。

例 8-17　AR1 上的 IPv6 配置

```
[AR1]ipv6
[AR1]interface gigabitethernet 0/0/0
[AR1-GigabitEthernet0/0/0]ipv6 enable
[AR1-GigabitEthernet0/0/0]ipv6 address fd12::1 64
[AR1-GigabitEthernet0/0/0]quit
[AR1]ipv6 route-static fd00:8AB:17DE:: 61 g0/0/0 fd12::2
```

在例 8-17 中，管理员依然使用了命令 **ipv6 route-static** 配置汇总路由。例 8-18
中展示了 AR1 IPv6 路由表中的这条路由。

例 8-18　在 AR1 IPv6 路由表中查看汇总路由

```
[AR1]display ipv6 routing-table protocol static
Public Routing Table : Static
Summary Count : 1

Static Routing Table's Status : < Active >
Summary Count : 1

  Destination  : FD00:8AB:17DE::          PrefixLength : 61
  NextHop      : FD12::2                  Preference   : 60
  Cost         : 0                        Protocol     : Static
  RelayNextHop : ::                       TunnelID     : 0x0
  Interface    : GigabitEthernet0/0/0     Flags        : D

Static Routing Table's Status : < Inactive >
Summary Count : 0
```

8.1.3 节展示了计算 IPv6 汇总路由的方法，本质上，计算 IPv6 汇总路由的方法和
计算 IPv4 汇总路由的方法相同，都是按照二进制数值进行计算。8.1.3 节中没有再耗费
笔墨分步骤展示计算方法，对此感到陌生的读者可以复习本系列教材《路由与交换技术》
第 4 章 4.4.4 节（汇总静态路由的计算与设计）中的内容。

8.2　RIPng 的配置

在 IPv4 环境中的 RIP 版本有 RIPv1 和 RIPv2，RIPng 就是 IPv6 环境中对应的 RIP
版本，RIPng 协议的全称是下一代 RIP（路由信息协议）。RIPng 协议是从 RIPv2 扩展来
的，它除了增加了对 IPv6 的支持外，并没有完全继承 RIPv2 的所有功能。在 8.2 节中，
我们会介绍与 RIPng 相关的内容。首先，我们会通过一节的篇幅来对比 RIPv2 和 RIPng

的区别与共性。接下来，我们再用一节来展示如何在华为路由器上实现 RIPng 的配置。

8.2.1 RIPng 与 RIPv2 的比较

在本系列教材《路由与交换技术》第 6 章（动态路由）中我们曾经介绍了 RIP 的基础知识，为了帮助读者回忆相关内容，现在把 RIP 中需要我们掌握的基本知识点简要列在下面。

- RIP 协议（无论 RIPv1 还是 RIPv2）是基于 UDP 的应用层协议，RIP 对应的端口号是 UDP 520。
- RIPv1 在发送 RIP 消息时，封装的目的地址是 255.255.255.255；RIPv2 在发送 RIP 消息时，封装的目的 IP 地址为组播地址 224.0.0.9。
- RIPv1 和 RIPv2 都采用了周期更新的方式来通告路由信息。
- RIP 路由的度量值等于跳数，或者说，RIP 认为所有链路的开销值都是 1，且最大度量值为 16 跳。
- RIP 定义了两种不同的消息类型，即请求报文和响应报文。
- RIP 使用水平分割和毒性反转来防止网络中产生路由环路。

RIPng 作为 IPv6 环境中的 RIP 协议版本，是从 RIPv2 发展来的。根据上面这个列表，我们总结一下 RIPng 的相关情况。

- RIPng 也是基于 UDP 的应用层协议，使用的端口号是 UDP 521。
- RIPng 在发送 RIP 消息时，封装的目的 IPv6 地址为组播地址 FF02::9，封装的源 IPv6 地址是链路本地地址。
- RIPng 也采用周期更新的方式来通告路由信息。
- RIPng 作为一种距离矢量型路由协议，使用跳数作为度量值，最大度量值为 16（不可达）。
- RIPng 中也定义了两种不同的消息类型，即请求报文和响应报文。
- RIPng 也使用水平分割和毒性反转来防止网络中产生路由环路。

对于上述列表中的内容，RIPng 基本上继承了 RIPv2 中的设计，只是在 UDP 端口和 RIP 消息的目的组播地址上稍有区别：**RIPng 使用 UDP 端口 521，组播目的地址使用 IPv6 地址 FF02::9**。接着我们来看看 RIPng 与 RIPv1 和 RIPv2 最大的不同——消息封装结构。

1. RIPng 的消息封装结构

图 8-5 中展示出 RIPng 为了支持 IPv6 而修改的消息封装格式。其中，命令（Command）字段与 RIPv2 的作用相同。由于 RIPng 定义了请求报文和响应报文两种不同的消息类型，因此 RIPng 也同样需要命令字段来标识这个 RIPng 消息的类型：当命令字段设置为 1 时，这个 RIPng 消息就是请求报文（Request）；当命令字段设置为 2 时，这个 RIP 消息就是响应报文（Respond）。

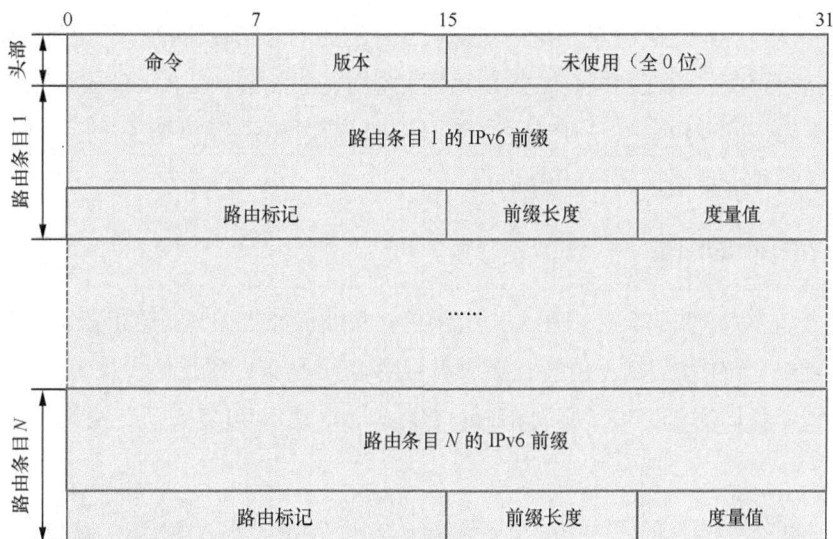

图 8-5　RIPng 的消息封装结构

版本（Version）字段用来标识 RIPng 的版本，当前的版本号取值都为 1。也正是版本 1 的 RIPng 协议支持请求报文和响应报文两种 RIP 消息，路由器在接收到 RIPng 消息时，都会通过版本字段来确定对方运行的 RIPng 版本是否与自己相同。

在 RIPng 消息携带的路由条目部分，每个路由条目的结构都是相同的。在图 8-5 中，我们希望通过两个路由条目（1 和 N）表示一个 RIPng 消息中可以携带多个路由条目。每个路由条目都为 20 字节，其中包含 IPv6 前缀、路由标记、前缀长度和度量值（也就是跳数）。路由标记字段标识了路由携带的属性，它的作用是为了区分内部 RIPng 路由（RIPng 路由域内的路由）和外部 RIPng 路由（从 EGP 或其他 IGP 注入的路由）。在一个 RIPng 消息中能够携带多少个路由条目取决于网络路径的 MTU。

2. RIPng 的路由表

与其他 IPv6 路由一样，在 RIPng 的路由表中同样包含目的地、前缀长度、下一跳、优先级、开销、协议等字段，我们在这里要着重说明的是下一跳字段。

我们在前文的列表中曾经提到，RIPng 消息的源地址是链路本地地址。这就是说，发出 RIPng 消息的路由器，会以出接口的链路本地地址作为这个 RIPng 消息的源地址（排除以 RIPng 接口之外的其他接口发送单播请求消息的情况）。之所以要使用链路本地地址作为 RIPng 消息的源，是因为接收到这个 RIPng 消息的路由器在把相关路由放入到路由表中时，会把 RIPng 消息的源地址作为路由的下一跳地址放入到路由表中。如果源地址不正确的话，RIPng 邻居就无法正确路由数据包。在 8.2.2 节中，我们会通过命令展示路由器上的 RIPng 路由条目。

3. RIPng 的认证

在 8.2.1 节的最后，我们来对 IPv6 环境中的动态路由协议认证做一点补充解释。

在 IPv4 环境中，由于 IP 协议自身不支持认证，因此动态路由协议为了保障安全性，自己提供了一定程度的认证功能。比如 RIPv2 支持明文和加密认证，OSPF 也支持明文和加密认证。但在 IPv6 环境中，RIPng 和 OSPFv3 的认证都是由 IPv6 提供的（IPSec），于是路由协议自身也就不提供认证功能了。

8.2.2 RIPng 的配置

在 8.2.2 节中，我们会使用图 8-6 所示拓扑来展示如何在华为路由器上配置 RIPng。在这个环境中，AR1 和 AR2 上的所有接口都启用 IPv6 协议，并且都参与 RIPng 路由。在这个案例中，我们需要让 AR1 通过 RIPng 学习到 AR2 接口 G0/0/1 所连网络的路由。

图 8-6　RIPng 的配置拓扑

首先，我们需要在 AR1 和 AR2 的系统视图中全局启用 IPv6，然后在相应的接口视图中启用 IPv6 并配置 IPv6 地址。例 8-19 展示了全局启用 IPv6 协议的配置以及接口的相关配置。

例 8-19　在 AR1 和 AR2 上配置 IPv6 地址

```
[AR1]ipv6
[AR1]interface gigabitethernet 0/0/0
[AR1-GigabitEthernet0/0/0]ipv6 enable
[AR1-GigabitEthernet0/0/0]ipv6 address fd12::1 64

[AR2]ipv6
[AR2]interface gigabitethernet 0/0/0
[AR2-GigabitEthernet0/0/0]ipv6 enable
[AR2-GigabitEthernet0/0/0]ipv6 address fd12::2 64
[AR2-GigabitEthernet0/0/0]quit
[AR2]interface gigabitethernet 0/0/1
[AR2-GigabitEthernet0/0/1]ipv6 enable
[AR2-GigabitEthernet0/0/1]ipv6 address fd00::2 64
```

例 8-19 展示的命令我们在 8.1 节中已经展示过，这里不做解释。在配置好 IPv6 地址后，管理员可以使用命令 **display ipv6 interface brief** 来查看路由器上配置了 IPv6 地址的接口。这条命令的输出信息见例 8-20。

例 8-20　查看 AR1 和 AR2 上配置的 IPv6 地址

```
[AR1]display ipv6 interface brief
*down: administratively down
(1): loopback
```

```
(s): spoofing
Interface                    Physical           Protocol
GigabitEthernet0/0/0         up                 up
[IPv6 Address] FD12::1
```

```
[AR2]display ipv6 interface brief
*down: administratively down
(l): loopback
(s): spoofing
Interface                    Physical           Protocol
GigabitEthernet0/0/0         up                 up
[IPv6 Address] FD12::2
GigabitEthernet0/0/1         up                 up
[IPv6 Address] FD00::2
```

如例 8-20 所示，命令 **display ipv6 interface brief** 的输出信息会以每两行对应一个接口的格式，展示接口上配置的 IPv6 地址以及接口的物理状态和协议状态。从例 8-20 所示的命令输出内容中我们可以看出，AR1 的接口 G0/0/0 启用了 IPv6 协议并配置了 IPv6 地址 FD12::1，AR2 的接口 G0/0/0 启用了 IPv6 协议并配置了 IPv6 地址 FD12::2，G0/0/1 配置了 IPv6 地址 FD00::2，这些接口的物理状态和协议状态也都是 UP 的。

配置好接口的 IPv6 地址后，AR1 与 AR2 就能够通过各自的接口 G0/0/0 进行通信，因为这两个接口连接在同一个 IPv6 网段中。但 AR1 无法与 AR2 的 G0/0/1 接口进行通信，因为 AR1 上没有去往 FD00::/64 的路由。在这里，我们的工作就是通过 RIPng 协议让 AR1 能够学到这条路由，具体的配置命令见例 8-21。

例 8-21　在 AR1 和 AR2 上配置 RIPng

```
[AR1]ripng 1
[AR1-ripng-1]quit
[AR1]interface gigabitethernet 0/0/0
[AR1-GigabitEthernet0/0/0]ripng 1 enable
```

```
[AR2]ripng 1
[AR2-ripng-1]quit
[AR2]interface gigabitethernet 0/0/0
[AR2-GigabitEthernet0/0/0]ripng 1 enable
[AR2-GigabitEthernet0/0/0]quit
[AR2]interface gigabitethernet 0/0/1
[AR2-GigabitEthernet0/0/1]ripng 1 enable
```

RIPng 的配置逻辑与 RIPv1/RIPv2 一样，管理员首先要在系统视图中启用 RIPng 进程（进程 ID 的取值范围是 1～65535，本例中都使用进程 1），在系统视图中，管理员需要使用命令 **ripng** *process-id* 来启用 RIPng 进程。接下来，管理员进入需要参与 RIPng 路由的接口，在接口视图中使用命令 **ripng** *process-id* **enable** 启用相应的 RIPng 进程。

管理员可以使用命令 **display ripng** 查看 RIPng 的相关信息，其中包括 RIPng 的进程 ID 以及各种计时器值等信息，例 8-22 展示了这条命令的输出内容。

例 8-22　在 AR1 上查看 RIPng 信息

```
[AR1]display ripng
Public vpn-instance
    RIPng process : 1
        Preference    : 100
        Checkzero     : Enabled
        Default-cost  : 0
        Maximum number of balanced paths : 8
        Update time   : 30 sec    Age time    : 180 sec
        Garbage-collect time : 120 sec
        Number of periodic updates sent : 67
        Number of trigger updates sent  : 0
        Number of routes in database    : 2
        Number of interfaces enabled    : 1
        Total number of routes : 1
        Total number of routes in ADV DB is : 2

    Total count for 1 process :
        Number of routes in database : 2
        Number of interfaces enabled : 1
        Number of routes sendable in a periodic update : 2
        Number of routes sent in last periodic update : 1
```

除了这条命令之外，管理员也可以使用命令 **display ripng** *process-id* **neighbor** 来查看路由器上的 RIPng 邻居简要信息，也可以在这条命令后添加关键字 "**verbose**" 来查看邻居的详细信息，例 8-23 展示了这两条命令的输出内容。

例 8-23　在 AR1 上查看 RIPng 邻居

```
[AR1]display ripng 1 neighbor
 Neighbor : FE80::2E0:FCFF:FE37:6211 GigabitEthernet0/0/0
    Protocol : RIPNG
[AR1]display ripng 1 neighbor verbose
 Neighbor : FE80::2E0:FCFF:FE37:6211 GigabitEthernet0/0/0
    Protocol : RIPNG
    Number of Active routes    : 1
    Number of routes in garbage  : 0
```

通过例 8-23 第 1 条命令的输出内容中我们可以看出，RIPng 是通过链路本地地址来标识邻居的，与此同时这条命令还显示了 AR1 是通过哪个接口（G0/0/0）建立的这个 RIPng 邻居。

从第 2 条命令中我们还可以看到 RIPng 路由的汇总计数，但这条命令的输出信息并不会展示具体的路由条目。管理员需要使用例 8-24 展示的命令来查看 RIPng 路由。

例 8-24　在 AR1 上查看 RIPng 路由

```
[AR1]display ripng 1 route
  Route Flags: R - RIPng
              A - Aging, G - Garbage-collect
 --------------------------------------------------------------
 Peer FE80::2E0:FCFF:FE37:6211 on GigabitEthernet0/0/0
 Dest FD00::/64,
     via FE80::2E0:FCFF:FE37:6211, cost  1, tag 0, RA, 21 Sec
```

通过例 8-24 所示命令 **display ripng 1 route**，管理员可以查看路由器通过 RIPng 学到的路由，并且可以了解这条路由是通过哪个 RIPng 邻居学到的。

通过查看 IPv6 路由表，管理员可以查看被放入路由表的 RIPng 路由。在例 8-25 中，我们使用了关键字 **protocol ripng** 让路由器只显示通过 RIPng 学到的 IPv6 路由。

例 8-25　在 AR1 上查看 IPv6 路由表中的 RIPng 路由

```
[AR1]display ipv6 routing-table protocol ripng
Public Routing Table : RIPng
Summary Count : 1


RIPng Routing Table's Status : < Active >
Summary Count : 1


Destination : FD00::                     PrefixLength : 64
NextHop     : FE80::2E0:FCFF:FE37:6211   Preference   : 100
Cost        : 1                          Protocol     : RIPng
RelayNextHop : ::                        TunnelID     : 0x0
Interface   : GigabitEthernet0/0/0       Flags        : D


RIPng Routing Table's Status : < Inactive >
Summary Count : 0
```

从例 8-25 所示的命令输出内容中我们可以看出，在目的地为 FD00::/64 的 IPv6 路由条目中，AR1 在下一跳部分记录的是 AR2 接口 G0/0/0 的链路本地地址。现在，AR1 上已经有了去往 FD00::/64 的路由。下面，我们通过 AR1 向 AR2 接口 G0/0/1 发起 ping 测试，来验证当前网络的连通性，例 8-26 展示了测试的结果。

例 8-26　验证网络连通性

```
[AR1]ping ipv6 fd00::2
  PING fd00::2 : 56  data bytes, press CTRL_C to break
    Reply from FD00::2
```

```
    bytes=56 Sequence=1 hop limit=64  time = 770 ms
    Reply from FD00::2
    bytes=56 Sequence=2 hop limit=64  time = 220 ms
    Reply from FD00::2
    bytes=56 Sequence=3 hop limit=64  time = 160 ms
    Reply from FD00::2
    bytes=56 Sequence=4 hop limit=64  time = 140 ms
    Reply from FD00::2
    bytes=56 Sequence=5 hop limit=64  time = 120 ms

--- fd00::2 ping statistics ---
    5 packet(s) transmitted
    5 packet(s) received
    0.00% packet loss
    round-trip min/avg/max = 120/282/770 ms
```

例 8-26 中命令的输出信息显示测试成功，AR1 与 AR2 之间通过 RIPng 实现了全网路由。

8.3 OSPFv3 的配置

目前，在 IPv4 环境中，我们使用的 OSPF 版本是 OSPFv2，而在 IPv6 环境中我们使用的 OSPF 版本则是 OSPFv3。在 8.3 节中，我们会通过对比 OSPFv2，介绍一些与 OSPFv3 相关的重要信息，同时演示如何在华为路由器上配置 OSPFv3。

首先，我们还是通过一节的篇幅来对比一下 OSPFv3 与 OSPFv2 之间的区别与共性。在 8.3 节的 8.3.2 节中，我们再来通过案例的形式，展示如何在华为路由器上配置 OSPFv3，让路由器之间相互学习 IPv6 路由信息。

8.3.1 OSPFv3 与 OSPFv2 的比较

在华为 ICT 学院路由交换技术系列教材《路由与交换技术》第 7 章中，我们曾经介绍了 OSPFv2 的理论知识。在 8.3.1 节中，我们在读者已经掌握的 OSPFv2 理论知识的基础上，以清单的形式对比 OSPFv3 与 OSPFv2 的共同点和区别。对 OSPFv2 的原理已经感到陌生的读者，可以复习本系列教材《路由与交换技术》第 7 章的内容。

概括地说，OSPFv3 继承了 OSPFv2 中的以下特点。

- 协议类型：链路状态型路由协议。
- 度量参数：以接口带宽值作为变量来计算接口开销，每条路由的开销是路径中所有出接口开销的累加值。

- 如何决定最优路由：使用 SPF（最短路径优先）算法。
- 路由器 ID：长度为 32 比特，以点分十进制格式表示。在 OSPFv3 中，这不再是接口的 IPv6 地址，但格式仍保留了 OSPFv2 中的定义。
- 区域的概念：在 OSPFv3 中也使用区域的概念，这一点与 OSPFv2 相同。所有区域必须连接骨干区域（区域 0），未与骨干区域直接相连的区域需要通过虚链路连接到骨干区域。
- 5 种 OSPF 数据包类型：Hello 包、DD 包（数据库描述）、LSR 包（链路状态请求）、LSU 包（链路状态更新）和 LSAck 包（链路状态确认）。OSPFv3 与 OSPFv2 都使用相同的 5 种类型数据包，它们的作用与发送条件也完全相同，但数据包格式是有区别的。具体的数据包格式和区别不做详述，但后文中会展示 OSPFv3 数据包头部的结构，并与 OSPFv2 进行对比。
- 邻居关系的发现与维护：如何发现邻居并建立邻接关系的机制与 OSPFv2 相同。比如在广播和 NBMA 链路上选举 DR（指定路由器）和 BDR（备份指定路由器）的机制。
- 5 种网络类型（接口类型）：点到点、广播、NBMA（非广播多路访问）、点到多点和虚链路。具体描述可以参考本系列教材《路由与交换技术》7.1.5 节（网络类型）。
- 邻居状态机：OSPF 邻居状态的过渡事件与 OSPFv2 相同。具体描述可以参考本系列教材《路由与换技术》7.2.1 节（OSPF 的邻居状态机）。

通过上面这个列表我们发现，OSPFv3 与 OSPFv2 的共性还是很多的，其中最大的共性是这两个协议的整体架构是相同的。当然，由于 IP 协议的版本有所不同，因此 OSPFv3 也根据 IPv6 的特点对 OSPFv2 进行了各方面的改进。总的来说，OSPFv3 与 OSPFv2 的区别有以下几点。

- OSPFv3 的处理是基于链路的，而 OSPFv2 的处理是基于 IP 子网的。在 IPv6 环境中，设备的一个接口上可以配置多个 IPv6 地址，也就是一个接口可以连接多个 IPv6 网络。两台直连 IPv6 设备之间的通信可以通过链路本地地址实现，因此哪怕它们并没有连接在相同的 IPv6 网络（相同的 IPv6 前缀）中，它们也可以建立 OSPFv3 邻接关系。
- OSPFv3 数据包类型和主要的 LSA 中移除了 IP 地址这一概念。这种做法带来的影响如下。
  □ OSPFv3 RID（路由器 ID）、区域 ID 仍为 32 比特，也都使用点分十进制格式，但 RID 不再来自于 IPv6 地址。
  □ OSPFv3 总是使用 RID 来识别邻居路由器。在 OSPFv2 中，有时会使用 IPv4 地址来识别邻居设备，比如在广播、NBMA 和点到多点链路上。

□ OSPFv3 数据包和主要的 LSA 中不再包含 IPv6 地址信息，当然 LSU 包的 LSA 负载中还是会包含指明该路由下一跳地址的 IPv6 地址。

- 使用链路本地地址发送 OSPFv3 数据包：OSPFv3 数据包使用路由器接口的链路本地地址作为源地址。一条链路上的所有其他路由器都会学到对方的链路本地地址，并在转发数据包的过程中，把这个地址作为下一跳地址。但虚链路是个例外，在建立虚链路邻接关系时，路由器必须使用全局可路由的 IPv6 地址作为 OSPF 数据包的源地址。

- OSPFv3 移除了认证功能：OSPFv3 不再支持认证功能，因此 OSPF 数据包头部与认证相关的字段也一并移除。我们会在后文中展示 OSPFv3 使用的数据包头部格式。OSPFv3 不再支持认证的理由与 RIPng 相同，鉴于我们在上文中已经对此进行了说明，这里不再赘述。

- OSPFv3 数据包格式和 LSA 格式发生了变化。接下来 8.3.1 节只展示 OSPFv3 数据包头部的结构，各种类型的 OSPFv3 数据包和 LSA 格式超出了本书范畴。

图 8-7 中所示为 OSPFv3 的数据包头部结构。

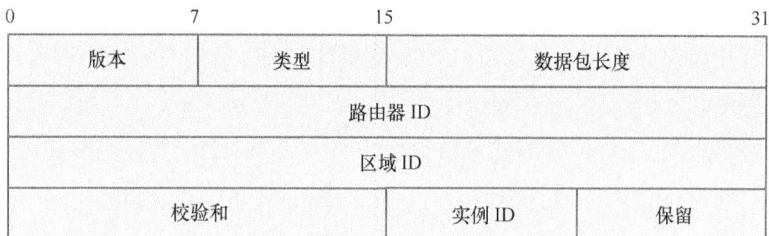

图 8-7　OSPFv3 头部封装的字段

下面，我们来依次说明 OSPFv3 头部封装中各个字段的作用。

- **版本**：这个字段的作用是标识该 OSPF 消息使用的 OSPF 版本，也就是值为 3。
- **类型**：5 种类型及其对应的类型字段取值分别如下。
□ **类型字段取值为 1**：Hello 消息。
□ **类型字段取值为 2**：数据库描述消息（DD）。
□ **类型字段取值为 3**：链路状态请求消息（LSR）。
□ **类型字段取值为 4**：链路状态更新消息（LSU）。
□ **类型字段取值为 5**：链路状态确认消息（LSAck）。
- **数据包长度**：这个字段以字节为单位标识了 OSPFv3 数据包的长度，这个长度包含 OSPFv3 数据包头部。
- **路由器 ID**：路由器 ID 就是一台 OSPFv3 路由器在 OSPFv3 网络中的身份，路由器 ID 的长度为 32 比特。OSPFv3 路由器只会使用路由器 ID 来标识邻居。

- **区域 ID**：区域 ID 标识了 OSPFv3 数据包所属的 OSPFv3 区域，区域 ID 的长度为 32 比特。所有 OSPFv3 数据包都属于且只属于一个区域。通过虚链路传输的数据包会标识骨干区域 ID，即 0。
- **校验和**：这个字段的作用与 OSPFv2 头部校验和相同，接收方路由器会通过 OSPFv3 头部的校验和字段校验整个 OSPFv3 数据包，而不只是校验头部。

OSPFv2 的头部封装中包含了上述的所有字段，并且字段的长度和功能也都没有太大区别。不过，OSPFv2 的后续字段与认证相关。鉴于 OSPFv3 移除了认证功能，因此 OSPFv3 的头部封装以实例 ID 字段代之。

- **实例 ID**：我们在前文中描述 OSPFv3 与 OSPFv2 的区别时曾经提到，OSPFv3 是基于链路的。不仅如此，OSPFv3 能够在一条链路上运行多个 OSPFv3 实例，每个实例都使用一个唯一的实例 ID；实例 ID 只在链路本地有意义。如果路由器在查看接收到的 OSPFv3 数据包时，发现这个数据包的实例 ID 与接收接口的实例 ID 不匹配，它就会丢弃这个数据包。
- **保留**：当前保留字段的值恒为 0。

OSPF 作为一项功能强大且较为复杂的动态路由协议，两个版本之间的区别不是一节的篇幅就能说清的。在现阶段的学习中，我们依照本系列教材《路由与交换技术》中学习过的 OSPFv2 相关理论，对 OSPFv3 中的继承和变更进行了简单介绍，以便让读者对 OSPFv3 拥有一个大致的了解。在 8.3.2 节中，我们会通过一个简单的环境，介绍如何在华为路由器上部署 OSPFv3。

8.3.2　OSPFv3 的配置

8.3.2 节我们会使用图 8-8 所示拓扑来展示 OSPFv3 的配置。在这个案例中，我们会配置两个 OSPF 区域：区域 0（骨干区域）和区域 13。

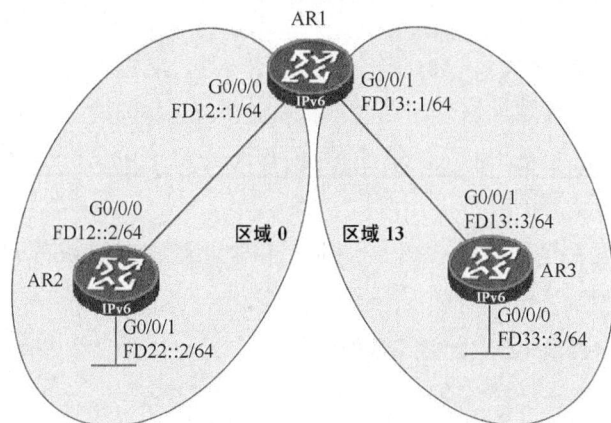

图 8-8　OSPFv3 的配置拓扑

如图 8-8 所示，AR1 作为区域边界路由器，分别连接区域 0 和区域 13。图中三台路由器上的所有接口都参与 OSPFv3 路由，管理员的任务是通过部署 OSPFv3 使全网互通。

首先，我们还是需要在每台路由器上启用 IPv6 并在接口上配置 IPv6 地址。例 8-27 展示了相关配置命令。

例 8-27　在三台路由器上配置接口 IPv6 地址

```
[AR1]ipv6
[AR1]interface gigabitethernet 0/0/0
[AR1-GigabitEthernet0/0/0]ipv6 enable
[AR1-GigabitEthernet0/0/0]ipv6 address fd12::1 64
[AR1-GigabitEthernet0/0/0]quit
[AR1]interface gigabitethernet 0/0/1
[AR1-GigabitEthernet0/0/1]ipv6 enable
[AR1-GigabitEthernet0/0/1]ipv6 address fd13::1 64

[AR2]ipv6
[AR2]interface gigabitethernet 0/0/0
[AR2-GigabitEthernet0/0/0]ipv6 enable
[AR2-GigabitEthernet0/0/0]ipv6 address fd12::2 64
[AR2-GigabitEthernet0/0/0]quit
[AR2]interface gigabitethernet 0/0/1
[AR2-GigabitEthernet0/0/1]ipv6 enable
[AR2-GigabitEthernet0/0/1]ipv6 address fd22::2 64

[AR3]ipv6
[AR3]interface gigabitethernet 0/0/0
[AR3-GigabitEthernet0/0/0]ipv6 enable
[AR3-GigabitEthernet0/0/0]ipv6 address fd33::3 64
[AR3-GigabitEthernet0/0/0]quit
[AR3]interface gigabitethernet 0/0/1
[AR3-GigabitEthernet0/0/1]ipv6 enable
[AR3-GigabitEthernet0/0/1]ipv6 address fd13::3 64
```

在配置好接口 IPv6 地址后，管理员可以通过命令 `display ipv6 interface brief` 查看接口的 IPv6 地址配置，也可以通过 `ping ipv6` 命令来测试一下直连链路的连通性，以保证 IPv6 地址配置无误。

接着，我们需要在全局启用 OSPv3，并把接口加入到相应的 OSPFv3 区域中，例 8-28 展示了相关配置命令。

例 8-28　在三台路由器上配置 OSPFv3

```
[AR1]ospfv3 1
[AR1-ospfv3-1]router-id 1.1.1.1
[AR1-ospfv3-1]quit
```

```
[AR1]interface gigabitethernet 0/0/0
[AR1-GigabitEthernet0/0/0]ospfv3 1 area 0
[AR1-GigabitEthernet0/0/0]quit
[AR1]interface gigabitethernet 0/0/1
[AR1-GigabitEthernet0/0/1]ospfv3 1 area 13
```

```
[AR2]ospfv3 1
[AR2-ospfv3-1]router-id 2.2.2.2
[AR2-ospfv3-1]quit
[AR2]interface gigabitethernet 0/0/0
[AR2-GigabitEthernet0/0/0]ospfv3 1 area 0
[AR2-GigabitEthernet0/0/0]quit
[AR2]interface gigabitethernet 0/0/1
[AR2-GigabitEthernet0/0/1]ospfv3 1 area 0
```

```
[AR3]ospfv3 1
[AR3-ospfv3-1]router-id 3.3.3.3
[AR3-ospfv3-1]quit
[AR3]interface gigabitethernet 0/0/0
[AR3-GigabitEthernet0/0/0]ospfv3 1 area 13
[AR3-GigabitEthernet0/0/0]quit
[AR3]interface gigabitethernet 0/0/1
[AR3-GigabitEthernet0/0/1]ospfv3 1 area 13
```

在例 8-28 中，我们使用配置了命令 **ospfv3 1**。这条命令的作用是创建 OSPFv3 进程 1，并让设备管理员进入了 OSPFv3 进程 1 视图中。这条命令的句法为 **ospfv3** *process-id*，其中进程 ID 的取值范围是 1～65535。

在 OSPFv3 视图中，我们使用命令 **router-id** *router-id* 手动指定了每台路由器的 OSPFv3 RID（路由器 ID）。在 OSPFv3 中，路由器 ID 的长度与 OSPFv2 相同，都是 32 比特，并且也是以点分十进制的格式展示的。

接下来，我们进入了相应接口的接口视图，使用命令 **ospfv3** *process-id* **area** *area-id* 让接口加入到相应的区域中。在 OSPFv3 中，区域 ID 的长度也与 OSPFv2 相同，都是 32 比特，并且也是以点分十进制格式展示的。管理员在配置时可以使用十进制格式来简化输入的字符数量，比如我们在上面的示例中就直接输入了十进制数字 0 和 13。

等 OSPFv3 邻居建立后，管理员可以使用 **display ospfv3 peer** 来查看建立好的 OSPFv3 邻居关系。例 8-29 展示了在这三台路由器上分别输入相同命令后的输出内容。

例 8-29　在三台路由器上输入命令 display ospfv3 peer

```
[AR1]display ospfv3 peer
OSPFv3 Process (1)
```

```
OSPFv3 Area (0.0.0.0)
Neighbor ID      Pri  State         Dead Time Interface        Instance ID
2.2.2.2            1  Full/DR       00:00:36  GE0/0/0                      0
OSPFv3 Area (0.0.0.13)
Neighbor ID      Pri  State         Dead Time Interface        Instance ID
3.3.3.3            1  Full/Backup   00:00:31  GE0/0/1                      0
[AR2]display ospfv3 peer
OSPFv3 Process (1)
OSPFv3 Area (0.0.0.0)
Neighbor ID      Pri  State         Dead Time Interface        Instance ID
1.1.1.1            1  Full/Backup   00:00:33  GE0/0/0                      0
[AR3]display ospfv3 peer
OSPFv3 Process (1)
OSPFv3 Area (0.0.0.13)
Neighbor ID      Pri  State         Dead Time Interface        Instance ID
1.1.1.1            1  Full/DR       00:00:35  GE0/0/1                      0
```

下面，我们以例 8-29 所示内容的阴影部分为例来简单说明 OSPFv3 邻居的输出信息。

首先，命令输出的第一行信息显示了 OSPFv3 进程 ID，下一行显示了 OSPF 区域 ID。注意，VRP 系统显示的 OSPF 区域 ID 格式为点分十进制，区域 0.0.0.0 也就是区域 0。如果一台路由器参与了多个 OSPFv3 区域的路由，那么在这条命令的输出内容中，路由器就会按照区域 ID 数值从小到大展示所有区域中的邻居信息。以 AR1 为例，在阴影部分结束之后，系统就开始展示另一个区域的邻居信息了。让我们再回到区域 0，这条命令其实展示的是 OSPFv3 邻居的简要信息，通过这些信息，我们可以看出邻居的路由器 ID 和邻居状态。如果想要查看邻居的详细信息，管理员需要使用关键字 **verbose**。例 8-30 以 AR1 为例，展示了 **display ospfv3 peer verbose** 的输出信息。

例 8-30　在 AR1 上输入命令 display ospfv3 peer verbose

```
[AR1]display ospfv3 peer verbose
OSPFv3 Process (1)

 Neighbor 2.2.2.2 is Full, interface address FE80::2E0:FCFF:FEFB:588D
    In the area 0.0.0.0 via interface GE0/0/0
    DR Priority is 1 DR is 2.2.2.2 BDR is 1.1.1.1
    Options is 0x000013 (-|R|-|-|E|V6)
    Dead timer due in 00:00:32
    Neighbour is up for 02:41:05
    Database Summary Packets List 0
```

```
        Link State Request List 0
        Link State Retransmission List 0
        Neighbour Event: 6
        Neighbour If Id : 0x3
   Neighbor 3.3.3.3 is Full, interface address FE80::2E0:FCFF:FE13:492C
        In the area 0.0.0.13 via interface GE0/0/1
        DR Priority is 1 DR is 1.1.1.1 BDR is 3.3.3.3
        Options is 0x000013 (-|R|-|-|E|V6)
        Dead timer due in 00:00:35
        Neighbour is up for 02:16:33
        Database Summary Packets List 0
        Link State Request List 0
        Link State Retransmission List 0
        Neighbour Event: 5
        Neighbour If Id : 0x4
```

　　例 8-30 展示了 **display ospfv3 peer verbose** 命令的输出信息，在这里我们只着重指出一点：在阴影部分中，我们可以看到接口地址（interface address）这一项，这是 OSPFv3 邻居接口的地址。也就是说，阴影中的接口地址是 AR2 接口 G0/0/0 的地址，而且是这个接口的链路本地地址，而不是管理员手动配置的全局单播地址。所以，OSPFv3 是使用接口的链路本地地址来建立 OSPFv3 邻居的。这种做法可以避免网络地址在重新规划时，路由器的 OSPFv3 邻居状态也随之出现变动。

　　在命令 **display ospfv3 interface** *interface-type interface-number* 的输出信息中，我们可以清晰地看到本地路由器建立 OSPFv3 邻居使用的 IPv6 地址，见例 8-31。

例 8-31　在 AR1 上输入命令 display ospfv3 interface g0/0/0

```
[AR1]display ospfv3 interface g0/0/0
GigabitEthernet0/0/0 is up, line protocol is up
  Interface ID 0x3
  Interface MTU 1500
  IPv6 Prefixes
  FE80::2E0:FCFF:FE47:5FFB (Link-Local Address)
  FD12::1/64
  OSPFv3 Process (1), Area 0.0.0.0, Instance ID 0
    Router ID 1.1.1.1, Network Type BROADCAST, Cost: 1
    Transmit Delay is 1 sec, State Backup, Priority 1
    Designated Router (ID) 2.2.2.2
    Interface Address FE80::2E0:FCFF:FEFB:588D
    Backup Designated Router (ID) 1.1.1.1
```

```
Interface Address FE80::2E0:FCFF:FE47:5FFB
Timer interval configured, Hello 10, Dead 40, Wait 40, Retransmit 5
    Hello due in 00:00:02
Neighbor Count is 1, Adjacent neighbor count is 1
Interface Event 3, Lsa Count 2, Lsa Checksum 0xe76a
Interface Physical BandwidthHigh 0, BandwidthLow 1000000000
```

在例 8-31 命令输出内容中的阴影部分我们可以看到 AR1 接口 G0/0/0 上的 IPv6 前缀信息,其中 FE80::2E0:FCFF:FE47:5FFB 是路由器自动生成的链路本地地址,从地址后面的括号中也可以确认它是链路本地地址。

接着我们来确认一下 AR1 通过 OSPFv3 学到的路由信息,见例 8-32。

例 8-32　查看 AR1 上的 OSPFv3 路由

```
[AR1]display ospfv3 routing

Codes : E2 - Type 2 External, E1 - Type 1 External, IA - Inter-Area,
        N - NSSA, U - Uninstalled

OSPFv3 Process (1)
    Destination                                          Metric
      Next-hop
    FD12::/64                                            1
      directly connected, GigabitEthernet0/0/0
    FD13::/64                                            1
      directly connected, GigabitEthernet0/0/1
    FD22::/64                                            2
      via FE80::2E0:FCFF:FEFB:588D, GigabitEthernet0/0/0
    FD33::/64                                            2
      via FE80::2E0:FCFF:FE13:492C, GigabitEthernet0/0/1
```

命令 **display ospfv3 routing** 显示的是 AR1 通过 OSPFv3 学到的所有路由信息,要注意这里展示的路由并不一定都是 IPv6 路由表中的可用路由。管理员可以使用命令 **display ipv6 routing-table protocol ospfv3** 来查看被放入 IPv6 路由表中的 OSPFv3 路由,见例 8-33。

例 8-33　在 AR1 上查看 IPv6 路由表中的 OSPFv3 路由

```
[AR1]display ipv6 routing-table protocol ospfv3
Public Routing Table : OSPFv3
Summary Count : 4

OSPFv3 Routing Table's Status : < Active >
Summary Count : 2
```

```
Destination   : FD22::                          PrefixLength : 64
NextHop       : FE80::2E0:FCFF:FEFB:588D         Preference   : 10
Cost          : 2                               Protocol     : OSPFv3
RelayNextHop  : ::                              TunnelID     : 0x0
Interface     : GigabitEthernet0/0/0            Flags        : D


Destination   : FD33::                          PrefixLength : 64
NextHop       : FE80::2E0:FCFF:FE13:492C         Preference   : 10
Cost          : 2                               Protocol     : OSPFv3
RelayNextHop  : ::                              TunnelID     : 0x0
Interface     : GigabitEthernet0/0/1            Flags        : D

OSPFv3 Routing Table's Status : < Inactive >
Summary Count : 2

Destination   : FD12::                          PrefixLength : 64
NextHop       : ::                              Preference   : 10
Cost          : 1                               Protocol     : OSPFv3
RelayNextHop  : ::                              TunnelID     : 0x0
Interface     : GigabitEthernet0/0/0            Flags        :


Destination   : FD13::                          PrefixLength : 64
NextHop       : ::                              Preference   : 10
Cost          : 1                               Protocol     : OSPFv3
RelayNextHop  : ::                              TunnelID     : 0x0
Interface     : GigabitEthernet0/0/1            Flags        :
```

从例 8-33 中我们可以看出，AR1 的 IPv6 路由表中被放入了 4 条 OSPFv3 路由，但只有两条非直连路由的状态是 Active。另两条既是 AR1 的直连路由，又是 AR1 从 OSPFv3 邻居学到的路由，因此它们的状态是 Inactive，这两条 OSPFv3 路由的开销（Cost）为 1。当管理员在 AR1 上查看这两条通过直连学到的相同路由时，会发现它们的开销为 0。

现在 AR2 学习到了 OSPFv3 区域 13 中的所有路由。同样，AR3 也学习到了 OSPFv3 区域 0 中的所有路由。例 8-34 展示了 AR2 学到的所有 OSPFv3 路由。

例 8-34　查看 AR2 上的 OSPFv3 路由

```
[AR2]display ospfv3 routing

Codes : E2 - Type 2 External, E1 - Type 1 External, IA - Inter-Area,
        N - NSSA, U - Uninstalled
```

```
OSPFv3 Process (1)
    Destination                                                    Metric
      Next-hop
    FD12::/64                                                      1
        directly connected, GigabitEthernet0/0/0
  IA FD13::/64                                                      2
        via FE80::2E0:FCFF:FE47:5FFB, GigabitEthernet0/0/0
    FD22::/64                                                      1
        directly connected, GigabitEthernet0/0/1
  IA FD33::/64                                                      3
        via FE80::2E0:FCFF:FE47:5FFB, GigabitEthernet0/0/0
```

从例 8-34 的命令输出内容中我们可以看出，FD13::/64 和 FD33::64 这两条 IPv6 路由的前面都标明了 IA，这表示它们是 OSPFv3 区域间路由。AR2 会把这两条区域间路由放入自己的 IPv6 路由表中，并将其作为活跃（Active）路由来使用，例 8-35 展示了 AR2 的 IPv6 路由表。

例 8-35　在 AR2 上查看 IPv6 路由表中的 OSPFv3 路由

```
[AR2]display ipv6 routing-table protocol ospfv3
Public Routing Table : OSPFv3
Summary Count : 4

OSPFv3 Routing Table's Status : < Active >
Summary Count : 2

Destination  : FD13::                      PrefixLength : 64
NextHop      : FE80::2E0:FCFF:FE9E:14D3    Preference   : 10
Cost         : 2                           Protocol     : OSPFv3
RelayNextHop : ::                          TunnelID     : 0x0
Interface    : GigabitEthernet0/0/0        Flags        : D

Destination  : FD33::                      PrefixLength : 64
NextHop      : FE80::2E0:FCFF:FE9E:14D3    Preference   : 10
Cost         : 3                           Protocol     : OSPFv3
RelayNextHop : ::                          TunnelID     : 0x0
Interface    : GigabitEthernet0/0/0        Flags        : D

OSPFv3 Routing Table's Status : < Inactive >
Summary Count : 2

Destination  : FD12::                      PrefixLength : 64
```

```
    NextHop      : ::                        Preference   : 10
    Cost         : 1                         Protocol     : OSPFv3
    RelayNextHop : ::                        TunnelID     : 0x0
    Interface    : GigabitEthernet0/0/0      Flags        :


    Destination  : FD22::                    PrefixLength : 64
    NextHop      : ::                        Preference   : 10
    Cost         : 1                         Protocol     : OSPFv3
    RelayNextHop : ::                        TunnelID     : 0x0
    Interface    : GigabitEthernet0/0/1      Flags        :
```

从例 8-35 中我们可以看出，两条非直连 IPv6 路由的状态是 Active，另两条既是 AR2 的直连路由，又是 AR2 从 OSPFv3 邻居（AR1）学到的路由，因此它们的状态是 Inactive，这两条 OSPFv3 路由的开销（Cost）为 1。当管理员在 AR2 上查看这两条通过直连学到的相同路由时，会发现它们的开销为 0。

我们可以推断出 AR3 学到的 IPv6 路由以及它放入 IPv6 路由表中的路由条目（状态为 Active），在这里我们不再展示 AR3 上的相关信息，读者可以在实验练习的过程中检验自己的推测结果是否正确。

8.4　本章总结

在本章中，我们以 IPv6 路由的配置为重点，介绍了 IPv6 路由的相关内容，其中包括 IPv6 静态路由、RIPng 和 OSPFv3。

在 IPv6 静态路由部分，我们介绍了如何在华为路由器上配置 IPv6 静态路由，并且展示了 IPv6 默认路由的配置，以及 IPv6 汇总路由的计算和配置方法。

接下来，我们介绍了两种动态路由协议的 IPv6 版本：RIPng 和 OSPFv3。当然除了这两个路由协议之外，IPv6 环境中还可以部署其他动态路由协议。

在 8.2 节中我们对比了 RIPng 与 RIPv2 的异同，并通过案例的形式展示了 RIPng 的配置和验证方法。在 8.3 节中我们则按照 8.2 节的结构，首先对比了 OSPFv3 与 OSPFv2 的异同，然后通过案例展示了华为路由器上 OSPFv3 的配置和验证方法。

8.5　练习题

一、选择题

1. 在 IPv6 环境中配置 IPv6 静态路由时，如果路由 FD00:8AB:17DE::/64 的下一跳

IPv6 地址是 FD00::10，出站接口是 G1/0/0，那么管理员可以使用以下哪条配置命令？（多选）（   ）

    A. ipv6 route-static fd00:8ab:17de:: 64 g1/0/0

    B. ipv6 route-static fd00:8ab:17de:: 64 fd00::10

    C. ipv6 route-static fd00:8ab:17de:: 64 g1/0/0 fd00::10

    D. 直连路由，无需配置静态路由命令

2. RIPng 和 OSPFv3 分别属于哪种类型的动态路由协议？（   ）

A. 距离矢量型动态路由协议，链路状态型动态路由协议

B. 路径矢量型动态路由协议，链路状态型动态路由协议

C. 距离矢量型动态路由协议，增强型距离矢量型动态路由协议

D. 路径矢量型动态路由协议，增强型距离矢量型动态路由协议

3. 以下有关 RIPng 的说法中，正确的是？（多选）（   ）

A. RIPng 使用 UDP 520 端口发送和接收路由信息

B. RIPng 使用组播 IPv6 地址 FF00::9 作为目的地址发送路由更新

C. RIPng 使用链路本地地址作为源地址发送路由更新

D. 一个 RIPng 消息中能够携带的路由条目的数量取决于网络中的 MTU

4. RIPng 与 RIPv2 在以下哪个方面有所区别？（   ）

A. 路由更新方式   B. 防环机制

C. 消息类型   D. 度量参数

E. 以上答案均不正确

5. RIPng 会使用以下哪种地址作为路由的下一跳地址？（   ）

A. 全局单播地址   B. 唯一本地地址

C. 链路本地地址   D. 以上答案都正确

6. OSPFv3 与 OSPFv2 在以下哪些方面有所区别？（多选）（   ）

A. 网络类型（接口类型）

B. 发送路由更新消息使用的目的组播地址

C. OSPF 消息格式

D. 支持的认证类型

7. 管理员在路由器上配置了命令 ospfv3 1 area 13，其中配置的 1 表示什么？（   ）

A. 路由器 ID   B. OSPF 的进程 ID

C. 接口 ID   D. 区域 ID

二、判断题

1. 在创建 IPv6 静态路由时，如果目的地址和掩码为全零，则表示配置的是 IPv6

默认路由。

2．OSPFv2 中的路由器 ID 为 32 位，OSPFv3 中的路由器 ID 为 128 位。

3．在 OSPFv3 中，OSPF 接口的默认开销与 OSPFv2 中是相同的。

第9章
网络安全技术

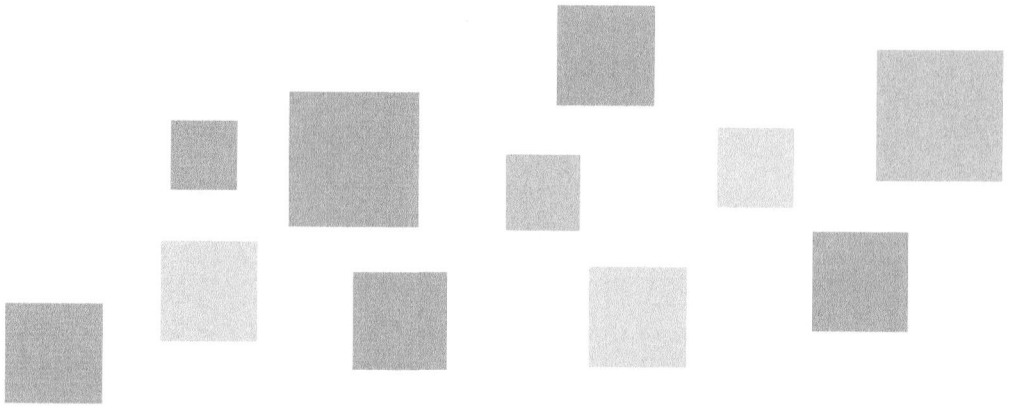

随着网络日渐渗透到人们生活中的方方面面，人们对于网络的依赖性也变得越来越强烈。人们向网络中发送的数据不再是聊天室中那些空洞的话语，而是包含了许多与我们个人身份证件、银行账户、投资理财账户有关的重要信息。各类企业网络中传递的也不只是通知会议时间和待办事务的电子邮件，医院内部网络中传输的也有可能是手术患者的疾病治疗史与药物过敏史的资料，机场内部网络中传输的也有可能是塔台关于航班起降调度的高度与时间的信息。随着物联网（IoT）时代的到来，网络中还会传递越来越多联网设备的控制信息。

如果最初网络攻击只是网络爱好者们的一种炫技方式，目的也不过是在满足自己好奇心的同时收获一点小小的虚荣，那么而时至今日，网络攻击已经演变成了一项会影响到人们个人信息安全、资产安全和人身安全的重大问题。所以网络安全没有理由不引起人们的重视。

鉴于网络安全技术涉及面之广，远非一章内容可以涵盖，华为ICT学院特别开设了专门的安全技术课程。在本章中，考虑到网络安全技术变化速度快、设备（操作系统版本）依赖性强等特点，为了避免读者学习到的内容只适用于极少数特殊场合、或者读者所学很快就会过时，我们只从网络安全技术中选取了两项在各类网络中都普遍适用（而且短期内不可能被淘汰）的技术框架（即AAA和IPSec）进行介绍。首先，我们会从如何使用AAA来确保设备管理访问的可靠性开始展开介绍，同时演示如何在华为本地或者通过远程服务器来对设备的管理员进行身份认证。接下来，我们会对IPSec这个比较复杂的话题进行介绍，IPSec一节的内容包括IPSec这个框架所包含的内容、IPSec框架中各组成成分为保护数据传输而提供的服务、IKE协商建立SA的流程、IPSec的封装协议与封装方式、网络设备封装与解封装数据包的大致流程，以及如何在两台华为设备之间配置建立 IPSec VPN。在 9.3 节中，我们会摆脱具体的技术视角，从更加宏观的角度看待安全问题，解释构成安全的三大要素以及 TCP/IP 模型各层中有可能出现的网络攻击方式。

学习目标

- 了解 AAA 所包含的内容；
- 理解 RADIUS 协议的封装方式及工作原理；
- 掌握在华为设备上配置本地认证与调试本地授权的方式；
- 理解通过 AAA 服务器为华为设备的管理员提供认证的方式；
- 理解 IPSec 的大体框架；
- 掌握 IPSec 两种封装方式的异同；
- 掌握 IKEv1 阶段 1（主模式）的协商流程；
- 掌握 IKEv1 阶段 2 的协商流程；
- 掌握 ESP 提供的服务和 ESP 的封装方式；
- 了解 AH 提供的服务和 AH 的封装方式；
- 理解路由器使用 ESP 作为 IPSec 封装协议时加解密数据包的流程；
- 理解 GRE 协议的原理与封装方式；
- 掌握 IPSec VPN 的配置方式；
- 理解 CIA 三要素的内容即它们各自的表意；
- 了解 TCP/IP 模型中各层常见的安全问题。

9.1　AAA 工作原理

你会允许陌生人在你不在场的情况下随便使用你的手机吗？我想不会，因为我们都知道这样太不安全了。网络设备当然不能任由局外人来进行管理。只有负责设备管理的人才能参与设备管理，这是一切网络安全、信息安全、数据安全的基本前提。如果任何人都可以管理设备，然后让设备根据自己的目的执行操作，那么这些设备上实施了再好的安全策略也是形同虚设。

你会允许不熟悉的人在你不在场的情况下随便使用你的电脑吗？也许会，前提是你给自己的计算机设置了一个访客账户，并且给访客账户设置了有限的访客权限。网络设备管理也可以采取这样的办法，也就是给不同管理员分配不同的账户，每个账户拥有不同的管理权限。

你想了解不熟悉的人在你不在场时，在你的电脑上执行了哪些操作吗？有可能吧，尤其是在你的电脑在他/她使用之后出现了问题的这种情况下。比起一台个人计算机，对于部署在复杂环境中的网络设备来说，记录和观察设备各个用户所作的管理操作尤为重要。

既然上面这些需求对于网络安全如此重要，我们当然要在网络安全技术的 9.1 节中，对这些功能所对应的技术作一番介绍说明。

9.1.1 AAA 简介

实际上，有些读者在看到 AAA 时，可能会感到莫名的熟悉，这是因为《网络基础》第 9 章曾经不只一次提到过这项技术。我们当时提到这项技术的背景是要给远程管理协议配置一种认证模式。在给 Telnet 协议配置认证模式时，我们没有选择 AAA 认证，而是直接使用了密码认证；到了配置 SSH 协议时，我们曾经提到，SSH 支持的认证模式只有 AAA，因此我们首先将 vty 线路下默认的认证模式修改为了 AAA，然后才成功配置 SSH 认证。在配置了 SSH 认证之后，我们还进入到了 AAA 视图下，配置了认证的用户名和密码，同时指定了使用 AAA 执行认证的服务类型。当然，在那一章中，我们并没有对 AAA 的概念进行详细的说明，很多读者也许在读到那里时会将 AAA 理解为是华为设备上提供的一种给远程管理协议提供用户身份认证的技术。

实际上，AAA 既不是一项协议，也不是一项技术，而是三项独立安全功能的总称，这三项安全功能分别为认证（Authentication）、授权（Authorization）和审计（Accounting）。在配置 Telnet 和 SSH 协议时，我们只用到了 AAA 中的第一个 A，也就是认证。下面，我们分别对这三个 A 的表意进行一个简单的说明。

- **认证**：通过 SSH 的实验，读者应该也理解了认证功能的作用。认证功能旨在通过用户提供的用户名、密码等信息来区分他/她是否有权限访问（他/她正在试图访问的）资源。这也就是说，认证就是健身俱乐部的会员卡，前台会在人们进入健身俱乐部时查验会员卡。只有那些有卡的人员才可以使用俱乐部中的健身器械资源。

- **授权**：授权功能旨在根据用户的属性（比如用户名）来区分他/她有权限执行哪些操作。读者也许还记得《网络基础》第 2 章中，我们曾经提到 VRP 系统是区分用户等级和命令等级的，不同级别的用户可以执行不同级别的命令，这种根据用户级别决定其可以执行的操作管理就属于授权功能的范畴。所以，授权是根据健身卡的等级来判断一位会员是否有权使用健身资源，银牌会员只能操作跑步机区域的设备，金牌会员可以使用跑步机区域、组合器械区域和自由器械区域内的设备，白金会员在金牌会员的基础上还可以使用游泳池，钻石会员在金牌会员的基础上可以使用网球场，这就属于授权功能的范畴。

- **审计**：审计在这里也可以翻译为记账或者计费。审计功能的作用是记录各个用户在访问期间所执行的操作。审计的功能之前并没有在本系列教材中出现过，这部分内容超出了本系列教材的范围，这里不作过多介绍，实验中也不作演示。对审计技术感兴趣的读者，可以课下向教师请教、查询华为公司官方技术文档，或者继续学习华为 ICT 学院安全技术的课程。

注释：

本书以审计作为 Accounting 的对译，以计费作为 Billing 的对译。

网络设备可以通过两种不同的方式对发起管理访问的用户执行认证、授权和审计，其中一种方式是在本地完成的，如图 9-1 所示。也就是说，网络设备通过自己本地数据库中的信息来完成身份验证、权限指定和操作记录。我们在《网络基础》第 9 章采用的就是这种方式。

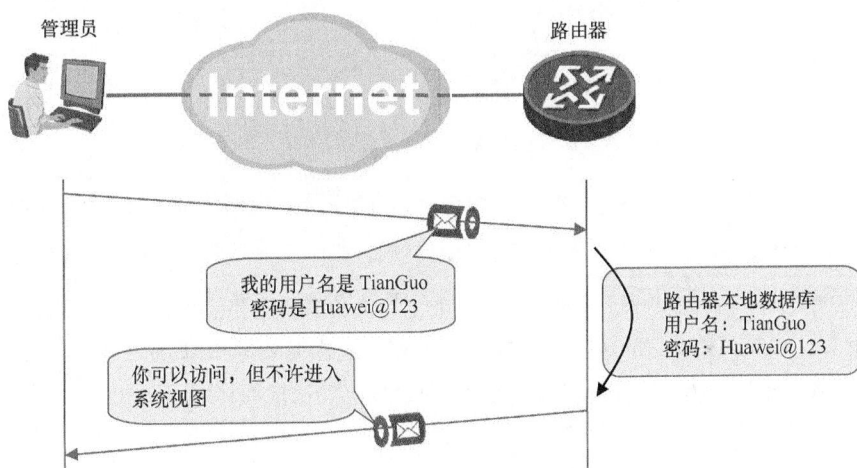

图 9-1　本地 AAA 的工作方式示意

另一种方式是通过外部的 AAA 服务器来完成。当用户向网络设备发起管理访问时，网络设备向位于指定地址的 AAA 服务器发送查询信息，让 AAA 服务器判断是否允许这位用户访问，以及这位用户拥有什么权限等，如图 9-2 所示。

在图 9-2 所示的环境中，管理员访问路由器时使用的是 Telnet 或 SSH 这类远程管理协议。然而，被管理设备与 AAA 服务器之间通信时使用的又是什么协议呢？关于这个问题，我们留待 9.1.2 节再进行解释。

9.1.2　RADIUS 协议简介

在实际网络环境中，确实有不少设备在本地执行 AAA 功能。然而，当网络中有大量设备需要管理，同时网络中又需要部署大量不同级别的用户时，管理员就难免需要逐个设备地进行配置。在有任何与 AAA 相关的配置需要修改时，管理员还需要逐个设备进行修改。这样不仅会增加管理员的工作负担，同时还会增加配置错误的几率。

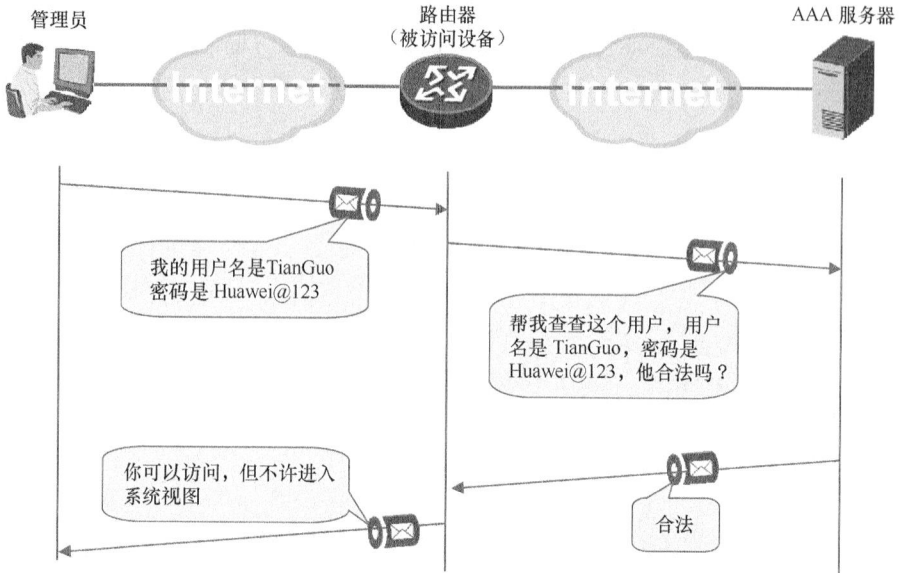

图 9-2　通过 AAA 服务器执行 AAA 的工作方式示意

　　与在设备本地执行 AAA 操作相比，通过 AAA 服务器来为网络集中提供 AAA 服务最直接的优势来源于扩展性。因此，在中到大规模网络中，图 9-2 所示的这种依靠 AAA 服务器来集中提供 AAA 服务的做法更加常见。在这种环境中，人们当然需要定义一种被访问设备/资源与 AAA 服务器之间通信的标准，而我们在 9.1.2 节中要进行介绍的 RADIUS，就定义了 AAA 服务器为被访问设备/资源提供 AAA 相关通信服务的标准。

注释：

　　在认证访问环境中，被访问设备一般称为网络访问服务器（Network Access Server），简称 NAS。不过，NAS 虽然名为服务器，但它在 AAA 通信环境中扮演的角色显然是 RADIUS 客户端，AAA 服务器才是 RADIUS 服务器。由于我们担心第一次接触这个概念的用户容易根据字面意思，将 NAS 理解为 RADIUS 服务器或者 AAA 服务器，因此我们在下文中还是会继续使用表意更加明确的"被访问设备"一词。

　　RADIUS 全称是远程认证拨入用户服务（Remote Authentication Dial In User Service），是一项通过 UDP 提供传输层服务的应用层协议。最初，RADIUS 服务器通过 1645 端口提供认证和授权服务，通过 1646 端口提供审计服务；但由于这两个端口分别与另外两个协议的常用端口号相冲突。目前，**RADIUS 通过 1813 端口提供认证和授权服务，通过 1814 端口提供审计服务**。RADIUS 定义的消息封装格式如图 9-3 所示。

　　学习到这个阶段的读者应该早已有能力自己判断出前三个字段的作用。在前三个字段中，代码字段的作用是标识这个 RADIUS 消息的类型；标识符字段的作用是标识 RADIUS

请求消息与响应消息之间的对应关系；数据长度字段的作用则是标识（包含图 9-3 所示全部字段的）整个 RADIUS 消息的长度。

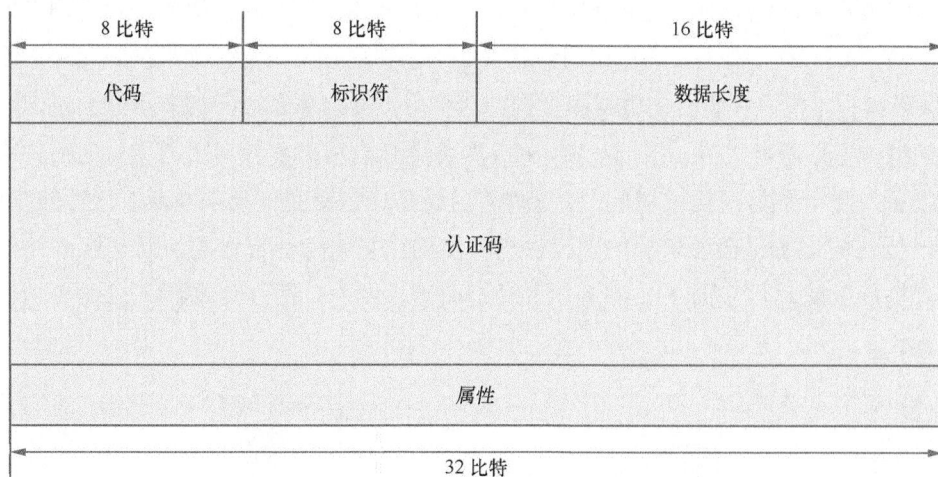

图 9-3 RADIUS 消息封装格式

除了这三个字段之外，认证码字段的作用是让被访问设备（如图 9-2 中的路由器）认证它接收到的响应消息是否真的是由它请求的那台 AAA 服务器（如图 9-2 中的 AAA 服务器）响应的。当 AAA 服务器响应一台被访问设备时，它会使用请求消息中的加密密钥与响应数据一起计算出一个 MD5 散列值。在被访问设备接收到来自 AAA 服务器的响应消息时，它也会同样使用响应消息中的值与自己之前发送给 AAA 服务器的共享密钥计算出一个 MD5 散列值。如果两个值相等，就代表这个响应消息不是由未授权设备伪装的 AAA 服务器发送的响应消息。

属性字段是一个可变长度字段。一个 RADIUS 消息中可以包含多个属性字段。其中每个属性字段都包含 4 比特的类型字段（用来标识这个属性字段携带的属性值类型）、4 比特的长度字段和一个可变长度的属性值字段，这个属性值会提供一些与 AAA 服务相关的重要信息，比如用户提供的用户名、用户提供的密码、被访问设备的 IP 地址、被访问设备使用的端口号等。显然，不同类型消息经常也会携带不同的属性。

既然前面提到了代码字段，在这就不得不提到 RADIUS 消息的类型。虽然代码字段保留了 8 比特的长度，但目前 RADIUS 定义的消息类型并不算多，其中包括（但不限于）访问请求（Access-Request）消息（代码值为 0x1）、访问接受（Access-Accept）消息（代码值为 0x2）、访问拒绝（Access-Reject）消息（代码值为 0x3）、审计请求（Accounting-Request）消息（代码值为 0x5）、审计响应（Accounting-Response）消息（代码值为 0x5）、访问挑战（Access-Challenge）消息（代码值为 0xb）等。

在一个部署了远程 AAA 让被访问设备通过 RADIUS 协议与 AAA 服务器交互的网络中，当被访问设备接收到用户发送的用户名和密码时，这台设备会封装一个访问请求消息，将用户名和使用共享密钥加密过的密码作为属性值封装在访问请求消息中发送给 AAA 服务器。AAA 服务器在接收到这个访问请求消息时，会查询自己的用户数据库，如果找到了对应的用户名，则会对使用共享密钥对密码进行解密，然后校验密码是否正确。如果密码正确，AAA 服务器则会向被访问设备发送一条访问接受消息；如果密码有误，或者 AAA 服务器根本没有在自己的数据库查询到这个用户名，那么 AAA 服务器就会发送一条访问拒绝消息。除此之外，根据设置，AAA 服务器也有可能在核对密码无误之后，向被访问设备发送一条访问挑战消息，要求被访问设备提供更多信息来验证访问者的身份。此时，被访问设备也会要求访问者提供进一步的信息来认证自己的访问资格，并根据访问者提供的信息再次向 AAA 服务器发送访问请求消息。图 9-4 显示了以此成功认证的流程。

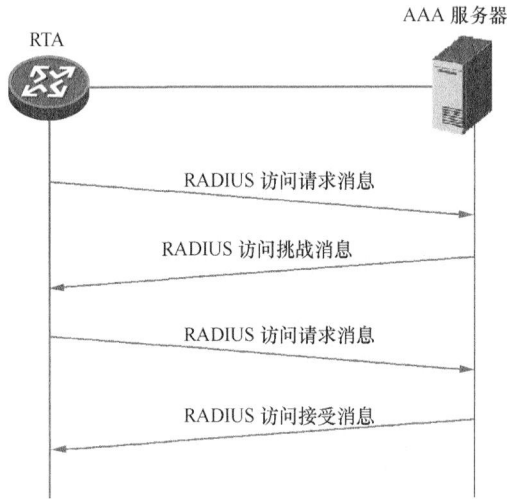

图 9-4　AAA 服务器通过 RADIUS 执行认证（和授权）的流程

根据 RADIUS 协议的定义，认证和授权的交互都是通过在相同的消息中封装不同的属性来实现的。但审计的操作需要独立通过交互审计请求消息和审计响应消息来完成。在 RADIUS 审计消息中，根据审计状态类型这个属性中封装参数的不同，审计请求消息可以分为（在审计开始时发送的）审计开始请求消息、（在用户访问过程中发送的）审计临时更新请求消息和（用户停止访问后发送的）审计停止请求消息。审计的内容超出了本书的知识范围，我们在这里不进行赘述。

除了 RADIUS 之外，HWTACACS 也可以用来充当被访问设备与 AAA 服务器之间交互 AAA 数据的通信协议。关于 HWTACACS 的内容，本书不再作进一步介绍，感兴趣的读者可以在完成华为 ICT 学院的课程之后，通过向任课教师请教、访问华为公司的官方网站或者报名华为公司认证合作伙伴安全方向培训课程的方式，来进一步了解更多有关审计和 HWTACACS 协议的信息。

在 9.1.2 节中，我们对 RADIUS 的基本概念、数据封装结构与工作原理进行了梳理。在 9.1.3 节中，我们会通过一些简单的实验，演示如何在设备本地对用户进行认证和授权，以及如何让被访问设备通过 RADIUS 协议与远端 AAA 服务器进行通信来获取用户认证服务。

9.1.3　AAA 的配置

在学习了与 AAA 相关的理论知识，以及与 RADIUS 协议相关的理论知识后，9.1.3 节将为读者展示如何利用 AAA 的认证功能，在远程管理华为网络设备时，实现用户身份的认证，防止非法用户随意登录设备。9.1.3 节将会展示两种认证方式：AAA 本地认证和 AAA RADIUS 服务器认证。

1. AAA 本地认证

在《网络基础》第 9 章（管理维护）中，我们介绍远程管理华为网络设备的两种方法：Telnet 和 SSH。9.1.3 节为了简化配置，突出重点（AAA 相关的配置信息），我们使用 Telnet 作为远程登录方式。《网络基础》在展示如何使用 Telnet 进行远程登录时，使用的认证方式是密码（password）认证。为了提高安全性，9.1.3 节通过 Telnet 进行登录时我们使用 AAA 进行本地认证。案例使用的网络环境如图 9-5 所示。

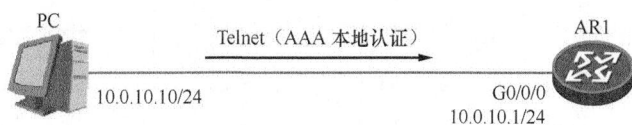

图 9-5　使用 AAA 本地认证的方式进行登录验证

在这个环境中，我们要在路由器 AR1 上针对 Telnet 启用 AAA 本地认证，对通过 Telnet 向 AR1 发起管理访问的用户进行认证。用户只有输入了正确的用户名和密码，才能够成功登录到 AR1。

在华为网络设备上，默认情况下有一个名为 default 的认证方案（authentication-scheme）。管理员不能删除这个认证方案，但能够对其进行修改。在认证方案 default 中，默认的认证模式为本地认证（local），也就是说，路由器会使用本地数据库对用户的登录行为进行认证。在这个案例中，我们就直接使用认证方案 default，并且保留默认的认证模式 local 不做修改。例 9-1 中展示了 AR1 上默认的 aaa 配置信息。

例 9-1　AR1 上的相关配置信息

```
[AR1]aaa
[AR1-aaa]display this
[V200R003C00]
#
aaa
```

```
authentication-scheme default
authorization-scheme default
accounting-scheme default
domain default
domain default_admin
local-user admin password cipher %$%$K8m.Nt84DZ}e#<O`8bmE3Uw}%$%$
local-user admin service-type http
#
return
```

在例 9-1 中，管理员先使用系统视图命令 **aaa** 进入了 AAA 视图，然后在 AAA 视图中使用了命令 **display this**，这条命令能够查看当前视图中的配置命令。在命令 **display this** 的输出内容中，我们标记出了两个阴影行。

- authentication-scheme default：这是默认的认证方案 default。如果在 AAA 视图中输入命令 **authentication-scheme default** 的话，就可以进入 default 认证方案的视图，并修改 default 中的参数。在 default 认证方案视图中，管理员可以使用 **authentication-mode local** 命令设置本地认证模式。由于这是默认的认证模式，即使管理员输入了这条命令，在配置中也是看不到这条命令的；
- domain default_admin：这是默认的管理员域 default_admin，也就是通过 HTTP、SSH、Telnet、Terminal 或 FTP 方式进行设备登录的用户所属的域。如果在 AAA 视图中输入命令 **domain default_admin** 的话，就可以进入 default_admin 域视图，并修改这个域中的参数。在 default_admin 域视图中，管理员可以使用 **authentication-scheme default** 命令设置为这个域的用户使用 default 认证方案。由于这是默认的认证模式，即使管理员输入了这条命令，在配置中也是看不到这条命令的。

对于通过 Telnet 的方式登录设备的用户来说，用户属于 default_admin 域，这个域使用默认的 default 认证方案，default 认证方案中又设置了默认的本地认证模式。在这个层层嵌套的配置中，如果想要通过 AAA 本地认证对 Telnet 进行保护的话，管理员无需进行任何修改。因此接下来需要做的，是创建用来进行 Telnet 登录的本地用户，详见例 9-2。

例 9-2　在 AR1 上创建本地用户

```
[AR1]aaa
[AR1-aaa]local-user user1 password cipher huawei111
Info: Add a new user.
[AR1-aaa]local-user user1 service-type telnet
[AR1-aaa]local-user user2 privilege level 15 password cipher huawei222
```

```
Info: Add a new user.
[AR1-aaa]local-user user2 service-type telnet
```

在例 9-2 中，管理员创建了两个本地用户：user1 和 user2。在创建 user1 时，管理员只指定了用户名（user1）和密码（huawei111），并且把 user1 的接入服务类型设置为 Telnet。在创建 user2 时，管理员除了指定用户名（user2）和密码（huawei222），并且把 user2 的接入服务类型也设置为 Telnet 外，还指定了 user2 的级别为 15，也就是最高级别。管理员没有为 user1 指定级别，因此 user1 拥有默认级别 0，也就是最低级别。

最后，管理员还需要配置 VTY 线路，把它的认证模式设置为 AAA，详见例 9-3。

例 9-3　设置 VTY 线路的认证模式

```
[AR1]user-interface vty 0 4
[AR1-ui-vty0-4]authentication-mode aaa
```

在完成了本地用户的创建和 VTY 线路的配置后，管理员从 PC 上向 AR1 发起 Telnet 连接。读者应该已经熟悉在 PC 上进行 Telnet 设置，使 PC 能够远程管理华为路由的操作，这里不再逐步演示，而是直接展示 Telnet 结果。图 9-6 中展示了管理员在 PC 上使用 user1 进行登录的结果。

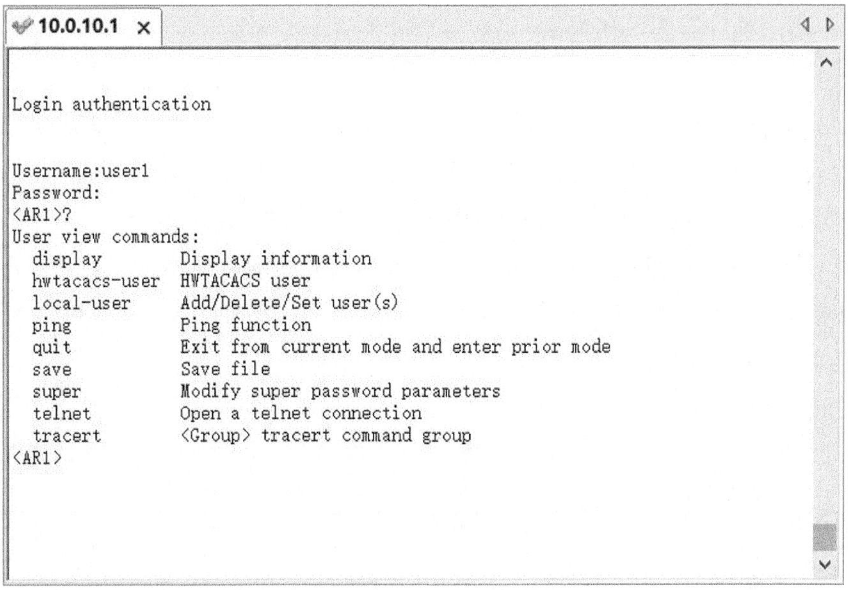

```
Login authentication

Username:user1
Password:
<AR1>?
User view commands:
  display        Display information
  hwtacacs-user  HWTACACS user
  local-user     Add/Delete/Set user(s)
  ping           Ping function
  quit           Exit from current mode and enter prior mode
  save           Save file
  super          Modify super password parameters
  telnet         Open a telnet connection
  tracert        <Group> tracert command group
<AR1>
```

图 9-6　使用 user1 进行登录测试

如图 9-6 所示，管理员使用 user1 进行了登录，成功登录到 AR1 后，输入问号查询当前能够输入的配置命令，发现命令非常有限，这是因为 user1 的级别是 0。图 9-7 中展示了管理员使用 user2 进行登录的结果。

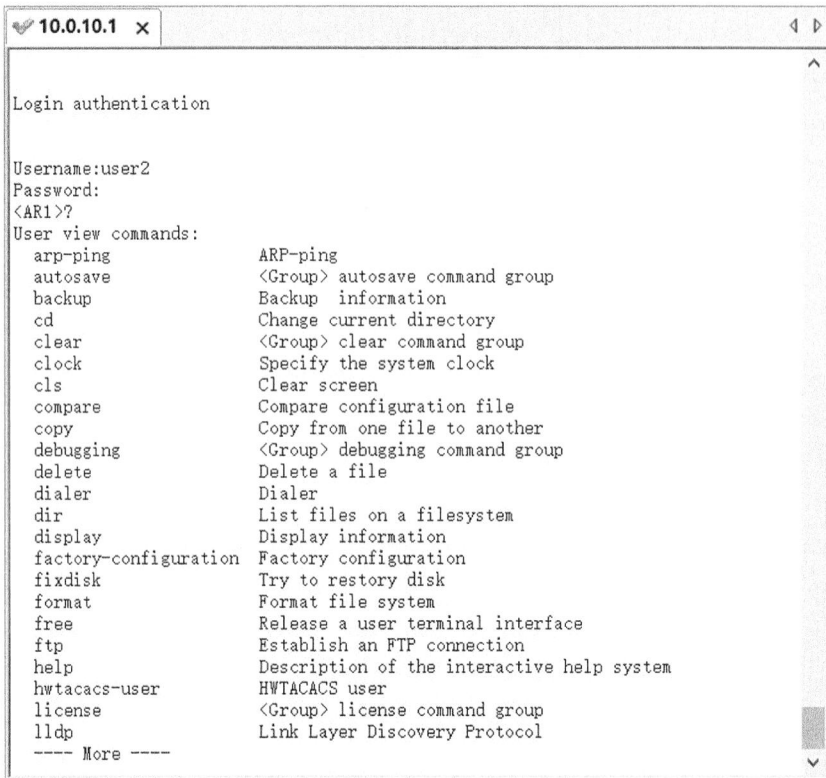

图 9-7　使用 user2 进行登录测试

从图 9-7 中我们可以看出，管理员使用 user2 进行了登录，成功登录到 AR1 后，输入问号查询当前能够输入的配置命令，发现 user2 能够使用的命令非常多，这是因为 user2 的级别是 15，也就是最高级别，说明 user2 能够使用全部命令。

通过使用命令 display local-user，管理员可以查看设备本地配置的用户信息，例 9-4 中展示了 AR1 上的本地用户。

例 9-4　查看 AR1 上的本地用户

```
[AR1]display local-user

------------------------------------------------------------
User-name              State  AuthMask  AdminLevel
------------------------------------------------------------
admin                  A      H         -
user1                  A      T         -
user2                  A      T         15
------------------------------------------------------------

Total 3 user(s)
```

通过例 9-4 所示的命令 display local-user 输出内容中我们可以看出，AR1 上有 3 个本地用户，User-name（用户名）分别是 admin、user1 和 user2。State（状态）表示本地用户的状态：A 或 B，A 表示 Active，B 表示 Block。AuthMask 表示本地用户的接入类型：例 9-4 中用户 admin 的接入类型为 H（HTTP），user1 和 user2 的接入类型为 T（Telnet），还可以有 S（SSH）、F（FTP）等。AdminLevel 表示本地用户的管理员用户级别，从这里也可以看出，管理员把 user2 的级别设置为 15。

通过使用命令 **display local-user username** *user-name*，管理员可以查看某一个本地用户的信息，例 9-5 中展示了本地用户 user2 的信息。

例 9-5　查看 AR1 上的本地用户 user2

```
[AR1]display local-user username user2
  The contents of local user(s):
  Password          : ****************
  State             : active
  Service-type-mask : T
  Privilege level   : 15
  Ftp-directory     : -
  Access-limit      : -
  Accessed-num      : 0
  Idle-timeout      : -
  User-group        : -
```

由于管理员在例 9-2 中创建本地用户的用户名和密码时，对密码使用了加密（cipher）选项，因此例 9-5 的命令输出内容中看不到用户 user2 的密码。

2. AAA RADIUS 服务器认证

接着我们来展示如何通过在 RADIUS 服务器上设置用户名和密码，来为 Telnet 访问提供认证服务。这个案例使用的网络环境如图 9-8 所示。

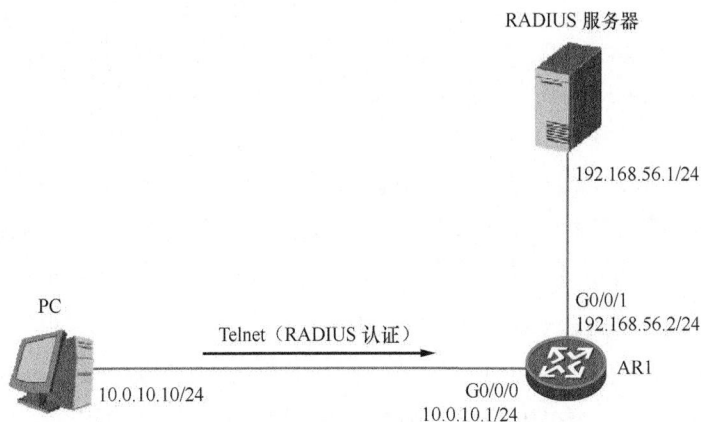

图 9-8　使用 RADIUS 服务器认证的方式进行登录验证

在使用 RADIUS 服务器进行认证的环境中，管理员首先需要配置好 RADIUS 服务器上的参数，比如 RADIUS 共享密钥、用户（用户名/密码）等。管理员在 RADIUS 服务器上创建了两个用户 user1 和 user2。RADIUS 服务器的配置方式并不是 9.1.3 节的重点，因此在这里只使用 RADIUS 服务器来展示一些必要的参数信息和日志消息，重点仍关注华为网络设备（路由器）的配置。图 9-9 中展示了 RADIUS 服务器上设置的共享密钥（huawei123）和认证端口（1812），这些参数与我们接下来的配置相关。

在这个案例中，我们仍使用认证方案 default，并把其中的认证模式从默认的本地（local）模式更改为 RADIUS 服务器模式。例 9-6 展示了 AR1 上 AAA 方案的配置。

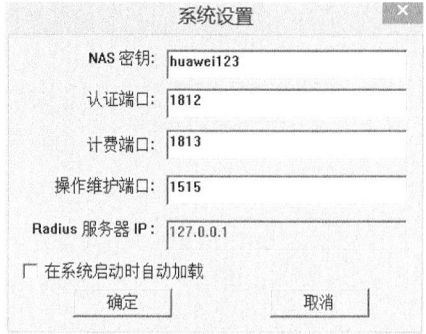

图 9-9　RADIUS 服务器的系统设置

例 9-6　在 AR1 上更改 AAA 方案

```
[AR1]aaa
[AR1-aaa]authentication-scheme default
[AR1-aaa-authen-default]authentication-mode radius
```

在例 9-6 中，管理员先使用系统视图命令 **aaa** 进入了 AAA 视图，然后使用 AAA 视图命令 **authentication-scheme default** 进入了认证方案 default 视图，在这里使用命令 **authentication-mode radius** 把认证模式更改为使用 RADIUS 服务器进行认证。

接着管理员要在 AR1 上配置与 RADIUS 服务器相关的信息，也就是需要创建一个 RADIUS 服务器模板，并在其中设置与 RADIUS 服务器进行通信所需的参数，比如 RADIUS 服务器的 IP 地址和共享密钥。例 9-7 中展示了 AR1 上的 RADIUS 服务器模板配置。

例 9-7　在 AR1 上配置 RADIUS 服务器模板

```
[AR1]radius-server template radius-auth
Info: Create a new server template.
[AR1-radius-radius-auth]radius-server authentication 192.168.56.1 1812
[AR1-radius-radius-auth]radius-server shared-key huawei123
```

从例 9-7 所示命令我们可以看出，管理员在 AR1 上使用系统视图命令 **radius-server template radius-auth** 创建了 RADIUS 服务器模板 radius-auth。输入这条命令后，AR1 弹出了提示信息，表示新的服务器模板已创建，同时管理员进入了 RADIUS 服务器模板视图。在这个视图中，管理员需要设置 AR1 与 RADIUS 服务器进行通信所需的参数。命令 **radius-server authentication 192.168.56.1 1812** 设置了 RADIUS 服务器的 IP 地址 192.168.56.1，以及认证端口 1812。命令 **radius-server shared-key huawei123** 设置了 RADIUS 共享密钥，这个密钥需要与 RADIUS 服务器上配置的密钥相同。如图 9-9 所示，RADIUS 服务器上设置的密钥是 huawei123，因此管理员在 AR1 上也需要配置同样的密钥。

接着由于进行 Telnet 认证的用户属于域 default_admin，管理员需要在这个域中指定 RADIUS 服务器模板。默认情况下，域中是没有配置 RADIUS 服务器模板的，例 9-8 中展示了 AR1 上的相关配置。

例 9-8　在 AR1 的 default_admin 域中配置 RADIUS 服务器模板

```
[AR1]aaa
[AR1-aaa]domain default_admin
[AR1-aaa-domain-default_admin]radius-server radius-auth
```

如例 9-8 所示，管理员在 AAA 视图中使用命令 **domain default_admin** 进入了 default_admin 域视图，在这里使用命令 **radius-server radius-auth** 配置了刚创建的 RADIUS 服务器模板。

VTY 线路的配置与使用 AAA 本地认证相同，仍保留认证模式 AAA（authentication-mode aaa）。到这里我们的所有配置就完成了。例 9-9 在 AR1 上使用命令测试了 RADIUS 用户 user1。

例 9-9　在 AR1 上通过命令测试 RADIUS 用户

```
<AR1>test-aaa user1 huawei111 radius-template radius-auth
<AR1>
Info: Account test succeed.
```

管理员在例 9-9 中使用命令测试了 user1 是否能够通过 RADIUS 的认证，从而检验 AR1 与 RADIUS 服务器之间的通信是否正常。从 AR1 的系统提示消息可以看到 user1 测试 成功。图 9-10 展示了 RADIUS 服务器上的日志消息，从中也可以看出 user1 通过了认证。

ID	时间	消息
1	2017年4月19日1时18分43秒	添加账号成功
2	2017年4月19日1时18分57秒	添加账号成功
3	2017年4月19日1时36分29秒	--
4	2017年4月19日1时36分29秒	Message Type=Access_Request
5	2017年4月19日1时36分29秒	ID=0, Length=126
6	2017年4月19日1时36分29秒	User name=user1
7	2017年4月19日1时36分29秒	CHAP password=?/H慣擻A?漁蔯.?
8	2017年4月19日1时36分29秒	CHAP challenge=?i榮HQ?\J旂X)
9	2017年4月19日1时36分29秒	Service type=2
10	2017年4月19日1时36分29秒	Frame protocol=1
11	2017年4月19日1时36分29秒	NAS ID=AR1
12	2017年4月19日1时36分29秒	NAS port type=15
13	2017年4月19日1时36分29秒	Session ID=AR100000000000000d38...
14	2017年4月19日1时36分29秒	NAS IP address=0
15	2017年4月19日1时36分29秒	用户(user1)认证通过

图 9-10　RADIUS 服务器日志（添加账号和认证测试）

下面我们来测试从 PC 向 AR1 发起 Telnet 连接，并使用 user2 进行登录，如图 9-11 所示。

如图 9-11 所示，管理员使用 user2 成功登录到 AR1 上，但无法执行 **system-view** 命令。通过问号查看当前可用命令，发现命令很少，可知当前的配置级别为 0。要想提 升配置级别，管理员可以使用 **super** 命令。但在此之前，管理员先要在 AR1 上配置提升 配置级别时的认证方式，同样是在认证方案 default 中进行配置，详见例 9-10。

图 9-11   使用 user2 进行 RADIUS 服务器认证

例 9-10   在 AR1 上配置提升配置级别的认证方式

```
[AR1]aaa
[AR1-aaa]authentication-scheme default
[AR1-aaa-authen-default]authentication-super super
[AR1-aaa-authen-default]quit
[AR1-aaa]quit
[AR1]super password level 15 cipher huawei12345
```

例 9-10 在 **authentication-super** 命令中指定关键字 **super**，表示当管理员使用 **super** 命令提升配置级别时，使用本地认证方式；当管理员使用 **super** 命令降低配置级别时，无需进行认证。之后管理员还需要在系统视图中指定使用 super 命令提升配置级别时所使用的密码，比如例 9-10 中的命令 **super password level 15 cipher huawei12345** 表示当管理员使用 super 命令，从较低级别向级别 15 切换时，需要输入密码 huawei12345。

这样一来，通过 RADIUS 服务器进行认证的 user2 在登录到 AR1 后，可以使用 **super** 命令获得 15 级别的配置权限，如图 9-12 所示。

```
✔ 10.0.10.1    ×                                                    ◁ ▷

Login authentication


Username:user2
Password:
  -----------------------------------------------------------------
  User last login information:
  -----------------------------------------------------------------
  Access Type: Telnet
  IP-Address : 10.0.10.10
  Time       : 2017-04-19 02:23:23-08:00
  -----------------------------------------------------------------
<AR1>system-view
          ^
Error: Unrecognized command found at '^' position.
<AR1>?
User view commands:
  display         Display information
  hwtacacs-user   HWTACACS user
  local-user      Add/Delete/Set user(s)
  ping            Ping function
  quit            Exit from current mode and enter prior mode
  save            Save file
  super           Modify super password parameters
  telnet          Open a telnet connection
  tracert         <Group> tracert command group
<AR1>super 15
  Password:
  Now user privilege is level 15, and only those commands whose level is
  equal to or less than this level can be used.
  Privilege note: 0-VISIT, 1-MONITOR, 2-SYSTEM, 3-MANAGE
<AR1>system-view
Enter system view, return user view with Ctrl+Z.
[AR1]
```

图 9-12　使用 super 命令切换配置级别

　　如图 9-12 所示，管理员输入了命令 **super 15** 后，系统提示管理员输入密码，这时输入之前配置的密码 huawei12345，系统会提示当前级别已经提升为 15 级。管理员再次使用 system-view 命令，这次顺利进入了系统视图。

　　接下来使用命令检查 AR1 上的 RADIUS 配置，管理员可以使用命令 **display radius-server configuration** 来查看 AR1 上的所有 RADIUS 服务器配置，详见例 9-11。

例 9-11　在 AR1 上查看 RADIUS 服务器模板配置

```
[AR1]display radius-server configuration
  --------------------------------------------------------------------------
  Server-template-name          : radius-auth
  Protocol-version              : standard
  Traffic-unit                  : B
  Shared-secret-key             : %$%$$s<^=']9b6|X25@TE(2UG.+'%$%$
  Timeout-interval(in second)   : 5
  Primary-authentication-server : 192.168.56.1   :1812 :-
                                  LoopBack:NULL   Source-IP:::
```

```
        Primary-accounting-server           : ::              :0     :-
                                            LoopBack:NULL    Source-IP:::
        Secondary-authentication-server     : ::              :0     :-
                                            LoopBack:NULL    Source-IP:::
        Secondary-accounting-server         : ::              :0     :-
                                            LoopBack:NULL    Source-IP:::
        Retransmission                      : 3
        EndPacketSendTime                   : 0
        Dead time(in minute)                : 5
        Domain-included                     : YES
        NAS-IP-Address                      : 0.0.0.0
        NAS-IPv6-Address                    : ::
        Calling-station-id MAC-format       : xxxx-xxxx-xxxx


Total of radius template :1
```

例 9-11 中用阴影突出显示的三行信息正是管理员在 AR1 上配置 RADIUS 服务器模板 radius-auth 时，设置过的参数：名称（radius-auth）、共享密钥（显示为加密形式）以及认证服务器（192.168.56.1）和认证端口（1812）。

管理员还可以使用命令来查看域 default_admin 的配置，详见例 9-12。

例 9-12　在 AR1 上查看域 default_admin 的配置

```
[AR1]display domain name default_admin

    Domain-name                 : default_admin
    Domain-state                : Active
    Authentication-scheme-name  : default
    Accounting-scheme-name      : default
    Authorization-scheme-name   : -
    Service-scheme-name         : -
    RADIUS-server-template      : radius-auth
    HWTACACS-server-template    : -
    User-group                  : -
```

从例 9-12 中的阴影行我们可以看出，域 default_admin 中配置了 RADIUS 服务器模板 radius-auth。默认情况下，域中是没有配置任何 RADIUS 服务器模板的。

9.1.3 节展示了如何在华为路由器上配置基于 AAA 的认证，其中包括使用路由器本地认证，以及结合 RADIUS 服务器提供认证。9.1.3 节没有涉及 RADIUS 服务器的配置，鉴于 RADIUS 是工业标准，除了可以使用华为 Agile Controller 作为 RADIUS 服务器之外，管理员还可以根据自己的实际情况，选择使用任意 RADIUS 服务器与华为路由器进行配合。

9.2　IPSec VPN、GRE 原理和配置

在各类影视剧中，彼此互不相识的人在需要交流一些命运攸关的敏感信息时，总是需要用一系列手段来保障这些信息不被其他窃取。比如，人们会用接头暗号来证明自己身份的真实性，防止其他人员冒名顶替参与交流。再如，人们会事先约定好一本图书，然后把要传递的文字信息用一系列（与该图书页-行-字相对应的）数字的形式进行传递，这样哪怕信息在传递过程中被别人监听到，不知道图书约定的人也无从了解双方传递信息的真实表意。

同样的道理，当用户之间通过一个不安全的公共网络进行通信时，如果通信的内容比较敏感，用户难免也需要有一套机制能够确保通信的安全性。在这套机制中，有很多与安全有关的问题都需要解决。在 9.2 节中，我们会集中探讨用户通过不安全网络进行通信时，如何通过 IPSec VPN 和 GRE 隧道从不同角度保障通信数据的安全。

9.2.1　IPSec 简介

学习到这个阶段的读者不妨进行这样一个思想实验：如果让各位设计一个包含加密功能的机制，来保障用户之间穿越不安全网络的通信，那么这个机制应该在封装数据的哪个阶段来实现呢？图 9-13 所示为在各层加密数据的示意图。

在加密负载之外封装传输层头部：

数据链路层头部	网络层头部	传输层头部	（加密的）负载	数据链路层尾部

在加密负载之外封装网络层头部：

数据链路层头部	网络层头部	（加密的）负载	数据链路层尾部

在加密负载之外封装链路层头部（和尾部）：

数据链路层头部	（加密的）负载	数据链路层尾部

图 9-13　在封装各阶段执行加密封装的可能

显然，最下面的机制基本上是不可行的。如果将网络层头部也一起封装在了经过加密的负载中，那么转发设备要想依据数据包的目的 IP 地址来对数据包进行转发，就必须能够对数据包进行解密，提取出这个数据包的目的 IP 地址。换句话说，这就要求在不安全的网络中，每一台参与转发的设备都拥有对负载进行解密的密钥。这当然难以实现，即使能够实现也不够安全。

上面的两种做法在定义时曾经经过了讨论。最终导致最上面的机制被淘汰的原因在于实现的难度。在应用层（或传输层）对数据提供安全性保护的前提是应用层的进程/

系统支持这样的功能，这就要求人们首先必须修改所有的应用进程或者修改所有的操作系统才能实现这样的机制；此外，这种做法也意味着加密与解密的工作被全部提交给了终端系统的用户，这与网络应该尽可能对终端用户隐藏技术操作的目标背道而驰。反之，在加密负载之外封装网络层头部的做法可以由路由器来实现，解密则由接收方设备所连接的网关路由器来完成，整个加密的过程终端用户有可能完全没有参与，甚至完全感受不到。于是，中间的做法胜出，在网络层提供安全机制更适合成为通信各方跨公共网络建立安全通信的方式。

不过，在人们研发 IPv4 的年代，互联网络（internet）还是一个仅用于学术研究的通信平台，因此这一版的互联网协议（Internet Protocol）并没有考虑到网络安全的因素，也没有给在网络层提供安全性保护提供扩展空间。所以，人们必须定义一个新的标准来提供网络层安全，这个新的标准就是 IP 安全（IP Security），简称为 IPSec。

IPSec 并不是一项协议，而是一个高度模块化的框架。人们在使用 IPSec 来保护网络流量时，不需要依赖某一种特定的加密算法、认证算法、封装协议等固定技术，而是可以根据自己的实际情况灵活进行选择。这样做一方面是为了让使用者可以根据不同网络的客观需求，在网络性能、便利性与安全性三者之间达到最理想的平衡，规避了强制所有使用者都消耗大量网络性能来执行高强度安全计算的方式；另一方面也是为了避免出现仅仅因某一项特定安全技术（如加密算法）遭到破解，就给整个 IPSec 带来毁灭性影响的情况。

总体来说，在 IPSec 定义的框架中，人们可以选择的因素包括。

- 两种可供选择的封装协议：IPSec 框架中包含了两种封装安全消息的协议。其中一种协议叫做封装安全负载（Encapsulating Security Payload），简称 ESP。ESP 可以提供的服务包括数据加密、通信方身份认证和完整性保护；另一种协议叫做认证头部（Authentication Header），简称 AH。AH 只能为封装的数据提供通信方身份认证和数据完整性保护，但不会为数据提供加密（所以说，如果使用 AH 作为 IPSec 通信的封装协议，那么负载部分就不适合使用图 9-13 中的称谓叫作加密负载，而只能称为受保护数据）。目前，在 IPSec 协议栈中，使用包含加密服务的 ESP 协议作为封装协议的做法已经明显占主导地位。目前，如果使用 IPSec，则华为设备上默认使用的封装协议就是 ESP 协议；
- 封装协议使用的加密算法和认证算法：IPSec 框架没有定义要通过哪种认证算法和（如使用 ESP 作为封装协议）加密算法来提供加密和认证功能，因此管理员可以自由选择自己希望使用的加密算法与认证算法。可供管理员选择的认证算法包括 MD5、SHA1、SHA2 等，如使用 ESP 作为封装协议，则可供管理员选择的加密算法包括 3DES、DES、AES 等。当然，管理员可以使用哪些算法也取决于管理员用来建立 IPSec 通信的设备支持哪些算法决定；

- 如何安全地生成、交换和管理密钥信息：如果密钥信息以明文的方式公开地在不安全网络中进行交换，那么用这种密码加密的密文，其安全性也很难得到保障。在 IPSec 框架中，密钥是通过互联网安全关联密钥管理协议（Internet Security Association and Key Management Protocol，ISAKMP）来实现的。ISAKMP 名为协议，实际上同样是一种框架。ISAKMP 框架建议使用互联网密钥交换（IKE）协议来实现安全的密钥交换；对于环境十分简单，发起方和接收方地址几乎不会变动，对于安全性要求也并不十分严格的环境，管理员也可以通过手工配置来完成密钥管理。IKE 目前有两个版本，新版的 IKEv2 几可谓新鲜出炉，它于 2014 年的 10 月见诸于 RFC 文档。所以，管理员现在可以选用传统的 IKE 协议（即 IKEv1）和新版的 IKE 协议（即 IKEv2）作为 ISAKMP 的执行协议；

注释：

虽然名为互联网密钥交换（Internet Key Exchange）协议，但 IKE 提供的服务实际上已经超出了为 IPSec 通信双方交换密钥的范畴，它会在 IPSec 通信双方之间建立并维护两条安全关联。考虑到安全关联（Security Association，SA）的概念比较抽象，我们会从 9.2.2 节开始，再随着 IKE 定义的工作流程慢慢引出，这里暂不作额外说明。

- 使用哪种认证算法和加密算法来安全地交换密钥：在通过 IKEv1 或 IKEv2 动态交换管理密钥的过程中，管理员同样可以选择使用哪种认证算法和加密算法。关于 IKE 的内容，我们会在后文中进行进一步的介绍，这里暂不赘述；
- 两种可供选择的封装方式：关于在受保护的负载之外封装网络层头部，IPSec 定义了两种做法：一种做法是将管理员选用的 IPSec 封装协议，封装在传输层头部之外，然后再封装网络层头部，这种封装方式称为传输模式；另一种做法则是将其封装在网络层头部之外，然后再在封装后的受保护数据之外再封装另一个网络层头部，这种封装方式称为隧道模式。在 9.2.4 节（IPSec 的操作方式）中，我们会详细介绍 IPSec 如何在这两种模式下完成 IPSec 头部的封装。

总之，我们 9.2.1 节的重点在于说明：IPSec 是一个可以使用不同封装协议、可以选择不同认证与加密算法、可以采取不同密钥共享手段、同时还拥有不同封装方式的网络层安全框架。它规避了只能使用特定安全算法的风险，给使用者提供了灵活多样的安全通信选择。

为了帮助读者大致了解这个框架为用户提供安全服务的原理，在下面几节中，我们会对这个框架涉及的很多方面分别进行稍微深入一些的介绍。

9.2.2　IKE 介绍

关于 IKE，我们在 9.2.1 节中进行了简单的描述。IKE 的全称是互联网密钥交换

（Internet Key Exchange）。顾名思义，IKE 是一种用来交换和管理密钥的协议。相对而言，这种协议定义的工作流程比较复杂。在 9.2.2 节中，我们会尝试用尽可能简单的方式向读者对 IKE 的大致工作流程进行一番简单的说明。值得特别提示的是，我们选择在 9.2.2 节中介绍的内容与后面的配置工作息息相关。如果不能读"通"9.2.2 节中叙述的流程，读者就有可能只能通过机械记忆的方式实施 IPSec VPN 的配置，而且在面对排错问题时也更容易一筹莫展。

注释：

我们在 9.2.1 节提到：2014 年 10 月，IKE 第 2 版（即 IKEv2）得到了标准化（RFC 7296）。我们在本书中，只对 IKEv1 进行探讨。华为 ICT 学院开设了专门的安全方向。在安全方向的配套教材和课程大纲中，会安排更多章节针对 IPSec 框架中的技术，包括 IKE 的各个版本、（各步中的）各个模式进行深入和全面的介绍。在华为 ICT 学院路由与交换方向的课程体系中，与 IPSec 相关的技术只占了一节的篇幅，请恕作者不得不在 IPSec 涉及的庞大内容体系中作出取舍。好消息是，IKEv2 对 IKE（v1）进行了简化，掌握了传统 IKE 协议协商过程的读者，完全有能力通过自学迅速掌握 IKEv2 的工作原理。

此外，由于 IKEv2 是一项很新的技术，因此目前不同版本的华为 VRP 在执行 IKE 协商时，使用的 IKE 协议版本是不同的，而执行不同版本的 IKE 设备之间不可能完成 IKE 协商。因此读者在实际配置和调试 IPSec VPN 时，要手动设置 IKE 的版本。本书在后面的实验演示部分，也只会演示 IKEv1 的配置方法。读者在自学了 IKEv2 的基本原理之后，完全可以举一反三，自行尝试配置 IKEv2 协议。

为了从无到有，完成从通过无安全保障的环境交换密钥元素到通过有安全保障的环境交换通信数据的跨越，IKEv1 定义了一个两步走（2 Phases）策略。

- **阶段 1（Phase 1）**：阶段 1 的目的是建立安全通信信道。此时，通信的双方都会对对方的身份进行认证，并且为阶段 2 的通信建立一条安全的通信信道。在这个阶段中，IKE 定义了两种模式，一种模式称为主模式（Main Mode），另一种模式称为野蛮模式（Aggressive Mode）；

- **阶段 2（Phase 2）**：阶段 2 的目的是建立安全数据信道。此时，通信双方基于阶段 1 对对方身份的确认，以及在阶段 1 中协商建立起来的安全通信信道，来协商要保护的通信流量，以及如何保护该通信流量。阶段 2 只有一种模式，即快速模式（Quick Mode）。

我们先来从阶段 1 说起。在阶段 1 协商时，IKE 提供了两种模式的选择，即主模式和野蛮模式。其中，**主模式的协商可以在执行阶段 1 协商的过程中，保护设备的身份信息，但需要两台设备之间相互交换 6 个消息；而野蛮模式则不会在阶段 1 协商时保护设备的身份信息，但双方设备只需要相互交换 3 个消息就可以完成协商**。所以，与野蛮模式的协商相比，主模式的协商更加安全但也略显繁杂。在阶段 1 中，华为设备默认会使用主模式来执行协商。因此，我们接下来只介绍主模式的协商过程。对野蛮模式协商感兴趣的读者可以课下向任课教师请教、自行参考相关技术文档或者参加华为 ICT 学院安全方向课程的学习。

首先，要建立安全通信的两台设备会通过第 1 个和第 2 个消息来协商它们要在阶段 1 中使用的安全提议。这些安全提议包括认证方式、认证算法、加密算法、DH 密钥交换参数、协商后这条安全信道的维持时间等。

既然是协商，当然是有商有量。发起协商的一方可以提供多组安全提议，每组安全提议都包含一套各自（不同）的认证方式、认证算法、加密算法、DH 密钥交换参数、协商后这条安全信道的维持时间等。接收方在接收到这些信息之后，用管理员给自己配置的安全提议与发送方给自己指定的安全提议进行匹配，然后选中匹配的提议作为响应消息反馈给协商的发起者。由于是一方提出供对方选择的提议，每组安全提议也称为一个 IKE 安全提议（IKE Proposal）。双方交换 IKE 安全提议的流程如图 9-14 所示。

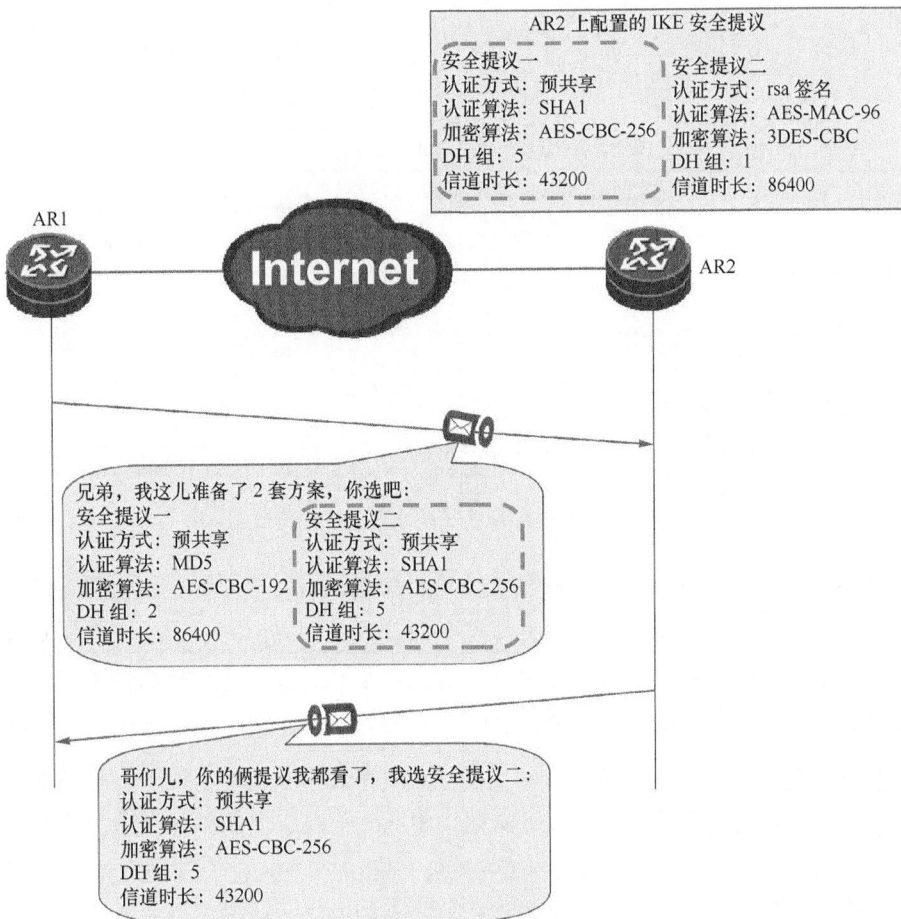

图 9-14　IKE 阶段 1 主模式第 1 和第 2 个消息

如图 9-14 所示，AR2 在接收到消息之后，发现 AR1 的安全提议二与自己的一项安全提议相符，于是在（通过第 2 个消息）响应 AR1 时，提出自己选择了第二项安全提议。

在完成了第 1 个和第 2 个消息的交换之后，双方已经就要采用的安全提议达成了一致。在第 3 个和第 4 个消息中，双方会相互交换一些与密钥有关随机数，然后再各自通过这些随机数，计算出一致的密钥，如图 9-15 所示。

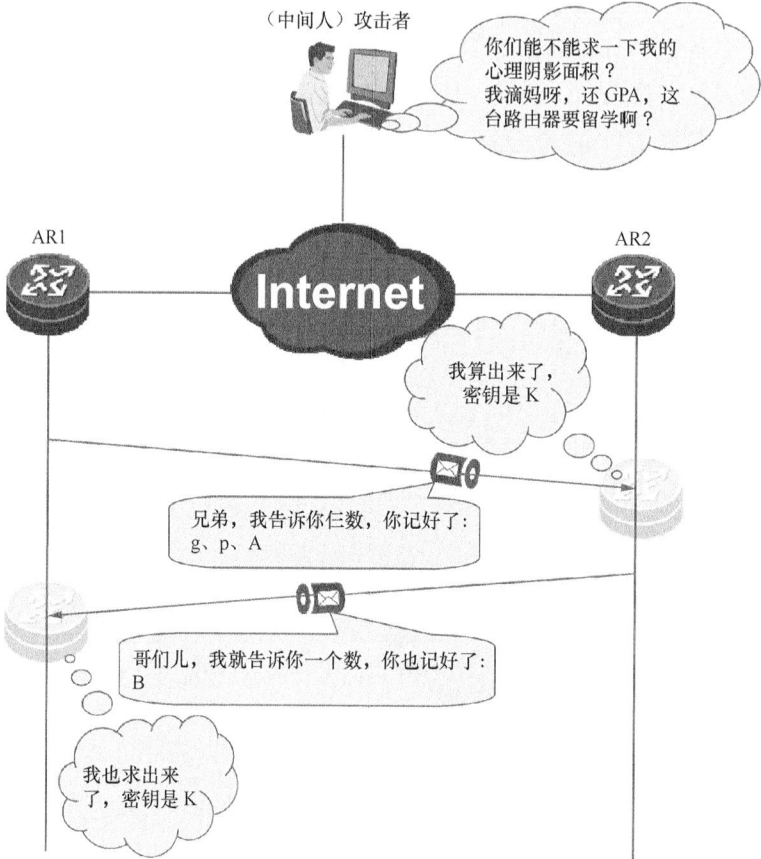

图 9-15　IKE 阶段 1 主模式第 3-4 个消息

如图 9-15 所示，双方通过交换一些计算密钥的参数，计算出各自相同的密钥（即图 9-15 中的密钥 K），而网络中截获到这些参数的人员则完全无法通过这些参数计算出它们使用的密钥。对于这里的数学原理，我们会在 9.2.3 节中进行简单说明，感兴趣的读者可以通过 9.2.3 节了解其中的原理。

在完成了前面 4 个消息的交换之后，双方路由器会相互交换第 5 和第 6 个消息来认证彼此的身份。这时，双方会运行散列函数，将它们通过第 1 和第 2 个消息协商出来的安全提议、第 3 和第 4 个消息计算出来的密钥、自己的（加密点）IP 地址等参数计算为一个散列值，然后使用第 3 和第 4 个消息计算出来的密钥对这个散列值进行加密，再发送给对方。接收到消息的设备会使用第 3 和第 4 个消息计算出来的密钥对自己接收到的散列值进行解密，然后使用自己拥有的参数进行散列计算。如果消息可以解密，且自己散列计算的结果与解密后消息中携带的散列值相等，则代表这个 IP 地址所代表的 IPSec 设备身份是真实可信的。这个过程在逻辑上与我们在 5.3.2 节（PPP 认证）中介绍的 CHAP 协议有些类似，但更加复杂，我们在这里不作赘述。

至此，IKE 阶段 1 主模式的 6 个消息已经全部交换完毕。此时，双方设备已经确认了对方的身份（是真实可靠的），同时拥有了可以对后续消息进行加密的密钥。所以，我们称通信的双方已经分别向对方建立了 IKE 安全关联（Security Association），简称建立了 IKE SA。接下来，双方设备就会以 IKE SA 为平台，展开阶段 2 的协商。

阶段 2 只有一种模式，那就是快速模式（Quick Mode）。这个阶段协商的目的是协商双方在通信过程中要进行保护的流量，同时协商如何保护这个流量。鉴于阶段 2 协商的目的是保护 IP 通信流量的安全，阶段 2 也称为 IPSec 阶段，这个阶段中协商的安全提议也称为 IPSec 安全提议，双方协商建立的结果称为 IPSec 安全关联，即 IPSec SA。

在这个阶段中，双方需要交换 3 个消息。在快速模式的第 1 和第 2 个消息中，双方需要对要加密的通信流量、加密算法、认证算法、封装协议、封装方式、密钥有效期等信息进行协商。发起协商的一方可以提供多组安全提议，每组安全提议都包含一套各自（不同的）信息。接收方在接收到这些信息之后，用管理员给自己配置的安全提议与发送方给自己指定的安全提议进行匹配，然后选中匹配的提议作为响应消息反馈给协商的发起者。在发起者接收到响应之后，用第 3 个消息对此进行确认，这 3 个消息全部都会使用双方在阶段 1 中计算出来的密钥进行加密，上述流程如图 9-16 所示。

如图 9-16 所示，AR2 在接收到消息之后，发现 AR1 的安全提议一与自己的一项安全提议（安全提议二）相符，于是在（通过第 2 个消息）响应 AR1 时，提出自己选择第一项安全提议。AR1 在接收到 AR2 的选择之后，通过第 3 个消息进行了确认。

在完成了图 9-16 的 3 次消息交互之后，从 AR1 去往 AR2 和从 AR2 去往 AR1 流量都会按照在阶段 2 中协商好的方式得到安全保护，双方各自流量建立起来了一条去往对方方向的 IPSec SA。至此，双方两个阶段的协商也就完成了。

每当一条 IPSec SA 建立起来，路由器就会将这条 IPSec SA 保存进自己的一个安全关联数据库（SA Database，简称 SADB）中，同时将针对这条 IPSec SA 定义的策略，也就是我们在 IKEv1 阶段 2（见图 9-16）中提到的那些安全提议保存进一个安全策略数据库（Security Policy Database，SPDB）中。从此，每当路由器发送 IPSec 流量时，它都会使用待发送流量的信息（如源 IP 地址、目的 IP 地址等）来查找自己的 SADB，以期寻找这个流量所对应的 SA。在找到之后，SADB 中的对应条目就会提供一个指针，指向 SPD 中与这个 SA 对应的策略集，告诉路由器该使用哪些策略对这个流量进行处理。同理，当接收方路由器接收到 IPSec 流量时，它也会查看 SADB 来寻找这个流量是通过哪条 SA 发送过来的，然后根据该 SA 指向的 SPD 条目，寻找应该用来处理这个流量的策略集。

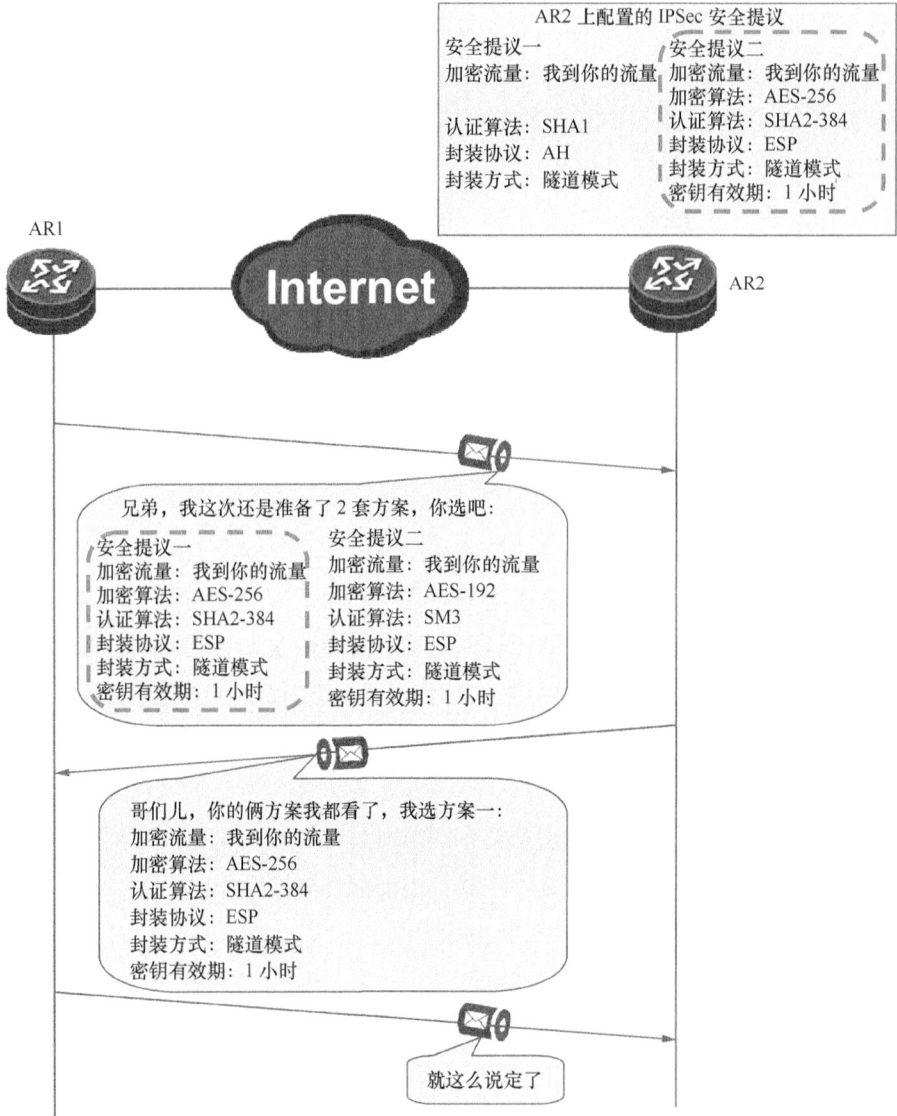

图 9-16　IKE 阶段 2 快速模式协商

  IKE 的流程对于很多初学者来说都不容易理解，为了突出重点信息，我们也对上面所示的过程进行了适当的简化。读者如果希望顺利理解 9.2.2 节的内容，应该在学习后面的实验章节，以及使用本书配套的实验手册完成配套实验时，有意将 9.2.2 节介绍的原理与配置的步骤结合起来。在实验完成之后，也应该着意通过命令去查看接口、流量和安全关联（SA）的状态，逐渐通过实际操作来反哺自己对于原理的认识，这一点对于掌握 9.2.2 节的内容是十分重要的。

  在 9.2.3 节中，我们会使用尽可能简单的方式，说明 9.2.2 节中的路由器 AR1 和 AR2 是如何在主模式中通过第 3、第 4 个消息交换一些看似无关的数值，就最终计算出相同密钥的。而在 9.2.4 节（IPSec 的操作方式）中，我们会解释完成了 IKE 两个阶段的协商之后，IPSec 设备会如何根据 IKE 阶段 2 协商的结果（是使用隧道模式的封装方式还是使用传输模式的封装方式），来执行 IPSec 封装的。

*9.2.3 DH 算法数学背景概述

对于绝大多数读者来说，在 9.2.2 节中最不可理喻的部分恐怕就在于 IKE 阶段 1 主模式下的密钥计算过程。按照 9.2.2 节的说法，AR1 向 AR2 发送了 g、p、A 三个参数，而 AR2 则给 AR1 发送了参数 B。于是，双方就各自计算出了相同的密钥。

这里的问题是，AR1 和 AR2 是如何计算出相同密钥的。如果它们可以计算出相同的密钥，为什么发起中间人攻击并且截获了这些参数的攻击者就无法按照相同的过程计算出这个密钥？在 9.2.3 节中，我们旨在对这个问题进行一下说明。

在 9.2.2 节中，我们曾经提到，AR1 与 AR2 在阶段 1 主模式的协商中，会通过第 1 和第 2 个消息相互交换 DH 组信息。这里的 DH，全称为 Diffie-Hellman 算法，AR1 与 AR2 就是通过这种算法使用（第 3 和第 4 个消息中相互交换的）参数计算出一致密钥的。

首先，发起方设备（AR1）会通过 DH 算法随机生成 3 个参数（正整数）。

- p：一个巨大的素数[①]，如用十进制表示有数百位，因为是素数（prime），所以通常用 p 来表示；
- g：一个巨大的整数；

说明：

g 的取值与群论（Group Theory）有关（g 是群 $<Z_p^*, \times>$ 中一个 $p-1$ 阶的本原元），所以一般用 g 来代表这个参数。读者可以这样近似理解 g 的取值：g 不必是素数，也不必很大，但它的各次幂除以素数 p，要得出尽可能多的余数。当然，读者可以忽略这个值的取值方法。

- a：一个小于 p，大于 0 的随机数；

接下来，发起方（AR1）计算出整数 A，使 $A = g^a \bmod p$[②]。然后，将整数 g、质数 p，和在这里计算出来的 A 发送给接收方（AR2）。

在接收方接收到这 3 个数之后，接收方也会随机生成 1 个小于 p，大于 0 的随机数 b，并且计算出整数 B，使 $B = g^b \bmod p$[③]。然后，B 发送给接收方（AR2）。

到现在为止，双方已经完成了我们在 9.2.2 节介绍的 IKE 阶段 1 主模式下第 3 和第 4 个消息的交互。下面，我来解释它们如何用这些参数计算出相同的密钥。首先，我们来看接收方（AR2）。

[①] 亦译为质数，即只能被自己和 1 整除的数。
[②] 缺乏数论背景的读者可以这样理解计算的结果：A 是 g 的 a 次方除以 p 所得的余数。
[③] 即 B 是 g 的 b 次方除以 p 所得的余数。

接收方在接收到 g、p、A，并且生成了随机数 b 之后，就已经可以计算出密钥 K 了。计算方法是 $K = A^b \bmod p$[⑭]。

发送方在接收到 B 之后，也会用自己生成的随机数计算出密钥 K。计算方法是 $K = B^a \bmod p$[⑮]。

注释：

$A^b \bmod p = (g^a \bmod p)^b \bmod p = g^{ab} \bmod p = K$

$B^a \bmod p = (g^b \bmod p)^a \bmod p = g^{ab} \bmod p = K$

从数学上证明上面的等式超出了本书的范畴。接下来，我们来看一看如果有中间人发起攻击，它是否能够计算出 K。

在图 9-15 中，有中间人截获了双方的通信，于是这个人得到了参数 g、p、A 和 B。如果这个人想要计算出 K，他/她需要获得 AR1 生成的随机数 a，或者 AR2 生成的随机数 b。然而，根据 g、p、A 计算出 a，或者根据 g、p、B 计算出 b，需要计算离散对数。计算离散对数也是一个比较复杂的话题，我们在这里不作进一步讨论。

那么，中间人为什么不能像 AR2 那样在接收到 g、p 和 A 之后，生成一个随机数 c 来计算出一个密钥呢？道理也是显而易见的，因为这个密钥（$K'=A^c \bmod p$）在数学上并不等于 K，在数字上等于 K 的几率也是微乎其微。当然，如果 AR1 真的希望与生成随机数 c 的设备执行阶段 1 主模式的协商，那么 AR1 也会使用它（通过 c 计算并）发送过来的 C 计算出 K'，并用 K' 作为它们两者之间的密钥。

在 9.2.3 节中，我们说明了 DH 算法的原理，对它的有效性作了简单的分析。当然，对于那些需要借助大量数学背景的内容，我们进行了规避。对于加密算法数学背景感兴趣的读者，可以在课后选修或者自学数论、密码学等相关课程。如果能够通过 9.2.3 节的简单介绍，激起读者探究数论和密码学的兴趣，本书作者也会深感荣幸。

9.2.4　IPSec 的操作方式

在 9.2.4 节前文中曾经提到过，IPSec 框架定义了两种通信数据封装协议（ESP 与 AH）和两种封装模式。通过 IPSec 建立通信的双方会在 IKE 的阶段 2 中完成针对通信数据封装协议和封装模式的协商[⑯]。于是，在双方建立了双向 IPSec SA 之后，它们就会开始按照协商过的协议和方式来封装并发送 IPSec 消息了。

AH 协议全称认证头部（Authentication Header）协议，它的 IP 协议号为 51。在 IPSec 框架定义的通信数据封装协议中，AH 协议定义的封装方式比较简单，这个协议只定义了头部封装，并没有尾部封装。然而，这项协议只能提供完整性校验、源设备认证

[⑭] 即 K 是 A 的 b 次方除以 p 所得的余数。
[⑮] 即 K 是 B 的 a 次方除以 p 所得的余数。
[⑯] 这句描述同样只适用于双方通过 IKEv1 建立 IPSec SA 的情形，若通信双方使用 IKEv2 建立 IPSec SA，则它们会在初始交换（Initial Exchange）阶段完成上述协商。

和反重放攻击保护，它不会对自己封装的数据提供加密，这是 AH 协议目前基本已经被弃用的原因之一。AH 协议定义的头部封装格式如图 9-17 所示。

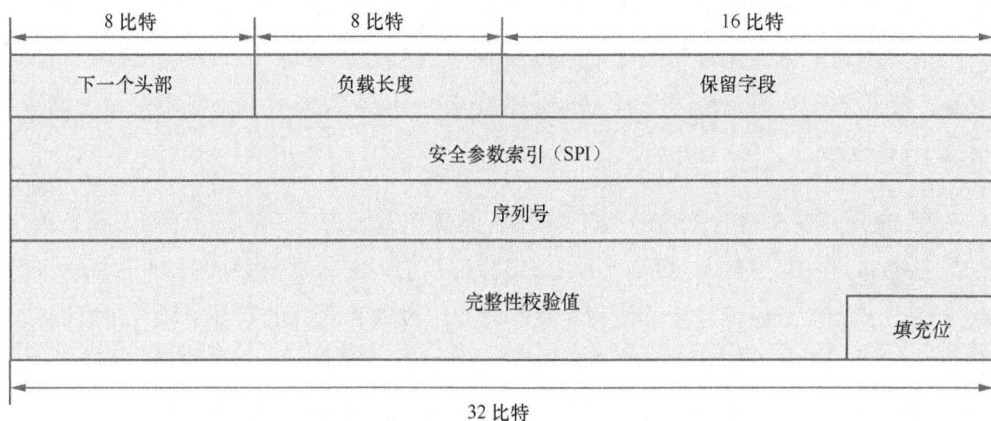

图 9-17　AH 封装格式

在 AH 定义的封装字段中，大多数字段的内容读者完全可以理解，我们也不作赘述。仅对下面两个字段的作用进行一下简单的说明。

- 安全参数索引（SPI）：SPI 的作用是唯一地标识一条 SA。这也就是说，IPSec 通信方在接收到这个 AH 封装的消息时，可以通过 SPI 字段判断出这个消息是通过哪条 SA 发送过来的；
- 序列号：序列号的作用是标识这个 AH 消息的序号。我们在 9.2.4 节开始时说过，AH 可以防止重放攻击。简单地说，每当 IPSec 通信方发送一个 AH 消息时，它都会增加序列号字段的值来标识，而接收方如果发现某个 IPSec 消息 AH 头部封装的序列号值与自己之前处理过的消息相同，就会视该消息为重放攻击而丢弃这个 IPSec 消息，这就是 AH 协议防止重放攻击的原理。

在 9.2.1 节（IPSec 简介）我们曾经说过，IPSec 可以让管理员从两种通信数据的封装方式中进行选择。其中传输模式是将管理员选用的 IPSec 封装协议，封装在传输层头部之外，然后再封装网络层头部；而隧道模式采用的做法则是将其封装在网络层头部之外，然后再在封装后的受保护数据之外再封装另一个网络层头部。图 9-18 所示为 AH 协议在这两种模式下封装的应用层消息（以网络层协议为 IPv4 为例）。

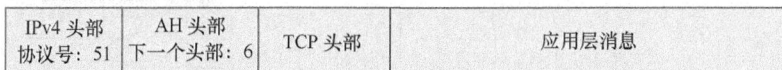

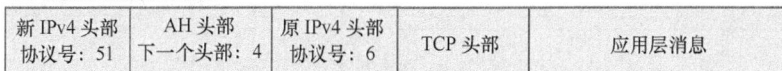

图 9-18　AH 协议采用隧道模式封装与传输模式封装应用层协议消息

注释:

在图 9-18 中,AH 头部下一个头部字段取值为 4,是因为 4 标识的是 IP-in-IP 封装。当设备在执行(诸如隧道模式 AH 协议这类操作)将一个 IP 头部封装在另一个 IP 头部时,(诸如本例中 AH 头部封装这种)内层 IPv4 头部之外的那一层封装,会以 0x04 这个协议号标识自己里面封装的是 IP 协议。关于 IP in IP 封装的详细解释与用法,读者可以参阅 RFC 2003。

关于 AH 协议,还有一点必须进行说明。读者在看到图 9-18 时,千万不要认为 AH 头部只会校验其内部封装的信息。实际上,AH 头部也会对它外层封装的 IPv4 头部/新 IPv4 头部(除服务类型、标记、分片偏移、生存时间、校验和之外的其他字段)进行校验。这也就是说,如果在两台 IPSec 设备之间传输数据时,数据包 IPv4 头部的其他字段(包括源 IP 地址和目的 IP 地址字段)发生了变化,那么这个数据包在到达对端时就无法通过完整性校验。所以,使用 AH 协议封装的消息是不能通过 NAT(网络地址转换)技术转换地址的。于是,随着 IPv4 地址越来越稀缺,能够校验外层头部这个原本被 AH 的支持者们视为优点的协议特色也遭反戈一击,似乎也成了 AH 协议日渐遭受冷落的另一个原因。

与 AH 协议相比,IP 协议号为 50 的封装安全负载(Encapsulating Security Payload,即 ESP)协议虽然只提供(封装在内部的)负载的安全性服务,但是它可以在完整性、认证和反重放攻击之外进一步为封装的数据提供加密,保障了数据的私密性。此外,隧道模式的 ESP 还可以支持 NAT。因此,正如我们在前文所说,目前使用 ESP 作为 IPSec 的通信数据封装协议已经成为了绝对主流的做法。ESP 协议定义的头部封装格式如图 9-19 所示。

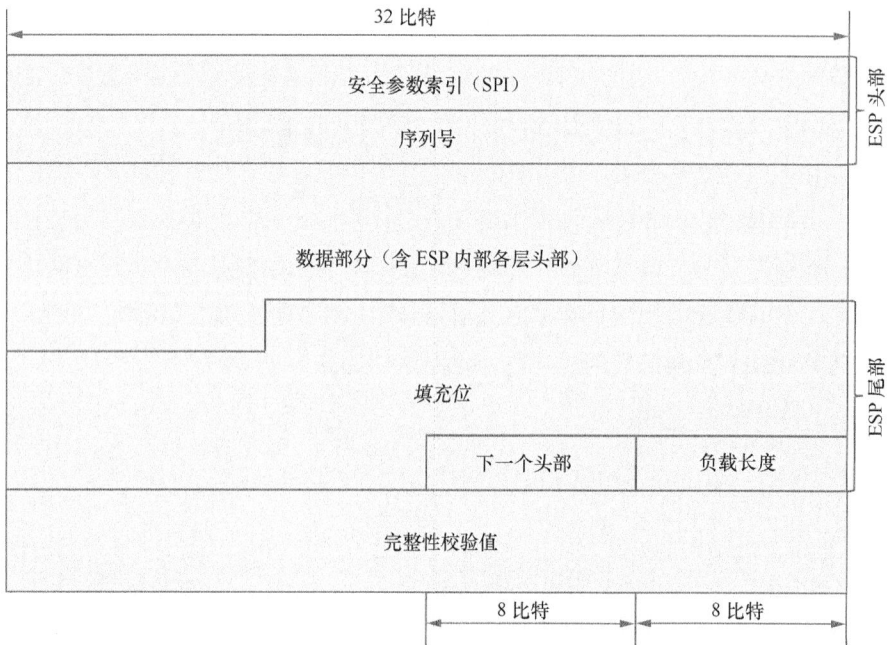

图 9-19　ESP 封装格式

如图 9-19 所示，ESP 的封装分为了头部尾部两部分，完整性校验的功能放到了 ESP 尾部来提供。使用 ESP 协议作为封装协议，在传输模式和隧道模式下封装的应用层消息如图 9-20 所示。

ESP 协议的传输模式封装：

IPv4 头部 协议号：50	ESP 头部	TCP 头部 （加密）	数据部分 （加密）	ESP 尾部 下一个头部：6 （加密）	完整性校验

ESP 协议的隧道模式封装：

新 IPv4 头部 协议号：50	ESP 头部	原 IPv4 头部 协议号：6 （加密）	TCP 头部 加密	数据部分 （加密）	ESP 尾部 下一个头部：4 （加密）	完整性校验

图 9-20 ESP 协议采用隧道模式封装与传输模式封装应用层消息

如图 9-20 所示，通过封装 ESP 协议，从 ESP 头部字段（不含）到 ESP 尾部字段（含）的信息都会（使用管理员选择的加密协议）进行加密。

在这里有一点必须提醒读者，设备在对数据进行解封装的时候，绝不是按照图 9-20 这种平面示意图从左至右的顺序执行解封装的。它们是一层一层地进行解封的。因此，请不要看到下一个头部字段标识在图 9-20 的倒数第 2 部分就感到奇怪。ESP 尾部标识的下一个头部指的仍然是 ESP 头部所封装的头部，也就是传输模式中封装的 TCP 头部或者隧道模式中封装的原 IPv4 头部。那么，IPSec 的发送方是如何使用 ESP 协议封装应用层消息的呢？下面我们以传输模式为例，说明一下这个封装的过程。

概括地说，完整的 IPSec 封装流量分为下面几步：

第 1 步 当发送方 IPSec 设备想要使用 ESP 协议封装一个应用层消息时，它会首先给这个消息及其 TCP 头部封装 ESP 尾部，ESP 尾部的下一个头部字段指定下一个头部为 TCP 头部，如图 9-21 所示。

图 9-21 发送方 IPSec 设备给一个传输层 TCP 数据段封装 ESP 尾部

第 2 步 发送方 IPSec 设备查询 SADB 中这个 SA 对应的 SPDB 条目，确定要用于这个消息的加密算法与密钥，并按照这个 SPDB 的规定对图 9-21 所示的 3 部分消息进行加密，如图 9-22 所示。

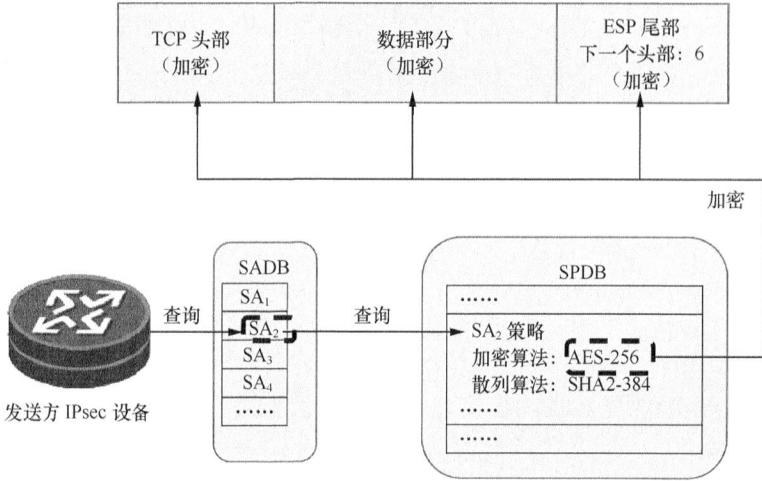

图 9-22　发送方 IPSec 设备对 ESP 消息执行加密操作

第 3 步　发送方 IPSec 设备给消息添加 ESP 头部，ESP 头部中的 SPI 来自于 SADB 中
　　　　对应 SA 条目的取值，如图 9-23 所示。

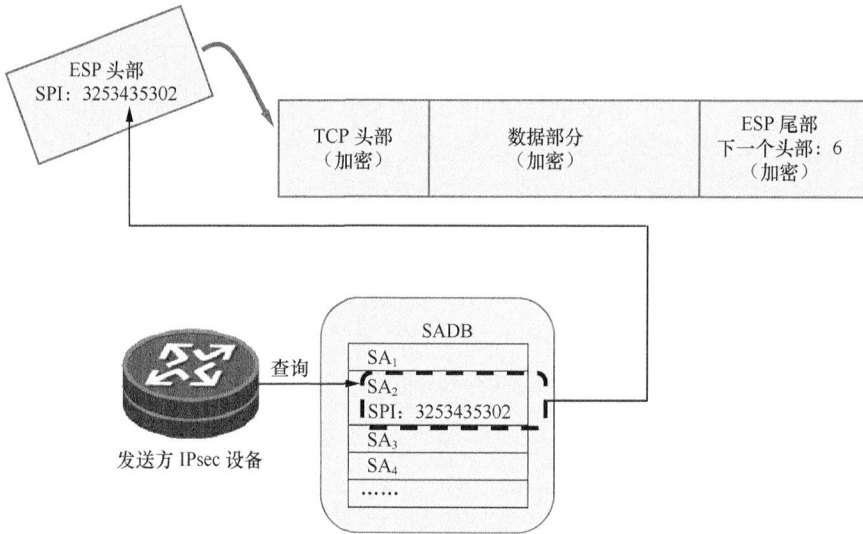

图 9-23　发送方 IPSec 设备封装 ESP 头部

第 4 步　发送方 IPSec 设备查询 SADB 中这个 SA 对应的 SPDB 条目，确定要用于计算
　　　　消息的散列算法，对图 9-23 所示的 4 部分消息执行相应的散列计算，得到
　　　　完整性校验部分，并执行封装，如图 9-24 所示。

第 5 步　发送方 IPSec 设备封装 IPv4 头部。因为 IPv4 头部中封装的头部为 ESP 协
　　　　议，所以 IPv4 头部协议字段封装的参数为 50。至此，路由器就封装出了
　　　　图 9-20 上半部分所示的数据包。

　　当 IPSec 接收方接收到这个消息时，它的解封装过程大致与上面的流程相反。这个
流程大致分为以下几步。

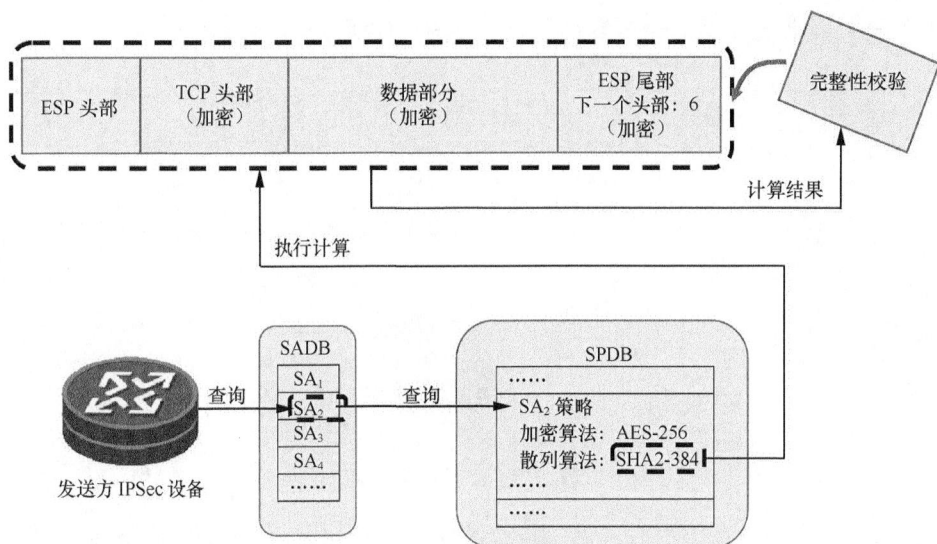

图 9-24　发送方 IPSec 设备封装完整性校验部分

第 1 步　接收方 IPSec 设备根据 IPv4 头部协议字段的取值，判断出 IPv4 头部中封装的是 ESP 协议。于是，接收方设备（根据 ESP 头部封装的 SPI 值）查询 SADB 中这个 SA 对应的 SPDB 条目，确定发送方计算完整性校验时使用的散列算法，并使用相同的散列算法计算 ESP 消息，将计算结果与封装在消息最后的完整性校验部分进行比较，（如果通过完整性校验）并解封装完整性校验部分，如图 9-25 所示。

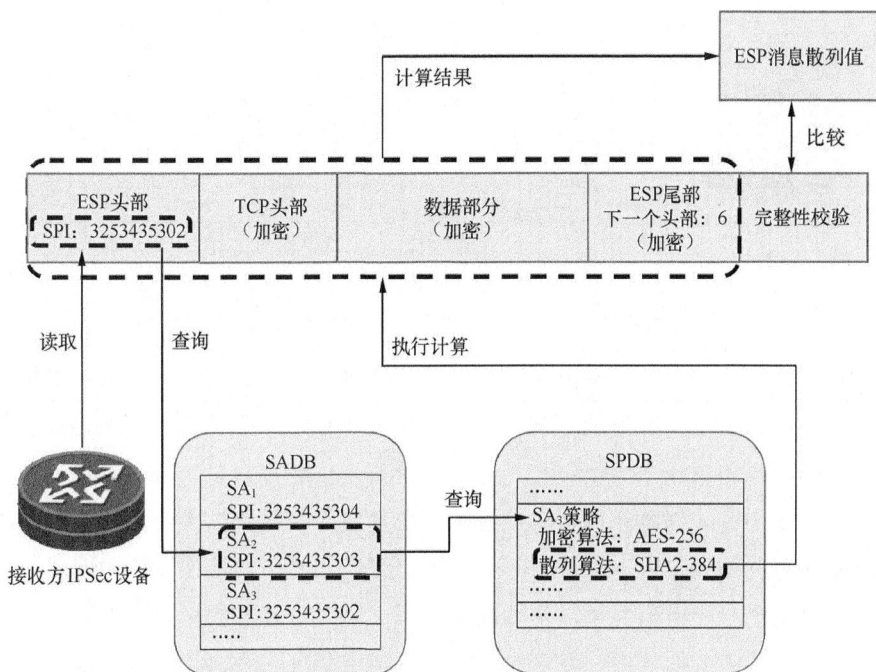

图 9-25　接收方 IPSec 设备执行完整性校验

第 2 步 接收方 IPSec 设备解封装 ESP 头部，如图 9-26 所示。

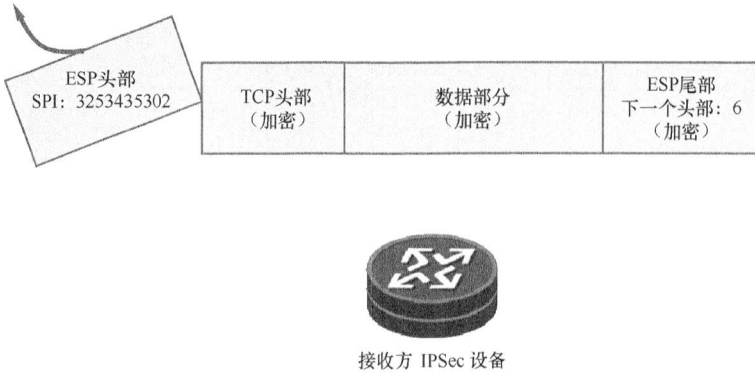

图 9-26 接收方 IPSec 设备解封装 ESP 头部

第 3 步 接收方 IPSec 设备查询 SADB 中这个 SA 对应的 SPDB 条目，确定发送方 IPSec 设备用于这个消息的加密算法与密钥，并使用相同的加密算法和密钥对图 9-26 所示的 3 个加密部分消息执行解密，如图 9-27 所示。

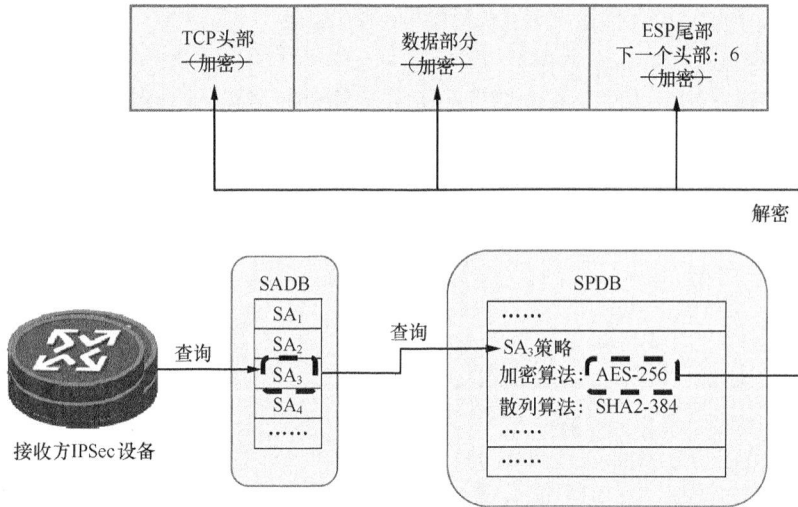

图 9-27 接收方 IPSec 设备对 ESP 消息执行解密操作

第 4 步 接收方 IPSec 设备根据解密后的 ESP 尾部中封装的下一个头部消息，判断出 ESP 协议中封装的下一个头部为 TCP 头部，并对这个 ESP 尾部执行解封装，如图 9-28 所示。

至此，一个 IPSec 消息就被解封装为了一个普通的 TCP 数据段。当然，上面的流程只是实际操作流程的简化版本。这一部分内容旨在以 IPSec 设备使用传输模式 ESP 协议封装一个应用层消息的情形为例，帮助读者理解 IPSec 封装与解封装的流程。

在 9.2.4 节前面的内容中，我们对 IPSec 框架中两种封装协议的封装格式进行了简单的说明，并且以应用层消息为例对比了使用两种不同的封装模式封装协议所得到的消息。在接下来的内容中，我们以传输模式封装 ESP 为例，大致说明了发送方和接收方封装消息和解封装消息的流程。最后，我们来简单概括一下传输模式和隧道模式在使用环境方面的建议。

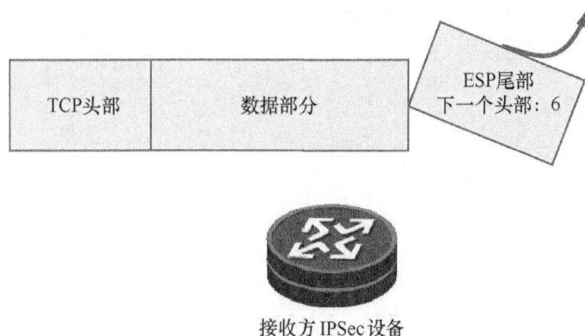

图 9-28　接收方 IPSec 设备对 ESP 尾部执行解封装

　　无论执行哪种模式的封装，当这个（经过了 IPSec 封装的）消息在不安全网络中进行传输时，转发设备都会使用封装在 IPSec 头部（ESP/AH 头部）外侧的那个网络层头部执行数据包转发。这就代表不安全网络中的设备必须能够使用那个网络层头部中所载的地址来转发这个数据包。对于传输模式的封装来说，封装在 IPSec 头部之外的网络层头部就是唯一的网络层头部，这个头部所载的地址信息需要有能力让这个消息从发送方 IPSec 设备发送给接收方 IPSec 设备。而对于隧道模式的封装来说，IPSec 发送方和接收方则可以分别充当隧道的一端，IPSec 发送方接收到数据源设备发送过来的 IP 数据包，对这个 IP 数据包执行 ESP 封装，然后在外层再封装这一层 IP 头部。这个新封装的 IP 头部所载的地址信息只需要有能力将这个消息从发送方 IPSec 设备发送给隧道另一端的接收方 IPSec 设备即可。当接收方 IPSec 设备接收到这个数据包之后，对外层 IP 头部和 ESP 头部执行解封装，然后根据内层 IP 头部查询路由表，将其发送给信息的接收方。

　　综上所述，如果通信数据的发送方和接收方就是建立 IPSec SA 的那两台设备，这种情况可以使用传输模式，如图 9-29 所示。如果不符合这个条件，则需要使用隧道模式。比如，建立 IPSec SA 的两台设备分别是两个站点的网关路由器或防火墙，当两个局域网跨越不安全网络进行通信时，它们负责为跨越不安全网络的通信数据执行 IPSec 封装和解封装，这就是使用隧道模式的经典环境，如图 9-30 所示。

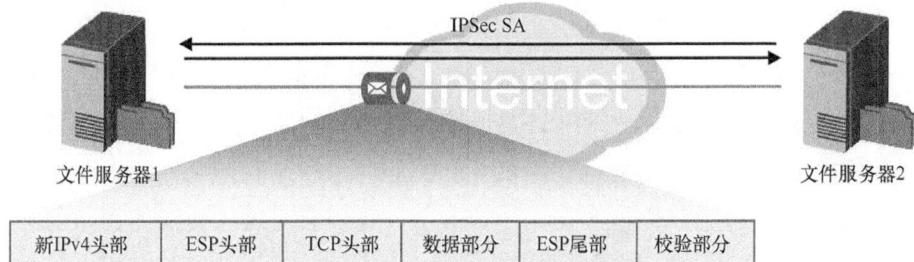

图 9-29　传输模式封装的常见使用场景

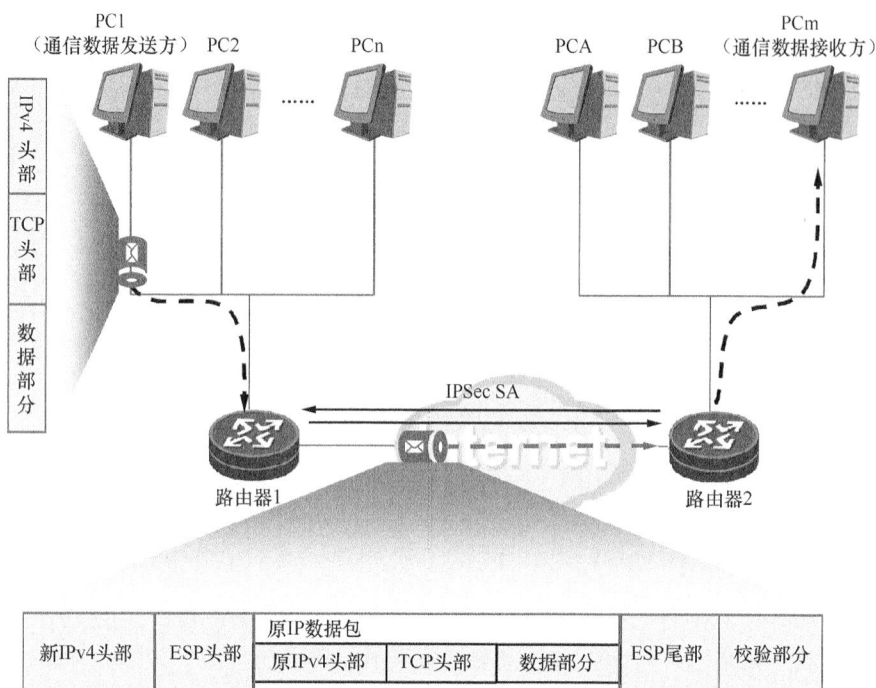

图 9-30　隧道模式封装的常见使用场景

在 9.2.4 节中，我们用尽可能简练的方式，图文并茂地解释了 IPSec 两种通信数据封装协议的封装格式，以及两种不同的封装类型。同时以采用传输模式封装 ESP 为例，介绍了 IPSec 通信方封装和解封装 IPSec 消息的流程。更加详细的信息，我们会在华为 ICT 学院安全技术的配套教材中再行说明。

在 9.2.5 节中，我们会介绍一种并不属于 IPSec 框架，也不提供安全服务，但常常会和 IPSec 一起使用的协议。

9.2.5　GRE 概述

提到 GRE，很多读者的第一反应一定是（北美）研究生分数考试（Graduate Record Examinations，GRE），这项考试的语文（Verbal）和写作（Writing Assessment）部分成为了很多大学生赴美加读硕士研究生的拦路虎。

不过，网络技术领域的 GRE（Generic Routing Encapsulation，通用路由封装）不仅不是拦路虎，反而是打通网络转发通路的隧道协议。这项十分简单的协议可以像隧道模式的 IPSec 通信数据封装协议（ESP/AH）那样，将一个网络层头部封装在另一个网络层头部中进行传输。在 9.2.5 节中，我们会对这种协议的用法及原理进行说明。

首先，我们来解释一下 GRE 的一种使用场景，请看图 9-31。

现在，请读者参照图 9-31 思考一个问题。如果路由器 1 和路由器 3 都启用了 OSPF 协议，并且路由器 1 的 G0/0/0 接口和路由器 3 的 G0/0/1 接口都被管理员添加到了 OSPF 区域 0 中，但路由器 2 上并没有启用 OSPF，那么路由器 1 和路由器 3 之间可以建立完全邻接关系，并相互发送 LSA 吗？

图 9-31 一个简单的 GRE 使用场景

这个问题的答案显而意见：不能。OSPF 的邻居状态的迁移、链路状态信息的通告都是通过组播来完成的。路由器 2 没有启用 OSPF 协议，自然也就不会监听 OSPF 路由器接口才会监听的组播地址，更没有理由为两边的 OSPF 路由器执行转发 OSPF Hello 消息和 LSA。

那么，我们怎么才能在不让路由器 2 参与 OSPF 的前提下，让路由器 1 和路由器 3 建立起 OSPF 完全邻接关系呢？如果读者联想到我们在 9.2.4 节中介绍的 IPSec 隧道模式封装，可以会联想到图 9-32 所示的这样一个解决方案：把 OSPF 数据包带着网络层头部，一起封装到一个路由器 2 能够执行正确转发的新 IP 头部中。

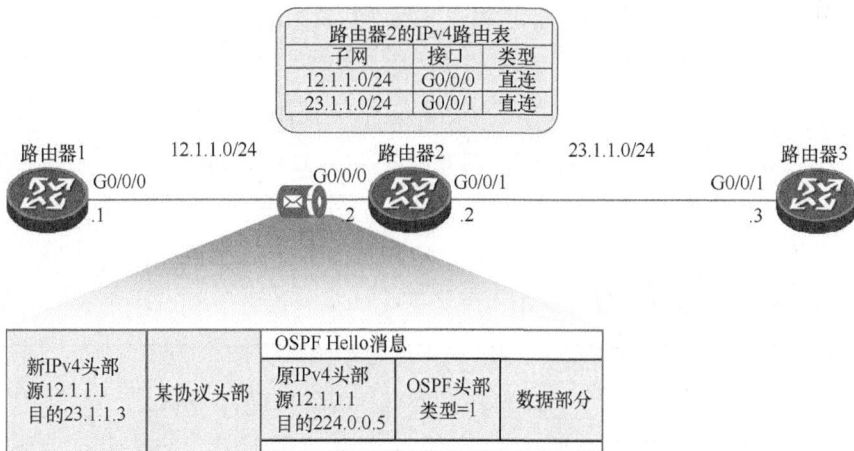

图 9-32 跨非 OSPF 路由器建立 OSPF 完全邻接关系的解决方案

总之，如果有一种协议可以提供图 9-32 中"某协议"的服务，将一个 IPv4 数据包封装起来，并且在外层再封装一个新的 IPv4 头部，那么路由器 1 和路由器 3 之间就可以顺利地相互转发 OSPF 消息了。在图 9-32 所示的环境中，当路由器 2 接收到图中所示的数据包之后，它会根据这个数据包（新）IPv4 头部的目的地址查找自己的 IPv4 路由表，发现这个数据包的目的网络与自己的 G0/0/1 直连，于是就会将这个（封装在新 IPv4 头部中的）组播消息通过自己的 G0/0/1 接口转发给了路由器 3，尽管路由器 2 本身并没有监听这个组播地址。

IP 协议号为 47 的 GRE 就提供了图 9-32 中"某协议"提供的服务。它可以将大量不同类型的网络层协议封装到另一个网络层头部当中。同理，管理员可以根据转发需求，在两台并不相连的路由器之间创建一条虚拟的转发隧道，让它们对于内部封装的网络层协议而言就像直连设备一样。这种功能是 IPSec 无法提供的，这也是 GRE 隧道的价值所在。

GRE 协议定义的头部封装格式如图 9-33 所示。

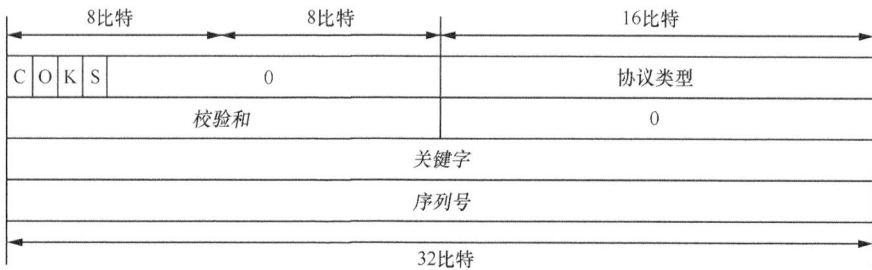

图 9-33　GRE 封装格式

图 9-33 所示的各个字段很容易理解，下面我们简单进行一下介绍。

- 协议类型：这个字段的作用类似于 IPv4 头部中的协议字段，它的作用是标识 GRE 头部内封装的协议类型。不过，这个字段针对不同内部封装协议的取值，与该协议的协议号并不相同。例如，内部为 IPv4 协议，则这个字段的取值为 2048，即十六进制 0x800；
- 校验和（Checksum）：这个可选的字段的作用是让对端验证这个 GRE 头部所封装的数据是否在传输过程中出现了变化。如果设置了校验和字段，则图 9-33 中的 C 位会置位，否则 C 位为 0；
- 关键字（Key）：这个可选字段取值取决于 GRE 封装的应用层协议，其作用是让对端验证这个 GRE 头部所封装的应用层消息。如果设置了关键字字段，则图 9-33 中的 K 位会置位，否则 K 位为 0；
- 序列号（Sequence Number）：这个可选的字段的作用与 ESP/AH 协议头部同名字段的作用相同。如果设置了序列号字段，则图 9-33 中的 S 位会置位，否则 S 位为 0。

综上所述,如果我们在图 9-32 所示环境中使用 GRE 来封装 OSPF 消息,那么封装的消息就会如图 9-34 所示。

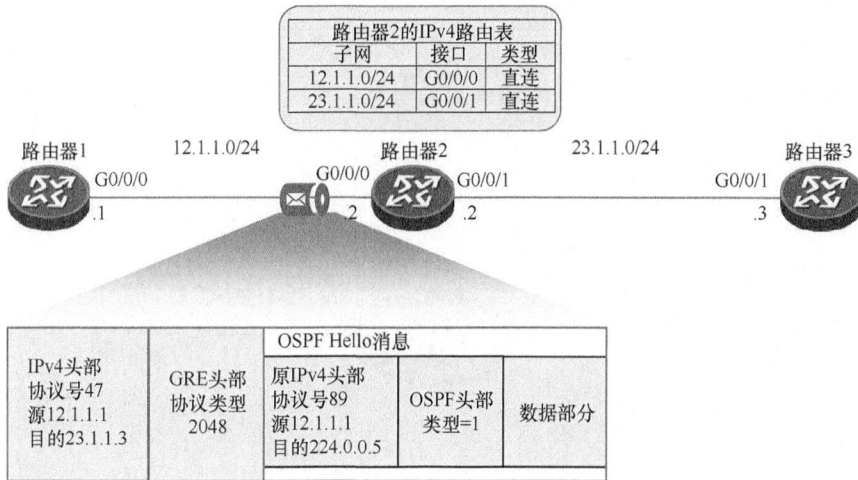

图 9-34 使用 GRE 建立隧道

比起 GRE 的工作原理,读者也许会觉得 9.2.5 节介绍的 GRE 工作环境更加无法理解。为什么我们就不能在路由器 2 上启用 OSPF,而选择在路由器 1 和路由器 3 之间建立隧道呢?其实,在实际网络环境中,没有技术工程师有权限管理所有的网络设备。

现在,读者不妨将路由器 2 设想为 Internet,将路由器 1 和路由器 2 设想为同一个家企业不同站点的默认网关。虽然将两个站点接入 Internet,Internet 上的路由设备自会有能力承担这两个站点之间的通信,就像路由器 2 可以使用自己的直连路由来转发往返于路由器 1 和路由器 3 的流量那样,但同一家企业跨 Internet 建立的通信却无法在不同站点间网关路由器相互发送组播数据包,不同站点的网关路由器也无法建立 OSPF 完全邻接关系。然而,这家企业的网络技术人员显然没有权限管理和配置 Internet 上的路由器,此时这家企业的网络工程师就可以在两个站点之间建立一条 GRE 隧道,并以此在不同站点的网关之间建立 OSPF 通信。

当然,GRE 的用途远远不只是在两台原本不相直连的 OSPF 设备之间,跨越非 OSPF 环境建立 OSPF 邻接关系。它的作用是在网络层本不相直连的设备之间建立虚拟的隧道,让这两台实现逻辑层面的网络层直连。所以,如果管理员面临的需求是要把两台(原本于网络层并不直连的)设备在网络层直连才能解决,那就可以考虑使用 GRE 协议在这两台设备之间建立逻辑的网络层直连关系。

读到这里,读者或许已经发现,GRE 和 IPSec 存在结合使用的前景。比如,我们希望对图 9-34 中传输的消息提供加密、认证等安全性保护,就可以在这个数据包外面再封装隧道模式的 ESP 协议,这种应用方式叫做 IPSec over GRE。再比如,我们希望图 9-30 中路由器 1 和路由器 2 这两台路由器之间可以相互发送组播消息,则可以在 IPSec 数据包的外层再封装 GRE 协议，这种应用方式叫做 GRE over IPSec。

9.2.6　IPSec VPN 的配置

在学习了与 VPN 相关的理论知识后，9.2.6 节我们将介绍如何使用华为路由器，建立 IPSec VPN，来保障两个站点之间通信的安全性。在这个案例中，我们将使用图 9-35 所示环境。

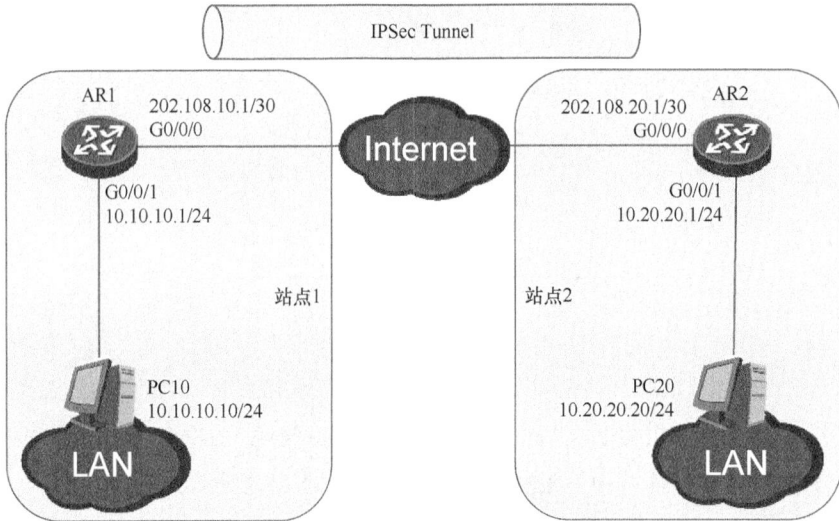

图 9-35　在两个站点之间建立 IPSec VPN

在图 9-35 所示环境中，站点 1 和站点 2 分别是同一个企业位于不同城市的办公网络，它们会通过自己的网关连接到 Internet。管理员要在两个网关（AR1 和 AR2）之间建立 IPSec VPN 隧道，以此连接两个站点的企业内网。在这个环境的配置中，AR1 和 AR2 要通过 IKE 协商的方式创建 IPSec VPN 隧道。管理员使用以下步骤进行配置。

步骤 1　在 AR1 和 AR2 上通过静态路由的方式，指定去往对端的路由；

步骤 2　使用高级 IP ACL 指定需要通过 IPSec 隧道进行保护的流量（指定流量的源和目的 IP 地址）；

步骤 3　创建 IPSec 安全提议，并指定 IPSec 使用的各项参数；

步骤 4　创建 IKE 安全提议，并指定 IKE 使用的各项参数；

步骤 5　创建 IKE 对等体，并在其中引用配置的 IKE 安全提议；

步骤 6　创建 IPSec 安全策略，并在其中应用 ACL、IPSec 安全提议和 IKE 对等体；

步骤 7　建立连接的两端，在面向 Internet 的接口上应用安全策略。

接下来我们按照这个步骤来配置 AR1 和 AR2，并逐步进行验证。

步骤 1　在 AR1 和 AR2 上通过静态路由的方式，指定去往对端的路由。

首先管理员要实现基本的 IP 连通性，因此在路由器连接外网（G0/0/0）和内网

（G0/0/1）的接口上分别配置好 IP 地址，并配置去往另一个站点的静态 IP 路由，例 9-13
中展示了步骤 1 的配置。

例 9-13　在 AR1 和 AR2 上配置接口 IP 地址和静态路由

```
[AR1]interface gigabitethernet 0/0/0
[AR1-GigabitEthernet0/0/0]ip address 202.108.10.1 255.255.255.252
[AR1-GigabitEthernet0/0/0]quit
[AR1]interface gigabitethernet 0/0/1
[AR1-GigabitEthernet0/0/1]ip address 10.10.10.1 255.255.255.0
[AR1-GigabitEthernet0/0/1]quit
[AR1]ip route-static 202.108.20.0 255.255.255.252 202.108.10.2
[AR1]ip route-static 10.20.20.0 255.255.255.0 202.108.10.2

[AR2]interface gigabitethernet 0/0/0
[AR2-GigabitEthernet0/0/0]ip address 202.108.20.1 255.255.255.252
[AR2-GigabitEthernet0/0/0]quit
[AR2]interface gigabitethernet 0/0/1
[AR2-GigabitEthernet0/0/1]ip address 10.20.20.1 255.255.255.0
[AR2-GigabitEthernet0/0/1]quit
[AR2]ip route-static 202.108.10.0 255.255.255.252 202.108.20.2
[AR2]ip route-static 10.10.10.0 255.255.255.0 202.108.20.2
```

　　AR1 和 AR2 直连的 Internet 路由器没有在图中表现出来，AR1 接口 G0/0/0 的 IP 地
址是 202.108.10.1/30，它直连的 Internet 路由器接口 IP 地址为 202.108.10.2/30；AR2
接口 G0/0/0 的 IP 地址是 202.108.20.1/30，它直连的 Internet 路由器接口 IP 地址为
202.108.20.2/30。

　　在例 9-13 的配置中，管理员在 AR1 和 AR2 上分别配置了两个接口的 IP 地址和两条
静态路由，这两条静态路由分别指明了如何去往对端站点的公网 IP 地址，以及如何去往
对端站点的内部 IP 子网，静态路由中指定的下一跳 IP 地址其实就是 AR1 或 AR2 接口
G0/0/0 直连的 Internet 路由器接口 IP 地址。

　　例 9-14 测试了两个站点之间当前的连通性。

例 9-14　测试站点 1 与站点 2 之间的连通性

```
[AR1]ping 202.108.20.1
  PING 202.108.20.1: 56  data bytes, press CTRL_C to break
    Reply from 202.108.20.1: bytes=56 Sequence=1 ttl=254 time=110 ms
    Reply from 202.108.20.1: bytes=56 Sequence=2 ttl=254 time=50 ms
    Reply from 202.108.20.1: bytes=56 Sequence=3 ttl=254 time=60 ms
    Reply from 202.108.20.1: bytes=56 Sequence=4 ttl=254 time=30 ms
    Reply from 202.108.20.1: bytes=56 Sequence=5 ttl=254 time=50 ms

  --- 202.108.20.1 ping statistics ---
```

```
    5 packet(s) transmitted
    5 packet(s) received
    0.00% packet loss
    round-trip min/avg/max = 30/60/110 ms
```

```
PC10>ping 10.20.20.20

Ping 10.20.20.20: 32 data bytes, Press Ctrl_C to break
Request timeout!
Request timeout!
Request timeout!
Request timeout!
Request timeout!

--- 10.20.20.20 ping statistics ---
    5 packet(s) transmitted
    0 packet(s) received
    100.00% packet loss
```

例 9-14 先从 AR1 上测试了与 AR2 公网 IP 地址之间的连通性，AR1 在发出 ping 测试时没有指定源 IP 地址，因此它会使用出接口的 IP 地址，也就是自己的公网 IP 地址。运营商分配的公网 IP 地址在 Internet 中是可路由的。从测试结果我们也能看出，当前 AR1 与 AR2 之间的连通性是没有问题的。

接着管理员在站点 1 的内网主机 PC10 上对站点 2 的内网主机 PC20 发出了 ping 测试，通过结果可以看出，当前两个内网之间是无法相互访问的。这是因为内网主机使用的私有 IP 地址无法在 Internet 上实现路由，站点 1 和站点 2 所连接的 ISP（运营商）路由器上没有任何私有 IP 地址的路由信息。

步骤 2　使用高级 IP ACL 指定需要通过 IPSec 隧道进行保护的流量（指定流量的源和目的 IP 地址）。

要想穿越 Internet 实现两个站点中内网主机之间的通信，管理员需要在 AR1 与 AR2 之间建立 IPSec VPN 隧道。接下来管理员使用高级 IP ACL 指定了需要穿越 IPSec VPN 隧道的内网流量，详见例 9-15。

例 9-15　在 AR1 和 AR2 上使用高级 IP ACL 定义需要穿越 IPSec VPN 的流量

```
[AR1]acl 3010
[AR1-acl-adv-3010]rule permit ip source 10.10.10.0 0.0.0.255 destination 10.20.20.0 0.0.0.255
[AR1-acl-adv-3010]rule deny ip
```

```
[AR2]acl 3020
[AR2-acl-adv-3020]rule permit ip source 10.20.20.0 0.0.0.255 destination 10.10.10.0 0.0.0.255
[AR2-acl-adv-3020]rule deny ip
```

以例 9-15 所示的 AR1 配置为例，管理员创建了编号为 3010 的高级 IP ACL，并放行了以 10.10.10.0/24 为源 IP 地址，同时以 10.20.20.0/24 为目的 IP 地址的流量，这种做法能够更为精确地匹配需要受到 VPN 保护的流量。除此之外管理员还使用命令 **rule deny ip** 拒绝了其他所有流量，使 ACL 只放行特定流量，这种做法也提高了网络的安全性。AR2 上的配置与 AR1 呈镜像，也就是需要调换源和目的 IP 地址的位置。

另外读者还可以注意到，管理员在 AR1 与 AR2 上使用了不同的 ACL 编号。实际上，在建立 IPSec VPN 的两台设备上，ACL 编号不必相同，ACL 编号只在路由器本地有意义。在这个案例中，管理员在 AR1 和 AR2 上配置其他与 IPSec VPN 相关的参数时，也会使用不同的编号和名称，一方面让读者能够意识到这些编号和名称只具有本地意义，另一方面在实际工作中，管理员也可以按照实际需求指定更有意义的名称。

步骤 3　创建 IPSec 安全提议，并指定 IPSec 使用的各项参数。

接下来我们进入 IPSec 的配置步骤，在 AR1 和 AR2 上分别创建一个 IPSec 安全提议，并且在其中指定 IPSec 所要使用的认证和加密算法。例 9-16 展示了这个步骤（步骤 3）中的配置信息。

例 9-16　在 AR1 和 AR2 上配置 IPSec 安全提议

```
[AR1]ipsec proposal prop10
[AR1-ipsec-proposal-prop10]encapsulation-mode tunnel
[AR1-ipsec-proposal-prop10]transform esp
[AR1-ipsec-proposal-prop10]esp authentication-algorithm sha2-256
[AR1-ipsec-proposal-prop10]esp encryption-algorithm aes-128

[AR2]ipsec proposal prop20
[AR2-ipsec-proposal-prop20]esp authentication-algorithm sha2-256
[AR2-ipsec-proposal-prop20]esp encryption-algorithm aes-128
```

如例 9-16 所示，管理员需要使用系统视图命令 **ipsec proposal** *proposal-name* 来创建一个 IPSec 安全提议，并进入 IPSec 安全提议视图。在默认情况下，路由器中没有任何 IPSec 安全提议。安全提议的名称可以由 1~15 个字符构成，这个名称只具有本地意义，AR1 与 AR2 在通过对比双方支持的 IPSec 安全提议，并对 IPSec 所需要使用的认证和加密算法进行协商时，并不在乎这个安全提议的名称是否相同，只要其中指定的参数相同，匹配就算成功。

在 IPSec 安全提议中，管理员需要指定用来建立 IPSec 连接的各种参数，其中包括数据封装模式、安全协议、认证和加密算法，路由器会使用这些参数来协商并建立 IPSec SA。以下为管理员在本例的 IPSec 安全提议中实施的配置。

- **encapsulation-mode** {**transport** | **tunnel**}：管理员需要使用这条命令指定 IPSec 所使用的数据包封装模式，华为设备默认使用隧道（**tunnel**）模式。本例中使用默认的隧道模式；

- transform {ah｜ah-esp｜esp}：管理员需要使用这条命令指定 IPSec 所使用的安全协议，华为设备默认的安全协议是 ESP（esp）。本例中使用默认的 ESP 协议；
- esp authentication-algorithm {md5｜sha1｜sha2-256｜sha2-384｜sha2-512｜sm3}：在使用 ESP 作为安全协议时，管理员可以使用这条命令来指定 ESP 使用的认证算法。根据路由设备的型号和软件版本的不同，默认的 ESP 认证算法也可能有所不同，因此管理员最好根据自己的需求手动指定认证算法。本例中使用的认证算法是 sha2-256；
- esp encryption-algorithm [3des｜des｜aes-128｜aes-192｜aes-256｜sm1｜sm4]：在使用 ESP 作为安全协议时，管理员还可以指定加密算法，这时就需要使用这条命令。指定加密算法的命令不仅在句法上与指定 ESP 认证算法的句法类似，而且默认的 ESP 加密算法也由路由设备的型号和软件版本决定。本例中使用的加密算法是 aes-128。

刚才我们提到过，在需要建立 IPSec VPN 的两端设备上，IPSec 安全提议的名称不必相同，但其中的参数必须相同。同时，在 IPSec VPN 两端设备上可以各自拥有多个 IPSec 安全提议，两台设备会从多个安全提议中，自动协商出适用的一个。

管理员可以使用命令 display ipsec proposal 来查看路由器上配置的 IPSec 安全提议配置。例 9-17 展示了 AR1 上的 IPSec 安全提议配置结果。

例 9-17　查看 AR1 上的 IPSec 安全提议

```
[AR1]display ipsec proposal

Number of proposals: 1

IPSec proposal name: prop10
 Encapsulation mode: Tunnel
 Transform        : esp-new
 ESP protocol     : Authentication SHA2-HMAC-256
                    Encryption     AES-128
```

从例 9-17 可以看出，管理员在 AR1 上只配置了一个名为 prop10 的 IPSec 安全提议，其中封装模式选择了隧道（Tunnel）、传输安全协议使用了 ESP（显示为 esp-new），ESP 协议部分分别展示了管理员配置的认证算法（SHA2-HMAC-256）和加密算法（AES-128）。

步骤 4　创建 IKE 安全提议，并指定 IKE 使用的各项参数。

接下来管理员需要配置有关 IKE 的参数，在这一步骤中我们需要分别配置 IKE 安全提议和 IKE 对等体。首先从例 9-18 查看配置 IKE 安全提议的命令。

例 9-18　在 AR1 和 AR2 上创建 IKE 安全提议

```
[AR1]ike proposal 10
[AR1-ike-proposal-10]authentication-method pre-share
```

```
[AR1-ike-proposal-10]authentication-algorithm sha1
[AR1-ike-proposal-10]encryption-algorithm aes-cbc-128
[AR2]ike proposal 20
[AR2-ike-proposal-20]authentication-algorithm sha1
[AR2-ike-proposal-20]encryption-algorithm aes-cbc-128
```

　　管理员需要使用系统视图命令 **ike proposal** *proposal-number*，创建一个 IKE 安全提议并进入 IKE 安全提议视图。IKE 安全提议的编号取值范围是 1～99，从例 9-18 所示的两台路由器配置中我们也能判断，IKE 安全提议的编号与 IPSec 安全提议的名称一样，只具有本地意义，AR1 和 AR2 在协商 IKE 安全参数时，也不在意 IKE 安全提议的编号是否相同，它们只在乎 IKE 安全提议中的认证和加密算法是否匹配。

　　在 IKE 安全提议中，管理员需要指定 IKE 为交换和保护密钥所使用的认证方式，以及认证和加密算法。以下为管理员在 IKE 安全提议中实施的配置。

- **authentication-method** {**pre-share** | **rsa-signature** | **digital-envelope**}：管理员需要使用这条命令指定 IKE 使用的认证方式，默认的认证方式是预共享密钥。本例中就使用默认的预共享密钥方式，因此管理员仅在 AR1 上作为展示输入了这条命令，在 AR2 上就没有进行配置。在使用预共享密钥时，建立 IPSec VPN 的两个站点管理员之间可以通过带外的方式交换密钥信息，比如通过电话、电子邮件、面对面交流等方式约定密钥；

- **authentication-algorithm** {**aes-xcbc-mac-96** | **md5** | **sha1** | **sha2-256** | **sha2-384** | **sha2-512** | **sm3**}：管理员需要使用这条命令来指定 IKE 使用的认证算法。IKE 认证算法的默认参数也与路由设备的型号和软件版本相关，管理员最好根据自己的需求手动指定认证算法。本例中使用的认证算法是 sha1，再做一点有关选择算法的提示：我们这个案例中要使用 IKEv1，因此无法选择 aes-xcbc-mac-96，因为 IKEv1 不支持这种认证算法。感兴趣的读者可以在进行实验练习时试着选择这种算法，并在 IKE 对等体中引用这个 IKE 安全提议时注意观察路由器的提示；

- **encryption-algorithm** {**3des-cbc** | **des-cbc** | **aes-cbc-128** | **aes-cbc-192** | **aes-cbc-256** | **sm4**}：管理员需要使用这条命令来指定 IKE 使用的加密算法。路由设备支持的加密算法也与路由设备的型号和软件版本相关。本例中使用的加密算法是 aes-cbc-128。

　　再次强调，在需要建立 IPSec VPN 的两端设备上，IKE 安全提议中的参数必须相同，但 IKE 安全提议的编号却不必相同。

　　步骤 5　创建 IKE 对等体，并在其中引用配置的 IKE 安全提议。

　　在创建了 IKE 安全提议后，管理员需要创建 IKE 对等体，并在其中应用刚才创建的 IKE 安全提议。例 9-19 展示了有关 IKE 对等体的创建和配置命令。

例 9-19　在 AR1 和 AR2 上创建 IKE 对等体

```
[AR1]ike peer ike10 v1
[AR1-ike-peer-ike10]ike-proposal 10
[AR1-ike-peer-ike10]pre-shared-key cipher huawei123
[AR1-ike-peer-ike10]remote-address 202.108.20.1

[AR2]ike peer ike20 v1
[AR2-ike-peer-ike20]ike-proposal 20
[AR2-ike-peer-ike20]pre-shared-key cipher huawei123
[AR2-ike-peer-ike20]remote-address 202.108.10.1
```

如例 9-19 所示，管理员需要使用系统视图命令 **ike** *peer-name* [**v1** | **v2**] 来创建一个 IKE 对等体，并进入 IKE 对等体视图。IKE 对等体的名称可以由 1～15 个字符构成，从配置中我们也可以知道，这个名称也只具有本地意义。在第一次使用这条命令创建新的 IKE 对等体时，管理员必须在命令中指定 IKE 对等体使用的版本，之后再进入已创建的 IKE 对等体视图时就无需输入版本号了。

在 IKE 对等体视图中，管理员指定了对端 IP 地址、应用了之前建立的 IKE 安全提议，并定义了预共享密钥。

- **ike-proposal** *proposal-number*：管理员需要使用这条命令来应用之前已经配置好的 IKE 安全提议，IKE 对等体之间就会使用这个 IKE 安全提议中的认证和加密算法，来对密钥进行管理；

- **pre-shared-key** {**simple** | **cipher**} *key*：管理员需要使用这条命令来设置 IKE 对等体建立连接所使用的预共享密钥。关键字 **simple** 和 **cipher** 分别指定了在路由器的配置中，这个预共享密钥的保存形式：simple 保存为明文，cipher 保存为加密形式。本例中选择了 cipher，这种做法更为安全。本例设置的预共享密钥为 huawei123，两端 IKE 对等体上必须配置相同的预共享密钥；

- **remote-address** *ip-address*：管理员需要使用这条命令来设置 IKE 对等体对端的 IP 地址。通常这个 IP 地址是公网可路由地址，也就是 ISP 分配给企业使用的公网 IP 地址。本例中使用了路由器连接 Internet 的接口上所配置的 IP 地址（也就是从 ISP 获得的 IP 地址）。

在配置好这些参数后，例 9-20 使用命令 **display ike peer verbose** 查看了 AR1 上创建的 IKE 对等体。

例 9-20　在 AR1 上查看 IKE 对等体

```
[AR1]display ike peer verbose

Number of IKE peers: 1

-----------------------------------------
```

```
    Peer name              : ike10
    Exchange mode          : main on phase 1
    Pre-shared-key cipher  : "@J*U2S* (7F,YWX*NZ550A!!
    Proposal               : 10
    Local ID type          : IP
    DPD                    : Disable
    DPD mode               : Periodic
    DPD idle time          : 30
    DPD retransmit interval: 15
    DPD retry limit        : 3
    Host name              :
    Peer IP address        : 202.108.20.1
    VPN name               :
    Local IP address       :
    Local name             :
    Remote name            :
    NAT-traversal          : Disable
    Configured IKE version : Version one
    PKI realm              : NULL
    Inband OCSP            : Disable
----------------------------------------
```

从例 9-20 的命令输出内容中我们可以看到，到目前为止配置的与 IKE 相关的所有参数，其中包括比较重要的 IKE 版本（Version one）、IKE 对等体名称（ike10）、IKE 对等体 IP 地址（202.108.20.1）和 IKE 安全提议编号（10）。还可以看到 IKE 在阶段一所使用的模式（main on phase 1），我们这里没有对默认模式进行修改，因此使用了 IKE 主模式。其他的参数超出了读者当前需要掌握的程度，感兴趣的读者可以在华为 ICT 学院安全技术的学习中，进一步深入了解。

步骤 6　创建 IPSec 安全策略，并在其中应用 ACL、IPSec 安全提议和 IKE 对等体。

接下来，管理员需要创建 IPSec 安全策略，并把之前创建好的 ACL、IPSec 安全提议和 IKE 对等体等配置信息都关联到 IPSec 安全策略中。例 9-21 展示了 AR1 和 AR2 上的 IPSec 安全策略配置。

例 9-21　在 AR1 和 AR2 上配置 IPSec 策略

```
[AR1]ipsec policy po10 10 isakmp
[AR1-ipsec-policy-isakmp-po10-10]ike-peer ike10
[AR1-ipsec-policy-isakmp-po10-10]proposal prop10
[AR1-ipsec-policy-isakmp-po10-10]security acl 3010

[AR2]ipsec policy po20 20 isakmp
[AR2-ipsec-policy-isakmp-po20-20]ike-peer ike20
```

```
[AR2-ipsec-policy-isakmp-po20-20]proposal prop20
[AR2-ipsec-policy-isakmp-po20-20]security acl 3020
```

如例 9-21 所示，管理员需要使用系统视图命令 **ipsec policy** *policy-name seq-number* [**gdoi** │ **isakmp** [**template** *template-name*] │ **manual**]来创建一个 IPSec 安全策略，并进入 IPSec 安全策略视图。IPSec 安全策略的名称由 1～15 个字符构成，序号取值范围是 1～10000，从配置中我们可以知道，这些参数都只具有本地意义。

由于本例中管理员使用 IKEv1 来自动协商建立 IPSec VPN，因此在创建 IPSec 安全策略时，需要选择关键字 **isakmp**。以下为管理员在 IPSec 安全策略中实施的配置。

- **ike-peer** *peer-name*：管理员使用这条命令应用了之前（步骤 4 中）创建的 IKE 对等体；
- **proposal** *proposal-name*：管理员使用这条命令应用了之前（步骤 3 中）创建的 IPSec 安全提议；
- **security acl** *acl-number*：管理员使用这条命令应用了之前（步骤 2 中）创建的高级 IP ACL。

这样一来，管理员就把步骤 2、3、4 中创建的参数全都应用在了 IPSec 安全策略中，例 9-22 使用命令 **display ipsec policy** 确认了 AR1 中创建的 IPSec 安全策略。

例 9-22　在 AR1 中查看 IPSec 安全策略

```
[AR1]display ipsec policy

===================================
IPSec policy group: "po10"
Using interface:
===================================

    Sequence number: 10
    Security data flow: 3010
    Peer name    : ike10
    Perfect forward secrecy: None
    Proposal name: prop10
    IPSec SA local duration(time based): 3600 seconds
    IPSec SA local duration(traffic based): 1843200 kilobytes
    Anti-replay window size: 32
    SA trigger mode: Automatic
    Route inject: None
    Qos pre-classify: Disable
```

从例 9-22 的命令输出内容中我们可以找到刚才应用的 IKE 对等体（ike10）、IPSec 安全提议（prop10），以及指定了受保护流量的 ACL（3010）。华为 ICT 学院安全技术课程中会详细介绍其他参数的用途和具体调试方法。

步骤 7 建立连接的两端，在面向 Internet 的接口上应用安全策略。

在配置好所有与 IPSec 和 IKE 相关的参数后，管理员的最后一步工作就是把 IPSec 安全策略应用在相应的接口上。例 9-23 展示了在 AR1 和 AR2 上应用 IPSec 安全策略的命令。

例 9-23　在 AR1 和 AR2 上应用 IPSec 安全策略

```
[AR1]interface gigabitethernet 0/0/0
[AR1-GigabitEthernet0/0/0]ipsec policy po10
[AR2]interface gigabitethernet 0/0/0
[AR2-GigabitEthernet0/0/0]ipsec policy po20
```

管理员需要在接口视图中使用命令 **ipsec policy** *policy-name* 来应用之前配置的 IPSec 安全策略。到这里为止，管理员的所有配置就完成了。接下来 AR1 和 AR2 会自动协商并建立 IKE SA 和 IPSec SA，两个站点中的内网用户之间也能够通过 IPSec 隧道进行通信了。下面我们就通过一些命令，在路由器上先验证一下 IKE SA 和 IPSec SA 的建立结果，然后在内网主机上通过 ping 测试来验证两个站点之间的连通性。

例 9-24 展示了 AR1 和 AR2 上建立和维护的 IKE SA。

例 9-24　在 AR1 和 AR2 上查看已建立的 IKE SA

```
[AR1]display ike sa
  Conn-ID Peer          VPN  Flag(s)         Phase

      2   202.108.20.1   0   RD|ST           2
      1   202.108.20.1   0   RD|ST           1


Flag Description:
RD--READY   ST--STAYALIVE   RL--REPLACED   FD--FADING   TO--TIMEOUT
HRT--HEARTBEAT   LKG--LAST KNOWN GOOD SEQ NO.   BCK--BACKED UP
[AR2]display ike sa
  Conn-ID Peer          VPN  Flag(s)         Phase

      2   202.108.10.1   0   RD              2
      1   202.108.10.1   0   RD              1


Flag Description:
RD--READY   ST--STAYALIVE   RL--REPLACED   FD--FADING   TO--TIMEOUT
HRT--HEARTBEAT   LKG--LAST KNOWN GOOD SEQ NO.   BCK--BACKED UP
```

在例 9-24 中，管理员使用命令 **display ike sa** 查看了路由器上建立的 IKE SA 状态。其中我们重点关注 Flag(s)字段，这个标记字段的取值和描述信息展示在命令的末尾。对比 AR1 和 AR2 的标记字段我们会发现，AR1 多了一个 ST 标记，这个标记表示 AR1 是 IKE SA 协商过程的发起方。AR1 和 AR2 都有的标记 RD 表示 IKE SA 已经成功建立。若标记字段为空，表示 IKE SA 的协商没有成功，管理员需要重新检查两端设备上配置的认证和加密参数是否匹配。

例 9-25 在 AR1 和 AR2 上使用命令 `display ipsec sa brief` 查看了路由器上建立的 IPSec SA。

例 9-25　在 AR1 和 AR2 上查看已建立的 IPSec SA

```
[AR1]display ipsec sa brief

Number of SAs:2
    Src address      Dst address       SPI    VPN  Protocol   Algorithm
    ---------------------------------------------------------------------------
    202.108.20.1     202.108.10.1  2967839764   0    ESP     E:AES-128 A:SHA2_256_128
    202.108.10.1     202.108.20.1   406806218    0    ESP     E:AES-128 A:SHA2_256_128
[AR2]display ipsec sa brief

Number of SAs:2
    Src address      Dst address       SPI    VPN  Protocol   Algorithm
    ---------------------------------------------------------------------------
    202.108.20.1     202.108.10.1  2967839764   0    ESP     E:AES-128 A:SHA2_256_128
    202.108.10.1     202.108.20.1   406806218    0    ESP     E:AES-128 A:SHA2_256_128
```

从例 9-25 所示命令的输出内容中，我们重点关注 SPI 字段。在 9.2.4 节中我们曾经介绍过 SPI，它的作用是唯一地标识一个 IPSec SA。在 9.2.4 节描述的 IPSec 流量封装过程中，第 3 步即为路由器从 SADB 中查找相应 SA 的 SPI 值并添加 ESP 头部。那么路由器又是如何选择 SPI 值的呢？这个问题的答案在例 9-25 所示的内容中一目了然。以 AR1 为例，在向 AR2 发送数据时，AR1 会使用 SPI 406806218，因为这个 SPI 标识的是源 IP 地址为 202.108.10.1，目的 IP 地址为 202.108.20.1，协议为 ESP 的数据包。通过后文的抓包截图我们也可以验证这一点。

在 IPSec VPN 建立之后，管理员可以再次测试站点 1 和站点 2 内网主机之间的通信，我们还是从 PC10 向 PC20 发起 ping 测试，例 9-26 展示了测试结果。

例 9-26　PC10 向 PC20 发起 ping 测试

```
PC10>ping 10.20.20.20

Ping 10.20.20.20: 32 data bytes, Press Ctrl_C to break
From 10.20.20.20: bytes=32 seq=1 ttl=127 time=63 ms
From 10.20.20.20: bytes=32 seq=2 ttl=127 time=31 ms
From 10.20.20.20: bytes=32 seq=3 ttl=127 time=47 ms
```

```
From 10.20.20.20: bytes=32 seq=4 ttl=127 time=31 ms
From 10.20.20.20: bytes=32 seq=5 ttl=127 time=47 ms

--- 10.20.20.20 ping statistics ---
  5 packet(s) transmitted
  5 packet(s) received
  0.00% packet loss
  round-trip min/avg/max = 31/43/63 ms
```

从例 9-26 展示的测试结果我们可以看出,现在两个站点中的内部主机之间能够进行通信了。我们在 AR1 接口 G0/0/0 上进行了抓包,图 9-36 展示了抓包截图。

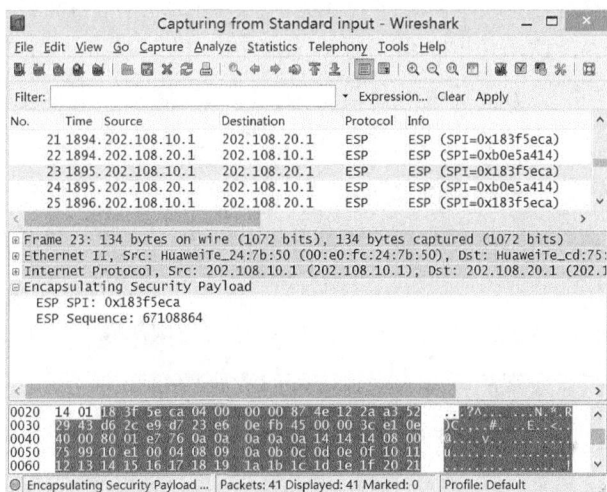

图 9-36　在 AR1 接口 G0/0/0 上抓包

在图 9-36 中解析的数据包是从 AR1 发往 AR2 的 ICMP 消息,它携带的 SPI 是 0x183f5eca,这是以十六进制表示的数值,而我们刚才推测 AR1 会在其封装的数据包中使用的 SPI 值 406806218 是十进制格式。如果读者熟练掌握了十进制与十六进制之间的转换规则,或者善用计算器软件的话,就可以发现这两个 SPI 值是相同的。并且从这个数据包的解析中我们可以看出这个消息是经过了加密的,Internet 中的路由器无法知道这个数据包中携带的是哪种类型的信息。只有当数据包到达 IPSec VPN 的另一端(也就是 AR2),AR2 才能读取到数据包携带的真实数据,并把真实的消息解密出来进行下一步处理(本例中就是把 ICMP 消息转发给 PC20)。

IPSec VPN 实验是到目前为止读者接触到的拥有最“庞大”配置量的配置任务。虽然 IPSec 的配置比较复杂,但由于 IPSec 是一个模块化的框架,因此与之相关的庞大配置任务也会被分为多个小配置任务,就像本例中分出的六个配置步骤。

IPSec VPN 配置任务的逻辑性强,读者可以在实验中加深对理论的理解,但不能死记硬背配置步骤,这样做不利于在遇到问题时厘清思路。在实际工作中,管理员在实施

IPSec VPN 之前，需要在实施文档中详细列出每个步骤中需要使用的参数，并且在实施中按步骤进行设置。一旦 IPSec VPN 建立不成功，管理员就需要依靠自己掌握的 IPSec 理论基础，来按部就班地排查造成 IPSec VPN 建立不成功的根本原因。现在的企业网络几乎都需要使用 VPN 技术，掌握 IPSec VPN 的技术原理和配置方法，是作为网络/安全管理员必不可少的技能。

9.3　如何利用网络安全技术保证网络安全性

通过对前面的内容介绍，我们对 AAA 和 IPSec 这两种常用的安全技术进行了原理讲解和配置演示。当然，这两项安全技术提供的服务并不足以解决所有与网络安全相关的问题，它们都只能在某一方面为网络提供安全防护。实际上，网络安全拥有相当多的维度，人们从不同角度入手可以找出不同的漏洞，设计出不同的攻击方式，以及不同的防御策略。这也就是说，没有一项技术能够全方位、彻底地保障网络安全。考虑到网络攻击的方式也在随着网络技术的发展而不断变化，也没有人能够穷举所有网络攻击方式和对应的防御技术。

在 9.3 节中，我们首先把目光从某一项特定技术为网络提供的安全防护服务这一狭隘的视角移开，尝试从宏观的角度来对构成网络安全的要素进行一下分类。接下来，我们通过列举一些常见的网络安全问题和网络安全技术来为这一章收尾。

9.3.1　网络安全三要素

判断一个人是否健康需要有一系列的指标。健康专家们对于保持健康的建议也是多层次多方面的，比如保持低压力状态、减少情绪波动、作息时间规律、远离污染地区、经常参加有氧运动、平衡膳食结构、戒除不良嗜好、养成开朗包容的个性、确保居住环境卫生等。这些建议针对的是人类生理和心理健康的不同角度提出的，它们本身并没有优劣或先后之分，也没有相互替代和抵消的关系。大鱼大肉的饮食习惯给身体造成的负担绝对并不会因为家庭环境干净整洁就被抵消。

如何保护网络安全犹如如何保持身体健康，这个问题的答案也应该是多角度的，这些建议往往也会包含很多理想主义的说法，越关注这个问题的人也就越愿意为更多的建议作出牺牲。一般来说，信息安全的核心往往会被概括为机密性（Confidentiality）、完整性（Integrity）和可用性（Availability）这三点，人们常常将这三点的英文首字母组合起来，称之为信息安全的 CIA 三要素（CIA Triad）。下面，我们分别对这三点的概念进行说明。

所谓机密性，是指确保信息只能由授权者进行访问。在我们本章之前介绍的技术中，加密技术的目的就是保障信息的机密性。显然，对数据执行加密无法防止攻击者截获数据，但是可以保证截获了数据的攻击者依然无法访问这些数据。在图 9-37 中，两位通信者在跨越不安全网络交换敏感信息，它们之间的网关路由器充当了加密隧道的端点，负责对进出隧道的流量执行加解密处理。不安全网络中的窃听者虽然截取到了它们之间传输的数据，但是看到的却是加密之后的密文，无法了解双方传输的信息。

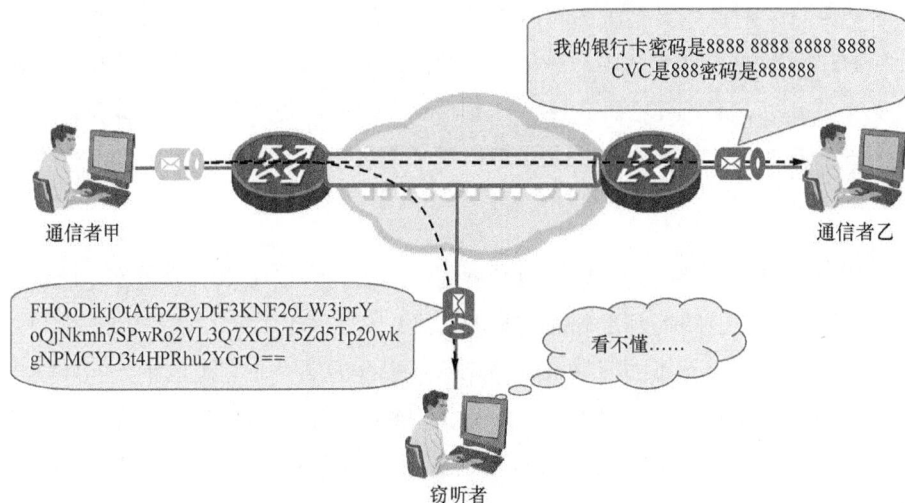

图 9-37　对数据提供机密性保障防止未经授权的访问

完整性是指确保信息在从源到目的之间没有遭到非法修改。当攻击者通过技术手段实施中间人攻击时，就可以在信息的发送方和接收方之间对数据执行拦截和篡改，如图 9-38 所示。

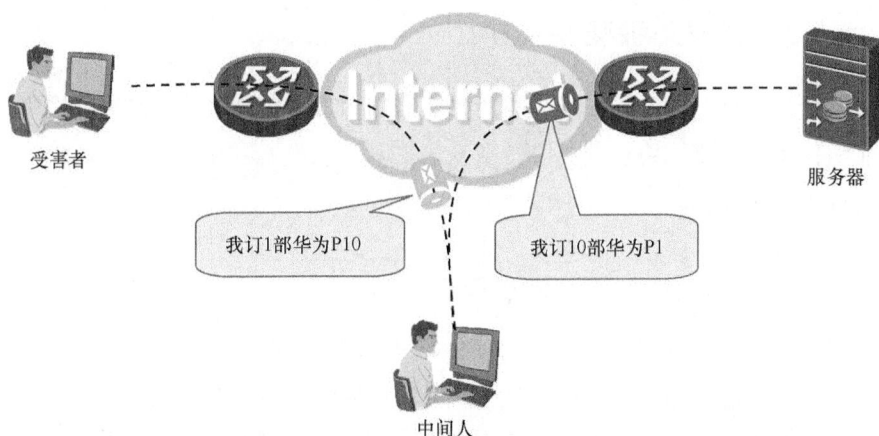

图 9-38　攻击者破坏了信息的完整性

可用性是指确保合法用户在需要时就能够访问到所需的信息。从表面上看，破坏信息可用性，致使人们无法访问重要信息的危害性似乎小于破解或修改敏感信息给人们带来的危害性。但随着 IT 办公融入各行各业，可用性遭到破坏给人们造成的损失也越来越严重。2017 年 5 月，勒索病毒 WannaCry 感染英国多家医院，致使中毒计算机中的文件遭到锁定而无法访问，必须付费才能解锁，甚至导致患者的心脏手术被迫推迟，这就是破坏信息可用性有可能危及人们生命的鲜活案例。

注释：

鉴于计算机病毒既不必然依靠网络传播，亦不必然以影响用户对网络和网络资源的使用为目的，所以在严格意义上，计算机病毒问题并不属于网络安全的范畴，而应该属于信息安全领域中计算机安全的范畴。有鉴于此，本系列教材不会对与计算机病毒有关的内容进行解释说明，仅以 WannaCry 为例提示读者不要小觑破坏信息可用性有可能对大众造成的危害。

综上所述，CIA 三要素如果能够得到满足，那么我们也就相当于保证了只有合法用户可以，并且可以随时访问到准确而完整的信息[17]。

当然，CIA 三要素并不能概括所有保障信息安全的属性。在过去十几年间，很多机构和个人认为应该在 CIA 三要素的基础上补充一些其他的元素作为信息安全的属性，比如真实性/身份认证（Authenticity/Authentication）、可审计性（Accountability）、抗重放性（non-Repudiation）、可靠性（Reliability）、所有权（Possession）等。不过，也有一些专业人士认为其中一些元素已经包含在 CIA 中的某个要素当中了。

信息安全是一个比网络安全外沿更广的领域。在本书中，我们只讨论信息在网络传输过程中有可能遭遇的问题，以及应对的手段。在 9.3.2 节中，我们会对网络安全中一些常见的问题进行简单的介绍。

9.3.2 常见的网络安全问题与解决方法

网络安全的目标是使合法用户能够随时以合法的方式安全地使用网络及网络资源，同时让非法使用网络及网络资源的操作则无法实现。干扰上述目标的行为，就是破坏网络安全的行为，比如。

- 通过伪装技术来访问本无权访问的网络或网络资源；
- 通过各类拒绝服务攻击妨碍合法用户正常访问网络；
- 通过各类中间人攻击窃听合法用户之间传输的数据；
- 通过各类中间人攻击篡改合法用户之间传输的数据。

显然，上面的内容只是举例说明，网络攻击的方式不仅五花八门，而且层出不穷。其中很多攻击可以同时达到多重攻击效果。

---

[17] 引自 ISACA，2008。

首先，攻击者需要确定自己想要达到的目的，其次要根据对方的机制特点和弱点下手。这就像想要顺手牵羊的人常常会蹲守在人流量颇大的火车站，趁一位踩着高跟鞋的年轻女士自己逐个把三个大小各异的箱包放在安检 X 光机传送带上，匆忙走向安检门的瞬间，把看上去装了笔记本和照相机等设备的双肩背拎走。这类偷窃行为之所以比较容易成功，是因为小偷看准了这类环境人多混杂易于隐藏和逃匿、单身女性穿着高跟鞋难以追赶，双肩背易得手且收益大等特点，才有针对性实施的盗窃。网络中的恶意行为也是如此。

恶意破坏网络安全性的行为称为攻击行为，攻击者会针对网络中的薄弱环节（称为漏洞）进行攻击。通常攻击者会根据想要实现的破坏结果，选择漏洞实施攻击。在 9.3.2 节中，我们会介绍一些最常见的攻击方式，9.3.3 节将介绍抵抗这些攻击的手段。读者可以在阅读 9.3.2 节的过程中，思考自己的应对方法。

图 9-39 所示为按照 TCP/IP 协议栈总结的常见网络安全问题。

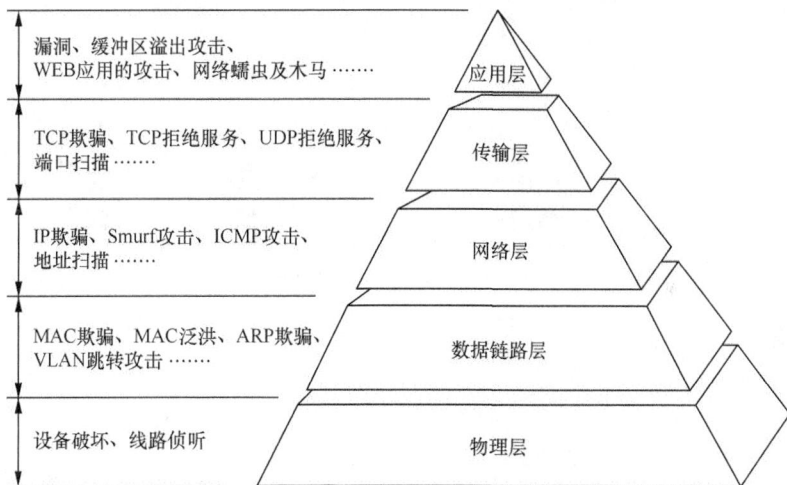

图 9-39　TCP/IP 协议栈中常见的安全问题

在图 9-39 所示的各类网络安全攻击方式中，我们已经通过《网络基础》6.3.2 节和《路由与交换技术》的 1.2.3 节，分别对 ARP 欺骗攻击和 MAC 地址泛洪攻击进行了介绍。对于这两种攻击方式感兴趣但没有选学这两节的读者，不妨现在阅读一下这两节的内容。下面，我们从图 9-39 中的数据链路层和网络层各选取一种网络安全问题进行一下简单的说明。

数据链路的 VLAN 跳转攻击，就是典型通过伪装技术来访问本无权访问的网络或网络资源。通过《路由与交换技术》第 2 章（虚拟局域网技术）的学习，读者现在已经知道使用 VLAN 技术可以将一个局域网中的用户分配到不同的 VLAN 当中，对他们实现数据链路层的隔离。通过《路由与交换技术》第 5 章（VLAN 间路由）的学习，读者也应该理解不同 VLAN 之间的相互访问需要借助三层路由功能才能实现。上面的叙述在逻辑上当然是正确的，但攻击者也可以通过逻辑的手段来规避这种隔离。

在图 9-40 中，攻击者在交换机上找到一个被管理员配置为了 Trunk 模式却弃之不用的端口，于是将自己的计算机伪装成了一台交换机，让它通过发送 802.1Q 数据帧与所连交换机的 Trunk 端口协商建立起了一条 Trunk 链路。因为 Trunk 链路本身就可以承载各个 VLAN 中的流量，所以在 Trunk 链路建立成功之后，这台计算机就可以向任何 VLAN 发送数据帧了。

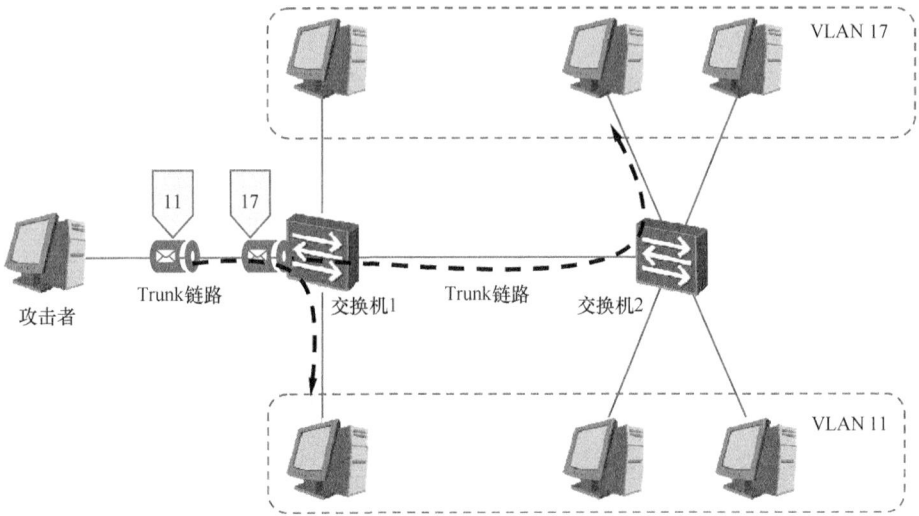

图 9-40　VLAN 跳转攻击示意

说明：

VLAN 跳转攻击还有另外一种变体，此时攻击者连接的不是 Trunk 端口依然可以执行 VLAN 跳转攻击。关于这种方法，我们不再作具体描述。

在执行 VLAN 跳转攻击时，攻击者通过逻辑方式绕过了用于实现数据链路层隔离的 VLAN 技术，达到了访问自己原本无权访问的网络这一目的，下面我们来介绍一种网络层的攻击方式。

经过华为 ICT 学院前两册教材的学习，对于构建网络环境应用范围最广泛的 IPv4 协议读者应该已经非常熟悉，在 IPv4 协议开始变得流行起来之前，它只用于连接大学、图书馆和研究机构。随着网络的民用化和商用化，IPv4 对于安全因素欠缺考虑的弱点就暴露了出来。Smurf 攻击就是攻击者在网络层通过拒绝服务攻击妨碍合法用户正常访问网络的攻击方式。

在执行 Smurf 攻击时，攻击者是在利用 ICMP 协议的工作原理发起攻击。他/她会把自己发送的数据包源 IP 地址修改为受害主机的 IP 地址,把目的 IP 地址设置为受害主机所在 IP 子网的广播地址,并向网络中持续发送大量携带上述源和目的 IP 地址的 ICMP

Echo-Request 消息。这个 IP 子网中的其他主机在收到这个 ICMP Echo-Request 消息后，会向受害主机返回正常的 ICMP Echo-Reply 消息。如果这个 IP 子网中的主机数量足够庞大，持续发送的 ICMP Echo-Request 消息就会带来成倍的持续返回的 ICMP Echo-Reply 消息，这种庞大的流量最终会淹没受害主机，降低它的处理速度并最终使它无法正常工作，如图 9-41 所示。

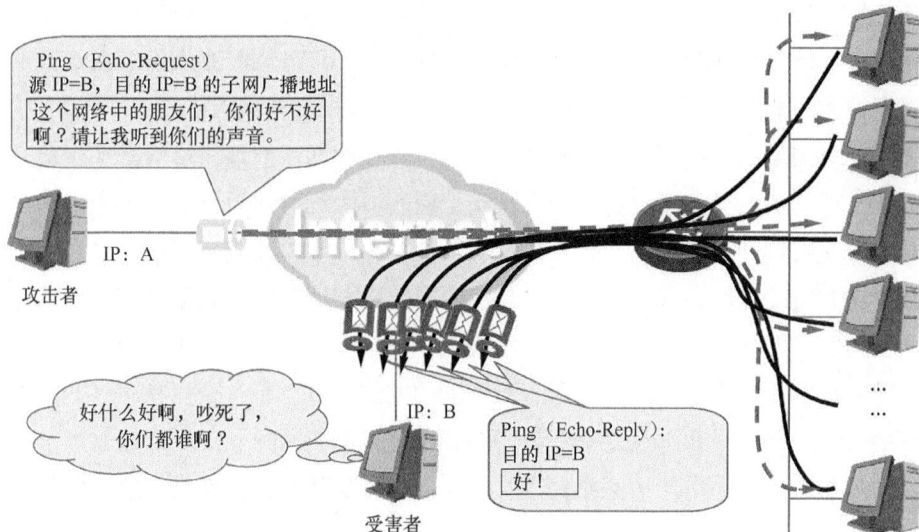

图 9-41　Smurf 攻击示意

在图 9-41 中，攻击者通过 Smurf 攻击，让 IP 地址为 B 的受害者受到了严重干扰。这就是利用网络层技术达到拒绝服务的一种攻击手段。

在上文中，我们介绍了两种攻击方式。再次强调，网络攻击方式是会随着网络的变化而动态发展的，没有一本技术作品能够穷举所有网络中存在的隐患。

不过，不断发展变化的并不只是网络攻击方式，网络安全措施也是一样。当攻击者发现了网络机制中一种可以利用的机制，并且针对这种机制设计了一种攻击方式让大量网络用户成为了受害者之后，各个标准化机构、高校、企业中的专业人士也会同时迅速作出响应，恰如每一次重大航空安全事件和公共医疗事件都会成为人类航空科技和医学科学制度作出重大进步的基石一样，每一种重大网络安全隐患的爆发也会让各个网络的机制变得更加健全，让那些曾经可以呼风唤雨的攻击手段成为明日黄花。

比如，通过 9.3.1 节介绍的 VLAN 跳转攻击，人们懂得不再把配置为自动协商模式的 Trunk 端口弃之不顾。企业的技术专家会针对交换机配置的配置指定安全标准，要求其他工程师把所有不使用的端口都配置为 Access 模式，同时将这些端口划分到默认 VLAN 之外的其他 VLAN 中（针对 VLAN 跳转攻击变体的建议）。

此外，我们在 9.3.1 节中介绍的 Smurf 攻击出现在 20 世纪 90 年代，也几乎终止于同一时期。这种攻击利用的漏洞有两个：主机会对广播 ICMP 请求作出响应，路由器会转发广播 ICMP 消息。这种在今天看似漏洞的行为，在当时却是标准。如今路由器具有了拒绝转发及响应广播数据包的功能，大多主机设备默认不对广播 ICMP 消息作出响应，使 Smurf 攻击根本没有了施展的空间。

目前，针对图 9-39 中的所有攻击方式，都多多少少有一些对应的安全技术或者推荐做法与技术可以解决或者缓解。限于篇幅，我们在此不再历数。我们也建议学有余力的读者自行了解对图 9-39 中我们还没有介绍过的攻击方式，同时查询出解决这些网络攻击的安全技术，和/或为了避免遭受这些网络攻击应该采取的预防措施。

在这一章的最后，我们希望读者能够理解一点，即网络的最终目的是实现信息以可靠的形式互通。从这个角度上看，因忽视安全问题而既没有部署有效的安全技术又没有遵循安全方面的设计建议进而导致人们蒙受损失，因过度关注安全问题而采取过于严格的安全策略和措施进而导致正常通信受到影响，这两种情况都应该极力避免。当然，由于不同机构对于网络安全的重视程度各不相同，应该予以考虑使用的安全机制当然也存在巨大差异。因此，没有一套放之四海而皆准的方法可以让所有企业参照这些方式来按部就班地规划自己的网络。在这里，我们有必要建议读者回味一下我们在 9.3 节开始时曾经提到的那句话：如何保护网络安全犹如如何保持身体健康，越关注这个问题的人也就越愿意为更多的健康建议作出牺牲。

9.4 本章总结

在任何行业中，安全都是重中之重，网络通信领域也是如此。但同时安全的涵盖范围又非常广，本章只从 AAA 和 IPSec VPN 入手，让读者对网络安全技术有一个具体的了解。本章在 9.1 节中介绍了 AAA（认证、授权和审计）安全体系的重要性，以及 AAA 两种工作模式的原理及对比：本地认证模式和服务器认证模式。在服务器认证模式中，管理员可以使用 RADIUS 协议实现认证，9.1.2 节中介绍了 RADIUS 消息的报文格式和 RADIUS 的工作原理。9.1.3 节中展示了如何通过本地认证和 RADIUS 认证的方式管理路由器的访问行为。

9.2 节介绍了各种网络中都在广泛使用的 VPN 技术——IPSec VPN。这一部分内容中，9.2 节首先介绍了 IPSec VPN 中使用的技术，比如用来交换密钥的 IKE，以及用来计算密钥的 DH 算法。之后介绍了 IPSec 的工作原理并演示了配置实验。本章不仅包含了具体的安全技术，更在 9.3 节中提出了网络安全的三要素，并分别对其进行介绍。最后列举了一些网络中常见的安全问题和解决办法。当然，除本章涉及的网络安全技术之外，其他安全技术不胜枚举，并且在安全技术之外的安全规范也对我们的网络至关重要。读者在学习了本章内容后，如果对其他网络安全技术感兴趣，可以参加华为 ICT 学院安全方向系列课程的学习。

9.5　练习题

一、选择题

1. 以下哪些场景是在描述 AAA 的作用？（多选）（　　　）

A. 管理员在巡检设备时，使用低权限的帐号登录路由器

B. 运营商根据手机用户的上网流量进行收费

C. 用户打开电脑后需要输入密码才能进入系统

D. 用户在华为官网上登录华为账户后才能够查看并下载需要授权的资料

2. IKE 阶段 1 分别定义了哪两种模式？（多选）（　　　）

A. 主模式（Main Mode）　　　　　　　B. 主动模式（Active Mode）

C. 快速模式（Quick Mode）　　　　　D. 野蛮模式（Aggressive Mode）

3. IKE 的作用是什么？（　　　）

A. 保护数据的安全传输　　　　　　　B. 保护数据的完整性

C. 保护密钥的安全交换　　　　　　　D. 建立 IKE SA（安全关联）

4. IPSec 提供的安全性有哪些？（多选）（　　　）

A. 私密性　　　　　B. 完整性　　　　　C. 真实性　　　　　D. 防重放

5. IPSec 提供了哪两种传输模式？（多选）（　　　）

A. 主模式　　　　　B. 快速模式　　　　C. 传输模式　　　　D. 隧道模式

6. 以下有关 GRE 的说法中，错误的是？（　　　）

A. GRE 是 Generic Routing Encapsulation 的缩写

B. 管理员可以通过 GRE over IPSec 在两个站点之间建立安全的动态路由环境

C. GRE 的 IP 协议号是 47

D. GRE 是一种加密隧道传输技术

7. 网络安全三要素分别是？（多选）（　　　）

A. 完整性（Integrity）　　　　　　　B. 真实性（Authenticity）

C. 可用性（Availability）　　　　　　D. 机密性（Confidentiality）

二、判断题

1. 在使用 RADIUS 服务器进行认证的环境中，用户需要先与 AAA 服务器进行通信并认证自己的身份，认证通过后，AAA 服务器会把认证结果告知用户想要登录的设备。

2. IPSec SA 是单向的，IKE SA 是双向的。在建立了 IPSec VPN 的两个网关之间，需要使用两个 SA 来分别对输入和输出数据流提供保护。

3. IPSec 隧道模式可以提供认证和加密，而传输模式只能提供身份认证。

第10章
WLAN技术

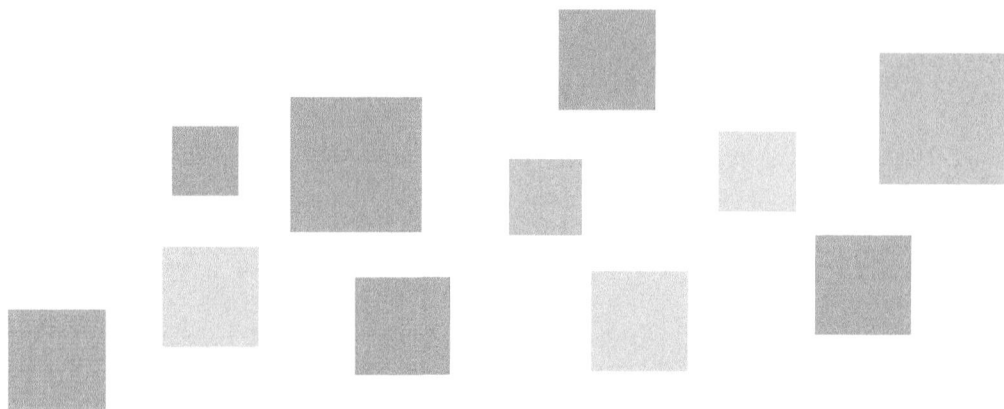

近些年来，人们购买的移动设备已经很少像过去那样配备有线网络适配器了，这反映了无线网络在人们的生活中已经越来越普及。无线网络的普及让通信摆脱了线缆和接头的桎梏，让通信变得更加便捷、灵活。各类相关应用的问世让人们有了更多的理由把自己的业余生活与无线终端绑定在一起，也让整个社会对网络更加依赖。时至今日，很多年轻人几乎已经忘记了那个需要通过网线才能上网的时代。人们越来越少地使用网线来连接终端设备，网线也日渐淡出了人们的视野，其成为了只有连接网络基础设施时才会用到的连接方式。

当然，传输介质的变化意味着无线局域网技术与有线局域网技术在物理层和数据链路层的工作方式都会产生重大的区别。所以，很多适用于有线局域网环境的机制难免会在无线局域网环境中失效。这些机制就是第 10 章要介绍的重点。

在第 10 章中，我们会首先对无线网络物理层的原理、机制和标准进行介绍。接下来的内容是第 10 章的重点，也就是无线局域网的数据链路层相关机制、技术与标准。在这一部分中，我们会解释无线传输环境如何避免信号发生冲突、无线局域网的帧如何封装、无线局域网的拓扑有哪些类型，以及无线帧是如何在无线网络环境中进行传输的。鉴于无线网络的介质是开放性的，因此它势必会给无线局域网引入一些不同于有线局域网的安全风险。在第 10 章的 10.4 节中，我们会对无线局域网的安全隐患，以及当前用户保护无线局域网安全性的机制进行阐述。

学习目标

- 了解无线射频的相关概念和标准；
- 了解定义无线技术的标准化组织及其职能；
- 掌握 IEEE 802.11 标准的帧封装结构；
- 掌握帧在无线局域网中的传输方式；

- 理解无线工作站（STA）与 AP 建立关联的流程；
- 理解无线局域网不同于有线局域网的安全隐患；
- 理解 WEP 的原理及其脆弱性；
- 了解 WPA 和 WPA2 的工作原理。

10.1　无线概念

在开始介绍与 WLAN（无线局域网）相关的原理与实现之前，我们先来简要介绍一下无线传输中与传输介质相关的基本概念。在有线通信的环境中，物理层的传输介质是各种线缆，比如超 5 类线缆、单模光纤线缆等。而在无线通信的环境中，信号传输的物理层载体则是空间本身，而这里的信号指的是无线电波。在 10.1 节中，我们会介绍与无线电波相关的内容，其中包括无线电波是什么，它有什么特点，人们如何能够利用它的特点来实现信息传输。

10.1.1　无线射频

无线通信依赖无线电波来传输信息，无线电波是一种电磁波，电磁波无处不在，它们是通过带电体扰动周围的磁场而产生的波动，这种波可以在空中（甚至真空中）传播。

英国苏格兰物理学巨匠麦克斯韦最早预言了电磁波的存在，并预言电磁波与光的速度相同。在麦克斯韦逝世后 8 年（即 1887 年），又一位伟大的物理学家——德国人赫兹通过实验证实了麦克斯韦的假说。时任卡尔斯鲁厄大学教授的赫兹在学校实验室中搭建了一个试验环境，他通过一个电路强迫两块相隔一定距离的锌板上分别聚集大量的正负电荷。当两块锌板之间聚集的电荷过多时，负电荷（电子）就会在正电荷的吸引下跳过两块锌板之间的空隙被吸引到对面的那块锌板上，同时两块锌板之间会产生火花。如果电荷的移动真的会形成电磁波，扰动周围的磁场，那么根据法拉第定律，被扰动的磁场会形成电场。于是，赫兹在相距 10 米的位置设置了一个检测装置，这是一个根本不含电源的弯曲导线，导线两头接近但是包含可以产生电火花的微小间隙。如果在制造电磁波的两块锌板之间产生火花，这个与之相距 10 米的无缘导线两头的间隙之间也产生了微弱的火花，就可以证明（锌板之间运动的）电子运动产生了电磁波。最终，赫兹在无缘导线两头观察到了微弱的电火花。同时，测量结果显示，电磁波产生装置（即前文中的电路）中的电流频率和接收装置（即前文中的无源导线）中的电流频率相同。而后，赫兹通过反复实验测量和计算，得出电磁波的传播速度等于光速的结论，这些和麦克斯韦的预言一致。现在我们都已经知道，赫兹实验中产生的电磁波就是今天我们所说的无线电。

赫兹实验之后又过了7年，年仅二十岁的意大利人马可尼听说了赫兹的实验。他很快注意到了电磁波可以让相隔10米之外的接收装置产生反应这个实验中蕴含的商机。这意味着人们可以不借助任何线路在一个地点通过电磁波产生装置产生信号，再在另一个地点使用检测装置检测这些信号，这两点之间不需要通过线路相连。于是，马可尼在1年后的1895年发明了使用这一原理实现的通信装置，并获得了专利。后来，马可尼不断改进自己的装置。在他的努力之下，使用无线电传输的莫尔斯电码成功实现了从欧洲到南美洲的跨越。马可尼也因为这项伟大的发明而于1909年被授予诺贝尔物理学奖。

在上面的内容中，我们结合无线电的发现与应用历史，对使用无线电传输信号的物理学原理进行了简单的解释。实际上，今天的无线通信也是基于上面这种工作原理实现的。

人们把电磁波按照波长分为多种类型，其中波长范围在1mm至100km之间的电磁波被命名为无线电波。表10-1列出了各种类型的电磁波及其频率和波长。表10-1中按照波长从短到长，频率从高到低的顺序排列电磁波类型。

表 10-1　　　　　　　　　　　　　　电磁波的分类

电磁波类型	波长	频率	举例
电离辐射	1pm～100nm	300EHz～3pHz	γ射线、X射线
紫外线、可见光、红外线	100nm～1mm	3pHz～300GHz	近紫外线、远红外线
无线电波	1mm～100km	300GHz～3kHz	超高频、高频、低频

表10-1提到了电磁波的波长和频率，波长是指在波形中，两个相邻波峰（或波谷）之间的长度；频率是指每秒钟电磁波振动的次数。真空中电磁波的传播速度是光速，约等于$3×10^8$m/s。在真空中，电磁波的频率、波长和速度有如下关系：

$$波长×频率=速度（光速）$$

在实际应用中，无线电波多在空中传播，因此公式相应地变为波长×频率 = 速度〈光速〉。现在我们着重来看无线电波，人们在对无线电波进行描述时，多会使用频率而不是波长。无线电波的频率高达300 GHz低至3 kHz，有一些定义把频率低于3 GHz的波形描述为微波，本书将其统一称为无线电波。根据上述公式，在无线电波频率为300 GHz时，相应的波长约为1mm，在频率为3 kHz时波长约为100km。不同频率的无线电波具有不同的特性，后文会详细介绍。

在对无线电波有了大致了解后，我们来解释什么是无线射频。射频（RF）的全称是Radio Frequency，也就是无线电频率，人们在无线电波的频率范围内，按照一定规则分出了多个频段。表10-2中列出了无线电波中各个频段的频率和波长。

在最初进行分类的命名时，人们没有考虑到低频以下，以及高频以上的频段，因此后来出现了甚（Very）、特（Ultra）、超（Super）、极（Extremely）、至（Tremendously）

这样的命名。无线电波的频率带来了不同的特性：在低频范围内，无线电波能够在一定程度上"绕过"障碍物，但随着传播距离渐渐远离信号源，它的能量也会急剧下降。在高频范围内，无线电波在遇到障碍物后会反弹回来，接收的信号很大程度上与信号的反射相关。

表 10-2　　　　　　　　　　　　无线电波频段的频率和波长范围

名称	缩写（全称）	频率	波长
极低频	ELF（Extremely Low Frequency）	3 Hz～30 Hz	100000～10000km
超低频	SLF（Super Low Frequency）	30 Hz～300 Hz	10000～1000km
特低频	ULF（Ultra Low Frequency）	300 Hz～3000 Hz	1000～100km
甚低频	VLF（Very Low Frequency）	3 kHz～30 kHz	100～10km
低频	LF（Low Frequency）	30 kHz～300 kHz	10～1km
中频	MF（Medium Frequency）	300 kHz～3000 kHz	1000～100m
高频	HF（High Frequency）	3 MHz～30 MHz	100～10m
甚高频	VHF（Very High Frequency）	30 MHz～300 MHz	10～1m
特高频	UHF（Ultra High Frequency）	300 MHz～3 GHz	100～10cm
超高频	SHF（Super High Frequency）	3 GHz～30 GHz	10～1cm
极高频	EHF（Extremely High Frequency）	30 GHz～300 GHz	10～1mm
至高频	THF（Tremendously High Frequency）	0.3 THz～3 THz	1～0.1mm

在实际的无线电系统应用中，有多种类型的传播方式，本书只关注视线传播（Line of Sight Transmission），VHF 及以上频率的无线电波都依靠视线传播方式。视线传播是指无线电波在从发射天线到接收天线的传播过程中，是以直线进行传播的。视线传播多用于手机、无绳电话、对讲机、FM 广播、雷达，以及无线网络等短距离无线电传输，以及卫星电视、卫星电话等卫星通信。

虽然无线电波能够传播很长的距离，但所有频率的无线电波都会受到其他电器设备的干扰，因此不同设备之间的干扰是个大问题。这也是为什么各国政府都会出台措施，对无线电发射器的使用进行严格管制的原因，这其中包括无线电频率和功率等参数。除了可以在规定范围内使用开放频段外，个人和组织机构都不能未经申请/许可就随意使用未开放频段。要想使用个人无线电设备，用户应该详细了解所在国执行的法律法规，以免触犯法律或对公众的生活工作造成严重影响。本章不会涉及政府管制的具体限制规程，但会介绍国际标准化组织对于无线电频段使用的规范。

10.1.2　频段与信道

频段这个术语在 10.1.1 节中就反复出现了，从表 10-2 中可以推测出，频段指的就是电磁波的一个频率范围。比如超高频（SHF）指的就是频率在 3 GHz～30 GHz 这个范围内的频段。频率范围与 IPv4 地址空间一样，是宝贵且会耗尽的资源。为了能够合理地使用频率资源，保证各行各业以及不同的服务在使用频率资源时彼此之间不会出现干扰，国际化组织（ITU-R，10.1.3 节进行具体介绍）负责对每个通信系统，以及每种业务所使用的频段进行统一的频率范围使用规定。在具体执行时，每个国家和地区可以在规定许可的范围内，根据自己的实际情况来选择具体的实现方式。

ITU-R 的无线电使用规定为几十种不同的业务分配了特定的频段，其中包括卫星通信、航空通信、海上通信、陆地通信、广播、电视、GPS 定位，以及无线通信等。不同的无线通信环境对电磁波的传播效果构成了不同的影响，ITU-R 需要考虑的问题是根据不同空间中电磁波传播的特点来分配频段。在分配频段时，ITU-R 需要综合考虑每种通信环境的特点，合理选择最为适用的频率范围，以便能够既节省频段资源，又能满足传输要求。

为了利用无线电波来传输信息，人们不仅把它分出了多个频段，还在每个频段中分出了多个信道。每个信道都具有一定的信息传输容量，通常使用它的带宽（以 Hz 为单位）或数据速率（以 bit/s 为单位）来对信道进行描述。图 10-1 中描绘了 2.4 GHz 频段中划分出的多个信道。

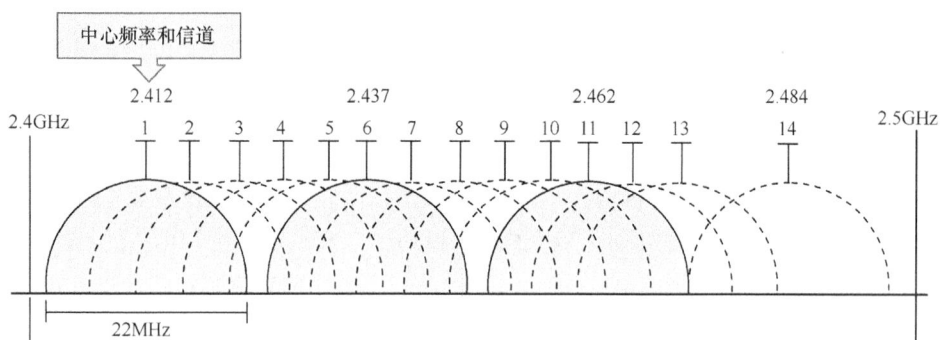

图 10-1　2.4 GHz 频段中的多个信道[a]

图 10-1 中描绘了 2.4 GHz 频段中的多个信道，2.4 GHz 频段的频率范围是 2.4 GHz～2.5 GHz，其中划分了 14 个相互重叠的信道。划分规则如下：每个信道的宽度为 22 MHz，每两个信道的中心频率之间间隔 5 MHz。因此，第一个信道的中心频率为 2.412 GHz、第二个信道为 2.417 GHz、第三个为 2.422 GHz，以此类推。

从图 10-1 中我们也可以看出，有 3 个用灰色表示的信道是相互没有重叠的：信道 1、信道 6 和信道 11。使用相互不重叠的信道，可以避免信道之间的干扰。

在 ITU-R 的规范中，用来实现无线通信的频段范围来自 ISM 频段，ISM 是工业、科学和医疗的缩写。ISM 频段指的是未经许可就可以使用的频段，这个频段中包含多种无线电应用，从微波炉到无线电通信。总的来说，最常用于无线通信的 ISM 频段是 2.4 GHz

[a] 使用 2.4 GHz 频段的标准有多个，根据不同标准使用的压缩隔离信道技术的不同，每种标准定义的非重叠信道的编号以及实际使用的信道数量也会有所不同。本书旨在通过图 10-1 展示的其中一种 2.4 GHz 信道划分标准，描绘频段与信道的关系。

和 5 GHz。在中国，2.4 GHz 的频段范围是 2.412 GHz～2.472 GHz，有最多 4 个非重叠信道（比如图 10-1 所示的信道 1、6、11 和 14）；5 GHz 的频段范围是 5.725 GHz～5.825 GHz，有最多 23 个非重叠信道。与 2.4 GHz 频段相比，5 GHz 频段受到的干扰较小，但信号传输范围较近。

频段和信道在应用时的具体实现方法第 10 章仅作概念性介绍，10.1.3 节（标准化组织介绍）将介绍前文提到的 ITU-R，10.2.1 节（802.11 标准的帧结构）中将介绍一些无线通信标准。

10.1.3　标准化组织介绍

在 10.1 节（无线概念）中，我们主要围绕着射频介绍了无线的物理概念，10.1.3 节要介绍的标准化组织正是 10.1.2 节中出现过的 ITU-R，它负责划分和管理无线频段。ITU-R 的全称是国际电信联盟无线电通信部门。我们先来介绍一下 ITU（International Telecommunication Union），这家机构的全称是国际电信联盟，简称国际电联，它一共建立了三个部门：ITU-R、ITU-T 和 ITU-D。ITU 是专属联合国的一家非营利性机构，与 ITU 成员国政府（截至 2017 年共有 193 个成员国）和 700 多家私营机构（分类为部门成员、部门准成员和学术界）开展国际合作。华为技术有限公司作为 SIO（科学与工业组织），同时是这三个部门的成员。

1865 年 5 月 17 日，20 名创始成员在巴黎签署了第一份国际电报公约（International Telegraph Convention），"国际电报联盟（International Telegraph Union）"就此成立，它正是 ITU 的前身（1934 年改用现名，又于 1947 年成为联合国专属机构）。1880 年，大卫·爱德华·休斯（David Edward Hughes）在伦敦皇家学会上演示了一种看不见摸不着的信令传输，其后来被命名为无线信令。19 世纪 90 年代，诸多发明家开始进行实践实验，随后无线电（被称为"无线电报"）诞生了。无线电信号的覆盖范围逐年增加，并于 1901 年实现了单向跨大西洋传输。然而，随着技术的发展，各国在对技术的实际应用上产生了差异。这种差异带来的问题最终在 1902 年引起了重视：普鲁士亨利王子在穿越大西洋从德国访问美国的途中，试图从他的船上向美国罗斯福总统发送一个礼节性的问候。由于船上的无线电设备类型和国籍都与美国本土不同，这次通信失败了。随后，在德国政府的促成下，1906 年第一次国际无线电报会议在柏林举行。在这次会议中，29 个成员国代表决定于 1907 年 5 月 1 日开始正式成立 ITU 无线电电报部门，并出台了"国际无线电报公约"，其中的规定也就是"无线电规则"。迄今为止，这些规则经过了多次修改和添加，包含如何在全球共享和使用无线电频谱资源以及卫星轨道等诸多信息。1934 年，马德里会议上正式确立新名称：ITU。1865 年的国际电报公约和 1906 年的国际无线电报公约合并为国际电信公约（International Telecommunication Convention）。

ITU 在三个领域中的工作是以"部门"为单位，通过举办会议实现的。下面我们简单介绍一下这三个部门。

- ITU-R（ITU Radiocommunication Sector）：ITU 无线电通信部门。负责全球无线电业务，其中包括无线电频谱和卫星轨道的分配和管理。

- ITU-T（ITU Telecommunication Standardization Sector）：ITU 电信标准化部门。ITU-T 出台的标准（称为建议书）是当今 ICT 网络运行的根本。没有 ITU-T 提出并更新的诸多标准，人们就无法以统一的方式实现信息传输、语音和视频压缩、互联网接入等。

- ITU-D（ITU Telecommunication Development Sector）：国际电联电信发展部门。下分为两个研究组：第 1 研究组致力于"发展电信/ICT 的有利环境"研究，第 2 研究组致力于"ICT 应用、网络安全、应急通信和气候变化适应"的研究。

注释：

10.1.3 节针对 ITU 的介绍内容均整理自 ITU 官方网站，网址为：http://www.itu.int/。对 ITU 的完整发展史以及各部门的详细介绍与动态感兴趣的读者，可以从这里获取更多更新的资讯。

10.2　WLAN 运行

在 10.1 节中，我们介绍了无线电波的相关知识，在 10.2 节中，我们要介绍无线网络的数据链路层协议。无线网络使用的射频标准由 ITU-R 进行规范，物理层和数据链路层的实现标准则由通常称为 Wi-Fi 的 IEEE 802.11 标准进行规范。

10.2.1　802.11 标准的帧结构

电气和电子工程师协会（IEEE）LAN/MAN 标准委员会（IEEE 802）于 1997 年发布了 802.11 无线网络标准，这个标准后来出现了大量的变体，均由 IEEE 802 委员会进行创建和维护。802.11 系列标准中的第一位成员是 802.11-1997，现在已被淘汰；802.11b 是第一个广泛应用的无线网络标准，其次是 802.11a、802.11g、802.11n 和 802.11ac 等。

支持使用 2.4 GHz 频段的无线路由器上通常会如此标识自己支持的标准：2.4 GHz 802.11b/g/n，这说明这台无线路由器能够支持使用 802.11b、802.11g 或 802.11n 标准的无线客户端，当无线客户端与它进行连接时，它们会自动协商出使用的具体标准。这个频段最多只能提供 4 个非重叠信道，并且由于工作在这个频段上的电子设备较多，使用 2.4 GHz 进行传输的无线信号有可能会受到周围微波炉、无绳电话和蓝牙设备的干扰。出于一些原因，比如 5 GHz 的使用在一些国家和地区受到法规的制约等，（与同期颁布的 802.11a 标准相比)802.11b 是最早被广泛应用在商业产品中的无线网络标准。802.11g 和 802.11n 也利用 2.4 GHz 频段，通过不同的调制及复用技术，提升了频段利用率，提供了更多带宽。

支持使用 5 GHz 频段的无线路由器上通常会如此标识自己支持的标准：5 GHz 802.11a/n/ac，这说明它能够连接使用 802.11a、802.11n 或 802.11ac 的无线客户端。802.11n 能够工作在 2.4 GHz 或 5 GHz 频段上，无论在哪个频段上工作，它提供的带宽容量都是相同的。802.11ac 是当前已经投入市场的最新 802.11 标准，从表 10-3 的对比中我们可以看出，它提供的速率远超过其他几个标准。

表 10-3　　　　　　　　　常用的 IEEE 802.11 系列标准

	802.11a	802.11b	802.11g	802.11n	802.11ac
标准颁布时间	1999 年 9 月	1999 年 9 月	2003 年 6 月	2009 年 10 月	2013 年 12 月
最高数据速率（Mbit/s）	54	11	54	～600	500～1000
通信频段（GHz）	5	2.4	2.4	2.4 或 5	5
信道带宽（MHz）	20	22	20	20 或 40	80 或 160
室内覆盖范围（m）	～30	～30	～40	～70	～35

在本系列教材《网络基础》第 4 章中，表 4-5 也展示了一些常用的 IEEE 802.11 标准，其中有一列是调制及复用技术。802.11 各标准的对比中，通常都会标出每个标准所使用的调制及复用技术，很多教材会用不少篇幅对其进行论述。笔者认为调制方式的学习属于更基础的信号原理部分，在应用部署中也很少需要由管理员对其进行定义或修改，故本书不进行深入挖掘。

10.2.1 节对于 802.11 标准的类型仅进行基础介绍，重点介绍 IEEE 802.11 帧的格式和类型。在无线网络中，数据链路层的数据结构也称为帧，由 IEEE 802.11 进行规范。每个 802.11 帧都由 802.11 头部、负载和 FCS（帧校验序列）构成，但也可能有些 802.11 帧不携带负载。图 10-2 描绘了 802.11 帧和 802.11 头部的格式。

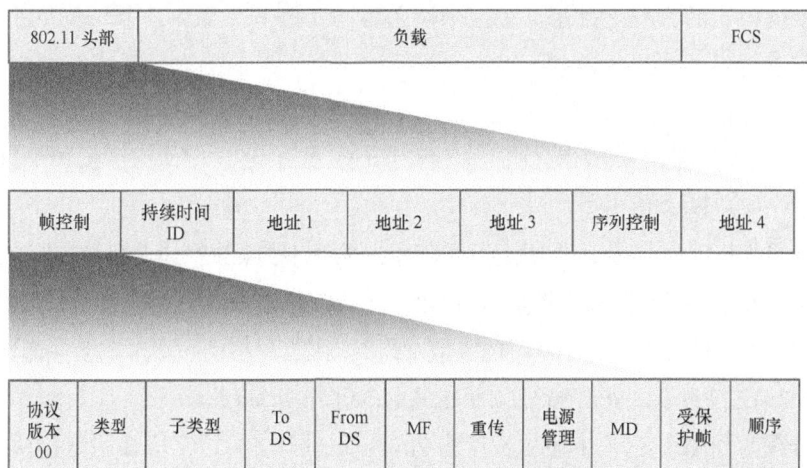

图 10-2　IEEE 802.11 帧头部格式

如图 10-2 所示，IEEE 802.11 头部包含了很多字段。其中，帧控制字段的长度为 2Byte（16bit），这个字段又分为下面这些子字段。

- **协议版本**：长度为 2bit，这个字段当前的取值为 0。其他取值的作用目前尚未定义。

- **类型**：长度为 2bit，这个字段的作用是标识这个帧的类型。802.11 定义了三种类型的帧，分别为管理帧（取值 00）、控制帧（取值 01）和数据帧（取值 10）。

- **子类型**：子类型字段的长度为 4bit。每种类型的 802.11 帧都有多种子类型，这个字段的作用正是与类型字段结合起来，标识这个帧属于哪一种子类型。

- **ToDS 和 FromDS**：这两个字段的长度各为 1bit。这两个字段的作用我们会在 10.2.2 节再进行说明。

- **更多分片（More Fragments，简称 MF）**：长度为 1bit，这 1 位的作用与 IP 协议头部标记字段中 MF（More Fragments）位的作用相同。它的作用是指明后续是否还有这个帧的其他分片。因此，除了最后一个分片这 1 位取值为 0 之外，一个帧的其他分片的这个字段取值皆为 1，即还有更多分片。

- **重传**：长度为 1bit，这 1 位的作用是标识这个帧是否为重传的帧。如果是重传的帧，那么这 1 位的取值即为 1。显然，这个字段的作用是让接收方识别出重复帧。

- **电源管理**：长度为 1bit，用来指明发送方的电源管理状态（是否为省电模式）。如果发送方工作在省电模式下，则帧的这 1 位会取 1。对于 AP（接入点）发送的帧中，这个字段取值总为 0。

- **更多数据（More Data，简称 MD）**：前面的电源管理位标识了发送帧的客户端的电源工作模式。如果 AP 发现某个客户端发送的帧电源管理位为 1，它就会在这个客户端休眠时为其缓冲帧。这 1 位的作用是通过缓冲了后续帧的 AP 向使用省电模式的客户端指示，在这个帧之后还有更多（至少一个）帧要进行发送，所以暂时不要进入休眠。

- **受保护帧**：长度为 1bit，指明这个帧是否使用了保护机制进行加密，比如 WEP（有线等效保密）、WPA（Wi-Fi 保护访问）或 WPA2。在使用了保护机制的帧中，这个字段的取值为 1。

- **顺序**：长度为 1bit，指明接收方是否必须严格按照顺序接收帧。当只有发送方认为接收方必须按照顺序接收这组帧时，才会将这组帧的顺序位置位（即设置为 1）。在大多数情况下，这个字段的取值都为 0，因为严格的按序传输会降低传输性能。除帧控制字段之外，802.11 头部还包含了下列字段。

- **持续时间 ID**：这个字段的长度为 2Byte（16bit）。这字段多用来指明接收方在多长时间内必须收到下一个帧。除此之外，这个字段也有一些其他的用法。关于这个字段的用法，我们在 10.2.2 节中还会进行简单的补充说明。

- **地址**：802.11 帧中最多可以携带 4 个地址字段，每个字段中标记的是一个 MAC 地址。MAC 地址字段的数量和顺序取决于 ToDS 和 FromDS 字段的取值。至于 802.11 帧中需要包含多个 MAC 地址的原因，我们也会在 10.2.2 节中进行解释。
- **序列控制**：长度为 2Byte（16bit）。顾名思义，这个字段的作用是标识这个帧的顺序。值得说明的是，重传帧（即帧控制字段中重传位取值为 1 的帧）的序列控制号与之前传输的帧相同；同一个帧的分片也会使用相同的序列控制号。这个字段的目的是帮助接收端执行重复帧检测。

802.11 帧的负载长度是可变的，范围是从 0 到 2346Byte。FCS 的长度为 4Byte，FCS 位于 802.11 帧的末尾，它也常被称为 CRC（循环冗余校验），设备能够利用它来检查帧的完整性。在设备发送 802.11 帧之前，要计算 FCS 值并将其附加在 802.11 帧末尾。设备接收到 802.11 帧时，也要计算 FCS 值并将其与接收到帧的 FCS 进行对比，如果两个 FCS 值相匹配，则这个 802.11 帧是完整的。显然，这个字段的作用与以太网数据帧尾部的 FCS 字段相同。

我们刚刚提到，类型和子类型字段要结合在一起来标明 802.11 帧的精确类型。下面，我们分别介绍一部分管理帧（帧控制字段中的类型字段取值为 00 的帧）和控制帧（帧控制字段中的类型字段取值为 01 的帧）的重要子类型帧在这两个字段取值，以及这些帧的作用。

在管理帧中我们会看到以下（并不是全部）子类型取值。

- 0x00：关联请求帧。由无线客户端发送给 AP，让 AP 能够为它分配资源并进行同步。这种类型的 802.11 帧中包含无线网络的 SSID（也就是无线网络的名称），如果 AP 接受请求的话，就会为无线客户端预留内存并建立关联 ID。
- 0x01：关联响应帧。由 AP 发送给无线客户端，其中包含对一个关联请求的处理结果：接受或拒绝。如果接受的话，这个帧中会包含关联 ID 等信息。
- 0x02：重新关联请求帧。当无线客户端从当前关联的 AP 掉线并找到信号更强的 AP 时，它会使用这个子类型向新 AP 发起请求。
- 0x03：重新关联响应帧。由新 AP 发送给无线客户端，其中包含对一个关联请求的处理结果：接受或拒绝。如果接受的话，这个帧中会包含关联 ID 等信息。
- 0x04：探测请求帧。由无线客户端发出，用来请求另一个无线客户端的消息。
- 0x05：探测响应帧。AP 在收到无线客户端发来的探测请求帧后，会以这个子类型对无线客户端进行回复。
- 0x08：信标帧。AP 周期性发送的帧类型，用来通告自己的存在。这个帧中会包含 SSID 等信息。
- 0x0A：解除关联帧。无线客户端在希望断开与 AP 的连接时会发送这个类型的帧。

这种做法能够让 AP 释放为无线客户端预留的内存空间。

在控制帧中我们会看到以下（并不是全部）子类型取值。

- 0x1B：请求发送（RTS）帧：无线客户端在发送数据之前，向接收方预约发送时间的帧。关于这个帧的作用，我们在 10.2.2 节中还会进行简单的介绍。

- 0x1C：允许发送（CTS）帧：接收方的无线客户端接受了发送方通过 RTS 预约的时间，并对此作出的响应帧。关于这个帧的作用，我们在 10.2.2 节中还会进行简单的介绍。

- 0x1D：ACK（确认）帧。接收方无线客户端在接收到一个 802.11 帧后，若这个帧通过了 FCS 校验，它就会向发送方无线客户端发送一个 ACK 帧。如果发送方无线客户端在一段时间内都没有收到 ACK 帧的话，它就会重新发送相应的 802.11 帧。

在 10.2.1 节中，我们对 802.11 帧的封装结构进行了简单的说明。在 10.2.2 节中，我们会对无线局域网的工作原理进行简单的介绍。

10.2.2　无线局域网工作原理

在局域网中使用无线方式传输帧和使用有线方式传输帧显然存在很多的差别，这些差别决定了无线局域网与有线局域网在工作方式上的不同。

无线传输的范围是开放性的，无线信号衰减又十分严重。这决定了两点：首先，因为相比于无线发送方正在发送的信号，它们接收到的信号往往会衰减到极低的水平，所以无线设备如果同时发送和接收数据，其他设备发送的信号相对于这台设备自身发出的信号就会显得十分微弱，这决定了无线设备无法同时收发数据。此外，发送方无法保证数据的所有目标接收方都在自己发送的无线电信号覆盖的范围之内，所以发送方发送的任何数据都无法保证可以被局域网中的所有设备接收到。这两个因素决定了无线局域网环境中必须引入避免冲突的机制，但又不能直接将有线局域网中的同类机制沿用到无线环境中。因此，我们在下文中需要探讨这两点对于无线网络规避冲突的机制。首先，我们先来介绍因无线信号衰减问题导致 CSMA/CD 机制无法适用于无线环境的原因，并且介绍无线环境中用来执行冲突检测的同类机制。

在本系列教材《网络基础》的 4.3.4 节（介质访问控制子层）中，我们提到过有线局域网中曾经用来检测冲突的 CSMA/CD 机制。其中，冲突检测（CD）机制是指发送方在发送数据的同时也要侦听传输介质，比较自己传输的数据是否与自己从该介质上接收到的信息相一致，如果不一致则代表介质中发生了冲突，于是发送方就会将发送数据的时间后退一段随机的时间，然后再进行数据发送。但我们在前文中也提到过，无线信号会在传播的过程中严重衰减。这导致的结果是，如果无线发送方正在发送的数据与其他设备发送的数据在发送方处发生了冲突，其他设备发送的数据在发送方看来也许只是叠加在自己所发数据上的一些微不足道的噪声，因此发送方并没有理由停止数据发送。这也就是说，冲突检测机制这种对比接收数据与发送数据的做法不适合照搬到无线网络环境中。无线局域网需要另一种不同于 CSMA/CD 的机制来避免冲突的发生。

通过《网络基础》4.3.4 节（介质访问控制子层），我们也已经知道：在无线局域网中，数据链路层 MAC 子层所对应的冲突规避机制叫作 CSMA/CA，即载波侦听多路访问/冲突避免机制。CSMA/CA 的冲突避免与冲突检测机制存在很大差异。

- 首先，采用 CSMA/CA 机制的设备未必会一旦看到信道空闲，就迫不及待地先发送，它们常常会直接后退一段随机的时间。除非这台设备已经很久没有发送帧（第一帧），同时在它打算发送帧时检测到信道是空闲的，那么它才会（在等待一段很短的固定时长之后）直接发送帧。若不满足上述情况，无论是因为发送方发送的不是（短期内的）第一个帧，还是因为发送方在发送时检测到信道忙，它都会直接后退一段随机的时间。

注释：
　　上文中所说的固定时长称为 DIFS（分布协调功能帧间间隔，或 DCF 帧间间隔）。这段时长是为了协调不同优先级帧的发送顺序。如果其他无线客户端待发送帧优先级高，则它等待的 DIFS 会比较短。这样可以保证高优先级帧优先得到发送。

- 其次，采用 CSMA/CA 机制的设备不会一边发送一边检测，它们只会把自己当前要发送的帧发完。如果后面还有帧待送，（考虑到这个帧显然不是第一帧）也需要回退一段随机的时间再发。我们在前文中也提到过，这是因为相比于发送方正在发送的数据，其他设备发送的无线信号在发送方这一点往往太过渺小。
- 最后，采用 CSMA/CA 机制的设备会通过自己是否在重传计时器设定的时间范围内接收到了对方回复的 ACK，来判断是否需要重传之前的帧。反之，鉴于有线网络的通信环境比无线网络有保障得多，CSMA/CD 机制不需要接收方对自己接收到的帧进行确认。

总之，当一台无线局域网中的设备想要发送一组帧时，它会首先侦听信道是否正忙。如果信道空闲，它就会等待 DIFS，然后立刻发送帧；反之，如果信道正忙，它就会将计时器设置一段随机的时间，等待计时器超时再（在等待 DIFS 后）执行帧的发送。在此期间，它会不断侦听信道，只要信道处于繁忙状态，它就会中止计时器的倒计时，直到信道空闲才让计时器继续倒计时。当计时器超时的时候，它就会等待 DIFS，然后发送帧。接下来，在这台设备发送后续帧时，无论信道是否正忙，它都会将计时器设置一段随机的时间，而不会像发送第一个帧那样（在等待 DIFS 后）直接执行帧的发送。

在上文中，我们用尽可能简单的方式阐述了 CSMA/CA 机制是如何解决无线信号衰减严重这一问题的。这在一定程度上显示了它与 CSMA/CD 的不同。然而，我们并没有解释

CSMA/CA 机制如何回应发送方无法保证无线信号覆盖到局域网中的所有设备这一问题。这个问题会导致设备无法通过 CSMA/CA 准确判断信道是否正忙。下面，我们来对这一点进行解释。

图 10-3 所示为一个简单的通信环境，其中 STA1 和 STA3 都希望和 STA2 进行通信。STA2 确实同时处于 STA1 和 STA3 的信号覆盖范围之内，但 STA1 和 STA3 彼此并不在对方的信号覆盖范围之内。这也就是说，STA1 和 STA3 彼此接收到不到对方发送的消息。正是因为 STA1 和 STA3 彼此接收不到对方发送的信号，所以 STA1 和 STA3 都无法通过侦听发现还有其他设备正在向 STA2 发送信号，也就无法意识到自己不应该向 STA2 发送数据。但实际上，它们发送的信号已经在它们信号覆盖的范围内发生了碰撞，STA2 也无法正常解读它们发送的内容。这被称为无线通信中的隐藏站问题。

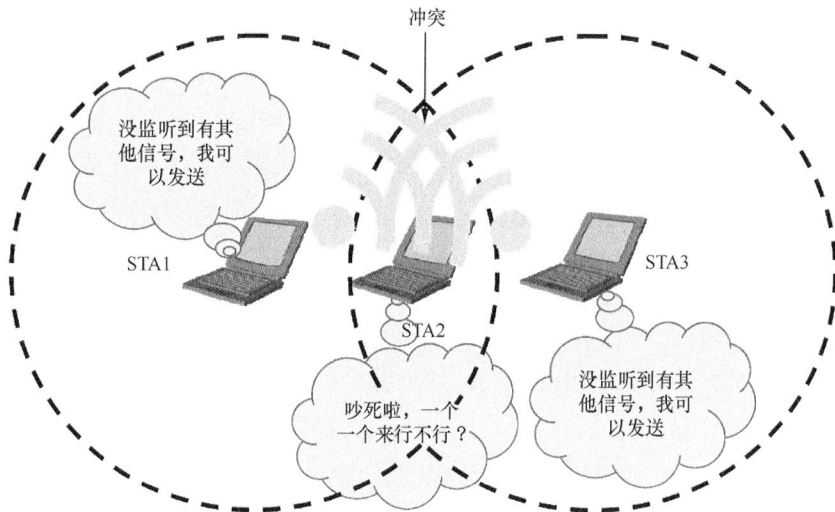

图 10-3　无线通信的隐藏站问题

隐藏站是将常规冲突检测机制应用于无线环境中，有可能导致漏报的情形。此外，将常规冲突检测机制应用于无线环境中，也有可能会导致误报的情形。在图 10-4 所示的环境中，STA2 希望向 STA1 发送信息的同时，STA3 也希望向 STA4 发送信息。由于 STA2 和 STA3 彼此在对方的无线信号覆盖范围之内，因此它们都检测到了对方发送的信号，也都理所当然地认为自己当前不能发送信号。但实际上，它们的信号发送对象，都不在对方的无线信号覆盖范围之内。因此 STA2 向 STA1 发送数据，并不会影响 STA3 向 STA4 发送数据。这种无线网络发送方因检测到并不会影响自己传输的信号而停止传输的情况，被称为暴露站问题。

为了避免出现上面的情况，CSMA/CA 规定无线设备在发送帧时不仅要侦听信道是否正忙，也要侦听信道中传输的帧，获取帧中携带的网络分配字段（Network Allocation Vector，NAV）值。NAV 值携带在持续时间 ID 字段中，这个值标识了信道会被这组数据的发送占据多长时间。这就使得无意间侦听到了帧的无线局域网设备可以通过这个参数了解信道不可用的时间，而不会在这个时间发送帧。这样一来，当这台无线局域网设备需要发送帧时，发送（携带该 NAV 的）帧的那台设备对它而言已经变成了隐藏站，这台无线客户端也不会在 NAV 列明会占用信道的时间里发送帧了。根据 CSMA/CA 的定义，侦听信道中是否正在传输数据叫作物理侦听；通过侦听到的帧中携带的 NAV，判断信道会被占用到什么时候，则称为虚拟侦听。

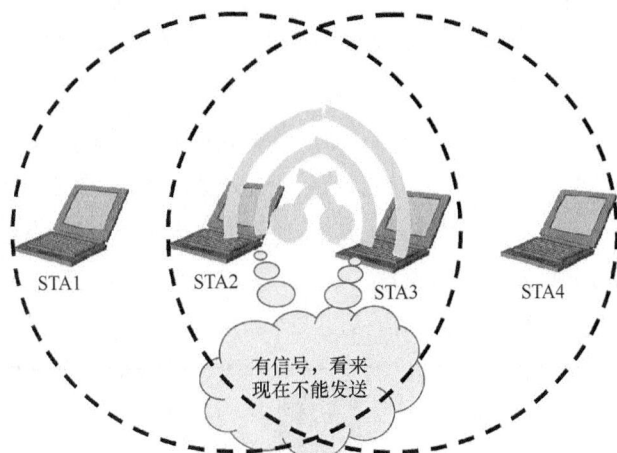

图 10-4　无线通信的暴露站问题

另外，有一种称为 RTS/CTS 的可选机制能够进一步弥补隐藏站的问题。这种机制就像人们在给重要的人打电话之前，有时会先发一条短信询问对方"5 分钟后是否可以和我通 20 分钟电话"，通过这种方法来向对方预约时间。在发送帧之前，使用这种机制的无线设备也会先发送一条 RTS（Request to Send，请求发送）消息，并且通过 RTS 消息中的 NAV 值向对方预约信号发送时长。如果对方响应了一条 CTS（Clear to Send，允许发送），即表示对方接受了预约。

在介绍了无线局域网技术如何尝试规避冲突之后，下面我们来从更加宏观的角度解释无线局域网的工作原理。

无线局域网的拓扑可以分为两种模式。一种模式叫作对等体模式（Peer Mode），通过对等体模式建立的无线局域网也称为自组网络（Ad Hoc Network）。顾名思义，在这种无线局域网中没有诸如 AP、无线路由器这样被人们部署在网络中，专为其他无线设备服务的网络设备。网络设备以对等体的形式两两建立无线通信，在 Windows 环境中，如果我们在管理无线网络的界面中选择创建临时网络，就相当于创建自组织网络；我们平时用手机创建热点，也是这个功能。

另一种模式叫作基础设施模式（Infrastructure Mode）。在这种网络中，无线客户端通过预先被人们部署来为客户端提供服务的基础设施（如 AP、无线路由器等设备）

来建立通信。在基础设施模式下，由一个 AP 及所有与其相连的无线客户端组成的环境被称为一个基本服务集（Basic Service Set，BSS），无线客户端可以接收到无线信号的范围被称为基本服务区（Basic Service Area，BSA）。在一个 BSS 中，通常以 AP 的 MAC 地址作为这个 BSS 的标识符，称为 BSSID。它与读者熟悉的 SSID 不同，SSID 表示一个无线网络的名称，只有当 AP 与无线客户端上设置相同的 SSID 时，它们才能直接进行通信。SSID 也可以被认为是 ESSID，下一段介绍了 ESS 的概念。

值得一提的是，BSS 还有两个类似的概念。IEEE 802.11 规定，对等体模式下建立起来的自组网络称为一个独立基本服务集（Independent Basic Service Set），简称 IBSS。在 IBSS 中，BSSID 与 AP 的 MAC 地址无关，通常是一个全网唯一的随机值。而通过有线局域网将多个无线 BSS 连接起来，组成的环境叫作扩展服务集（Extended Service Set），简称 ESS。所有 ESS 可以为无线客户端提供访问的区域，都称为扩展服务区（Extended Service Area），简称 ESA。在 ESA 中，连接各个 AP 的有线网络称为分布系统（Distribution System），简称 DS。

图 10-5 所示为这些概念的解释。

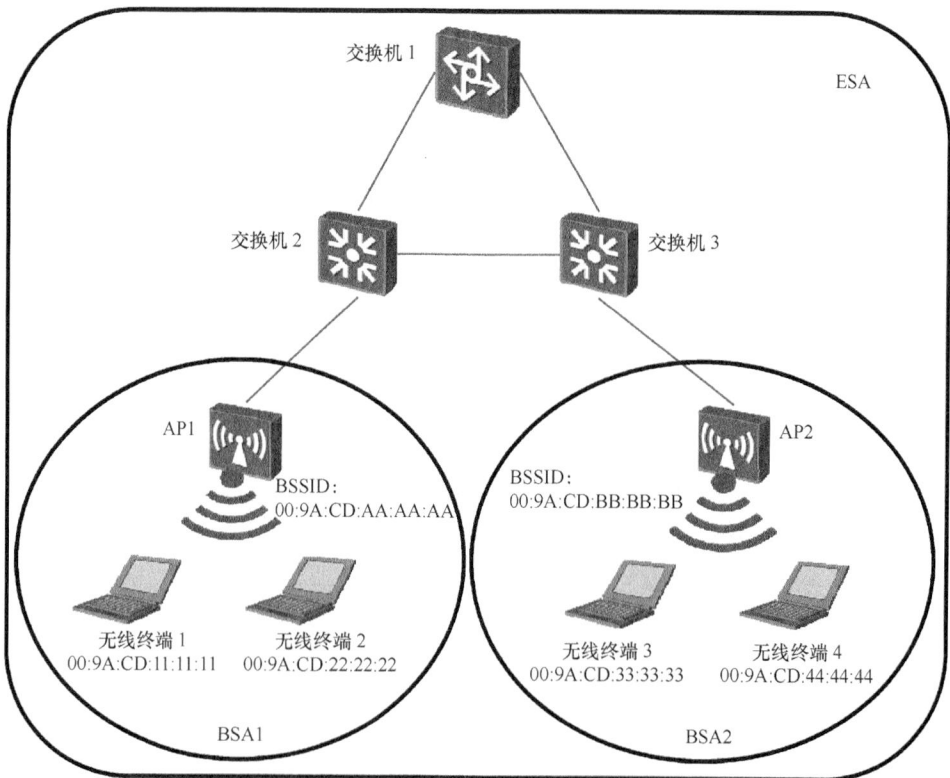

图 10-5　无线局域网相关概念在一个简单企业网（部分）中的展现

下面，我们结合图 10-5 和 10.2.1 节中无线 IEEE 802.11 协议定义的一些封装字段，以无线终端 1 和无线终端 4 的通信为例，解释一下无线网络的通信过程。

注释：

在下面的描述中，我们不考虑任何无线设备执行安全加解密的过程，也不考虑网络中交换机填充自己的 MAC 地址表、各个设备执行 ARP 请求的操作。这也就是说，我们默认通信开始时，设备已经学习到了目的 IP 地址所对应的 MAC 地址，交换机的 MAC 地址表中也都拥有各个客户端 MAC 地址与端口的对应关系，且无线设备没有采用加密。

当无线终端 1 希望和无线终端 4 通信时，它需要通过 IEEE 802.11 无线网络将帧发送给 AP1。所以，无线局域网的发送方必须既能够让自己这个 BSS 中的 AP 意识到这个帧是发送给它并且需要通过它桥接入有线网络当中，又要让最终的目的设备知道它是这个帧的目的设备。这解释了我们在 10.2.1 节遗留的问题——IEEE 802.11 为何需要定义多个地址字段。为了标识这个帧是不是需要通过 AP 进行桥接，IEEE 802.11 在头部中定义了 ToDS 和 FromDS 字段。既然 DS 是指连接不同 BSS 的有线网络，对于发送 IEEE 802.11 数据的无线客户端来说，如果这个帧需要通过 AP 桥接到 DS 当中进行转发，它就会将 ToDS 字段置位（设置为 1）；当 AP 从 DS 中将以太网帧桥接为 IEEE 802.11 帧时，它则会将这个帧的 FromDS 字段置位（设置为 1）。从这个角度上看，ToDS 位和 FromDS 位完全可以近似理解为 ToAP 位和 FromAP 位[19]。显然，ToDS 位或 FromDS 位置位的帧至少携带 3 个 MAC 地址。

在这个环境中，无线终端 1 会封装这样一个帧，将自己的 ToDS 字段置位（设置为 1），将地址 1 字段的地址设置为 AP1 的 MAC 地址，也就是这个 BSS 的 BSSID（00:9A:CD:AA: AA:AA），将地址 2 字段的地址设置为自己的 MAC 地址（00:9A:CD:11:11:11），将地址 3 的地址设置为无线终端 4 的 MAC 地址（00:9A:CD:44:44:44），然后计算这个帧的 FCS 值，将其封装在帧尾部，把这个帧通过 IEEE 802.11 无线接口以电磁波的形式发送到 BSA1 中，如图 10-6 所示。

在一个 ESS 中，接入点（AP）实际上就是 IEEE 802.11 网络与有线以太网之间的桥接点。无线客户端需要发送给有线以太网的帧需要在 AP 这个码头上岸，有线以太网中需要传输给无线客户端的帧也需要通过 AP 这个码头下海。在图 10-5 的示例中，接入点 AP1 在检测到无线终端 1 发送的帧之后，它会首先对帧尾部封装的 FCS 执行检测，判断帧的完整性。校验通过之后，AP1 会通过帧地址 1 字段的 MAC 地址判断出这个帧需要通过自己桥接到有线网络当中。接下来，AP1 会通过我们在 10.2.1 节中介绍的序列控制位来对帧执行重复帧检测。如果通过了重复帧检测（且该帧没有加密，即帧控制字段中的受保护帧位取值为 0），则 AP 还会继续根据帧控制字段中的更多分片位，判断这个帧是否是某个帧的分片，以及这个分片之后是否还有更多的分片。如是，则等待其他分片到达后

---

[19] 谢希仁教授编著的《计算机网络（第 7 版）》就以"去往 AP"位和"来自 AP"位代指了 IEEE 802.11 封装中的"ToDS"位和"FromDS"位。在后面的注释中，教授也对此进行了解释。

对帧进行重组后再执行桥接；否则即会开始桥接帧。

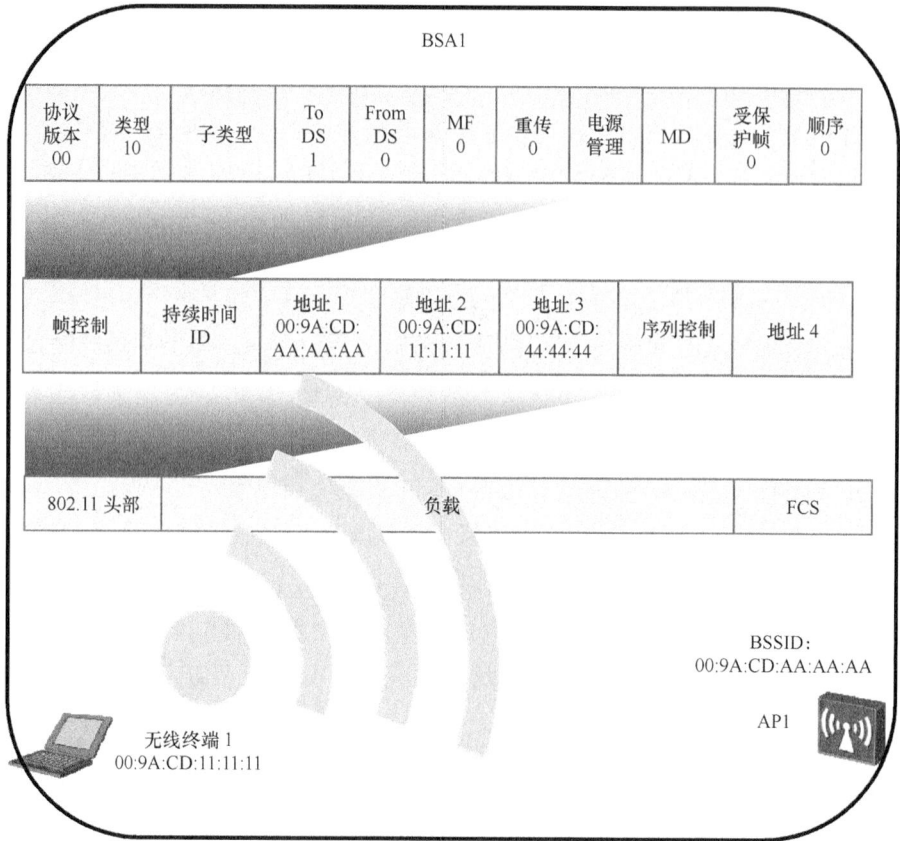

图 10-6　无线终端 1 向 AP1 发送 IEEE 802.11 帧

在桥接帧时，AP1 会将 IEEE 802.11 帧地址 3 字段的取值（00:9A:CD:44:44:44）封装为以太网数据帧的目的 MAC 地址，将 IEEE 802.11 帧地址 2 字段的取值（00:9A:CD:11:11:11）封装为以太网数据帧的源 MAC 地址。这样就得到了一个以无线终端 1 的 MAC 地址作为源 MAC 地址，以无线终端 4 的 MAC 地址作为目的 MAC 地址的以太网数据帧头部。于是，AP1 会使用新的以太网数据帧头部对这个以太网数据帧进行 FCS 重新计算，并且将计算结果封装在以太网数据帧的尾部。接下来，AP1 就会通过有线网络适配器接口将这个数据帧发送到分布系统（即有线网络）当中，如图 10-7 所示。

注释：

　　为求简单清晰，也为了更好地对应我们在 10.2.1 节中介绍的内容，我们在上面的描述中省略了 AP 在桥接时处理其他 IEEE 802.11 字段的方式。

当交换机 2 接收到 AP1 发送过来的数据帧时，它会查询自己的 MAC 地址表，判断出应该将以无线终端 4 的 MAC 地址作为目的 MAC 地址的数据帧通过与交换机 3 相连的接口转发出去。而当交换机 3 通过与交换机 2 相连的接口接收到这个数据帧时，它也会查询自己的 MAC 地址表，判断出应该将以无线终端 4 的 MAC 地址作为目的 MAC 地址的数据帧通过连接 AP2 的接口转发给 AP2。

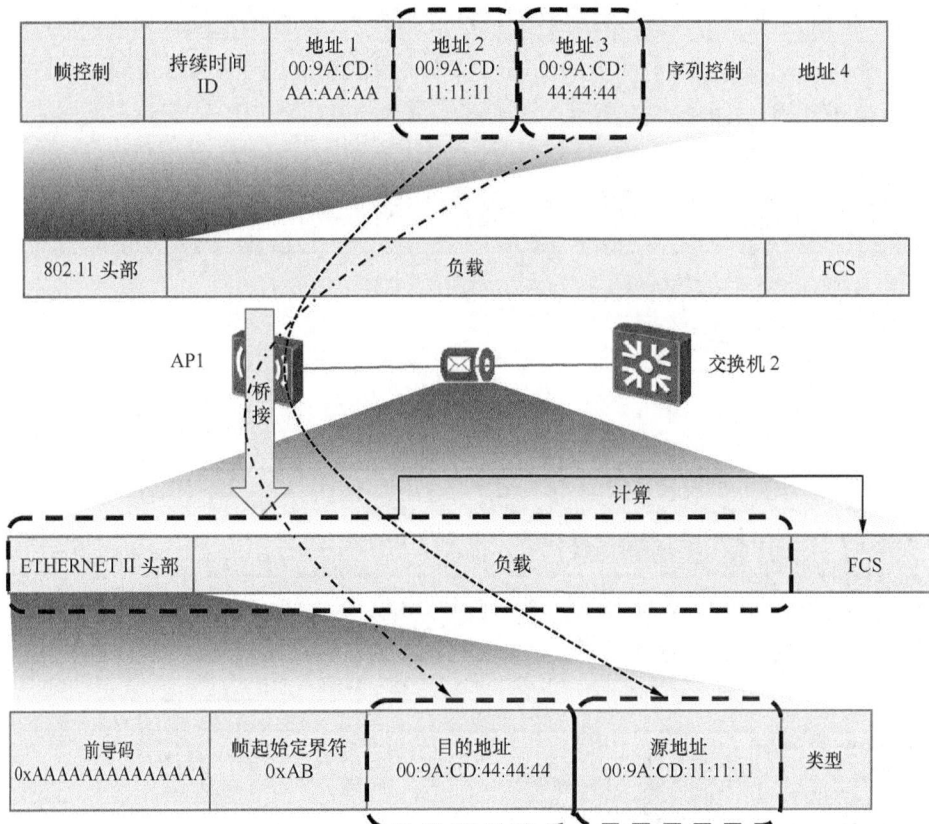

图 10-7　AP1 执行无线到有线数据帧的桥接与发送

AP2 在接收到这个以太网数据帧时，会对 AP1 计算的 FCS 执行校验。接下来，AP2 会查看这个以太网数据帧头部封装的目的 MAC 地址，判断这个数据帧的目的设备（即无线终端 4）是否是自己关联的无线客户端。如是，则根据该无线客户端（此前发送数据帧中电源管理字段数值标识）的电源管理方式，决定是否对帧执行缓存，等待无线客户端结束休眠再执行发送。

在实际向无线局域网中发送该帧时，AP2 会将这个以太网数据帧的 FromDS 位置位，标识这是一个通过 AP 桥接到无线以太网中的帧，并且将这个帧的目的 MAC 地址（00:9A:CD:44:44:44）转换为 IEEE 802.11 头部的地址 1 字段；将自己的 MAC 地址，也即 BSSID（00:9A:CD:BB:BB:BB）转换为这个帧 IEEE 802.11 头部的地址 2 字段；将这个以太网数据帧的源 MAC 地址（00:9A:CD:11:11:11）转换为 IEEE 802.11 头部的地址 3 字段。同时，AP2 还会根据一系列因素判断如何封装这个 IEEE 802.11 帧头部的其他字段（例如，根据是否加密该帧判断如何设置这个 IEEE 802.11 帧帧控制字段的受保护帧位等）。根据无线终端 4 的电源管理模式以及自己是否缓存了其他发送给无线终端 4 的帧，判断如何设置 IEEE 802.11 帧帧控制字段的 MD 位等），然后使用新的 IEEE 802.11 帧头部对这个无线帧进行 FCS 重新计算，并且将计算结果封装在这个 IEEE 802.11 帧的尾部。接下来，AP2 就会通过无线网络适配器接口将这个帧以电磁波的形式发送到 BSA2 中。无线终端 4 在检测到这个帧时，即可通过帧地址 1 字段的数值，判断出这是 AP 从有线网络中桥接给自己的帧，如图 10-8 所示。

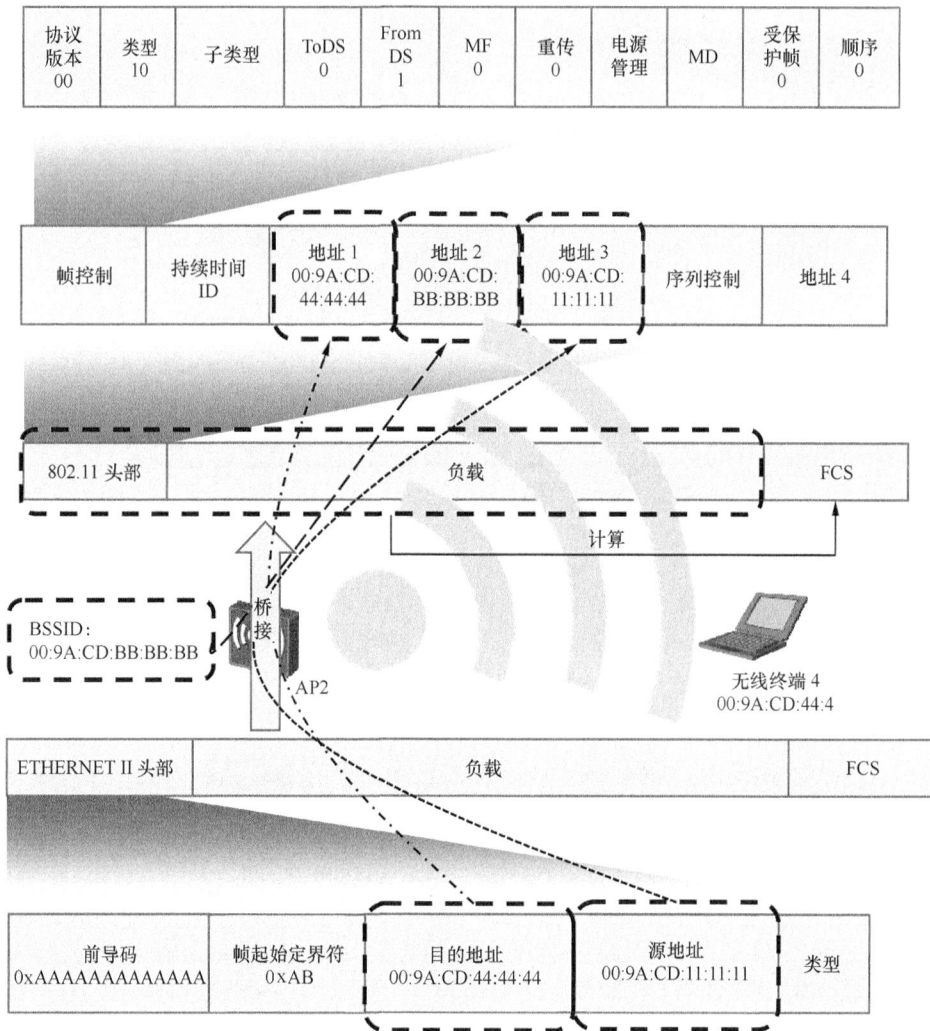

图 10-8　AP2 执行有线到无线帧的桥接与发送

在上文中，我们对一个 ESS 中的帧发送、桥接和转发流程进行了描述。在前文中我们曾经说过，当 AP2 接收到一个交换机 3 转发过来的以太网数据帧时，会根据这个数据帧以太网头部封装的目的 MAC 地址来判断这个数据帧的目的设备是否与自己进行了关联。这里的问题是，无线客户端与 AP 之间最初是如何建立关联的？所谓的关联，究竟是指什么？

无线客户端与 AP 建立关联的流程可以大致分为 3 步。

第 1 步　无线客户端发现 BSA 中的 AP。

无线客户端发现 AP 的方式有两种，一种是 AP 通过信标帧定期在 BSA 中通告自己的存在，让进入这个 BSA 的无线客户端能够检测到 AP 定期发送的帧，并且凭借帧中携带的 SSID 发现这个 AP。在这种模式下无线客户端是被动发现 AP 的，因此这种模式称为被动模式；与被动模式相对的是主动模式。在主动模中，无线客户端会主动在 BSA 中发送携带 AP SSID 的帧执行探测请求，期待 AP 对探测请求作出响应，一旦 AP 作出了响应，无线客户端即发现了 AP。显然，主动模式要求无线客户端事先已经知道 BSA 中的 SSID。如果管理员出于安全考虑禁止 AP 定期自动发布信标帧（不广播 SSID），无线客户端就只能提前知道自己需要连接的 SSID，而选择手工添加 SSID 并通过主动模式来发现 AP 了。

第 2 步　无线客户端向 AP 认证自己的身份。

如果 AP 需要无线客户端提供身份认证，那么当无线客户端提出认证请求之后，它就会发送一个消息要求无线客户端用预共享密钥（Preshared Key，简称 PSK）对这个消息进行加密。如果 AP 接收到的（无线客户端）加密结果，可以使用自己的预共享密钥进行解密，且解密后的消息与加密前发送的消息一致，即代表无线客户端通过了认证。关于这一步我们还会在 10.3 节中进行说明。

第 3 步　双方建立关联。

在通过认证之后，无线客户端就会发送关联请求帧请求 AP 与自己建立关联，这个关联请求帧中会包含自己的 MAC 地址，接收到关联请求帧的 AP 会通过关联响应帧作出回复，并且将这个 MAC 地址与一个关联标识符（Association Identifier，AID）建立对应关系。这种对应关系可以与以太网交换机 MAC 地址表中，交换机端口与相连设备 MAC 地址之间的对应关系进行类比。我们在前面示例中提到过，当 AP 接收到一个有线以太网数据帧时，会通过其头部封装的目的 MAC 地址来判断这个数据帧的目的设备是否是自己关联的无线客户端，这正是通过查找关联无线客户端的 MAC 地址与 AID 之间的对应关系来实现的。

在 10.2.2 节中，我们首先比较了无线局域网传输机制与有线局域网传输机制的差异，并由此对无线局域网避免冲突的机制进行了说明。接下来，我们对无线局域网的拓扑分类和一些术语进行了说明，并通过（一个 ESS 中）从一个 BSS 的无线客户端发送到另一个 BSS 的无线客户端的帧所经历的处理流程，介绍了帧在无线局域网和有线局域网中的封装、桥接和转发方式。最后，我们对无线客户端与 AP 之间建立关联的流程进行了简单的说明。

关于无线局域网更加详细的工作方式，我们在这里不再进一步展开在 10.3 节中，说明。我们需要把着眼点放到无线局域网的安全性上。

10.3　无线 LAN 的安全性

我们在 10.2.2 节（无线局域网工作原理）中曾经提到过无线传输的范围是开放

性的,所以发送方无法保证数据的所有目标接收方都在自己发送的无线电信号覆盖的范围之内。由此,隐藏站和暴露站成为了在有线网络中并不存在,但在无线网络中却有可能出现的问题。

然而,一些原本应该接收到局域网数据的接收方有可能因为发送方传输信号的覆盖范围有限而没有接收到信号,这是无线局域网传输范围(与有线局域网)不同所导致的问题之一。另一种由于无线局域网传输范围异于有线局域网而有可能导致的问题同样值得思考,因为无线网络的传输范围是开放的,所以发送方同样也无法确保那些没有获得授权的设备不会出现在自己发送的无线电信号覆盖的范围之内。因此,一些已经在有线局域网的实践中被证明是真理的安全措施并不适用于无线局域网环境中。关于这一点,网络管理员在部署无线局域网之前应该十分清楚,而这也正是 10.3.1 节要进行讨论的话题。

10.3.1 无线 LAN 的隐患

一方面因为网络技术从业者大都更喜爱探讨、钻研和实施对于普罗大众而言高深莫测的抽象技术,一方面也因为网络技术人员对于企业网项目中甲方的办公环境和安全现状确实没有太多置喙的空间,所以尽管很多网络安全技术作品的作者不厌其烦地强调物理安全的重要性,但有些企业网络的物理安全规范实际上仍付之阙如。这里所说的物理安全规范包括限制人员随意进入办公区域的准则,例如办公区域应刷卡进入;安装十字转门确保一卡一人;不在无人值守区域提供有线接入接口等。实际上,上述机制是在建议网络技术人员留意对有线局域网介质的保护,防止外来人员未经许可就接入到有线局域网介质当中,窃取有线网络中传输的数据。

然而,无线介质本身就是一个开放的区域,人们无法采用限制外来人员访问有线介质的物理安全策略来限制外来人员接入无线局域网的介质。一家企业部署的无线局域网发出的信号,难免会传递到该企业无法管辖的区域之中。

既然要对数据进行加密,当然要保证不是每个人都有资格参与这个无线局域网的数据传输。因此,同样应该考虑在无线局域网中使用的安全措施还有认证机制。也就是说,对于加密的无线局域网,需要通过身份认证机制来保证能够与 AP 建立关联的设备都是合法的无线客户端。

这里值得注意的是,无线局域网不仅比有线局域网更需要配备认证机制,而且无线局域网不适合采用用户单方面向 AP 提供认证数据的做法。诚然,没有人会在自己的有线局域网环境中接过一条连接在陌生人或访客设备上的网线,把它的 RJ-45 接头插在自己笔记本电脑的网络适配器接口上。然而,在无线环境中插入恶意设备,隐蔽性无疑增强了很多。攻击者可以通过设置,把自己的无线笔记本电脑变成一个 AP,并且冒用与合法无线局域网相同的 SSID 发布信息。所以,如果认证措施只是用户向 AP 提供预共享的用户名和密码，那么非法用户只需要将自己伪装成一台 AP，就可以获取到合法用户发送过来的用户名和密码，并且根据这些信息连接合法的无线局域网。所以，无线局域网中部署的认证机制应该是双向的，即无线客户端和 AP 都对对方执行认证。

除了上面这些隐患之外，无线网络共享开放信道的通信模式也给攻击者向无线局域网中发送恶意流量提供了更多契机。在有线网络环境中，攻击者必须至少要能在物理上接入到局域网中，才能将自己的恶意流量发送到这个网络当中。而在无线局域网环境中，攻击者只需要恶意占用这个无线局域网的信道，让其他无线客户端都无法发送帧，就可以轻易实现拒绝服务攻击。恶意占用信道的方式很多，比如攻击者可以采用物理的方式放置一个与无线局域网通信频率同频段的信号源，让它在这个无线局域网的信号覆盖范围内持续发送同频率信号；也可以采用逻辑的方式，让自己的无线客户端在无线局域网中不断发送我们在 10.2.1 节（802.11 标准的帧结构）和 10.2.2 节（无线局域网工作原理）中介绍过的 CTS 帧，让信号覆盖范围内的所有无线客户端都等待 CTS 指定的 NAV 时间范围，而在这个时间范围之内，攻击者就可再次发送 CTS 帧让其他无线客户端继续等待，以此达到持续占用信道的目的。

有一点必须补充说明，在无线局域网中发起拒绝服务攻击往往只是攻击者的手段，而不是目的。发起拒绝服务攻击的目的常常是为了让受波及的无线客户端重新与 AP 建立关联。在此期间，攻击者可以通过大量无线客户端与 AP 之间相互认证和建立关联所发送的帧，得到有助于破解这个无线网络加密信息的数据。

在 10.3.1 节中，我们对无线局域网中有可能存在的隐患进行了说明。在 10.3.2 节中，我们会对无线局域网中的安全算法进行概述。

10.3.2　保护无线 LAN 通信

可以想象，随着人们认识到无线局域网（相比于有线局域网）的安全隐患，IEEE 势必会推出一系列与之配套的安全机制来缓解或者防止这些隐患的发生。在 10.3.2 节中，我们会对无线局域网中曾经以及当前正在应用的三种安全机制进行介绍。

IEEE 最初推出的无线局域网标准安全机制称为有线等效保密（Wired Equivalent Privacy，WEP），"有线等效"表达了 IEEE 对这种安全机制的期许——它们希望通过 WEP，可以让无线局域网达到有线局域网的安全水准。这也就是说，IEEE 认为将这个协议应用到无线局域网中，就可以抵消各类无线局域网的安全隐患。不过，以后来的结果推论，IEEE 对这个协议的安全性估计得过于乐观了。下面，我们来简单介绍一下这个安全协议的工作机制。

WEP 可以为无线局域网中的通信提供身份认证、数据加密和完整性校验服务。这项协议并没有定义密钥分发机制，它认为密钥都是预先配置在无线局域网基础设施上，并且通过其他方式告知了合法的无线局域网用户的，我们在下文中暂时称这个预共享密钥为 K，它的长度是 40bit，这 40bit 的密钥 K 会用来加密这台（运行 WEP 的）无线设备发送的所有帧。除了这 40bit 的共享密钥之外，运行 WEP 的设备在每次对一个帧进行加密时，都会再生成一个用来对这个帧进行加密的 24bit 初始化向量（Initialization Vector，简称 IV），IV 虽然会被用来对这个帧进行加密，但是在发送这个帧时会以明文的形式携带在帧中。K 和 IV 所组成的 64 位数据称为 WEP 种子（WEP seed）。

注释：

WEP 只使用 64 位密码是因为美国政府对于密码技术设置了出口限制。当美国政府放松了出口限制之后，很多厂商都推出了支持 128 位 WEP 种子的产品，其中 104 位是预共享密钥的长度，而 IV 长度仍为 24 位。

WEP 需要加密的流量包括待传输的数据载荷，以及无线设备根据数据载荷计算出来的 CRC-32 校验码。接收方设备在对数据执行解密之后，就会使用这个 CRC-32 校验码来校验这个帧在传输的过程中是否遭到了篡改。

接下来，无线设备会使用 RC4 流密码算法，把 64 位的 WEP 种子计算为一个密码流（K_1、K_2、K_3、…、K_n）。并使用这个密码流中的每一个密码，与待加密数据（即数据载荷和 CRC-32 校验值）中的每一个字节执行异或运算，得到加密后的数据载荷，这就是 WEP 加密的原理，其整个流程如图 10-9 所示。

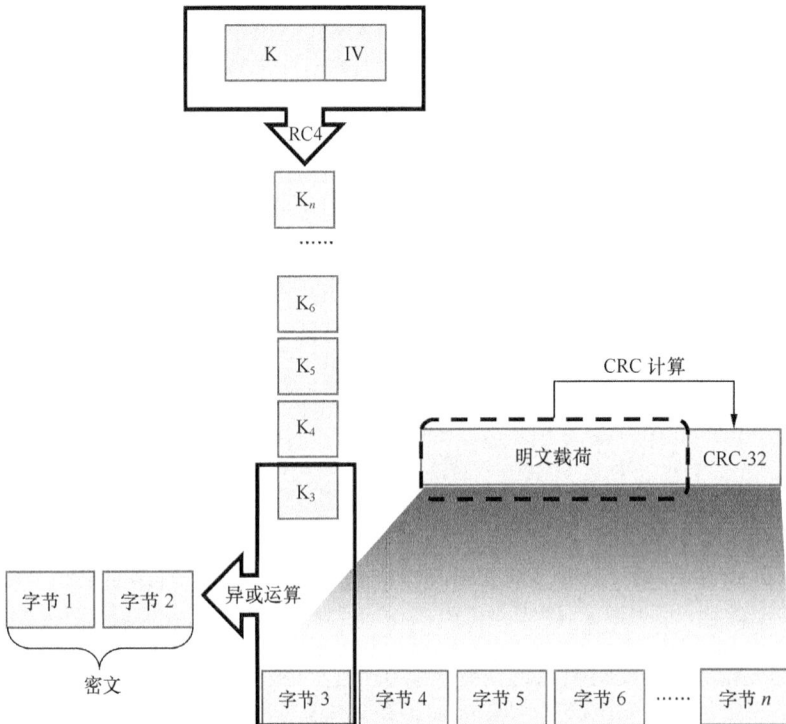

图 10-9 WEP 加密数据载荷的流程示意

注释：

RC4 的具体计算过程和流密码算法的工作原理超出了本书的介绍范围，我们在这里不作赘述。

在对明文载荷和 CRC-32 部分与密钥流一一执行异或之后，得到的结果就是 WEP 帧的加密载荷。在封装其他字段（包括明文的 IV）之后，无线设备就会将这个帧发送到无线信道当中。接收方接收到帧之后，会对预共享密钥 K 和帧头部携带的 IV 执行 RC4 运算，获得与发送方加密时相同的密码流，并且使用密码流来对接收到的帧进行解密，并进行完整性校验。

上面是这个协议的原理，下面我们来说说这个协议提供的安全性保障为什么无法满足 IEEE 对于它的期待。

首先，攻击者可以让 BSS 中的某位无线用户向自己发送攻击者提前已经知道解密后明文数据的帧（即明知故问，目的是为了获得加密后的数据），这可以通过 IP 欺骗来实现。既然解密后的数据已知，攻击者就可以使用解密后的明文与未解密的密文逐个字节执行异或运算，得出这个帧的密码流，如图 10-10 所示。

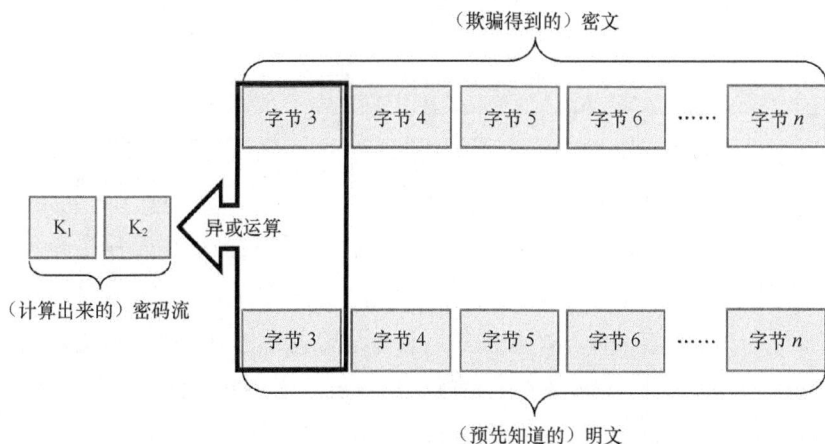

图 10-10　攻击者使用异或计算出密码流

通过上面的流程，攻击者可以建立一个上述（欺骗得到的）帧对应的密码流与该帧头部携带的 IV 之间的对应关系，并且不断通过欺骗攻击来填充这个密码流与 IV 的对应表。随着攻击者在网络中发起欺骗的数量越来越多，这个对应表就会越来越充实，攻击者接收到的正常帧（无线局域网中传输的帧）头部的 IV 与这个对应表中 IV 发生匹配的概率也就会越高，这意味着这个无线局域网中传输的加密帧能够被攻击者解密的概率也越来越高，如图 10-11 所示。

当然，真正的 IV 是一个 24 位的二进制数，理论上攻击者需要建立 $2^{24}=16777216$ 条对应关系才能解密无线网络中传输的所有数据，而且一旦这个无线局域网的管理员更换

了预共享密钥，之前收集的条目也就毫无意义了。然而，在实际攻击中，攻击者只需要
1 分钟左右的时间，就可以完成对 WEP 的破解。任何人都可以通过免费的黑客软件破解
WEP 协议保护的无线网络。因此，任何希望（自己管理的）无线局域网拥有可靠安全机
制的技术人员都不应该使用 WEP 保护自己的无线局域网。

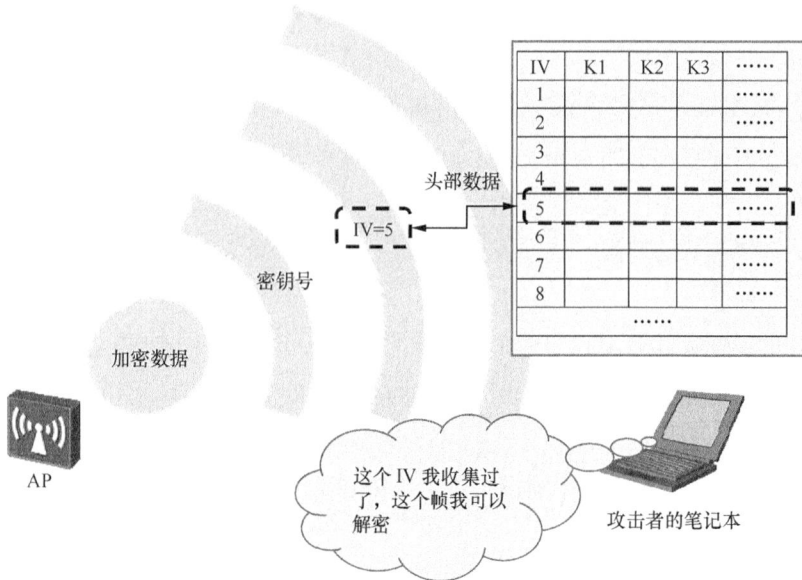

图 10-11　攻击者破解 WEP 的方式之一（字典攻击）

　　由于 WEP 遭到破解，IEEE 必须为无线局域网安全提供新的解决方案。2003 年，IEEE
定义了一个过渡性的无线网络安全机制以尽快替代安全性堪忧的 WEP，这个机制称为 WPA
（Wi-Fi Protected Access）。同时，IEEE 还在加紧尝试定义更加完备的安全机制。

　　WPA 在很大程度上沿用了 WEP 的流程与算法，这是为了让曾经支持 WEP，但现在亟
需使用更加可靠安全机制的用户所使用的固件（通过简单的升级就）能对新的 WPA 安全
机制提供支持。尽管如此，WPA 还在私密性、反重放攻击和完整性上对 WEP 进行了改善。

　　在私密性方面它（WPA-PSK）采用的临时密钥完整性协议（Temporal Key Integrity
Protocol，简称 TKIP）也会使用预共享密钥（长度为 128 位）与 IV 结合的方式对每个
帧生成一个种子密钥，然后使用 RC4 流密码算法计算出密码流，并且对加密数据一一执
行异或运算以达到加密的效果。不过，WPA 把 IV 的长度延长到了 48 位，这显然大大提
升了攻击者通过字典攻击解密无线局域网中数据的难度。假设建立 24 位 IV 与其密码流
的对应关系需要 1 分钟，那么建立 48 位 IV 与其密码流的对应关系则需要 16777216 分钟，
也就是将近 32 年的时间。不仅如此，WPA 也不会像 WEP 那样仅仅将 IV 附带在预共享密
钥后面就直接执行RC4计算，它会首先使用一个混合函数来对预共享密钥和 IV 执行计算，
然后才会执行 RC4。这两种举措让 WPA 与 WEP 相比，安全性大大提升。

　　在反重放攻击方面，WPA 在消息封装中引入了序列号。如果接收方发现接收到的 WPA

帧失序，接收方就会立刻丢弃这个帧，这没有给重放攻击留下多少施展的空间。

在完整性方面，WPA 用更为安全的消息完整性校验（MIC）取代了 WEP 中使用的循环冗余校验。这使得攻击者无法在不对数据进行解密的前提下，就对加密数据和对应的完整性校验值进行篡改，同时让接收方无所察觉。如果用户使用的是循环冗余校验，那么攻击者就可以实现这样的操作。

不过，WPA 终究只是 IEEE 定义的一种临时协议。1 年后，IEEE 完成了远比 WPA 更加完善的 WPA2 标准化。WPA2 使用最为安全的 AES 算法来对数据执行加密，同时定义了执行完整性校验的 CCMP 加密协议并且强制要求通信方采用 CCMP 来完成完整性校验。最初，很多无线网络适配器并不支持 WPA2。不过，从 2006 年开始，Wi-Fi 联盟已经要求所有使用其商标的产品都必须通过 WPA2 提供认证。可以肯定的是，如果读者手中支持 Wi-Fi 的产品出厂时间在 10 年之内，那么它就一定支持 WPA2 协议。鉴于人们之后证明 WPA 也存在安全隐患，我们推荐读者在任何对于安全性有较高要求的环境中，使用 WPA2 来提供认证服务、数据加密、完整性保障和反重放攻击保护。

注释：

CCMP 和 AES 的操作和计算流程比较复杂，这些内容超出了本书的知识范围，我们在这里不进一步介绍。

最后说明一点，读者在使用 WPA 和 WPA2 作为无线局域网的安全保障机制时，会发现无线设备提供了 WPA/WPA2 企业版的选项。企业版 WPA/WPA2 往往不再通过在无线设备上配置预共享密钥的方法来提供安全防护，而是让认证方通过外部 AAA 服务器来对被认证方提供的信息进行认证。当然，从技术角度看，使用本地认证也是可行的。

在 10.3 节中，我们探讨了无线局域网中的安全隐患，以及三代用来提供无线局域网安全防护的技术。在对无线局域网的相关原理进行了一番介绍之后，下面我们来演示无线局域网基本的配置和验证流程。

10.4 无线 LAN 的配置

在 10.4 节中，我们会介绍使用华为无线接入控制器（Access Controller，简称 AC）来对无线接入点（Access Point，简称 AP）提供控制和管理的企业无线网络环境，从而使企业网中的无线用户能够通过 AP 连接到企业网中。在家庭环境中，我们一般直接登录 AP 并进行配置即可（这种 AP 也就是前文提到的胖 AP）；但在企业环境中往往需要部署多台 AP，让管理员逐台 AP 去登录并进行配置是不现实的，所以一般都会增加一台集中控制器，称为 AC。管理员通过在 AC 上完成配置并下发给 AP（这种 AP 是瘦 AP），使得整个企业级无线局域网的部署和运维更加高效。在 10.4 节中，我们会使用 AC 结合瘦 AP 的方式展示企业环境中无线 LAN 的配置，首先通过图 10-12 所示拓扑了解通过 AC 来统一管理 AP 的环境。

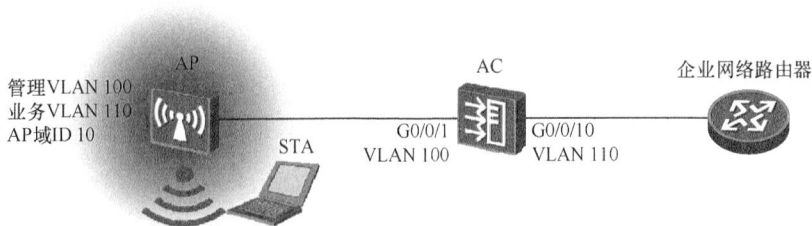

图 10-12　无线 LAN 配置拓扑

在这种环境中，AP 和 AC 之间需要采用 CAPWAP 协议进行通信，CAPWAP 协议的全称是无线接入点的控制和配置（Control and Provisioning of Wireless Access Points）协议。具体来说，AC 和 AP 之间会通过 CAPWAP 协议实现状态的维护工作：AC 会通过 CAPWAP 协议对 AP 进行管理，并向 AP 下发业务配置信息；AP 会通过 CAPWAP 协议把业务数据上传到 AC。

在这个小型 WLAN 环境中，我们需要对无线接入控制器 AC 进行配置，配置的具体步骤如下所示。

步骤 1　配置 AC 与 AP/企业网络路由器之间的通信（本例使用二层通信）。

步骤 2　把 AC 配置为 DHCP 服务器，基于接口 IP 地址为 AP 和 STA（无线工作站）分配 IP 地址。

步骤 3　配置 AP 上线。

（1）创建 AP 组。通过把需要相同配置的 AP 添加到同一个 AP 组中，来实现统一管理和配置。

（2）配置 AC 系统参数，其中包括国家码（CN）、AC 与 AP 之间用来通信的源接口（VLANIF 100）。

（3）配置 AP 上线的认证方式并导入 AP，使 AP 正常上线。

步骤 4　配置 WLAN 业务参数。

（1）创建 SSID 模板，并设置 SSID。

（2）创建安全模板，并设置安全策略。

（3）创建 VAP 模板，并配置数据转发模式、业务 VLAN、应用 SSID 模板和安全模板。

（4）在 AP 组中应用 VAP 模板。

在按步骤展示无线接入控制器（AC）的配置前，我们先把要进行配置的参数进行汇总，详见表 10-4。

表 10-4 　　　　　　　　　　需要在 AC 上进行配置的参数

配置项	配置参数
AP 组	名称：ap-group-guest 应用的模板：VAP 模板 vap-guest 域管理模板 domain-guest
域管理模板	名称：domain-guest 国家码：CN
SSID 模板	名称：ssid-guest SSID 名称：guest
安全模板	名称：sec-guest 安全策略：WPA2+PSK+AES 密码：huawei123
VAP 模板	名称：vap-guest 转发模式：隧道转发 业务 VLAN：VLAN 110 应用的模板：SSID 模板 ssid-guest 安全模板 sec-guest

表 10-4 中各个模板的作用我们会在接下来具体的配置中进行说明。

步骤 1　配置 AC 与 AP/企业网络路由器之间的通信（本例使用二层通信）。

如图 10-12 所示，管理员要把 AC 的接口 G0/0/1 加入 VLAN 100，这个 VLAN 作为 WLAN 的管理 VLAN 连接 AP，用来传输 AC 与 AP 之间的 CAPWAP 消息；把 AC 的 G0/0/10 接口加入 VLAN 110，这个 VLAN 作为 WLAN 的业务 VLAN，用来连接企业网络路由器。例 10-1 中展示了 AC 上与此相关的配置命令。

例 10-1　实现 AC 与 AP/企业网关路由器之间的通信

```
[AC]vlan batch 100 110
Info: This operation may take a few seconds. Please wait for a moment...done.
[AC]interface gigabitethernet 0/0/1
[AC-GigabitEthernet0/0/1]port link-type trunk
[AC-GigabitEthernet0/0/1]port trunk pvid vlan 100
[AC-GigabitEthernet0/0/1]port trunk allow-pass vlan 100
[AC-GigabitEthernet0/0/1]quit
[AC]interface gigabitethernet 0/0/10
[AC-GigabitEthernet0/0/10]port link-type trunk
[AC-GigabitEthernet0/0/10]port trunk allow-pass vlan 110
```

如例 10-1 所示，管理员在 AC 上创建了两个 VLAN：VLAN 100 和 VLAN 110。在这个案例中，我们把 VLAN 100 作为 WLAN 的管理 VLAN，把 VLAN 110 作为 WLAN 的业务 VLAN。因此，连接 AP 的接口 G0/0/1 的 PVID 被设置为 100，并放行了 VLAN 100 的流量。而 AC 的上行链路接口 G0/0/10 上放行了 VLAN 110 的流量。

步骤 2 把 AC 配置为 DHCP 服务器,基于接口 IP 地址为 AP 和 STA 分配 IP 地址。

AC 会作为 DHCP 服务器,通过 VLANIF 100 接口为 AP 提供 IP 地址(192.168.100.0/24),通过 VLANIF 110 接口为 STA 提供 IP 地址(192.168.110.0/24)。例 10-2 展示了 AC 上的 DHCP 配置命令。

例 10-2 让 AC 为 AP 和 STA 分配 IP 地址

```
[AC]dhcp enable
Info: The operation may take a few seconds. Please wait for a moment.done.
[AC]interface vlanif 100
[AC-Vlanif100]ip address 192.168.100.1 24
[AC-Vlanif100]dhcp select interface
[AC-Vlanif100]quit
[AC]interface vlanif 110
[AC-Vlanif110]ip address 192.168.110.1 24
[AC-Vlanif110]dhcp select interface
```

管理员在 AC 上通过系统视图命令 **dhcp enable** 在全局启用了 DHCP 功能,并且在需要提供 DHCP 服务的接口上,使用接口视图命令 **dhcp select interface** 让 AC 根据接口 IP 地址和子网掩码来提供 IP 地址信息。

步骤 3 配置 AP 上线。

在这个步骤中,管理员要在 AC 上配置与 AP 上线相关的参数,其中包括国家码,还要确认 AC 使用的源接口。我们细分三步分别展示每一步的配置命令。

1. 创建 AP 组

在这一步骤中,我们要创建 AP 组,这样就可以把所有配置相同的 AP 都加入到这个组中,以此简化配置并且实现统一管理和配置。例 10-3 展示了创建 AP 组的配置命令。

例 10-3 创建 AP 组

```
[AC]wlan
[AC-wlan-view]ap-group name ap-group-guest
[AC-wlan-ap-group-ap-group-guest]
```

如例 10-3 所示,管理员先使用系统视图命令 **wlan** 进入了 WLAN 视图。由于所有与 WLAN 特性相关的配置都需要在 WLAN 视图中完成,因此管理员需要首先通过 **wlan** 命令进入 WLAN 视图。

管理员接着使用 WLAN 视图命令 **ap-group name** *group-name*,创建了名为 ap-group-guest 的 AP 组,同时进入了这个 AP 组的配置视图。在 10.4 节的实验中,管理员要在这里应用域管理模板和 VAP 模板,稍后创建了相应的模板后,我们会再进入这个视图。

2. 配置 AC 系统参数和源接口

在这一步中,管理员要创建域管理模板,并在域管理模板下设置国家码(CN),例 10-4 展示了相关配置命令。

例 10-4　配置域管理模板 domain-guest

```
[AC]wlan
[AC-wlan-view]regulatory-domain-profile name domain-guest
[AC-wlan-regulate-domain-deomain-guest]country-code cn
```

管理员需要在 WLAN 视图下使用命令 **regulatory-domain-profile name** *profile-name* 来创建域管理模板，并进入该模板视图。在域管理模板中，管理员可以设置国家码、优化信道和带宽等参数，例 10-4 中展示了如何设置国家码。

管理员创建并配置了域管理模板后，还要在 AP 组视图中应用这个域管理模板，才能使之生效，例 10-5 展示了相关配置命令。

例 10-5　在 AP 组中应用域管理模板 domain-guest

```
[AC]wlan
[AC-wlan-view]ap-group name ap-group-guest
[AC-wlan-ap-group- ap-group-guest]regulatory-domain-profile domain-guest
Warning: Modifying the country code will clear channel, power and antenna gain
configurations of the radio and reset the AP. Continue?[Y/N]:y
[AC-wlan-ap-group- ap-group-guest]
```

在更改 AP 组中应用的域管理模板时，系统会提示例 10-5 所示的警告信息并要求管理员对此进行确认。如果管理员确认更改的话，输入 **y** 后回车，更改就生效了。

接下来管理员要设置 AC 的源接口，也就是 AC 与 AP 进行 CAPWAP 通信所使用的源接口。这个源接口可以是环回接口，也可以是 VLANIF 接口，我们使用 VLANIF 接口作为 AC 的源接口，例 10-6 展示了相应的配置命令。

例 10-6　设置 AC 的源接口

```
[AC]capwap source interface vlanif 100
```

在例 10-6 中，管理员在 **capwap source** 命令中指定 VLANIF 100 接口作为 AC 的源接口，这样 AC 就会使用 VLANIF 100 接口的 IP 地址作为源地址与 AP 进行通信。除此之外，管理员还可以在 **capwap source** 命令中指定 AC 使用的源 IP 地址，这种做法适用于使用 VRRP 进行双机热备的环境，管理员可以指定 VRRP 所使用的虚拟 IP 地址作为 AC 的源 IP 地址。

3. 导入 AP

在 10.4 节的实验中，管理员要使用 MAC 地址认证的方式在 AC 上添加 AP，AP 的 MAC 地址是 00E0-FC9A-2D50，例 10-7 展示了相应的配置命令。

例 10-7　以 MAC 地址认证的方式添加 AP

```
[AC]wlan
[AC-wlan-view]ap-auth-mode mac-auth
[AC-wlan-view]ap-id 0 ap-mac 00E0-FC9A-2D50
[AC-wlan-ap-0]ap-name lobby
```

```
[AC-wlan-ap-0]ap-group ap-group-guest
Warning: This operation may cause AP reset. If the country code changes, it will clear
channel, power and antenna gain configurations of the radio, Whether to continue? [Y/N]:y
[AC-wlan-ap-0]
```

在例 10-7 中,管理员首先使用命令 **wlan** 进入了 WLAN 视图。在 WLAN 视图中,管理员配置了以下命令。

- **ap-auth-mode mac-auth**:例 10-7 中管理员配置了 MAC 地址认证方式,这也是默认情况况下的认证方式。除此之外,管理员还可以配置无认证方式(**no-auth**)或序列号认证方式(**sn-auth**)。

- **ap-id 0 mac 00E0-FC9A-2D50**:管理员可以使用这条命令来离线添加 AP 设备,并进入 AP 视图。ap-id 的取值范围是 0~8191,本例中管理员以 AP ID 0 添加了一台 AP 设备。

在 AP 视图中,管理员使用命令 **ap-name** *ap-name* 为这个 AP 设置了名称,这个名称的长度范围是 1~31 个字符,区分大小写。一般来说,管理员可以根据 AP 所在的位置为其命名,比如本例中把 AP 命名为 lobby(大厅)。接着管理员使用命令 **ap-group** *group-name* 把这个 AP 加入到之前创建的 AP 组 ap-group-guest 中。管理员可以把多个需要使用相同配置的 AP 添加到同一个 AP 组中,被添加到同一个 AP 组的 AP 都会使用相同的配置,从而免除管理员对每个单独 AP 进行配置的重复操作。如果管理员没有把 AP 添加到某个 AP 组,那么 AP 默认属于一个名为 default 的 AP 组。

配置好后,现在管理员可以把 AP 加电启动,启动后管理员在 AC 上使用命令 display ap all 查看了当前连接在 AC 上的 AP 状态,例 10-8 展示了这条命令的输出内容。

例 10-8 在 AC 上查看 AP 状态

```
[AC]display ap all
Total AP information:
nor  : normal          [1]
---------------------------------------------------------------------------------
ID   MAC             Name   Group         IP            Type        State STA Uptime
---------------------------------------------------------------------------------
0    00e0-fc9a-2d50 lobby  ap-group-guest 192.168.100.1 AP6010DN-AGN  nor   0   10S
---------------------------------------------------------------------------------
Total: 1
```

从例 10-8 中的阴影行我们可以看出,管理员离线添加的 AP 已经连接在 AC 上,当它的状态如例 10-8 所示为 nor 时,表示 AP 已经在 AC 上成功上线,状态正常。

步骤 4 配置 WLAN 业务参数,使 STA 能够连接到 WLAN 中。

接下来管理员需要在 AC 上配置与 WLAN 相关的业务参数,其中包括 SSID 模板、安全模板和 VAP 模板，下面分别展示每一步的配置命令。

1. 配置 SSID 模板

管理员在 AC 上创建名为 ssid-guest 的 SSID 模板，并在其中把 SSID 配置为 guest，详见例 10-9。

例 10-9　配置 SSID 模板

```
[AC]wlan
[AC-wlan-view]ssid-profile name ssid-guest
[AC-wlan-ssid-prof-ssid-guest]ssid guest
```

在例 10-9 中，管理员先使用命令 **wlan** 进入了 WLAN 视图，接着通过 **ssid-profile name** *profile-name* 创建了名为 ssid-guest 的 SSID 模板，并进入了这个 SSID 模板的配置视图。SSID 模板名称的长度为 1～35 个字符，不区分大小写。在 SSID 模板中，管理员还可以配置其他参数，比如与 QoS（服务质量）相关的参数。

2. 配置安全模板

接下来管理员会在 AC 上创建名为 sec-guest 的安全模板，在其中配置 WPA2+PSK+AES 安全策略，并设置密码为 huawei123，例 10-10 展示了相关配置命令。

例 10-10　配置安全模板

```
[AC]wlan
[AC-wlan-view]security-profile name sec-guest
[AC-wlan-sec-prof-sec-guest]security wpa2 psk pass-phrase huawei123 aes
```

例 10-10 中，管理员在 AC 上创建了名为 sec-guest 的安全模板，安全模板的名称长度为 1～35 个字符，不区分大小写。在安全模板中，管理员可以指定某种认证方式，来对 STA 进行认证。在安全模板创建后，默认的认证方式为不认证且不加密。

在安全模板视图中，管理员设置了 WPA2+PSK+AES 安全策略，并指定密码为 huawei123。这条命令的完整句法为 **security** {**wpa** | **wpa2** | **wpa-wpa2**} **psk** {**pass-phrase** | **hex**} *key-value* {**aes** | **tkip** | **aes-tkip**}，本例中管理员选择了 WPA2 作为认证方式，指定密码为 huawei123，并选了 AES 作为加密方式。管理员可以配置的密码长度为 8～63 个字符，建议管理员在设置密码时，使用大小写字母、数字和特殊字符相结合的方式，创建强健的密码。

3. 配置 VAP 模板

VAP 是虚拟 AP 的简称，管理员通过配置多个 VAP 模板，并把这些 VAP 模板中的配置下发到 AP，就可以为 STA 接入用户提供具有差异化的 WLAN 业务。例如，管理员可以通过一个物理 AP 设备，同时为企业职员和企业访客提供不同的 WLAN 服务，以此对接入企业 WLAN 的用户提供差异化管理。

10.4 节的实验环境中只配置并应用了一个名为 vap-guest 的 VAP 模板，在其中指定数据转发模式为隧道转发，业务 VLAN 为 VLAN 110，并应用了之前创建的 SSID 模板和安全模板，例 10-11 展示了相关配置命令。

例 10-11　配置 VAP 模板

```
[AC]wlan
[AC-wlan-view]vap-profile name vap-guest
[AC-wlan-vap-prof-vap-guest]forward-mode tunnel
[AC-wlan-vap-prof-vap-guest]service-vlan vlan-id 110
[AC-wlan-vap-prof-vap-guest]ssid-profile ssid-guest
[AC-wlan-vap-prof-vap-guest]security-profile sec-guest
```

在例 10-11 中，管理员在 WLAN 视图中使用命令 **vap-profile name** *profile-name*，创建了名为 vap-guest 的 VAP 模板，并进入了这个 VAP 模板的配置视图。VAP 模板的名称长度为 1～35 个字符，不区分大小写。

在 VAP 模板视图中，管理员首先通过命令 **forward-mode tunnel** 把转发模式设置为隧道转发。也就是说，当 AP 接收到用户发来的数据后，会把这些数据通过 CAPWAP 协议封装后发送给 AC，并由 AC 转发到企业网络中。管理员还可以选择直接转发（**direct-forward**）模式，当 AP 接收到用户发来的数据后，会把这些数据直接转发到企业网络中，而不会经由 AC 进行转发。隧道转发有利于数据的集中管理和控制，直接转发能够提高数据转发效率并减小 AC 承受的业务压力。

接着管理员使用命令 **service-vlan vlan-id 110** 指定 WLAN 业务 VLAN 为 110，使用命令 **ssid-profile ssid-guest** 应用 SSID 模板，并使用命令 **security-profile sec-guest** 应用安全模板。

4. 在 AP 组中应用 VAP 模板

管理员现在需要在 AP 组中应用配置好的 VAP 模板，例 10-12 展示了与这一步相关的配置命令。

例 10-12　在 AP 组中应用 VAP 模板

```
[AC]wlan
[AC-wlan-view]ap-group name ap-group-guest
[AC-wlan-ap-group-ap-group-guest]vap-profile vap-guest wlan 1 radio 1
```

在例 10-12 中，管理员先使用命令 **wlan** 进入了 WLAM 视图，然后使用命令 **ap-group name ap-group-guest** 进入了 AP 组 ap-group-guest 视图。在 AP 组视图中，管理员使用 **vap-profile** 命令把指定的 VAP 模板与指定射频进行绑定。这条命令的完整句法为 **vap-profile** *profile-name* **wlan** *wlan-id* {**radio** {*radio-id* | **all**}}。参数 *profile-name* 是之前创建的 VAP 模板名称；参数 *wlan-id* 是指 AC 中 VAP 的 ID，一个 AC 中最多可以创建 16 个 VAP，VAP ID 取值范围是 1～16，本例使用了 ID 1；参数 *radio-id* 是射频 ID，10.4 节使用的 AP（AP6010DN-AGN）支持两个射频：射频 0 和射频 1，其中射频 0 为 2.4 GHz 射频，射频 1 为 5 GHz 射频，本例中管理员为射频 1（5 GHz）应用了 VAP 模板 vap-guest。

例 10-13 中管理员使用命令 **display vap ssid ssid-guest** 验证了已创建的 VAP。

例 10-13 验证创建的 VAP

```
[AC]display vap ssid ssid-guest
WID : WLAN ID
---------------------------------------------------------------------------
AP ID AP name RfID WID   BSSID           Status Auth type   STA   SSID
---------------------------------------------------------------------------
1     lobby   1    1     00E0-FC9A-2D50 ON      WPA2-PSK    0     ssid-guest
---------------------------------------------------------------------------
Total: 1
```

WLAN 业务配置会由 AC 自动下发给 AP，管理员通过例 10-13 所示命令能够查看 AP 支持的射频上是否已成功创建 VAP。AP name 项目显示的是管理员配置的 AP 名称(lobby)，RfID 项目表示的是射频 ID（1），当 Status 项目显示为 ON 时（如例 10-13 所示），表示 AP lobby 的射频 ID 1 上已经成功创建了 VAP。

接着管理员把 10.4 节实验中使用的 STA（无线工作站）启动，并连接到 WLAN 网络中。STA 能够搜索到名为 ssid-guest 的 WLAN 网络，输入密码 huawei123 后，STA 能够正常连接到 WLAN 网络中并获得正确的 IP 地址。管理员通过例 10-14 所示命令可以查看已连接的 STA 信息。

例 10-14 查看已连接的 STA

```
[AC]display station ssid ssid-guest
Rf/WLAN: Radio ID/WLAN ID
Rx/Tx: link receive rate/link transmit rate(Mbps)
---------------------------------------------------------------------------
STA MAC     AP ID Ap name  Rf/WLAN Band Type Rx/Tx   RSSI VLAN IP address
---------------------------------------------------------------------------
5489-9892-4226 0   lobby   1/1    5G   11n  46/59   -68  110  192.168.110.254
---------------------------------------------------------------------------
Total: 1 2.4G: 0 5G: 1
```

从例 10-14 所示命令中我们可以看出，MAC 地址为 5489-9892-4226 的 STA 已经连接到 SSID 为 ssid-guest 的无线网络中，获得的 IP 地址为 192.168.110.254。到此为止 STA 已经能够正确连接到 WLAN 网络中，并获得了业务 VLAN 中相应的 IP 地址。

10.5 本章总结

在无线网络应用越来越普遍的今天，网络管理员（甚至非专业人士）难免会遇到与搭建无线网络相关的任务。通过第 10 章介绍的无线理论知识和配置演示，读者应该可以在面对无线部署时更加自信。

第 10 章分为四个部分，第一部分（10.1 无线概念）介绍了与无线信号传输载体相关的内容。人们按照电磁波的频率特性，利用某几个频段的电磁波实现无线信号的传输。在这一部分我们着重解释了几个概念，其中包括无线射频（10.1.1 无线射频）、无线电频段和每个频段中的信道（10.1.2 频段与信道），以及负责电磁波分配和使用的标准化组织（10.1.3 标准化组织介绍）。

第 10 章第二部分（10.2 无线 LAN 运行）介绍了无线传输的帧标准，以及在无线环境中传输帧的工作原理。在这一部分中，读者可以把 802.11 帧与 802.3 数据帧进行对比。第三部分（10.3 无线 LAN 的安全性）介绍了如何在开放性的无线传输环境中确保人们传输信息的安全性，以及确保无线网络的安全性。并解释了 WEP 的加密方式以及被破解的过程。第 10 章最后（10.4 无线 LAN 的配置）以华为设备为例，展示了部署无线网络的方法。

10.6 练习题

一、选择题

1. 以下有关电磁波的说法中，错误的是？（　　　）

A. 电磁波可以在水中传播，但无法在真空中传播

B. 人们根据电磁波频率特性的不同，利用电磁波实现了不同功能

C. 可见光是一种电磁波

D. 无线电波是一种电磁波

2. 以下有关 2.4 GHz 和 5 GHz ISM 频段的说法中，错误的是？（　　　）

A. 2.4 GHz 和 5 GHz 是最常用于无线通信的 ISM 频段

B. 2.4 GHz 的频段范围是 2400 MHz～2500 MHz，有最多 4 个非重叠信道

C. 5 GHz 的频段范围是 5725 MHz～5875 MHz，有最多 23 个非重叠信道

D. 与 5 GHz 频段相比，2.4 GHz 频段受到的干扰较小，但信号传输范围较近

3. 以下哪个标准化组织负责管理并分配无线频段？（　　　）

A. IEEE　　　　　　B. ITU-R　　　　　　C. ITU-T　　　　　　D. ITU-D

4. 以下使用 2.4 GHz 频段的无线标准有哪些？（多选）（　　　）

A. IEEE 802.11a　　　　　　　　　　B. IEEE 802.11b

C. IEEE 802.11g　　　　　　　　　　D. IEEE 802.11n

5. 无线客户端如何能够发现附近的无线 AP？（多选）（　　　）

A. 通过接收 AP 周期性发送的信标帧

B. 通过搜索 AP 的 IP 地址进行发现

C. 通过搜索 AP 的 MAC 地址进行发现

D. 通过搜索 AP 的 SSID 进行发现

6. 无线网络通过哪种机制来避免信号冲突的发生？（   ）

A. CSMA/CA   B. CSMA/CD

C. 单双工模式   D. 使用非重叠信道

7. WPA 机制为无线网络提供了以下哪些保障？（多选）（   ）

A. 机密性   B. 可靠性   C. 完整性   D. 反重放

二、判断题

1. 无线电波的频率与波长成反比，理论上波长×频率=速度。

2. WPA 已经无法满足当前无线局域网的安全需求，管理员需要使用 WEP。

3. 工作在 5 GHz 频率上的无线设备会受到微波炉的干扰。

第11章
网络管理

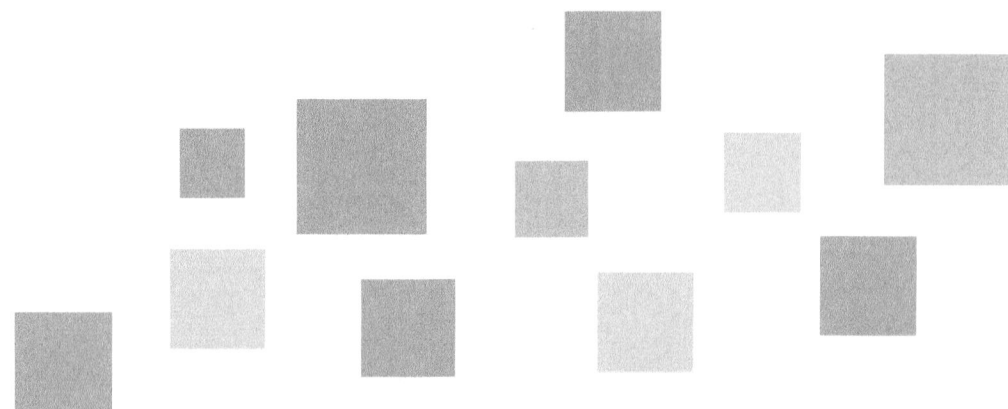

本章是华为 ICT 学院路由交换技术系列教材的最后一章。在前面的章节中，我们向读者演示了配置网络设备的方法。通过本系列教材的配套实验手册，读者也应该对通过 VRP 系统管理华为网络设备多多少少有了一些心得。如果只看这一章的标题而忽略各节标题，很多读者也许会认为我们准备通过这一章来为读者归纳一种网络管理的一般方法，并且针对网络管理提出一些可行性建议。

这种看法既对也不对。在之前的章节中，我们的确演示了很多通过管理网络设备来实现某些具体需求的方法。在这一章中，我们也确实希望向读者提供一些管理网络的一般方法。但我们在这一章中并不是要向读者提出关于操作规程或者规章制度方面的建议，而是要向读者介绍用于实现网络管理的技术与应用，因为任何稍具规模的网络都不会采用项目建设阶段的方法管理网络设备。

11.1 节会首先解答读者产生的疑问：为什么我们可以使用一台设备、一台设备地连接 VRP 系统的方法来实施网络项目，但却不能用相同的方法对网络进行运维管理。在对此进行解释之后，我们会对广泛应用于网络管理当中的 SNMP 协议进行介绍，包括介绍这种协议的工作方式、它定义的消息类型，以及不同版本 SNMP 协议的区别。接下来，我们会依照惯例演示这种协议的配置方法。

11.2 节的核心内容是另一项在网络运维管理中必不可少的协议——网络时间协议（NTP）。11.2 节会首先介绍时间准确性对于网络运维的重要意义；接下来，对 NTP 协议的原理进行说明，并且演示 NTP 的配置。

11.3 节介绍的是华为公司推出的一种图形化网络管理平台。11.3 节会通过网络运维工作中人们有可能面临的实际问题，解释使用 eSight 网络管理平台会给管理网络带来哪些便利。

学习目标

- 了解借助 SNMP 协议统一管理网络的必要性；
- 了解 SNMP 协议的原理；
- 理解各版本 SNMP 协议的异同；
- 掌握 SNMP 协议的配置方法；
- 了解网络时间准确性对管理网络的意义；
- 了解 NTP 协议的原理；
- 掌握 NTP 协议的配置方法；
- 理解 e-Sight 给管理网络带来的便利性。

11.1　SNMP 协议

随着医学科学和医学技术的发展，人类已经可以通过大量化验、成像、内窥镜技术精确定位到各类疾患发生的器官。既然如此，为什么仍然有很多人都是在疾病进入到相对严重的阶段才被发现患病呢？

一方面，这是因为人体是一个极为复杂的系统，每种器官都有自己的功能和医学指标，大多数医学检验技术都只能对人体的某一个特定部位的某一项或某几项特定指标进行检查；另一方面，只有患者在检查时已经患病，这些检验才能反馈出可用于诊断该疾病的结果，但患者并不是每时每刻都在接受健康检查，因此很多患病初期没有不适症状的疾病也就很容易错过诊断的最佳时期。所以，如果有一种通用的医学检验方式能够每时每刻检测到人们所有部位的所有指标，并且把指标反馈到社区医院医师的计算机上，人们就不会错过疾病的最理想治疗时期，人类的健康水平和预期寿命也可以得到进一步的提升。这说明，对于一个复杂的系统，头痛"验"头，脚痛"验"脚的检验技术是存在局限的。

网络也是一个相当复杂的系统，它也需要一种即时的、宏观的管理方式，而这种管理方式已经通过 11.1 节要介绍的协议——SNMP 提供的服务得到了实现。SNMP 由很多组件构成，它是一个相对复杂的协议。11.1 节会对这种协议的工作原理进行简单的说明。

11.1.1　SNMP 协议概述

我们在本系列教材中介绍过的网络设备管理手段无外乎两种：一种是连接网络设备的（Console、MiniUSB 等）专用管理接口，借助虚拟终端软件来对设备实施管理；另一种是使用传输数据的接口来向网络设备发起 Telnet/SSH 远程管理访问。上述两种管理方式都需要管理员逐台设备地建立连接、逐台设备地执行管理。在新建或变更网络项目时，这种管理方式并无不妥，因为此时技术人员对各个网络设备所作的操作都是主动的，操作的目的性都相当明确。然而，这种方式并不适合作为管理员日常管理和维护整个网络的操作手段，其中一项重要的原因就是技术人员无法预知网络故障和网络攻击会发生在哪台设备的哪个组件上，这和我们在 11.1 节引入部分提到的疾病诊断颇有类似之处。

比如，一个网络在某些关键节点部署了冗余设备（和链路）和相应的高可用性技术，希望网络能够为用户提供 7×24 小时无中断的通信服务。然而，主用设备宕机，转发设备由主用设备（和链路）平滑切换到备用设备（和链路）的过程没有被任何用户注意到，管理员也不知道网络已经出现了故障，他当然不会登录到已经宕机的主用设备上，并查看有可能导致停工的故障，也更不可能对这台设备进行相应的修复或替换。于是，管理员第一次发现主用设备已经故障，是在愤怒的用户因（备用设备宕机而导致的）网络通信中断而向自己进行投诉的时候。换句话说，冗余设备无法发挥提高网络可用性的最佳效果。

上例说明，在网络这样一个包含大量元素的复杂系统中，逐台设备发起管理访问的操作方式往往会显得捉襟见肘。哪怕只是网络中出现了一些常见错误，只要这个网络足够大，使用我们在前面介绍的这种设备管理方式进行排错都无异于盲人摸象。所以，管理网络需要一种比逐一管理网络设备更加宏观的管理手段。

对于这类复杂系统，最理想的管理方式就是管理员能够通过一个操作界面即时获取到所有被管理设备的工作状态，并且能够通过这个界面对所有被管理设备进行配置。简单网络管理协议（Simple Network Management Protocol，SNMP）定义了管理端与网络设备执行管理通信的标准。

在 SNMP 的框架中，网络管理员用来管理网络设备的计算机称为网络管理系统（Network Management System，NMS），而被管理设备上响应和处理 SNMP 操作的进程称为 SNMP 代理（agent）。SNMP 定义了一种简单的请求/响应模型。在这个模型中，SNMP 定义了一系列操作，不同的操作分别由 NMS 和 SNMP 代理发送不同类型的协议数据单元（Protocol Data Unit，PDU）来执行。

注释：

PDU 是各层封装后的数据单位，例如网络层的 PDU 是数据包。在实际工作交流中，人们常以消息（message）作为 PDU 的替代表达。

比如，NMS 可以执行 GET 操作，即 NMS 通过 GET 请求（GET Request）消息，要求代理将某种状态发送给自己。SNMP 代理在接收到 GET 请求 PDU 之后，会发送响应 PDU。NMS 在接收到 SNMP 代理反馈的响应（Response）消息 PDU 后，将 SNMP 代理响应的结果显示给管理员，如图 11-1 所示。

此外，NMS 也可以执行 SET 操作，将管理员所作的配置以 SET 请求（SET Request）

PDU 的形式发送给代理，代理执行后将响应 PDU 发回给 NMS，如图 11-2 所示。

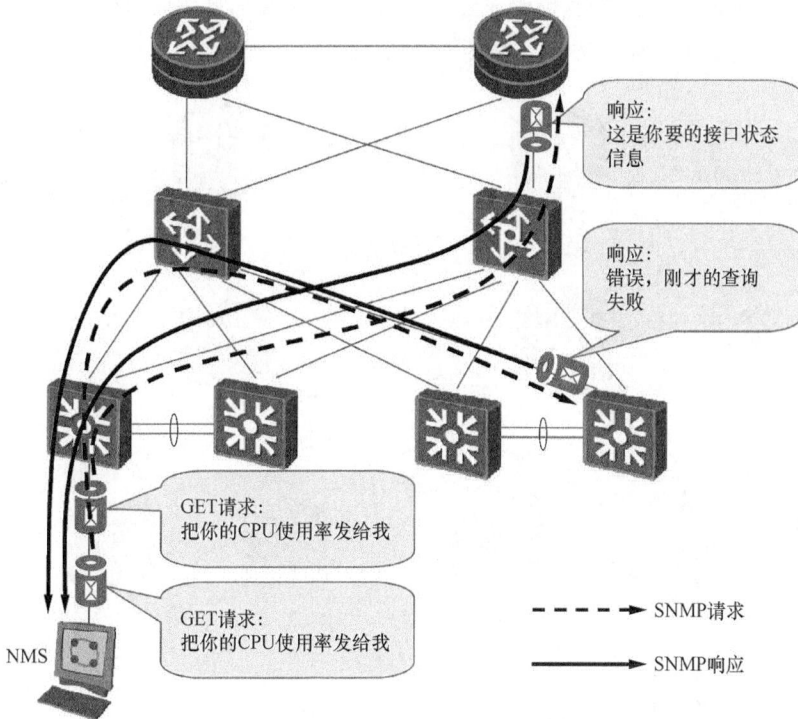

图 11-1　SNMP GET 操作原理示意

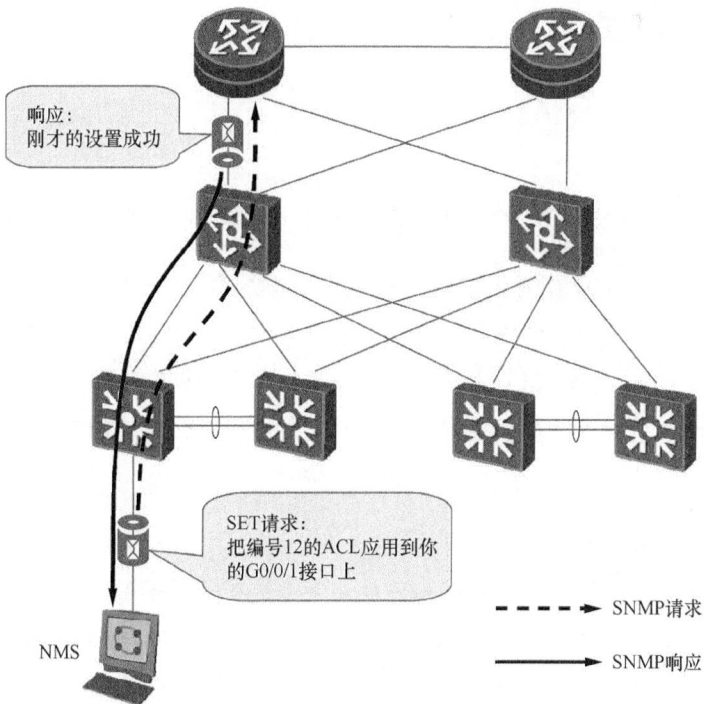

图 11-2　SNMP SET 操作原理示意

不过，代理也并不是只能被动地对请求作出响应。在代理达到了管理员指定的告警触发条件时，它们会主动执行 Trap 操作，也就是不经请求直接向 NMS 发送 Trap PDU，告知管理员自己出现了异常情况，如图 11-3 所示。

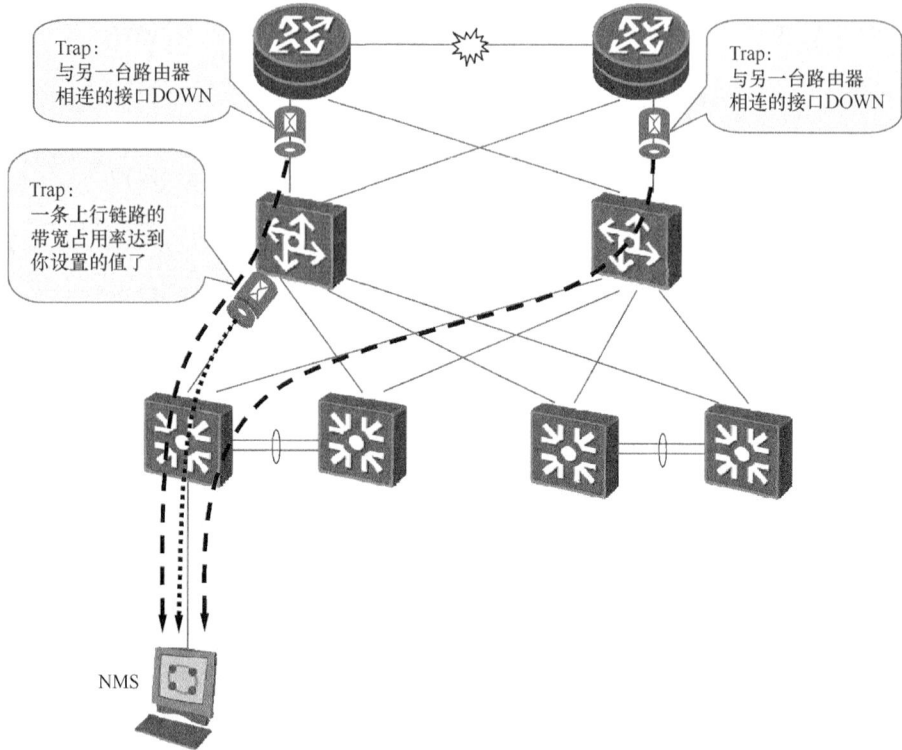

图 11-3　SNMP Trap 操作原理示意

注释：

Trap PDU 也可以由一台 NMS 发送给另一台 NMS，向其通告网络中的异常状态。

SNMP 是一种使用 UDP 作为传输层协议的应用层协议。在进行通信时，NMS 会使用随机端口作为源端口，将 SNMP 请求 PDU 发送给被管理设备的 161 端口。代理在执行响应时，则会将响应 PDU 发送给 NMS 封装请求 PDU 时使用的那个随机的源端口。不过，当代理发送（未经请求的）Trap PDU 时，会将 Trap PDU 发送给 NMS 的 162 端口。

注释：

从理论上讲，SNMP 并不排斥使用 TCP 作为传输层协议。但考虑到 SNMP 轻量级协议的初衷，用 TCP 传输 SNMP 消息的做法基本没有得到采用。布伦瑞克工业大学的 Juergen Schoenwaelder 博士曾经对 SNMP 以 TCP 作为传输层协议的做法进行了（实验性的）定义和描述，感兴趣的读者可以浏览 RFC 3430 来了解相关内容。

通过上面介绍的几项操作，SNMP 实现了我们在前文介绍的（通过 Set 来实现）统一监控、（通过 Get 来实现）统一管理、（通过 Trap 来实现）即时响应。当然，除了这几种操作之外，SNMP 还定义了其他一些操作。关于 SNMP 的其他操作/PDU 类型，我们会在 11.1.2 节中进行总结。这里有一个遗留的问题：网络设备拥有大量参数，代理如何判断 NMS 要查询或者设置自己的哪一项参数？

在 SNMP 定义的框架中，SNMP 定义了一个管理信息数据库（Management Information Base，MIB），每个管理对象（Management Object）的名称、当前的状态、可以访问的权限都保存在这个数据库中。针对 MIB 中的每个可管理对象，SNMP 都定义了它在这个数据库中的"地址"，这个地址称为对象标识符（Object Identifier，OID）。使用 SNMP 通信的双方会通过 OID 来指定这个 PDU 涉及的管理对象。所以，当被管理设备接收到一条 SNMP 请求 PDU 时，它会（通过查询这个消息的 UDP 端口号）将这个数据自底向上执行处理，并最终提交给 SNMP 代理进程。代理进程会按照 PDU 中封装的 OID 查询自己的 MIB，找到这条 PDU 的管理对象，并且执行请求所对应的处理操作，如图 11-4 所示。

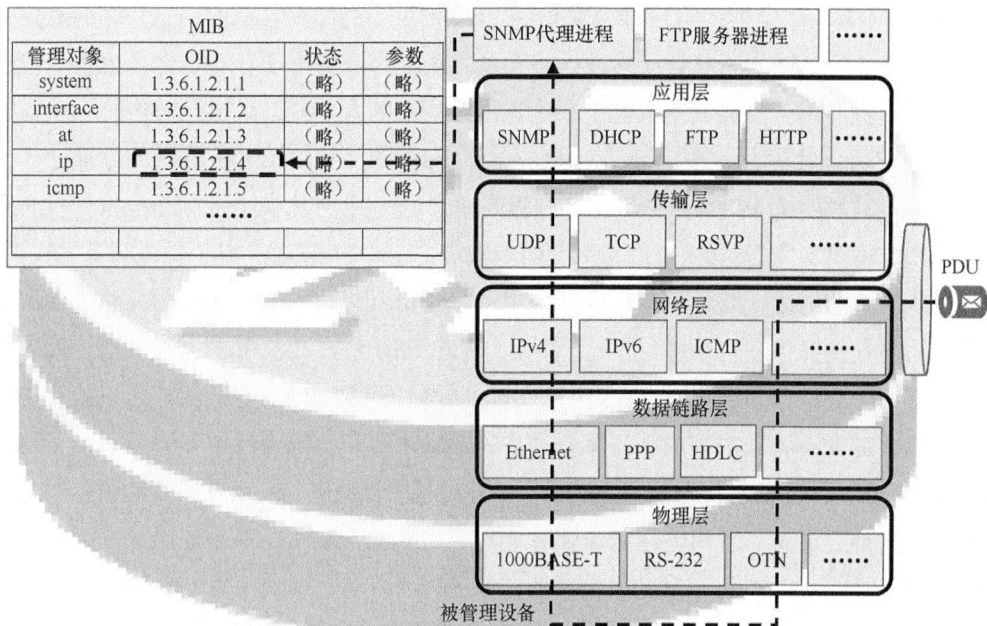

图 11-4 被管理设备接收到 SNMP 请求 PDU 的处理流程示意

MIB 是一个比较复杂的话题，我们在这里不进行过多介绍，读者只需要了解 SNMP 中存在这样一个概念即可。在 11.1.3 节中，我们会结合配置命令再对 MIB 和 OID 进行进一步说明。

SNMP 从最初定义发展到今天，经历了很多版本，不同版本提供的服务、定义的操作甚至数据包封装方式都有可能存在区别。在 11.1.2 节中，我们会对 SNMP 的版本进行对比。

11.1.2 SNMP 版本对比

提示：

    11.1.2 节刻意采用了文字描述的方式进行写作。众所周知，最适合进行对比的信息展示方式是表格。因此，我们推荐读者在完成 11.1.2 节的阅读之后，能够将本节的内容总结为一个简单的表格。表格第 1 行应该包含所有我们在 11.1.2 节中介绍过的 SNMP 版本（其中 SNMPv2 和 SNMPv2u 为可选），而表格的第 1 列应该包括支持的认证方式、是否支持加密、PDU 类型（本章中提到过的）。

    SNMP 最初源于一种叫作简单网关监测协议（Simple Gateway Monitoring Protocol, SGMP）的协议，这个协议提供的服务是监控和管理路由器的接口状态、路由协议等。就在 SGMP 标准化的 8 个月之后，同一个团队（J. Case、M. Fedor、M. Schoffstall 与 J. Davin）将最初的 SNMP 进行了标准化，定义在了 RFC 1067 中（1988 年 8 月）。

    学习了 11.1.1 节的读者也许会意识到，SNMP 是一类比较危险的协议，因为它定义了一台设备（即 NMS）获取甚至修改网络设备状态和参数的标准。从这个协议提供的服务上看，此协议还需要提供安全机制来确保未经授权的人不能通过自己的客户端来监控网络设备。然而，最初版本的 SNMP（就像很多互联网商业化和普及之前定义的标准一样），没有对网络的风险给予足够重视。在这一版的 SNMP 中，唯一的安全机制是被管理设备可以通过 NMS 用明文发送过来的团体字符串（Community）来认证这台 NMS 是否具有的权限。

    按照当今的标准，这种明文认证的方式基本是形同虚设，几乎无法为网络设备和网络通信的安全性提供任何保障。然而，随后定义出来的 SNMPv2 却矫枉过正。这一版本的 SNMPv2 使用了群（Party）的概念来限制管理员针对不同 SNMPv2 管理对象可以执行的管理操作。认证算法和加密算法则与各个群进行关联来保护管理流量的安全性。由于这种基于群的 SNMPv2（Party-Based SNMP version 2）过于复杂，很少有厂商的设备对这种协议提供支持。这时，反而是回归了团体字符串实现的 SNMPv2（Community-Based SNMP version 2，简称 SNMPv2c）得到了大多数厂商的广泛支持，成为了真正得到大范围应用的 SNMPv2 版本。

    当然，SNMPv2c 虽然在认证方式上回归了 SNMPv1 的团体字符串认证，而且对于数据包封装字段的定义也与 SNMPv1 并无区别，但 SNMPv2c 定义了几种新的 PDU 类型。除了我们在 11.1.1 节中介绍的 GetRequest、SetRequest、Response、Trap 这 4 类 PDU 之外，SNMPv1 还定义了一种 GetNext 操作。NMS 可以发送一条 GetNext 请求 PDU，请求 SNMP 代理将 MIB 中，PDU 所携管理对象（按照字母顺序排序）的下一个管理对象的状态和参数发送给自己。

　　SNMPv2 在 SNMPv1 的基础上又定义了 GetBulk 操作。这项操作让 NMS 可以通过一个 GetBulk 请求 PDU（一次性地）向 SNMP 代理请求大量管理对象的状态和参数。而在原本的 SNMPv1 中，如果 NMS 需要获取大量字母顺序连续的管理对象的状态和参数，则需要在一个 Get 请求 PDU 之后，反复发送很多条 GetNext 请求。所以，GetBulkRequest 是在操作方式上对 GetNext 的优化。

　　此外，SNMPv2 还定义了一个 Inform 操作。由于 SNMP 基本都是使用 UDP 作为传输协议的，对方是否接收到 SNMP 消息并没有通信机制上的保障。在 SNMP 定义的 PDU 类型中，Get（包括 GetNext 和 GetBulk）请求 PDU、Set 请求 PDU 和响应 PDU 都是 NMS 发起的操作和对 NMS 操作的响应，接收方是否接收到了该消息十分直观。但是，Trap PDU 是未经请求主动发送的消息，如果接收方没有接收到 Trap PDU，Trap PDU 势必会石沉大海。为了确认对方接收到了 Trap PDU，SNMPv2 定义了 Inform 请求 PDU。Inform 请求 PDU 可以与 Trap PDU 一起发送给 NMS（162 端口），NMS 在接收到这个 PDU 后会通过响应 PDU 确认自己接收到了之前的 Trap PDU，如图 11-5 所示。

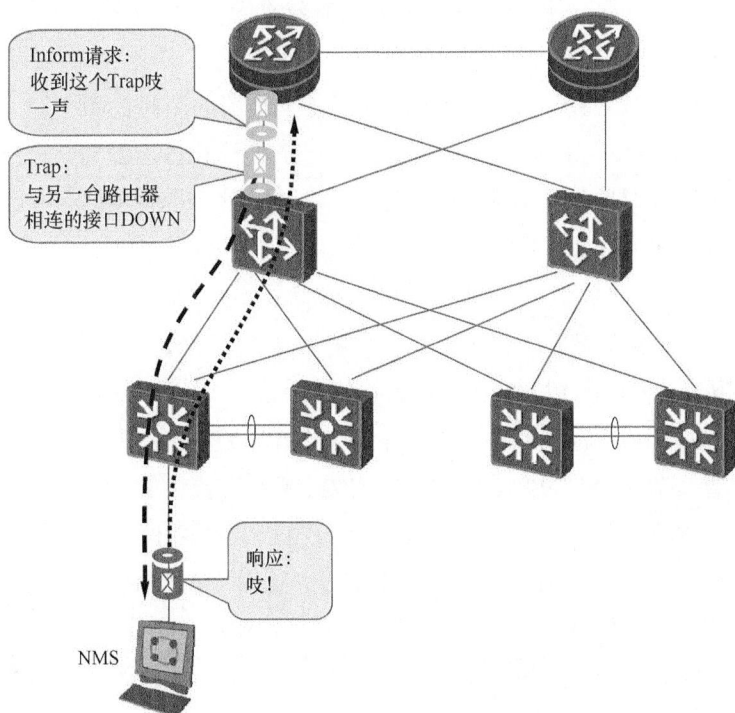

图 11-5　SNMP Inform 操作原理示意

注释：

　　Inform 请求 PDU 也可以由一台 NMS 发送给另一台 NMS，要求对方对自己发送的 Trap PDU 进行确认。

　　鉴于 SNMPv2 和 SNMPv2c 在安全性问题上都走向了极端，人们后来对这两版的 SNMPv2 协议进行了折衷，定义出来了一个既可以提供安全认证与加密服务，又不至于过度复杂的 SNMPv2 版本，这一版 SNMPv2 称为基于用户的 SNMPv2（User-Based SNMP version 2，SNMPv2u）。尽管 SNMPv2u 同样并没有得到广泛使用，但它定义的安全框架后来经过改造，被最新版的 SNMPv3 采纳，成为 SNMPv3 中的用户安全模块（User Security Model，USM）。

　　SNMPv3 的用户安全模块（以及 SNMPv2u 的服务质量部分[QoS]）规定，管理员有权从下面三种通信安全机制中选择其一，作为 NMS 与 SNMP 代理通信时采用的通信方式。

- 不对通信执行认证或加密（NoAuthNoPriv）：SNMP 代理通过用户名对管理访问进行认证，SNMP 数据包以明文的形式发送。
- 对通信执行认证，但不执行加密（AuthNoPriv）：SNMP 代理和 NMS 使用 MD5 或者 SHA 认证管理访问，但 SNMP 数据以明文的形式发送。
- 对通信执行认证和加密（AuthPriv）：SNMP 代理和 NMS 使用 MD5 或者 SHA 认证管理访问，同时使用 DES、AES 等加密算法对 SNMP 数据进行加密，并以密文的形式发送。

　　除了用户安全模块之外，SNMPv3 还增加了基于视图的访问控制模型（View-based Access Control Model，VACM）。通过这个模型，SNMPv3 设备可以判断这位访问者是否有权限对访问的管理对象执行某项操作。这也就是说，这个模型类似于 AAA 中的授权，它可以区分不同用户的操作权限。

　　SNMPv3 定义的 PDU 类型与 SNMPv2 基本一致，只不过 SNMPv3 定义了一种新的报告（Report）PDU。这种报告 PDU 的作用是在消息接收方（无论 SNMPv3 代理还是 NMS）无法对 PDU 进行解码（Decode）时，向消息的发送方发起报告。SNMPv3 定义的报告 PDU 超出了本系列教材的知识体系，我们在这里不作进一步介绍。

　　最后，尽管 SNMPv1 和 SNMPv2 的 PDU 在封装上存在差异，SNMPv2 也定义了新的 PDU 类型，但（如果将 PDU 视为一个完整字段的话）SNMPv1 和 SNMPv2 定义的消息封装结构是相同的。SNMPv3 为了兑现在安全性方面的提升，而对 SNMP 消息的封装结构进行了修改。关于各版本 SNMP 消息的封装方式，我们在这里不作进一步介绍。

　　11.1.2 节对几个版本的 SNMP 进行了介绍和对比。我们再次重申之前的建议，希望读者能够通过阅读上面的内容自己组织一张 SNMP 各个版本对比表来检验自己对上面内容的理解水平，并方便以后快速回顾关于 SNMP 技术的主要内容。我们在这里也要强调，网络管理的安全性对于网络的正常运转至关重要。在实际工作中，读者应该在一切可能的条件下选择 SNMPv3，更应该考虑通过诸如访问控制列表（ACL）等其他安全策略配合 SNMPv3 提供的安全性服务，来确保网络安全运行。

　　11.1.3 节会演示 SNMP 的配置方法。

11.1.3　SNMP 的配置

当企业或组织机构的网络建设工作完成之后，整个网络项目就会转入运维阶段。在规模越大的网络中，参与工作的网络设备数量就越多，接口、线缆、动态路由协议等信息的维护工作量也就越大，运维工作的难度也会相应提升。一般来说，在大规模网络环境中，会专门有一个团队负责"网管系统"，这个团队的工作责任可谓重大，他们是网络出现问题时的第一发现人。为了能让三两个人组成的团队担负起这个重任，管理员可以在网络项目的实施中，事先在网络设备上开启 SNMP 代理功能，并在网络中部署 NMS，以此来减轻管理员的工作负担。

11.1.3 节会演示如何在华为路由器上启用 SNMP 代理功能。本节配置的 SNMP 版本是目前最为常见的 SNMPv2c，以图 11-6 所示拓扑为例，在 AR1 上启用 SNMPv2c 代理功能，并在 NMS 上实现对它的管理。

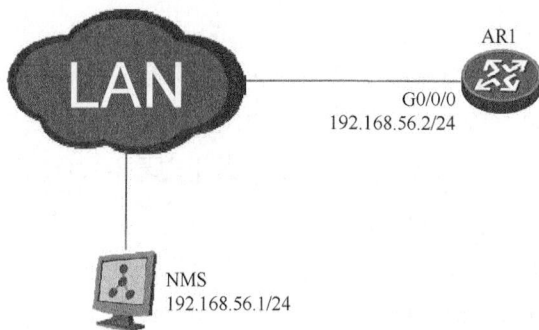

图 11-6　在 NMS 上通过 SNMPv2c 实现对 AR1 的管理

如图 11-6 所示，AR1 与 NMS 同属于一个 IP 子网，这种设计是为了简化实验环境，尽量突出实验重点，也就是说在 11.1.3 节中我们只关注与 SNMP 相关的配置因素，而不去考虑 IP 路由问题。但在实际工作中，NMS 和被管理设备往往属于不同的 IP 子网，它们之间只要路由可达就行了。管理员在配置 SNMP 代理功能前，首先需要保证 NMS 与被管理设备之间实现 IP 通信。当然了，学习到了现阶段，读者应该能够意识到我们在说"实现谁和谁之间的通信"时，往往也意味着"只实现它们之间的通信"。套用到 SNMP 案例中，就是说管理员要让指定的这台 NMS 能够通过 SNMPv2c 与 AR1（以及其他被管理设备）进行通信，而其他设备不能通过 SNMPv2c 与 AR1 进行通信。这样做也在一定程度上保障了网络设备（配置等信息）的安全性。例 11-1 中展示了在 AR1 上实现与 NMS 之间通信的相关配置命令。

例 11-1　在 AR1 上配置与 NMS 之间的通信

```
[AR1]interface gigabitethernet 0/0/0
[AR1-GigabitEthernet0/0/0]ip address 192.168.56.2 24
```

```
[AR1-GigabitEthernet0/0/0]quit
[AR1]acl 2000
[AR1-acl-basic-2000]rule permit source 192.168.56.1 0.0.0.0
[AR1-acl-basic-2000]rule deny source any
```

要想限制只让某一台或某几台 NMS 利用 SNMP 来管理网络设备，管理员可以在基本 IP ACL 中允许 NMS 的 IP 地址（或子网），并拒绝所有其他 IP 地址。本书在第 3 章中介绍了 IP ACL 在流控制/简化流控制业务模块中的用法，11.1.3 节演示的是 ACL 在 SNMP 业务模块中的用法。在 SNMP 业务模块中应用 ACL 时，ACL 中允许的 IP 地址正是 NMS 的 IP 地址，并且无需考虑 ACL 的方向性，接下来管理员会在 SNMP 代理的配置命令中应用它。例 11-2 展示了 AR1 上启用 SNMP 代理的相关配置命令。

例 11-2　在 AR1 上启用 SNMP 代理的相关配置

```
[AR1]snmp-agent
[AR1]snmp-agent sys-info version v2c
[AR1]snmp-agent mib-view mgmt-wr include 1.3.6.1.2
[AR1]snmp-agent community write nms-Admin mib-view mgmt-wr acl 2000
```

让我们逐条解释这四条命令。第 1、2 条命令读者应该能够懂，无需多做解释，在这里只啰嗦两句：SNMP 代理功能默认是启用的，因此第 1 条命令实际上无需输入；SNMP 代理功能默认所有 SNMP 版本是启用的，在我们这个实验中只使用 SNMPv2c，因此管理员使用第 2 条命令把版本改成了 **v2c**。

第 4 条命令的作用是把几个配置元素关联在一起，从完整的命令句法更好分清这几个元素：**snmp-agent community** {**read** | **write**} *community-name* [**mib-view** *view-name*] [**acl** *acl-number*]。从加粗的关键字我们可以轻松识别出，这条命令的主要作用是定义读/写团体访问名，同时也可以对这个团体访问名的使用作出限制：一方面可以限制这个团体访问名能够访问的 MIB 视图，另一方面还可以限制哪台（哪些）NMS 上可以使用这个团体访问名。例 11-1 中创建的 ACL 2000 就是在这里应用到 SNMP 业务模块中。管理员在这条命令中设置的团体名为 **nms-Admin**，这是符合团体名复杂度要求的编写方法：至少包含 6 个字符；至少由 2 种字符构成（小写字母、大写字母、数字、除空格外的特殊字符）。团体名配置成功后，会以密文的形式保存在路由器的配置中。

接下来我们对 MIB 视图相关的配置多解释几句。第 3 条命令就是在创建 MIB 视图，它的完整句法是这样的：**snmp-agent mib-view** *view-name* {**exclude** | **include**} *subtree-name* [**mask** *mask*]。对照着完整句法我们可以看出，管理员在例 11-2 中指定了名为 **mgmt-wr** 的 MIB 视图中包含 1.3.6.1.2。现在问题来了，这一串数字是什么？还记得我们在图 11-4 中也见过类似的一串数字，它其实是 OID，它标识了管理对象在 MIB 中的位置。MIB 是图 11-7 描绘的树形分层结构。

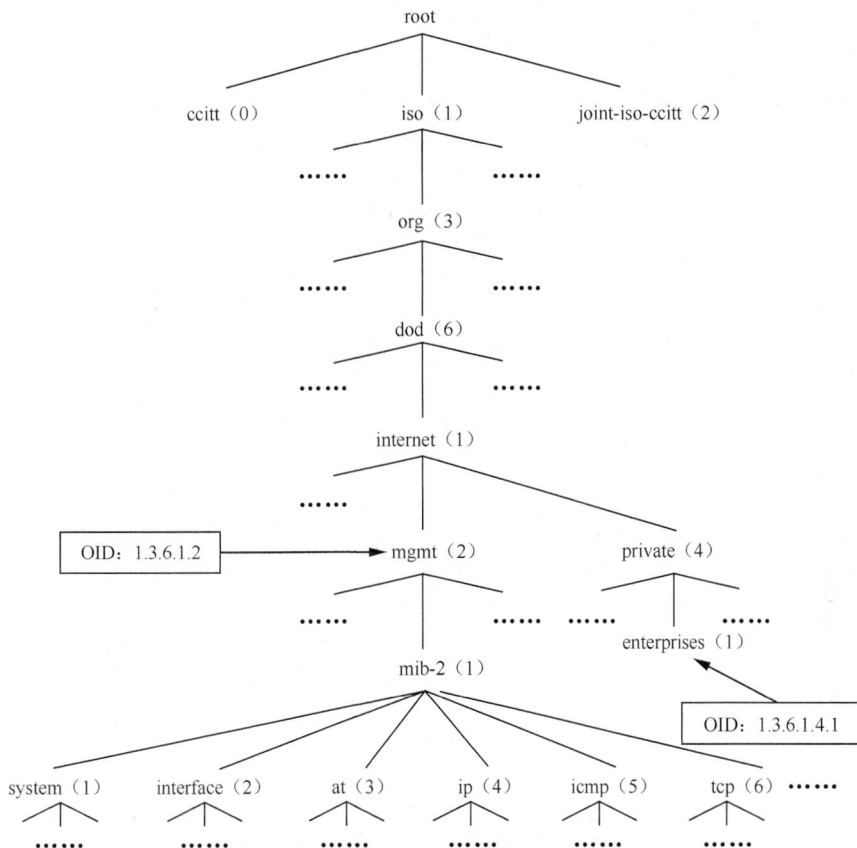

图 11-7　MIB 树形分层结构示意

现在让我们对照图 11-7 再来理解这串数字 1.3.6.1.2，它其实对应的管理对象是 mgmt，这个对象的完整路径是 iso.org.dod.internet.mgmt。在华为设备的配置中，我们可以使用一串数字指明某个管理对象的路径，也可以使用这个管理对象的名称。比如管理员在 AR1 上查看我们刚建立的 MIB 视图，看看路由器会给我们什么反馈，详见例 11-3。

例 11-3　在 AR1 上查看 MIB 视图

```
[AR1]display snmp-agent mib-view
  View name: mgmt-wr
  MIB subtree: mgmt
  Subtree mask:
  Storage type: nonVolatile
  View type: included
  View status: active


  View name: ViewDefault
  MIB subtree: internet
```

```
            Subtree mask:
            Storage type: nonVolatile
            View type: included
            View status: active


            View name: ViewDefault
            MIB subtree: lagMIB
            Subtree mask:
            Storage type: nonVolatile
            View type: included
            View status: active


            View name: ViewDefault
            MIB subtree: snmpUsmMIB
            Subtree mask:
            Storage type: nonVolatile
            View type: excluded
            View status: active


            View name: ViewDefault
            MIB subtree: snmpVacmMIB
            Subtree mask:
            Storage type: nonVolatile
            View type: excluded
            View status: active


         Total number is 2
```

　　例 11-3 中阴影部分是我们刚才创建的 MIB 视图 mgmt-wr，从这里没有看到任何数字串，但 MIB subtree 字段中显示出 mgmt。还记得例 11-2 中第 3 条命令的完整句法吗？在参数 *subtree-name* 部分管理员输入的是一串数字，同样的，在这个参数的位置也可以输入管理对象的名称，在本例中也就是 mgmt。从例 11-3 的命令输出内容中我们还可以看出，路由器中默认有一个名为 ViewDefault 的 MIB 视图，并且它包含多个管理对象。在一个 MIB 视图中管理员是可以指定多个管理对象的，每个管理对象需要配置一条命令。

　　图 11-7 中我们还特意标记出了 OID：1.3.6.1.4.1，它是指设备厂商针对自己的网络设备，自定义的私有 MIB 管理对象。鉴于 MIB 的庞大，让管理员记忆所有管理对象的 OID 既不现实也不必要。在所有 SNMP 管理应用中，管理员都可以针对网络中使用的网络设备，以及希望进行管理的 MIB 管理对象，有选择地加载 MIB 数据。管理员可以在华为官方网站上，下载华为路由器、交换机、防火墙等网络设备所对应的 MIB 文件。

为了能够使 AR1 在某些事件发生时（比如链路断开、接口宕掉、动态路由协议邻居关系断开等），主动向 NMS 发送未经请求的 Trap 消息，管理员还需要为 SNMP 代理配置与 Trap 目标主机相关的参数，例 11-4 中展示了 AR1 上的相关配置信息。

例 11-4　在 AR1 上配置与 Trap 相关的参数

```
[AR1]snmp-agent target-host trap-hostname nms-pc address 192.168.56.1 trap-paramsname
snmptrap
[AR1]snmp-agent target-host trap-paramsname snmptrap v2c securityname nms-Admin
[AR1]snmp-agent trap enable
Info: All switches of SNMP trap/notification will be open. Continue? [Y/N]:y
```

在设置 SNMP 代理的 Trap 功能时，管理员需要配置以下两条命令。

snmp-agent target-host trap-hostname *hostname* **address** *ip-address* **trap-paramsname** *paramsname*：管理员可以使用这条命令来设置能够接收 Trap 消息的目的主机信息，通常都是指网管设备，在本例中就是 NMS。管理员为这台主机起名为 nms-pc，绑定了 IP 地址 192.168.56.1，并关联了一个名为 snmptrap 的 Trap 参数信息列表。在这个列表中指定了 SNMP 代理在发送 Trap 消息时所使用的参数。

下一条命令是用来配置 Trap 参数信息列表的：**snmp-agent target-host trap-paramsname** *paramsname* {**v1** | **v2c**} **securityname** *securityname*。在这里只展示了与 SNMPv1 和 SNMPv2c 相关的配置命令，SNMPv3 的配置命令中包含更多可以设置的参数。在 Trap 参数信息列表中，管理员需要指定发送 Trap 消息所使用的 SNMP 版本，以及 Trap 消息的主体名。在使用 SNMPv3 时，这条命令中指定的 Trap 消息主体名就是用户名，两者必须相同。NMS 在接收到 Trap 消息时，会对这个参数进行验证。在 SNMPv1 和 SNMPv2c 中，NMS 不会对这个参数进行验证，我们为了强调这个参数在一些情况下（SNMPv3 中）需要与 NMS 上的设置相同，因此把团体名作为这个参数的取值。

最后，管理员需要使用命令 **snmp-agent trap enable** 来启用 Trap 功能。如果像例 11-4 中那样配置，路由器会启用所有特性的 Trap 功能。通常在实际工作中，管理员会在这条命令中使用关键字 **feature-name** 再加上希望启用 Trap 的具体特性名称，来有选择地启用 Trap 功能。

到此为止，路由器（SNMP 代理）上的所有配置就完成了，管理员可以使用命令 **display snmp-agent target-host** 来检查 Trap 目标主机的设置，例 11-5 展示了这条命令的输出信息。

例 11-5　在 AR1 上查看 Trap 目标主机的配置

```
[AR1]display snmp-agent target-host
    Traphost list:
    Target host name: nms-pc
    Traphost address: 192.168.56.1
```

```
    Traphost portnumber: 162
    Target host parameter: snmptrap

    Total number is 1

    Parameter list trap target host:
    Parameter name of the target host: snmptrap
    Message mode of the target host: SNMPV2C
    Trap version of the target host: v2c
    Security name of the target host: nms-Admin

    Total number is 1
```

从例 11-5 所示的命令输出内容中，管理员可以检查 Trap 目标主机的参数信息。再次强调，在使用 SNMPv1 和 SNMPv2c 时，目标主机的安全名（Security name）并不用于身份认证，不必与团体名相同。

接下来管理员需要在 NMS 上对 SNMP 网管系统进行设置，包括最重要的团体名。市面上的 SNMP 网管系统五花八门，我们在这里就不再演示 NMS 上的具体配置了。只提示一点，在 NMS 上添加 SNMP 代理时，一般可以手动添加，或者动态添加。手动添加时，管理员需要手动输入 SNMP 代理（被管理设备，如 AR1）的 IP 地址、SNMP 版本和认证参数，比如本例中认证参数就是团体名。动态添加时，管理员可以让 NMS 通过广播的方式发出 SNMP Get 请求，要求网络中的 SNMP 代理提供自己的系统名称。对于华为设备来说，也就是提供（管理员通过命令 **sysname** 设置的）设备名称。

最后我们通过图 11-8 展示一个 Trap 消息数据包。

从图 11-8 的数据包解析中我们可以看出 SNMP 的版本和团体名，注意团体名在传输过程中是明文的形式，这也是 SNMPv1 和 SNMPv2c 的安全隐患。接着是 SNMP 的数据部分，这个 Trap 消息中包含了 8 个管理对象，其中最后的两个 OID 是以 1.3.6.1.4 开头的，对照图 11-4 展示的 MIB 树形结构，我们可以发现这两个 OID 属于企业自定义的私有管理对象。要想解析这两个管理对象的含义，管理员就需要在 NMS 上加载华为设备的 MIB 文件。

11.1 节介绍了 SNMP 的工作原理并对比了几个 SNMP 版本，最后展示了如何在华为设备上配置当前最常用的 SNMPv2c。我们这个案例中只展示了"一半"的配置，也就是 SNMP 代理的配置信息，并没有展示如何配置 SNMP 管理系统。SNMP 管理系统多为图形化界面，通过图、表以及各种颜色的组合能够更直观地展示网络中所有被管理设备的状态：比如用绿色表示设备工作正常，用红色表示设备出现了严重的告警信息等。同时，好的 SNMP 网管系统的功能非常强大，并不局限于接收和发送 SNMP 消息。华为 e-Sight 就是一款功能强大的运维网管系统，11.3 节会对 e-Sight 的功能进行介绍。

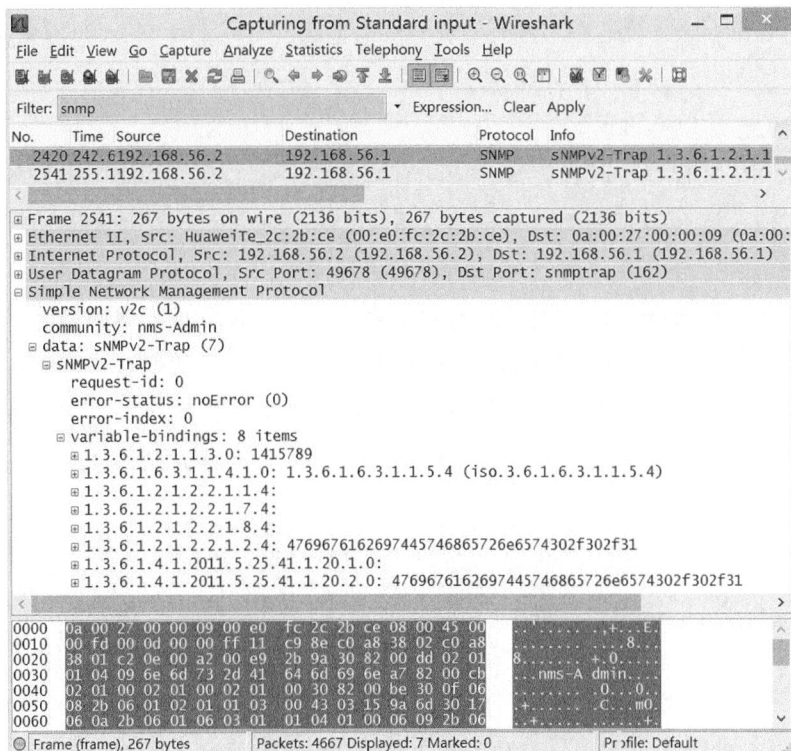

图 11-8　Trap 消息抓包截图

11.2　NTP 协议

对于很多还没有网络技术从业经验的读者来说，或许并不认同网络设备也必须拥有准确时间的重要性。诚然，网络设备不需要上班上学，也不需要去赶飞机火车轮船，网络设备的管理员也很少会通过网络设备上的时钟来了解当前的时间，那么网络设备上的时间（主要是准确性）为什么依然很重要呢？

实际上，当网络中发生错误时，管理员经常需要通过网络设备上的时间，来判断故障发生的起点，进而推断出故障原因。同样，当网络攻击发生时，管理员也需要通过日志中的时间来了解攻击的情况。除了故障、攻击等意外情况之外，有一些网络功能（如计费系统、时间访问控制列表、安全应用中的时间戳）也需要参考设备上的时间来执行。总之，为网络设备赋予准确而一致的时间绝非儿戏，这一步简单的操作可以为日后的网络正常运行与日常运维带来重大的便利。

11.2.1　NTP 协议的原理

显然，给网络设备赋予时间的最简单方式就是手动给设备配置系统时间。手动配置系统时钟的操作方法，我们在本系列教材《网络基础》的 2.2.3 节（VRP 系统配置基础）就已经进行了介绍，读者可以回顾这一节来了解手动配置系统时钟所需要执行的相关配置命令，我们在这里不再重复。

当一个网络规模很小时，管理员固然有可能按照我们在《网络基础》教材 2.2.3 节介绍的方法，逐台设备地为所有网络设备设置系统时钟，但这种手动输入时间的做法准确性很差，十分容易造成误差。随着网络规模的扩大，给所有网络设备一一配置时间的做法也会越来越多地增加管理员的配置负担。此时，最理想的做法是定义一种让网络设备之间相互同步时间的协议，这样既减少了管理员的配置负担，也可以减少设备与设备之间的误差，还可以实现设备之间时钟的周期性同步，可谓一举三得。这种为此定义出来的、在设备之间同步时间的协议，称为网络时间协议（Network Time Protocol，NTP）。

迄今为止，NTP 一共有 5 个版本，分别为 NTPv0（RFC 958）、NTPv1（RFC 1059）、NTPv2（RFC 1119）、NTPv3（RFC 1305）和 NTPv4（RFC 5905）。最新版本的 NTPv4 在 NTPv3 的基础上对 IPv6 提供了支持，增强了安全性，同时可以向后兼容 NTPv3。根据 RFC 的定义，NTP 会以 UDP 作为传输层协议，该协议的公共端口号为 123。

NTP 定义了两类不同的消息，分别为同步消息和控制消息。在绝大多数情况下，NTP 设备之间会使用客户端—服务器的通信模型进行通信，服务器与客户端之间往往会以单播的形式发送这两类消息，这种 NTP 通信模式称为单播客户端—服务器模式。同时，NTP 也定义了对等体到对等体的模型（称为对等体模式）、采用广播形式通信的客户端—服务器模型（广播模式）等另外 4 种模式。当一台 NTP 设备接收到一个 NTP 消息时，它可以通过这个 NTP 消息封装中的模式（Mode）字段，来判断发送方使用的 NTP 模式，以及这个消息的类型（是同步消息还是控制消息）。

注释：

在华为 ICT 学院路由交换技术系列教材中，我们不会对 NTP 的封装格式进行详细介绍。此外，我们也不会讨论其他 NTP 通信模式（单播客户端—服务器模式之外的）的工作原理。

在单播客户端—服务器模式下，NTP 协议同步时间的流程可以概括为下面几步。

第 1 步 被配置为 NTP 客户端的设备使用单播向指定的 NTP 服务器发送一个 NTP 同步消息，向这台 NTP 服务器请求同步时间。NTP 客户端会将自己封装这个消息时的时间（这个时间为 T0）封装到这个消息中，如图 11-9 所示。

第 2 步 NTP 服务器在作出响应时，会按照自己的时钟将接收到这个 NTP 同步请求消息的时间（T1）和向这台 NTP 服务器响应 NTP 同步消息的时间（T2）也添加到响应消息中，然后将这个消息发送给请求 NTP 同步消息的那台 NTP

客户端，如图 11-10 所示。

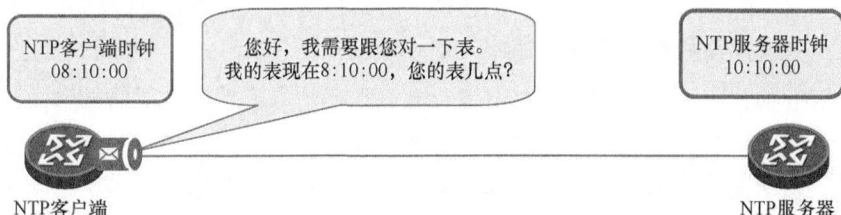

图 11-9　NTP 客户端向 NTP 服务器请求同步时间

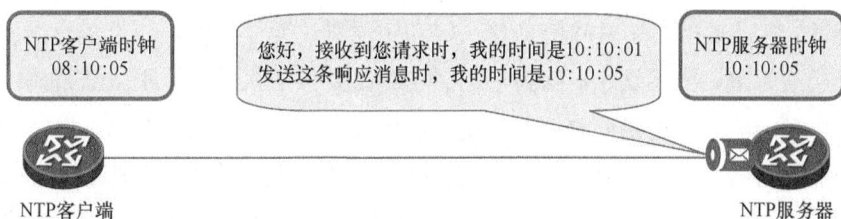

图 11-10　NTP 客户端向 NTP 服务器请求同步时间

第 3 步　NTP 客户端在接收到响应时，会按照自己当前的时钟，记录下接收到这个
NTP 同步响应的时间（T3），然后使用这 4 个时间计算出客户端与服务器
之间的时间偏移值和双向延迟时间，并由此来设置自己的时间，如图 11-11
所示。

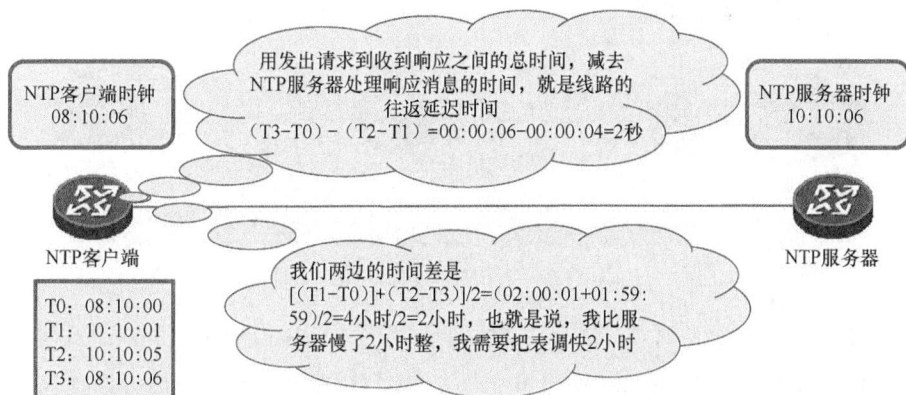

图 11-11　NTP 客户端根据 4 个时间计算出它与服务器之间的时间差与转发延迟

注释：

图 11-11 中的参数和计算方法都是简化的结果。

鉴于网络中的每一台网络设备都需要配置时间，因此任何一台网络设备都完全可以
既充当 NTP 客户端，又充当 NTP 服务器，将从自己 NTP 服务器那里同步过来的时间信息，
再同步给自己的客户端。举例来说，如果一家企业网络采用本书第一章中介绍的企业网

架构（由核心层、汇聚层和接入层组成），那么汇聚层的交换机就可以同时充当 NTP 客户端（核心层交换机的）和 NTP 服务器（接入层交换机的），这种 NTP 部署方式可以将时间信息从核心层交换机一直同步给接入层交换机。

关于 NTP 协议，我们还有一点需要进行补充说明。只要读者多了解社会上一些不实信息的产生过程，就会发现信息的准确性很容易随着传递时间的延长、传递者的增加而不断下降。对于准确性要求很高的时间信息当然也符合这样的规律。为了描述时间信息源的准确性，NTP 协议定义了一个分层（Stratum）的概念。这个分层标识了该时钟源的时间信息与主时间服务器之间经历了多少传递设备。分层的取值范围是 0～16。分层值为 0 的时钟都是精准度极高的时间信息源，如 GPS 时钟、原子钟等，这类信息源称为权威时钟。分层值为 1 则表示这个时钟源的时钟信息是直接从权威时钟那里获得的，分层值为 1 的时钟源一般都会充当网络中的主时间服务器。当设备发送 NTP 消息时，会将自己的 NTP 分层数封装在 NTP 消息中。11.2.2 节的实验会通过抓包展示 NTP 消息的层级值。

在 11.2.1 节中，我们对单播客户端—服务器模式下，NTP 的工作原理进行了简单的说明。在 11.2.2 节中，我们会通过一个简单的实验，演示如何配置单播客户端—服务器模式下的 NTP 服务器和 NTP 客户端，以及这个环境下单播 NTP 同步消息的封装方式。

11.2.2 NTP 协议的配置

11.2.2 节通过一个简单的环境展示如何在华为网络设备上配置 NTP 协议。图 11-12 展示了与 NTP 实验相关的拓扑。

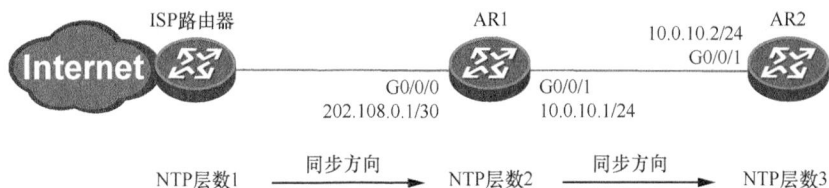

图 11-12 NTP 配置环境

在图 11-12 所示网络环境中，AR1 作为企业的网关路由器与 ISP 路由器相连，并通过 ISP 申请到了公网 IP 地址 202.108.0.1/30。AR1 使用单播客户端—服务器模式的 NTP，通过公网与标准时钟同步，并作为企业网内部的时钟源，仍然使用单播客户端—服务器模式的 NTP，对企业中的其他设备进行同步。作为企业中的其他网络设备，本例中只给出了一台路由器 AR2，并以它作为 NTP 客户端。

在单播客户端—服务器模式中，时钟信息只能是客户端与服务器进行同步，服务器不会向客户端进行同步。对于像 AR1 这种还需要充当本地网络 NTP 服务器的设备来说，只有它自己的时钟已同步后，才能作为 NTP 服务器去同步其他设备。并且也只有当服务器端的时钟层数小于客户端的时钟层数时，客户端才会向其进行同步。

在使用单播客户端—服务器模式的 NTP 时,管理员需要在 NTP 服务器端配置主时钟,这时要使用系统视图命令 **ntp-service refclock-master** [*ip-address*] [*stratum*]。管理员还需要在 NTP 客户端使用系统视图命令 **ntp-service unicast-server** *ip-address*,来指定 NTP 服务器的 IP 地址,使客户端能够与服务器进行同步。例 11-6 展示了 AR1 上的配置信息。

例 11-6　AR1 上的配置命令

```
[AR1]interface gigabitethernet 0/0/0
[AR1-GigabitEthernet0/0/0]ip address 202.108.0.1 30
[AR1-GigabitEthernet0/0/0]quit
[AR1]interface gigabitethernet 0/0/1
[AR1-GigabitEthernet0/0/1]ip address 10.0.10.1 24
[AR1-GigabitEthernet0/0/1]quit
[AR1]ntp-service unicast-server 202.108.0.2
[AR1]ntp-service refclock-master
```

在例 11-6 的配置命令中,管理员为 AR1 的两个接口分别配置了 IP 地址,并在系统视图中配置了两条 NTP 命令。下面我们分别介绍这两条 NTP 命令的作用。

- **ntp-service unicast-server 202.108.0.2**:这是一条系统视图命令,用来在单播客户端—服务器模式的 NTP 中指定 NTP 服务器的 IP 地址。在本例中,AR1 要与 ISP 路由器进行时钟信息同步,因此 IP 地址设置为 202.108.0.2。

- **ntp-service refclock-master**:这是一条系统视图命令,用来在 NTP 服务器上配置主时钟。在本例中,AR1 不仅作为 NTP 客户端从 ISP 那里同步时钟信息,还作为企业中的 NTP 服务器,向企业中的其他网络设备提供时钟信息,因此管理员使用这条命令把路由器本地时钟设置为主时钟。在这条命令中我们还可以设置 NTP 层数,由于本例中 AR1 通过外部时钟源获得时钟信息,因此在这里我们不手动指定层数信息,而让 AR1 使用学习到的层数。

例 11-7 展示了在 AR1 上查看与 NTP 相关信息的命令输出内容。

例 11-7　在 AR1 上查看 NTP 状态

```
[AR1]display ntp-service status
 clock status: synchronized
 clock stratum: 2
 reference clock ID: 202.108.0.2
 nominal frequency: 100.0000 Hz
 actual frequency: 99.9998 Hz
 clock precision: 2^16
 clock offset: -28799605.0390 ms
 root delay: 113.38 ms
 root dispersion: 33.20 ms
```

```
peer dispersion: 10.94 ms
reference time: 05:00:22.414 UTC Apr 15 2017(DC9C2766.6A0F4D7A)
```

通过使用例 11-7 展示的命令 **display ntp-service status**，我们能够查看路由器上的 NTP 状态。从案例的命令输出内容中，我们可以看出 AR1 上的时钟状态是已同步（clock status: synchronized），NTP 层数为 2（clock stratum: 2），参考时钟 ID 是 202.108.0.2，也就是管理员手动指定的 NTP 服务器。

由于 AR1 自身的时钟已同步，因此它已经具备了成为 NTP 服务器的前提，接着我们在例 11-8 中对它的 NTP 客户端（AR2）进行配置。

例 11-8　AR2 上的配置命令

```
[AR2]interface gigabitethernet 0/0/1
[AR2-GigabitEthernet0/0/1]ip address 10.0.10.2 24
[AR2-GigabitEthernet0/0/1]quit
[AR2]ntp-service unicast-server 10.0.10.1
```

在 AR2 上，管理员配置了与 AR1 相连接口 G0/0/1 的 IP 地址，同时在系统视图中使用命令 **ntp-service unicast-server 10.0.10.1** 指定了 NTP 服务器（AR1）的 IP 地址。例 11-9 展示了在 AR2 上查看 NTP 状态的输出内容。

例 11-9　在 AR2 上查看 NTP 状态

```
[AR2]display ntp-service status
clock status: synchronized
clock stratum: 3
reference clock ID: 10.0.10.1
nominal frequency: 100.0000 Hz
actual frequency: 99.9995 Hz
clock precision: 2^18
clock offset: -28799780.3780 ms
root delay: 223.18 ms
root dispersion: 87.21 ms
peer dispersion: 61.36 ms
reference time: 13:15:55.014 UTC Apr 15 2017(DC9C9B8B.03C08FA7)
```

从例 11-9 的命令输出内容中，我们可以看出 AR2 上的时钟状态是已同步（clock status: synchronized），NTP 层数递增为 3（clock stratum: 3），参考时钟 ID 是 10.0.10.1。

在路由器上，管理员还可以使用命令 **display ntp-service sessions** 来查看 NTP 会话的状态统计信息。在单播客户端—服务器模式的 NTP 环境中，NTP 会话都是手动添加的。例 11-10 展示了这条命令的输出信息。

例 11-10　在 AR2 上查看 NTP 会话状态

```
[AR2]display ntp-service sessions
      source          reference        stra reach poll  now offset delay disper
```

```
***********************************************************
[12345]10.0.10.1          202.108.0.2        2    255    64    11    -8h   111.9    0.7
note: 1 source(master),2 source(peer),3 selected,4 candidate,5 configured,
      6 vpn-instance
```

从例 11-10 中的命令 **display ntp-service sessions** 输出内容中,我们可以看出 AR2 上有一个 NTP 会话,这个 NTP 会话的源为 10.0.10.1,参考时钟为 202.108.0.2,NTP 层数为 2。图 11-13、图 11-14 和图 11-15 分别展示了 AR1 和 AR2 之间交互的前 3 个 NTP 报文解析。

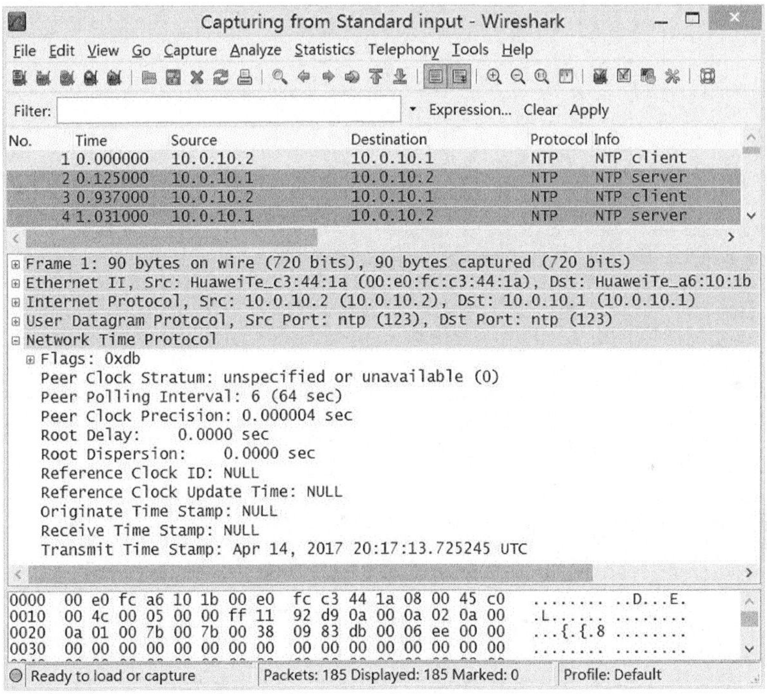

图 11-13   AR2(NTP 客户端)发出第 1 个消息

由于在单播客户端—服务器模式中,NTP 服务器端无需配置与 NTP 客户端相关的任何信息,从图 11-13 中我们也可以看出,第 1 个 NTP 报文是由 AR2(NTP 客户端)发出的。我们注意到这个数据包中 AR2 的 Peer Clock Stratum(对等体时钟分层值)标记为 0,表示未定义或不可用;Reference Clock ID 为空。因为这时 AR2(NTP 客户端)只知道 NTP 服务器的 IP 地址(管理员配置的),但它还没有与 NTP 服务器实现通信,仍然在使用自己的本地时钟。

图 11-14 展示的是从 AR1(NTP 服务器)发往 AR2(NTP 客户端)的消息,从中我们可以看出 AR1 的 Peer Clock Stratum(对等体时钟分层值)为 2,Reference Clock ID(参考时钟 ID)为 202.108.0.2。

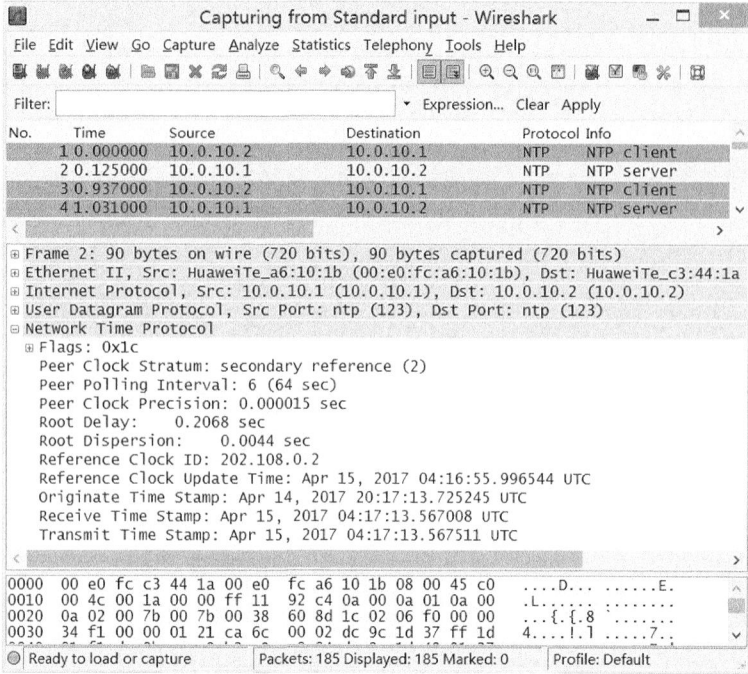

图 11-14　AR1（NTP 服务器）返回消息

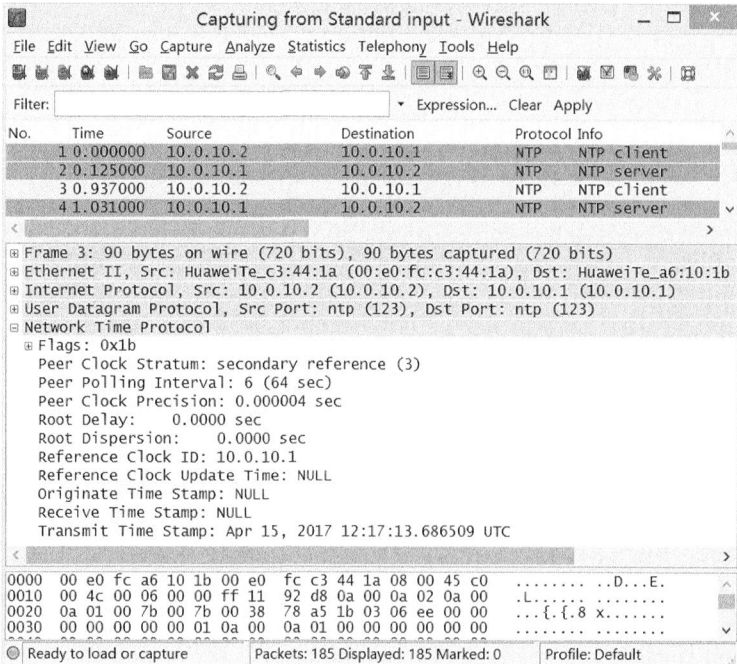

图 11-15　AR2（NTP 客户端）更新参考时钟后发出的消息

　　对比图 11-13 中观察到的两个字段，图 11-15 展示出当前 AR2 的 Peer Clock Stratum
（对等体时钟分层值）为 3，Reference Clock ID（参考时钟 ID）为 10.0.10.1。

在当前的环境中,三台路由器的时钟都是同步的:AR1 向 ISP 路由器进行同步,AR2
向 AR1 进行同步。在企业网络规模较大时,管理员还可以使用其他工作模式的 NTP 配
置,比如广播模式。对其他工作模式的配置方法感兴趣的读者,可以参考华为设备的
技术文档。

11.3　eSight 的基础知识

在规模越大的企事业单位、学校、组织机构的局域网环境中,网络管理员在对网
络设备及其运行状态进行维护时,就越有可能面临着以下问题。首先,网络中可能部
署了不同厂商的网络设备,即使部署时厂商或集成商的工程师能够上门安装和配置设
备,但是等设备上线并开始正常提供服务后,管理员如何在没有专业工程师的协助下
对这台并不熟悉的设备进行维护(比如每天检查它的运行状态)?其次,网络规模
越大,网络中设备的数量也就多,通过命令行的方式登录每台设备检查运行状态显
然是不现实的,那么如何能够通过统一的管理平台,来监管局域网中的所有网络设
备?最后,当网络中出现或大或小的问题时,管理员如何能够先于用户感知到问题
的发生,从而做到有备无患?通过部署华为 eSight 网络管理产品,可以帮助管理员
打消所有与网络运维管理相关的疑虑和顾虑。eSight 的几大特点正好对应了这几个
运维难题。

首先,eSight 可以通过多个版本的 SNMP 协议(包括 SNMPv1、SNMPv2c 和 SNMPv3)
来支持不同厂商的网络设备。大多数主流厂商的网络设备都支持基于标准的 MIB,eSight
自带多个 MIB 库,包括标准 RFC1213-MIB、Entity-MIB、SNMPv2-MIB 和 IF-MIB,这些都
是标准 MIB 库,这些 MIB 中定义了多种管理对象。管理员可以根据需要加载其他 MIB 文
件,甚至自行编译 MIB 中的内容。对于不支持标准 MIB 的网络设备,eSight 可以通过打
补丁的方式提供支持。在把被管理网络设备添加到 eSight 后,管理员可以通过 eSight
提供的 GUI(图形化界面)对被管理的网络设备发出指令,比如查看接口状态和流量统
计信息、查看 CUP/内存/风扇的运行状态。管理员无需了解如何在命令行中检查这台设
备的运行状态,不同厂商的网络设备都可以通过统一的 GUI 界面进行管理。图 11-16 展
示了使用 eSight 查看某台设备接口状态的截图。

在支持 SNMP 的同时,eSight 还能通过 Telnet/STelnet、FTP/SFTP/FTPS、TR069、
华为 MML(Man-Machine Language)、HTTPS 等协议来提供其他管理功能或支持其他联网
设备。比如,使用 FTP 协议进行设备配置备份、使用 TR069 协议管理 IP 电话、使用华
为 MML 协议接收无线基站的告警信息、使用 HTTPS 协议获取主机和服务器的系统状态
信息等。

图 11-16　通过 eSight 检查网络设备的接口状态

其次，eSight 能够同时对几十甚至上万个网络节点[20]进行管理，管理员可以根据自己的网络规模选择适合的 eSight 版本：精简版、标准版和专业版。比如对于小型网络来说，管理员可以选择部署 eSight 精简版，它最多能够同时管理 60 个网络节点。对于超大型网络来说，管理员可以选择部署 eSight 专业版，它最多能够同时支持 20000 个网络节点。应用最多的 eSight 版本是标准版，它能够支持最多 5000 个网络节点。所有版本的 eSight 在安装后都有 90 天的试用授权（License），除此之外华为公司还提供了临时授权（固定期限）和商用授权（永久）。授权文件是用来激活 eSight 的，除了试用授权是安装后默认提供之外，临时授权和商用授权的获取和加载行为都需要由管理员负责。图 11-17 展示了 eSight 部署在网络中的示意，管理员可以在企业总部部署 eSight，同时管理多个城市站点的网络设备。

最后，eSight 会把告警严重程度从高到低分为多个级别：紧急、重要、次要、提示，并且能够通过多种方式把网络中的异常信息告知管理员：GUI 界面显示、电子邮件、短信等。管理员可以设置每种告警信息的通知方式，比如紧急级别的告警不仅要显示在 GUI 界面上，还要在提示时发出特定声响。管理员还可以设置以电子邮件和短信方式通知告警信息的时间段，比如管理员可以要求 eSight 在非工作时间段内，发现紧急级别的告警后向指定的手机号码发送短信。这样可以让管理员在第一时间了解网络中发生的紧急事件并及时处理。图 11-18 展示了 eSight 告警界面中的告警信息。

---

[20] 网络节点指的是各类连接在网络中的设备，其中包括路由器、交换机、无线 AP、刀片服务器、IP 电话等。在计算 eSight 能够支持的节点数量时，并不是每一台网络设备就算是一个节点。具体的算法本书不多做解释，感兴趣的读者可以在华为官方网站查询 eSight 的管理容量技术指标。

━ ━ ━ ━▶ 被管理设备向eSight发送消息

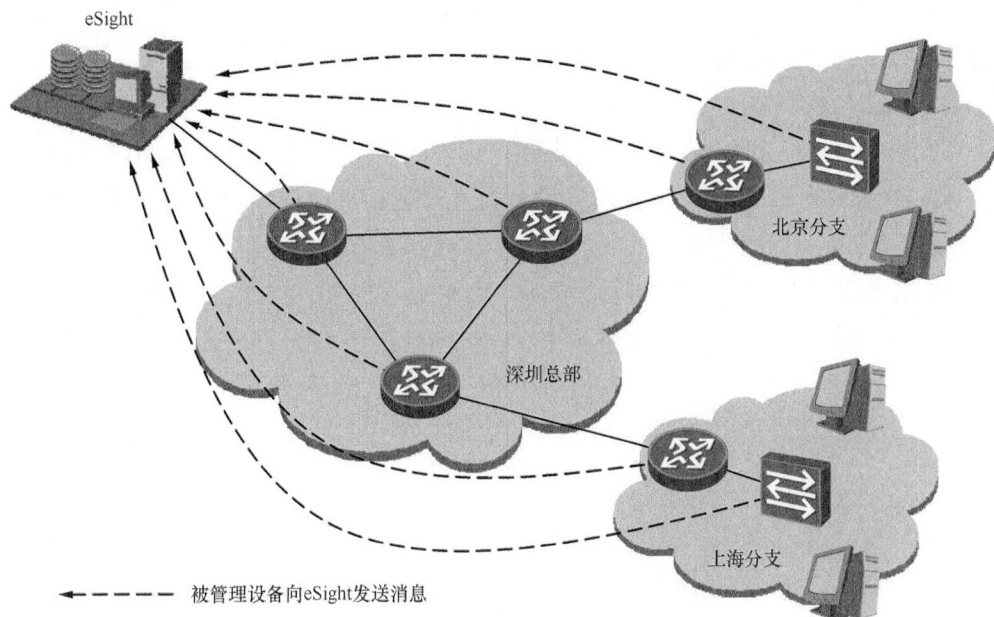

图 11-17 使用 eSight 实现统一管理示意

图 11-18 在 eSight GUI 界面上实时查看告警信息

eSight 通过多种协议能够为不同厂商的各种网络设备提供支持,最多能够同时支持20000 个网络节点,还能够以多种方式向管理员告知告警信息。除此之外,eSight 还是建立在浏览器—服务器架构(简称 B/S 架构)上的一款产品。管理员只需通过浏览器来访问 eSight 的 GUI 管理界面,这一点从前文中的 eSight 截图应该就能得到证实。管理员若在下班后接收到 eSight 发送的紧急告警短信,可以从自己家中通过浏览器访问

eSight。当然了，要想通过公网访问内网服务器，管理员还需要事先做一些部署，比如搭建 VPN 环境，让管理员能够在家中与企业网之间建立 VPN 连接，以这种方式获得企业内网的访问资格从而访问 eSight。

下面我们从另一个方面来考虑与 eSight 相关的网络安全性，在本书第 9 章网络安全技术中我们介绍过如何对访问网络设备的人员进行身份认证和管理级别的授权，eSight 也提供了相同的功能。管理员可以在 eSight 中设置多个用户并为每个用户关联一个或多个角色，每个角色中需要包含管理对象和操作权限。通过这种嵌套授权的方式，每个用户也就拥有了特定的操作权限和管理对象。图 11-19 展示了 eSight 用户管理界面的截图。

图 11-19　eSight 用户管理界面的截图

越大规模的局域网，越依赖网管系统的帮助，网管系统自身的故障会使管理员失去对网络的掌控。eSight 为了提高自身的可靠性，提供了进程异常自动重启和数据备份恢复功能。当 eSight 自身的系统进程异常终止时，它会自动重启系统，确保在无人值守时也能快速自我修复，提供不间断的网络监控服务。网络设备的管理和维护中的一项重要工作是进行数据备份，eSight 也不例外。管理员可以设置让 eSight 进行周期性备份，当 eSight 出现故障后，管理员可以手动加载曾经备份的数据。图 11-20 展示了 eSight 周期性备份数据的设置截图（这个功能在 eSight 中叫作数据转储）。

面对界面友好的 GUI 产品，有时亲自动手要比查看技术文档效率高。在 11.3 节的最后我们介绍一种能够让读者实际体验 eSight 的方式：华为官方网站中提供了 eSight 远程 demo（演示）的链接，通过点击这个链接读者就可以对 eSight 进行实际操作。提供了 eSight 远程 demo 链接的网址为 http://e.huawei.com/cn/products/software/mgmt-sys/esight，

图 11-21 展示了这个页面。

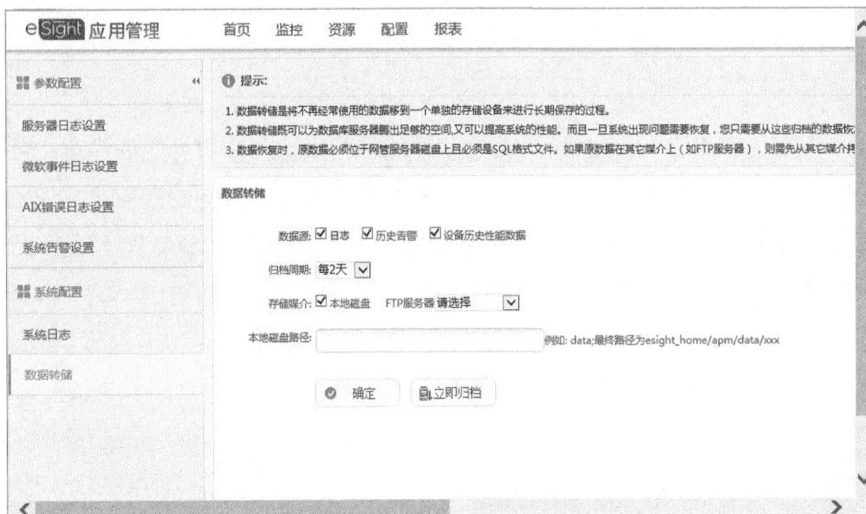

图 11-20　设置 eSight 进行周期性备份

图 11-21　点击"远程 demo，立即体验"展开 eSight 之旅

　　11.3 节只对 eSight 做了一些概述性介绍，描绘了它在网络环境中的位置和作用，结合 eSight 的功能和特点，展示了基本的 GUI 操作截图，让读者对于 eSight 有一个感性的认识。最后提供了远程 demo 链接，对此感兴趣的读者可以近距离体验 eSight 的丰富功能。

11.4　本章总结

　　在与网络相关的工作中，设计、实施以及维护工作同等重要，本章主要关注与网络维护管理相关的协议和应用。在规模越大的网络中,管理设备维护的难度也就越大,SNMP协议为管理员提供了集中化管理网络设备的途径。本章先通过 11.1.1 节(SNMP 协议概述)介绍了 SNMP 协议本身的基本概念,包括 NMS 与 SNMP 代理进行通信,SNMP 代理通过在 MIB 中读取和写入 OID 所对应的参数来实现 NMS 发出的指令。接着在 11.1.2 节(SNMP版本对比)中对比了多个 SNMP 版本,希望读者能够根据这一小节介绍的内容,自己填写一张 SNMP 各个版本的对比表格,一方面能够检验自己对这些内容的理解水平,另一方面也方便以后快速回顾关于 SNMP 技术的主要内容。在 SNMP 的 11.1.3 节(SNMP 的配置)中我们不仅展示了如何在华为路由器中设置 SNMP 代理,还介绍了构成 SNMP 系统的重要组成部分 MIB 的结构。

11.2 节重点在于 NTP 协议。在网络运行管理的过程中,所有网络设备的时钟同步是至关重要的。网络设备执行周期性备份、用户上网行为计费、Trap 消息中的时间信息,这些行为和信息只有当网络设备的时钟是同步的情况下,才能为管理员的工作带来助益。要想让网络中的所有网络设备的时钟进行同步,管理员可以使用 NTP 协议来让网络设备自动进行时钟同步。本章介绍了 NTP 协议的原理和配置,作为一种简单又必要的网络协议,管理员需要掌握它的配置方法并在网络实施阶段进行部署。

在本章的 11.3 节(eSight 的基础知识)中,我们介绍了华为 eSight 网络管理系统。这是一个 GUI(图形化界面)控制平台,在功能上相当丰富,在操作上易于掌握。本章只介绍了 eSight 的几项特点,并给出 eSight 远程 demo 链接,对此感兴趣的读者可以上手体验。

11.5　练习题

一、选择题

1. SNMP 协议在工作中使用到的传输层协议和端口号分别为?（　　　）

A. UDP 协议,端口号 123　　　　　　　　B. TCP 协议,端口号 123

C. UDP 协议,端口号 161 和 162　　　　D. TCP 协议,端口号 161 和 162

2. 以下哪一项不是 SNMPv1 的报文类型?（　　　）

A. GetRequest　　　　　　　　　　　　B. SetRequest

C. GetNext　　　　　　　　　　　　　　D. Report

E. Response

3. 以下哪些 SNMP 消息是由 NMS 发送给 SNMP 代理的?（多选）（　　　）

A. GetRequest　　　　　B. SetRequest　　　　　C. GetNext

D. Trap　　　　　　　　E. Response

4．在使用 SNMPv3 时，管理员可以在安全性方面选择以下哪些规则？（多选）（　　）

A．对通信过程不认证也不加密

B．对通信过程认证但不加密

C．对通信过程认证且加密

D．使用 community 对访问进行授权

5．NTP 协议在工作中使用到的传输层协议和端口号分别为？（　　）

A．UDP 协议，端口号 123

B．TCP 协议，端口号 123

C．UDP 协议，端口号 161 和 162

D．TCP 协议，端口号 161 和 162

6．在使用单播客户端—服务器模式的 NTP 时，以下说法中正确的是？（多选）（　　）

A．客户端与服务器之间都需要预先知道对方的 IP 地址

B．只有客户端能够向服务器进行同步，服务器不会因客户端而更改自己的时钟信息

C．如果网络中的 NTP 服务器离线了，层级较低（比如 3 级）的客户端会向层级较高（比如 2 级）的客户端进行同步

D．一台网络设备可以同时作为 NTP 服务器和 NTP 客户端

7．要想让一台华为路由器充当 NTP 服务器，需要配置以下哪条命令？（　　）

A．clock datetime 21:13:14 2017-05-20

B．ntp-service unicast-server 202.108.0.2

C．ntp-service refclock-master 2

D．无需配置任何命令

二、判断题

1．在使用 SNMP 协议对设备进行管理时，NMS 和 SNMP 代理之间只要 IP 可达就可以实现通信。

2．eSight 能够通过 SNMP、STelnet、FTP、HTTPS 等多种协议对网络设备进行管理。

3．eSight 能够支持服务器、存储、虚拟化、交换机、路由器、WLAN、防火墙、统一通信、视频监控、应用系统等的统一管理，其中包括第三方设备。

术语表

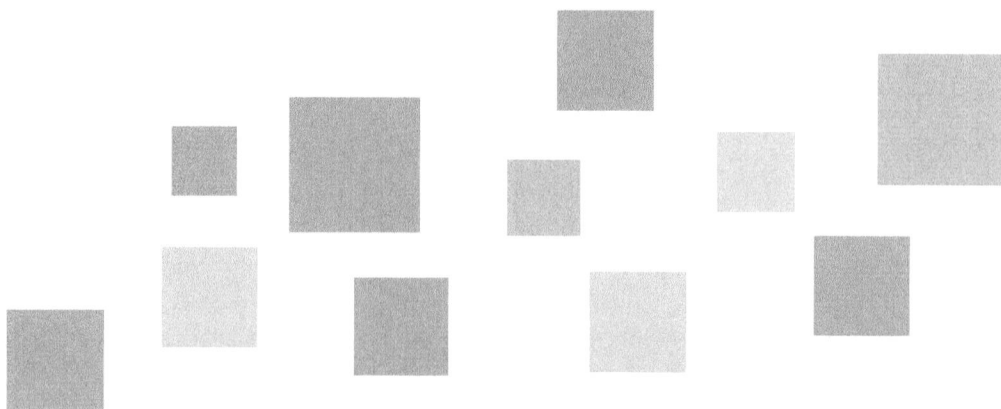

第1章　企业网概述

企业网：企业为实现数字化而搭建的数据通信网络。

企业网分层模型：一种分层的企业网设计模型，可以避免平面设计模型存在的大量问题。一般分为接入层、汇聚层和核心层三层。

核心层（Core Layer）：企业网分层模型中的最高层，使用高性能的核心层交换机给整个网络为流量提供高速而可靠的转发。

汇聚层（Aggregation Layer）：也称为分布层（Distribution Layer），是企业网分层模型的中间层，这一层负责将接入层各个交换机发来的流量进行汇聚，并通过流量控制策略，对园区网中的流量转发进行优化。在规模不大的企业网中，这一层在设计时可以与接入层合并。

接入层（Access Layer）：企业网分层模型中的最低层，这一层往往会部署那种端口密度很大的低端二层交换机，用以将企业网的大量终端设备连接到企业网当中。

物联网（Internet of Things，IoT）：通过内置电子芯片的方式，将各类物理设备连接到网络中，以实现多元设备间信息交互的网络发展趋势。

SDN（Software Defined Network）：指控制平面和数据平面分离，并通过提升网络编程能力使网络管理方式得以优化的技术理念。

云计算（Cloud Computing）：通过互联网为计算机和其他设备提供处理资源共享的网络发展趋势。

第 2 章　网络可靠性

BFD（Bidirectional Forwarding Detection）：一种轻量级的故障检测机制，可以给网络提供统一的故障检测机制，也可以给不具备故障检测功能的机制提供相应机制。

VRRP（Virtual Router Redundancy Protocol）：一种第一跳冗余协议（First Hop Redundancy Protocol，FHRP），这项技术可以通过虚拟化手段让两台路由器（的接口）作为一台网关设备对网络中的设备提供转发。当其中一台设备（的接口/链路）出现故障时，另一台设备（的接口/链路）可以继续提供转发服务。

VRRP 组（VRRP Group）：管理员为了让同一个局域网中的一组 VRRP 路由器接口共同为这个局域网的终端执行转发，而将这些 VRRP 接口划分进去的逻辑组。

虚拟 IP 地址（Virtual IP Address）：VRRP 组中多个接口共同用来对外提供转发服务时使用的 IP 地址。

虚拟 MAC 地址（Virtual MAC Address）：VRRP 组中多个接口共同用来对外提供转发服务时使用的 MAC 地址。

IP 地址拥有者（IP Address Owner）：实际上使用虚拟 IP 地址作为通信 IP 地址的那台 VRRP 设备。

链路聚合（Link Aggregation）：一类用于捆绑交换机之间的平行链路的机制。这类机制可以避免生成树阻塞可用链路端口，从而达到提升交换机间链路带宽和可用性，提供冗余的目的。

LACP（Link Aggregation Control Protocol）模式：一种在两台希望建立链路聚合的设备之间动态协商和维护这条链路的操作模式。LACP 定义了交换机之间协商和维护链路聚合的标准。

第 3 章　访问控制列表

ACL（Access Control List）：访问控制列表，是管理员用来对网络流量的访问行为进行控制的工具。

QoS（Quality of Service）：服务质量，针对流量的不同类型，给予不同处理行为的工具，可以与 ACL 结合使用。

入向 ACL：当网络设备接收到一个数据包时，它会使用接收接口上应用的入向 ACL 来对这个数据包进行控制；可以允许数据包进入下一个处理环节，也可以丢弃数据包。

出向 ACL：当网络设备即将转发一个数据包时，它会使用发送接口上应用的出向 ACL

来对这个数据包进行控制；可以允许正常转发这个数据包，也可以丢弃数据包。

允许行为：ACL 中的行为选项之一，与其匹配的数据包可以继续执行下一步处理。

拒绝行为：ACL 中的行为选项之一，（在流控制/简化流控制应用模块中）与其匹配的数据包会被网络设备丢弃。

通配符掩码：用来明确指出 IP 地址中必须匹配的部分，由二进制 0 和 1 构成，0 表示必须与 IP 地址中的对应取值相匹配，1 表示无需匹配，也称为不关心位。

基本 IP ACL：只能在匹配规则中设置源 IP 地址、分片信息和生效时间的一种应用简单的 ACL。

高级 IP ACL：能够在匹配规则中设置源和目的 IP 地址、IP 协议类型、TCP/UDP 源和目的端口号（端口号范围）、分片信息和生效时间等参数的一种应用多样的 ACL。

第 4 章　网络地址转换

NAT（Network Address Translation）：网络地址转换，把一个 IP 地址转换为另一个 IP 地址的技术。最为常见的应用场景是在私有 IP 地址和公共 IP 地址之间执行转换。

ISP（Internet Service Provider）：网络服务提供商/运营商，负责为客户提供 Internet 接入服务的企业。本书在描述连接到 Internet 的场景时，有时会描述为连接 ISP。

私有 IP 地址：只能在局域网中实现路由，无法在 Internet 上进行路由的 IP 地址。符合 RFC 1918 定义的 IP 地址范围：10.0.0.0/8、172.16.0.0/12 和 192.168.0.0/16。

共有 IP 地址：能够在 Internet 上实现全局路由的 IP 地址。组织机构和个人如需使用这类 IP 地址，需要向 ISP 申请租用。

基本 NAT：可以实现一对一的 IP 地址转换。当内网中需要访问 Internet 的主机数量小于等于企业获得的共有 IP 地址数量，就可以使用基本 NAT 来实现内网主机访问 Internet 的需求。

NAPT（Network Address Port Translation）：可以实现多对一的 IP 地址转换。NAPT 在 IP 地址转换关系中加入了端口这个元素，实现了多对一的转换。

静态 NAT/NAPT：华为网络设备中支持的 NAT 类型，管理员可以通过手动指定静态 NAT/NAPT，实现 IP 地址一对一（静态 NAT）或多对一/多对多（静态 NAPT）的转换。

Easy IP：华为网络设备中支持的 NAT 类型，在通过路由器进行拨号上网的环境中，管理员可以通过部署 Easy IP，使所有内网用户都通过 ISP 分配的同一个公网 IP 地址访问 Internet。

NAT 服务器：华为网络设备中支持的 NAT 类型，能够通过绑定内网服务器私有 IP 地址与共有 IP 地址的映射关系，使公网用户主动向内网中的服务器发起访问连接。

第 5 章　广域网

HDLC（High-Level Data Link Control）：高级数据链路控制，是国际标准化组织在 SDLC 协议的基础上开发出来的通信协议。根据原本的定义，HDLC 既可以用于点到多点链路，也可以用于点到点连接。不过在实际使用中，HDLC 只用于点到点连接。

PPP（Point-to-Point）：在 SLIP 协议的基础上开发出来的通信协议，可以用于不同的链路和接口，为路由设备之间提供点到点的同步或异步数据传输。

NCP（Network Control Protocol）：网络控制协议，是 PPP 上层协议的总称，负责为上层协议协商和配置参数。用来为 IPv4 协议提供服务的 IPCP 协议，用来为 IPv6 协议提供服务的 IPV6CP 等，都属于 NCP 协议。

LCP（Link Control Protocol）：链路控制协议，是 PPP 的下层协议，用于发起连接和终止连接，通过协商的方式对接口进行自动配置，执行身份认证等等。。

PAP（Password Authentication Protocol）：密码认证协议，这是一种简单的明文密码认证协议。当认证方提出认证时，被认证方用预共享的用户名和密码作出响应，认证方根据被认证方提供的用户名和密码是否与自己配置的用户名和密码相一致，来判断是接受还是拒绝。

CHAP（Challenge-Handshake Authentication Protocol）：挑战握手认证协议。认证双方各自使用随机参数与预共享密钥计算散列值，再通过比对自己接收到的散列值与自己计算出的散列值是否相同，来判断双方预配置的用户名与密码是否一致。

PPPoE（PPP over Ethernet）：为在以太网环境中提供一些 PPP 协议的服务（如认证、计费等）而定义的通信标准。

第 6 章　DHCP

DHCP（Dynamic Host Configuration Protocol）：动态主机配置协议，服务器通过这项协议向连接到网络中的客户端提供包括 IP 地址在内的配置数据。

DHCP 客户端：通过 DHCP 协议请求配置参数的设备。

DHCP 服务器：通过 DHCP 协议向 DHCP 客户端提供配置参数的设备。

DHCP 中继代理：当 DHCP 客户端与 DHCP 服务器不处于同一个子网中时，为 DHCP 客户端与 DHCP 服务器之间中转消息的 DHCP 设备。

DHCP 发现（DISCOVER）消息：DHCP 客户端用来在网络中发现 DHCP 服务器的消息。

DHCP 提供（OFFER）消息：DHCP 服务器用来响应 DHCP 发现消息，并且为 DHCP 客户端提供配置参数的消息。

DHCP 请求（REQUEST）消息：DHCP 客户端用来向 DHCP 服务器请求其提供的配置参数的消息。

DHCP 确认（ACK）消息：DHCP 服务器用来确认 DHCP 客户端可以使用自己提供的配置参数的消息。

租期：DHCP 服务器允许 DHCP 客户端使用该 IP 地址的时长。

第 7 章　IPv6 基础

IPv6 地址：IETF 为了扩大 IP 地址空间而定义的新版 IP 地址，地址长度达 128 位。除地址空间增大之外，IETF 在其自动配置、头部结构、移动性等方面均作出了优化。

全局单播地址：可以部署在公共网络环境中的、全网可路由的 IPv6 地址。全局单播地址的前缀为 2000::/3。

唯一本地地址：可以由各个组织机构根据需要自行使用而不需要向地址分配机构申请的单播 IPv6 地址。唯一本地地址的范围就是部署该地址的私有网络，它的前缀为 FC00::/7。

链路本地地址：在链路本地有效的地址。在启用 IPv6 时，网络适配器接口就会自动给自己配置上这样一个 IPv6 地址。链路本地地址的前缀为 FE80::/10。

未指定地址：128 位地址全部取 0 的 128 位前缀地址。根据简化规则，未指定地址写作::/128。

环回地址：环回地址是前 127 位全部取 0，最后 1 位取 1 的 128 位前缀地址。根据简化规则，环回地址写作::1/128。这种地址标识的是发送方节点自己，管理员不能给网络适配器接口分配这个环回地址。

任意播地址：IPv6 中特有的地址类型，定义了一到最近（one to nearest）的通信方式。当网络中多个网络适配器接口上配置了相同的任意播地址时，发送方会将以这个地址作为目的地址的数据包路由给（在该路由协议看来）距离发送方最近的那个配置了该任意播地址的网络适配器接口。

NDP（Neighbor Discovery Protocol）：邻居发现协议。可以提供与 IPv4 网络中的地址解析协议（ARP）、ICMP 路由器发现和 ICMP 重定向相同的服务，同时在这些 IPv4 协议的基础上提供了更多的功能，也作出了大量的改进。

请求节点组播地址：每当一个网络适配器接口获得了一个单播或任意播 IPv6 地址时，它就会同时监听发送给这个单播 IPv6 地址对应的请求节点组播地址。请求节点组播地址的前 104 位固定为 FF02::1:FF，后 24 位则直接套用被请求节点单播 IPv6 地址接口 ID 的后 24 位。

无状态地址自动配置：IPv6 协议定义的一种不依赖任何独立的服务器、也不需要专业技术人员参与操作的 IPv6 地址自动配置方式

第 8 章　IPv6 路由

RIPng（RIP Next Generation）：下一代 RIP，是指适用于 IPv6 网络中的 RIP 版本。

OSPFv3（OSPF Version 3）：OSPF 版本 3，是指适用于 IPv6 网络中的 OSPF 版本。

第 9 章　网络安全技术

AAA：认证（Authentication）、授权（Authorization）和审计（Accounting）三项安全功能的总称。

认证：通过用户提供的用户名、密码等信息来区分他/她是否有权限访问（他/她正在试图访问的）资源的安全措施。

授权：根据用户的用户名来区分他/她的用户等级有权限执行哪些操作的安全措施。

审计：审计也翻译为记账或者计费。审计功能的作用是记录各个用户在访问期间所执行的操作。

RADIUS：全称为远程认证拨入用户服务（Remote Authentication Dial In User Service），是一项通过 UDP 提供传输层服务的应用层协议。被访问设备可以使用 RADIUS 协议与 AAA 服务器进行通信，判断访问用户的权限。

IPSec：一个旨在根据使用者的需求来为 IP 流量提供各类安全保护的协议框架。这个框架中包含了不同的封装协议、加密算法、认证算法等可供使用者根据自己的需求与实际情况进行选择。

IKE：全称为互联网密钥交换。这个协议定义了密钥生成、安全分发和管理的标准。目前 IKE 包含两个版本，即 IKEv1 和 IKEv2。

主模式（Main Mode）：IKEv1 阶段 1 中的一种模式，通信双方在这种模式下会相互交换 6 个消息来建立 IKE SA。主模式可以在协商 IKE SA 时保护设备的身份信息。

野蛮模式（Agreesive Mode）：IKEv1 阶段 1 中的一种模式，通信双方在这种模式下会相互交换 3 个消息来建立 IKE SA。野蛮模式不会在协商 IKE SA 时保护设备的身份信息。

快速模式（Quick Mode）：IKEv1 阶段 2 中的模式。通信双方在这种模式下会相互交

换 3 个消息来建立 IPSec SA。

安全关联（Security Association）：特定 IPSec 设备之间为了安全通信而协商出来，用以保护某些流量时所使用的一套协议、模式、算法等标准的安全策略集合。

安全关联库（SADB）：保存 IPSec 设备本地各个 SA 的数据库。

安全策略数据库（SPDB）：保存各个 SA 对应的安全策略的数据库。

ESP（Encapsulation Security Protocol）：封装安全协议。IPSec 框架中定义的安全封装协议，可以为数据提供机密性、完整性、认证和反重放攻击保护。

AH（Authentication Header）：认证头部。IPSec 框架中定义的安全封装协议，只能提供完整性校验、源设备认证和反重放攻击保护，但不会对自己封装的数据提供加密。AH 目前已经基本不再使用。

GRE（Generic Routing Encapsulation）：通用路由封装。这项隧道协议可以将一个网络层头部封装在另一个网络层头部中进行传输，以便在网络层本不相直连的设备之间建立虚拟的隧道，让这两台实现逻辑层面的网络层直连。

CIA 三要素（CIA Triad）：包括机密性（Confidentiality）、完整性（Integrity）和可用性（Availability）。是信息安全的核心要素。

机密性：是指确保信息只能由授权者进行访问的属性。

完整性：是指确保信息在从源到目的的传输过程中没有遭到非法修改，或者接收方能够发现信息是否在传输过程中遭到了非法修改的属性。

可用性：是指确保合法用户在需要时就能够访问到所需信息的属性。

第 10 章　WLAN 技术

电磁波：电（荷）运动对磁场造成的扰动作用。

无线电：电磁波的一种，波长在 1 毫米到 100 千米之间（频率在 3kHz 到 300GHz）之间的电磁波。

频段：电磁波的一段特定的频率范围。

802.11：电气和电子工程师协会（IEEE）LAN/MAN 标准委员会（IEEE 802）发布的无线网络标准，这个标准后来出现了大量的变体，均由 IEEE 802 委员会进行创建和维护。

CSMA/CA：载波侦听多路访问/冲突避免，是无线局域网环境中采用的避免信号冲突的机制。考虑到无线传输的特点，这种机制没有采用一边发送一边检测的方法，也很少会发现信道空闲就立刻准备发送数据帧。

DIFS：分布协调功能帧时间间隔。这段时长是为了协调不同优先级数据帧的发送顺序，而使无线设备在发送数据帧之前等待的一段时长。如果其他无线客户端待发送数据帧优先级高，则它等待的 DIFS 会比较短。这样可以保证高优先级数据帧优先得到发送。

RTS/CTS 机制：一种无线环境中采用的预约发送机制，这种机制是可选的。通信方会在正式发送数据帧之前约定数据帧的发送时长。

自组网络（Ad Hoc Network）：也称为自组织网络，作为无线局域网拓扑模式时，叫作对等体模式（Peer Mode）。这类无线网络中没有诸如 AP、无线路由器这样被人们部署在网络中，专司为其他无线设备服务的网络设备。网络设备以对等体的形式两两建立无线通信。

基础设施模式（Infrastructure Mode）：无线局域网拓扑的另一种模式，在这种网络中，无线客户端通过预先被人们部署来为客户端提供服务的基础设施（如 AP、无线路由器等设备）来建立通信。

BSS（Basic Service Set）：基本服务集。指在基础设施模式下，由一个 AP 与所有与其相连的无线客户端组成的环境。

BSA（Basic Service Area）：基本服务区。指无线客户端可以接收到 BSS 中 AP 无线信号的范围。在不严谨的交流环境中，常与 BSS 替换使用。

BSSID：一个 BSS 的标识符，多为该 BSS 的 AP 的 MAC 地址。

IBSS（Independent BSS）：独立基本服务集。指对等体模式下建立起来的自组网络环境。

ESS（Extended Service Set）：扩展服务集。指通过有线局域网将多个无线 BSS 连接起来所组成的环境。

ESSID：也称为 SSID，即整个 EBSS 的标识符，也是 ESS 连接的所有 BSS 的共同名称。

WEP（Wired Equivalent Privacy）：一种古老的、使用 RC4 计算密码流对通信数据逐字节加密的无线局域网安全机制。因为很容易通过字典攻击破解，目前不建议使用。

WPA（Wi-Fi Protected Access）：一种用来替代 WEP 的过渡性无线局域网安全机制。WPA 在很大程度上沿用了 WEP 的流程与算法，但在私密性、反重放攻击和完整性上都对 WEP 作出了提升。

WPA2：使用 AES 算法对无线局域网数据执行加密，同时使用 CCMP 来对通信数据执行完整性校验的无线局域网安全机制。目前是无线局域网环境中最可靠的安全保护机制。

第 11 章　网络管理

SNMP（Simple Network Management Protocol）：一种网络管理协议，它定义了管理设备与被管理设备之间的通信标准。目前最常用的版本为 SNMPv2c 和 SNMPv3。

NMS（Network Management System）：指网络管理员用来管理网络设备的计算机。

SNMP 代理：被管理设备上响应和处理 SNMP 操作的进程。

GET 操作：NMS 希望从被管理设备那里获取信息时所执行的 SNMP 操作。

SET 操作：NMS 希望对被管理设备执行配置时所执行的 SNMP 操作。

Trap：被管理设备的代理因某些参数到达了管理员设置的触发条件，而主动向 NMS 发送通告的 SNMP 操作。

MIB（Management Information Base）：管理信息数据库。保存管理对象名称、当前的状态、可以访问的权限等信息的数据库。

管理对象：SNMP 可以监测和配置的各个参数与状态。

OID：一串表示管理对象在 MIB 中位置的数字，相当于管理对象在 MIB 中的地址。

NTP（Network Time Protocol）：网络时间协议，为在设备之间动态同步时间提供了标准的协议。

NTP 分层（Stratum）：标识了该时钟源的时间信息与主时间服务器之间，经历传递设备的多少。

eSight：eSight 是华为公司推出的网络管理产品，它不仅可以支持华为公司的各种联网设备，还能够对第三方设备提供支持。eSight 使用图形化界面进行网络设备管理，能够实现全网统一的监控和维护。

其他信息来源

华为（中国）官方网站：http://www.huawei.com/cn/

华为信息与网络技术学院官方网站：https://www.huaweiacad.com

IEEE 802 标准委员会网站：http://www.ieee802.org

IANA 官方网站：http://www.iana.org

ICANN 官方网站：https://www.icann.org

ITU 官方网站：http://www.itu.int

ISO 官方网站：https://www.iso.org

IETF 官方网站：http://www.ietf.org

IETF 官方网站 RFC 文档查询链接：https://www.rfc-editor.org/search/rfc_search.php

维基百科英文：https://en.wikipedia.org